항공우주 추진기관 개론

한국추진공학회

인류를 하나로 연결하는 위성 시스템은 이제 우리의 일상이 되었으며, 인류는 지구를 벗어나 태양계의 먼 심우주(deep space)를 탐사하고 있다. 이러한 변화를 가능케 한 원동력은 크기와 종류 및 용도와 성능이 다양한 항공우주 추진기관의 개발이었다.

한티미디어

항공우주 추진기관 개론

발행일 2008년 08월 30일 초판 1쇄
2022년 08월 10일 4쇄
지은이 한국추진공학회
펴낸이 김준호
펴낸곳 한티미디어 | **주 소** 서울시 마포구 동교로 23길 67 Y빌딩 3층
등 록 제15-571호 2006년 5월 15일
전 화 02)332-7993~4 | **팩 스** 02)332-7995
ISBN 978-89-91182-60-8 (93550)
가 격 25,000원

마케팅 노호근 박재인 최상욱 김원국 김택성 | **관 리** 김지영 문지희
편 집 김은수 유채원 | **디자인** OPS

이 책에 대한 의견이나 잘못된 내용에 대한 수정 정보는 한티미디어 홈페이지나 이메일로 알려주십시오.
독자님의 의견을 충분히 반영하도록 늘 노력하겠습니다.
홈페이지 www.hanteemedia.co.kr | **이메일** hantee@hanteemedia.co.kr

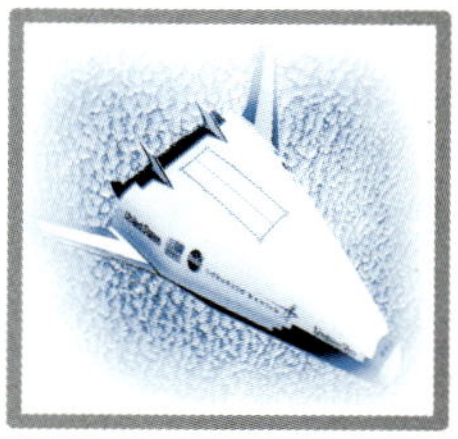

머리말

"항공우주 추진기관의 원리와 미래를 소개한 책"

1903년 라이트 형제의 복엽기 Flyer 호에 의한 최초의 동력 비행 이후, 지난 100여년 동안 항공 우주 시스템에는 실로 엄청난 변화와 발전이 있었다. 초창기의 복엽비행기에서 시작해 현재는 작은 새 크기의 초소형 로봇 항공기를 비롯해 550여 명의 승객을 싣고 대양을 횡단하는 A380과 같은 초대형 여객기까지 다양한 크기의 비행체가 개발되었다. 가까운 미래에는 지구 어느 곳이든 일일생활권으로 묶어주는 극초음속 항공기가 가능할 전망이며, 2009년 시작될 Virgin Galatic 사의 20만 달러짜리 우주여행 관광상품은 이미 200개 정도의 좌석이 예약된 상태이다. 인류를 하나로 연결하는 위성 시스템은 이제 우리의 일상이 되었으며, 인류는 지구를 벗어나 태양계의 먼 심우주(deep space)를 탐사하고 있다. 이러한 변화를 가능케 한 원동력은 크기와 종류 및 용도와 성능이 다양한 항공우주 추진기관의 개발이었다.

그러나 이러한 다양한 항공우주 추진기관을 포괄하여 원리와 구성을 소개한 서적은 국내는 물론 외국에서도 찾기 드물어, 일반인은 물론 항공우주학을 전공하는 학도들에게 많은 아쉬움이 되어 왔다. 더욱이 기술의 빠른 발전 속도를 감안하여 새로운 시스템을 알리고 개발해야 할 공학 분야에서 이러한 아쉬움은 더욱 큰 것이었다. 한국추진공학회는 이러한 필요성을 절감하여 현재까지 개발되고 연구되고 있는 다양한 추진기관의 원리와 구성을 소개하는 기초 서적을 기획하게 되었으며, 우리나라의 산학연에서 항공우주 추진기관을 연구하는 전문가들의 노력을 모아 〈항공우주 추진기관 개론〉을 펴내게 되었다.

항공우주 추진기관을 분류하는 방법은 여러 가지가 있을 수 있으나, 이 책에서는 낮은 속도에서 높은 속도로, 지상에서 우주로 진행하는 방법과 구성을 택하였다. 이 책의 1장은 모든 추진기관의 기본 원리가 되는 뉴턴의 법칙에 의거한 추진기관의 원리와 다양한 기관에 대한 개요를 다루었으며, 2장은 항공 역사의 초창기부터 오늘날까지 항공 추진의 기본이 되는 프로펠러의 원리와 이를 구동하는 다양한 동력장치에 대해 소개했다. 2차대전 기간 중 개발된 가스터빈 엔진을 기반으로 한 제트 추진기관은 이후 항공 역사에서 혁명적 전환을 가져왔으며 현재 모든 항공 운송 수단의 기본이 되고 있다. 따라서 3장부터 7장까지는 흔히 제트 엔진으로 알려져 있는 공기 흡입 추진기관에 대해 깊이 있게 다루었다. 3장에서는 공기 흡입 추진기관의 원리에 해당하는 열역학적 성능을 소개했으며, 4장에서는 공기 흡입구와 노즐, 5장에서는 압축기와 노즐을, 6장에서는 연소기를 다루었다. 7장에서는 극초음속의 고속 비행을 가능케 하는 공기흡입 추진기관인 램제트 및 스크램제트 엔진에 대하여 설명했다.

인류에게 우주로 나아갈 수 있게 한 것은 공기의 유무에 관계없이 작동하여 큰 추진력을 발생시킬 수 있는 로켓의 개발이었다. 현재 로켓은 우주 발사체의 추진기관은 물론 다양한 무기 체계, 그리고 우주 공간에서의 비행을 가능케 하는 수단으로서도 다양하게 이용되고 있다. 따라서 8장에서 11장까지는 로켓에 대하여 설명했다. 8장은 로켓의 추진 이론과 비행 성능에 대해 다루었으며, 9장에서는 액체 추진제 로켓, 10장에서는 고체 추진제 로켓을 살펴보았고, 11장에서는 인공위성과 우주선에서 이용되는 소형의 우주 추진기관에 대하여 해설했다. 한편 공기 흡입 추진기관이나 로켓 등 일반적인 추진기관의 분류에서 다루어질 수도 있지만 현재 연구가 진행 중인 신개념의 추진기관과 기존의 분류로 설명하기 어려운 추진기관의 새로운 개념들은 12장에서 설명했다. 아울러 이론적인 원리를 별도의 전문 서적 없이 곧바로 학습할 수 있도록 열역학과 유체역학의 기초 이론을 부록 1, 2로 나누어 정리했다.

이 책이 항공우주학을 전공하는 학도는 물론 항공우주 추진기관에 관심을 가진 일반인과 청소년들에게도 좋은 입문 서적 및 참고 서적이 될 수 있을 것으로 기대한다. 훌륭한 책이 나올 수 있도록 힘써주신 한티미디어에 깊은 감사를 드린다.

2008년 여름

집필진 일동

집필진

1장 추진 원리와 추진 기관 개요

김귀순

부산대학교 항공우주공학과 교수, 한국추진공학회 명예이사
한국기계연구원(현, 항공우주연구원)
미국 펜실베이니아 주립대 박사, 한국항공대학교 항공기계공학과 학사

2장 프로펠러 추진기관과 동력장치

노태성

인하대학교 항공우주공학과 교수, 한국추진공학회 홍보이사
현대자동차 엔진 개발부, 미국 펜실베이니아 주립대 박사, 서울대학교 항공공학과 학사

3장 제트 엔진의 열역학

공창덕

조선대학교 항공우주공학과 교수, 한국추진공학회 회장
국방과학연구소 항공추진기관연구실 실장 및 책임연구원, 일본 오사카 부립대 박사, 한국항공대학교 항공기계공학과 학사

4장 공기 흡입구, 노즐

변영환

건국대학교 항공우주공학과 교수, 한국추진공학회 부회장
미국 메릴랜드 대학 박사, 서울대학교 항공공학과 학사

5장 압축기와 터빈

양수석

항공우주연구원 첨단 추진기관 팀장, 한국추진공학회 기술이사
한국과학기술원 박사, 서울대학교 항공공학과 학사

6장 연소기

최성만

전북대학교 기계항공시스템공학부 교수, 한국추진공학회 명예이사
삼성테크윈 파워시스템 연구소 수석연구원, 서울대학교 박사, 서울대학교 항공공학과 학사

7장 램제트, 스크램제트 추진기관

성홍계

한국항공대학교 항공우주기계공학부 교수, 한국추진공학회 명예이사
국방과학연구소 연구원, 미국 펜실베이니아 주립대학 박사, 인하대학교 항공공학과 학사

허환일

충남대학교 항공우주선박해양공학부 교수, 한국추진공학회 편집이사
아시아나항공 기획관리실, 미국 미시간 주립대학 박사, 서울대학교 항공공학과 학사

8장 로켓 추진이론과 비행성능

김윤곤

국방과학연구소 책임연구원, 한국추진공학회 기술이사
미국 Rensselaer Polytechnic Institute 박사, 한양대학교 정밀기계공학과 학사

9장 액체 로켓

이수용

항공우주연구원 발사체 미래기술연구실장, 한국추진공학회 홍보이사
서강대학교 박사, 서강대학교 화학공학과 학사

문인상

항공우주연구원 발사체 미래기술연구실장, 한국추진공학회 회원
서울대 로켓추진연구실, 미국 미시간 주립대학 박사, 연세대학교 천문대기과학과 학사

10장 고체 로켓

김원훈

국방과학연구소 책임연구원, 한국추진공학회 편집위원
한국과학기술원 박사, 성균관대학교 기계공학과 학사

11장 우주추진

김정수

기계우주항공공학부 교수, 한국추진공학회 편집이사,
한국항공우주연구원 책임연구원, 국방과학연구소 선임연구원,

한국과학기술원 박사, 인하대학교 항공공학과 학사

12장 신개념 추진기관

정인석

서울대학교 항공우주공학과 교수, 한국추진공학회 명예회장
서울대학교 박사, 서울대학교 항공공학과 학사

부록 1 열역학 기초, 부록 2 유체역학 기초

권세진

한국과학기술원 항공우주공학 전공교수, 한국추진공학회 편집이사, 현대 중공업 연구원, 프랑스 쁘와띠에 대학 초빙교수, 일본 문부성 초빙교수

미국 미시간 대학 박사, 서울대학교 항공공학과 학사

기획 및 편집

최정열

부산대학교 항공우주공학과 교수, 한국추진공학회 편집이사
서울대학교 박사, 서울대학교 항공우주공학과 학사

감수

이대성 한국항공우주연구원
홍명표 국방과학연구소
장길회 (주)한화 대전공장
전승배 (주)삼성테크윈
김희동 안동대학교
윤영빈 서울대학교
이응조 국방과학연구소
김영목 한국항공우주연구원
윤웅섭 연세대학교
손창현 경북대학교
백승욱 한국과학기술원
김영수 (주)로템 기술연구소
김승우 (주)뉴로스
김진한 한국항공우주연구원
오성환 국방과학연구소
이상재 (주)한국화이바
이정민 (주)풍산 기술연구소
구자예 한국항공대학교
이창진 건국대학교
류광호 (주)에스티클러스터
장석태 국방과학연구소
이태호 책임연구원
김 유 충남대학교
이충원 경북대학교교수

■ 표지에 사용된 이미지는 항공우주연구원에서 제공한 것임.

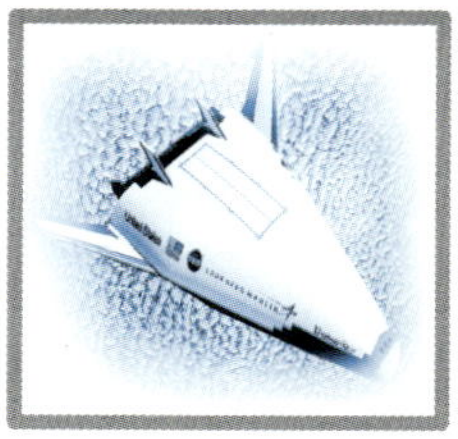

차 례

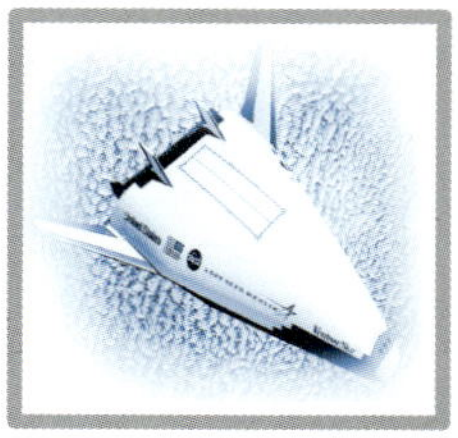

Chapter 01 추진 원리와 추진 기관

1.1 추진 원리

문명의 발달은 수송기관의 발달과 아주 밀접한 관계를 가지고 있다. 바퀴를 발명하고, 말이나 소를 길들여서 수레를 끌게 한 것은 인류 문명의 발달사에서 획기적인 전환점이다. 그 후 말이나 소를 대신하는 기계, 즉 엔진이 개발되면서 인류 문명은 또 한번 큰 변화를 거치게 된다. 이러한 엔진의 적용으로 인력거는 승용차로, 수레는 화물차로 거듭나게 된다. 이와 같이 말이나 소를 대신하게 된 엔진은 수송기관을 움직이는 동력을 발생시킨다는 의미에서 동력장치라고도 하고 수송기관을 밀어서 전진하게 한다는 의미에서 추진기관이라고 하기도 한다.

여기서 추진이란 말은 어떤 물체를 원하는 방향으로 움직이는 것이다. 이렇게 물체를 움직이기 위해서는 힘이 필요하다. 항공기에 작용하는 힘은 [그림 1.1]에 나타나 있는 바와 같이 크게 중량(W), 양력(L), 항력(D) 및 추력(혹은 추진력, T) 네 가지를 들 수 있다. 추진기관에서는 추력을 제공하는데, 이 추진력이 공기 저항 때문에 발생하는 항력보다 크면 항공기의 속도는 빨라지고, 항력이 추력보다 크면 속도는 느려진다. 물론 양력이 중량보다 크면 항공기는 상승하고, 반대로 양력이 작으면 하강하게 된다.

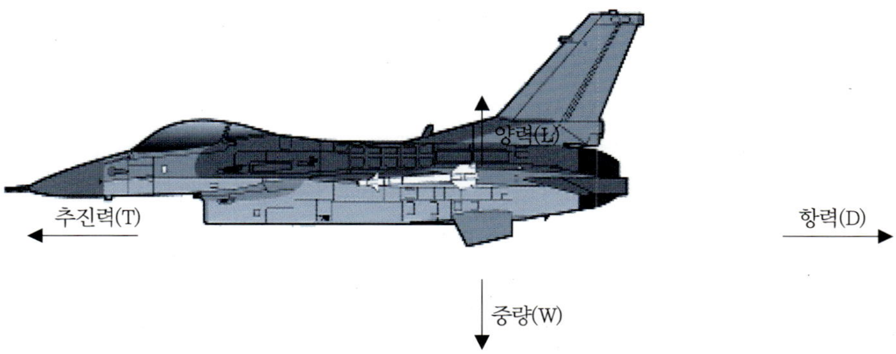

그림 1.1 항공기에 작용하는 네 가지 힘

물체에 작용하는 힘과 운동은 뉴턴 운동의 제2법칙과 제3법칙으로 설명할 수 있다. 뉴턴 운동의 제2법칙(운동량보존 법칙)에 의하면 힘은 물체의 속도를 변화시키는 원인으로서 물체를 움직이려면 힘을 가해야 한다. 이때 물체의 가속도는 물체가 받는 힘에 비례한다. 그리고 뉴턴 운동의 제3법칙(작용반작용 법칙)은 어떤 물체에 힘을 가하면 그 물체는 반대 방향으로 같은 크기의 힘을 가한다는 것이다. 이를 작용과 반작용이라 하며, 힘은 항상 쌍으로 가해지고 두 물체 사이에서 서로 상대방에게 작용한다.

이러한 뉴턴 운동의 제3법칙에 의하면 추진을 위해서는 하나 이상의 다른 물질이 필요하다. 항공우주 추진기관에서는 그 두 번째 물질로 보통 공기와 같은 유체를 활용한다. 유체와 고체 간의 작용 반작용으로 움직이는 대표적인 예가 공기가 빠져 나가면서 날아가는 풍선이다. 풍선이 날아갈 때 풍선은 공기를 밀어서 뒤로 내보내는 반면에 공기는 풍선을 반대 방향으로 같은 크기의 힘으로 밀게 된다. 이 힘에 의해 풍선은 앞으로 날아가게 된다. 이를 뉴턴 운동의 제2법칙의 관점에서 살펴보면 풍선에 의해 공기 측에 가해진 힘에 의해 공기는 가속되면서 운동량이 증가한다. 그리고 공기에 의해 풍선 쪽에 가해진 힘이 항력보다 클 경우에 풍선은 가속된다. 수영을 하면서 앞으로 전진하는 것, 물고기가 헤엄쳐 전진하는 것, 새가 날아다니는 것, 노를 저어 배를 움직이는 것 등 이들 모두는 운동량 변화에 대한 그 반작용의 힘으로 움직이는 것이다.

항공우주 분야에서는 거의 대부분 유체의 운동량을 변화시키고, 그에 대한 반작용으로 추진력을 얻고 있는데, 현재 제트와 프로펠러 두 가지 방법이 적용되고 있다. 먼저 제트 엔진의 개념을 살펴보면 [그림 1.2]와 같다. [그림 1.2(A)]에서 보는 바와 같이 닫힌 풍선은 양쪽 방향으로 평형을 이루고 있어 움직이지 않는다. 그러나 [그림 1.2(B)]처럼 풍선에서 바람이 빠져나가는 경우 공기의 운동량 변화의 반작용으로 공기는 풍선을 왼쪽으로 밀게 되고 결과적으로 풍선은 왼쪽으로 움직이게 된다. 그러나 풍선 내의 공기량은 제한적이므로 그 움직임이 계속 지속될 수 없다는 문제가 있다. 지속적으로 움직이기 위해서는 바람이 계속 빠져나가야 하는데, 이를 위해 [그림 1.2(C)]처럼 핸드펌프로 공기를 계속 공급해주면서 풍선 내의 압력을 계속 유지시켜야 한다. [그림 1.2(D)]는 핸드펌프 대신 공기를 계속 공급해 줄 수 있는 압축기로 바꾼 그림이다.

압축기는 흔히 볼 수 있는 선풍기나 팬과 유사한 기계로서, 세트로 된 날개들을 회전시키면서 공기를 공급해주는 기계이다. 압축기가 팬과 다른 점은 압력이 상당히 높은 공기를 공급해준다는 점이다. 이때 [그림 1.2(E)]에서처럼 압축기 뒤에 연료를 공급하여 불을 붙이게 되면 공기는 온도가 상승하면서 팽창하게 되고 아주 빠른 제트를 분사할 수 있게 된다. 그리고 압축기는 [그림 1.2(F)]와 같이 연소가 된 가스가 지나가는 통로에 위치한 터빈에서 발생하는 동력으로 구동이 된다. 터빈은 풍차와 유사한 기계로 바람이 부는 위치에 두면 동력을 발생시킨다.

[그림 1.2]와 같이 압축기, 연소기, 터빈으로 구성된 것을 가스 발생기라 부른다. 가스 발생기에 공기 흡입구와 출구 속도를 증가시키기 위한 노즐을 더한 것이 터보제트 엔진이다. 결과적으로 제트 엔진에서 엔진의 역할은 단지 공기를 뒤로 밀면서 가속시켜 빠른 속도의 제트를

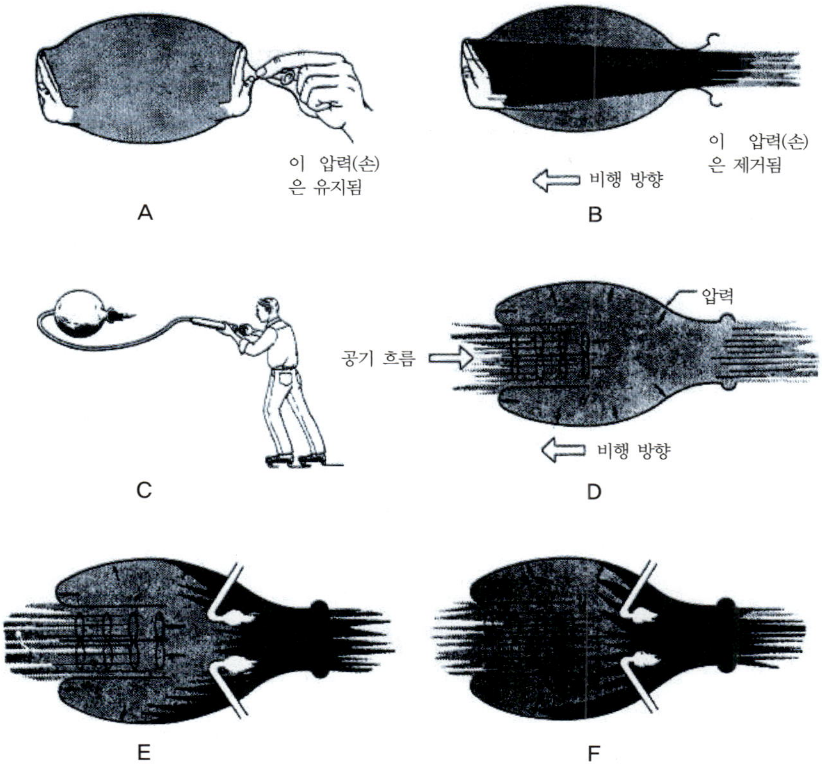

A. 모든 방향으로 같은 압력
B. 한 쪽이 개방되면서 힘의 불균형 발생
C. 지속적인 분사를 위해 핸드펌프 사용
D. 핸드펌프 대신 압축기 사용
E. 공기의 온도를 증가시켜 공기 팽창
F. 압축기 구동을 위해 터빈 사용

그림 1.2 제트 엔진의 개념도

분사시키는 것이다. 그 반대로 공기는 엔진을 앞으로 밀어주게 되고 그 힘이 추진력이 된다. [그림 1.3]과 같은 제트 항공기가 순항비행을 하고 있을 때 추진력의 크기는 뉴턴 운동의 제2 법칙을 공기 측에 적용하면 식 (1.1)과 같아진다.

$$F = \frac{d(mV)}{dt} = \lim_{\delta t \to 0} \frac{1}{\delta t}\{(mV)_{t+\delta t} - (mV)_t\}$$

$$= \lim_{\delta t \to 0} \frac{1}{\delta t}(\delta m_2 V_2 - \delta m_1 V_1) = \dot{m}(V_2 - V_1)$$

$$\therefore F = \dot{m}(V_2 - V_1) \tag{1.1}$$

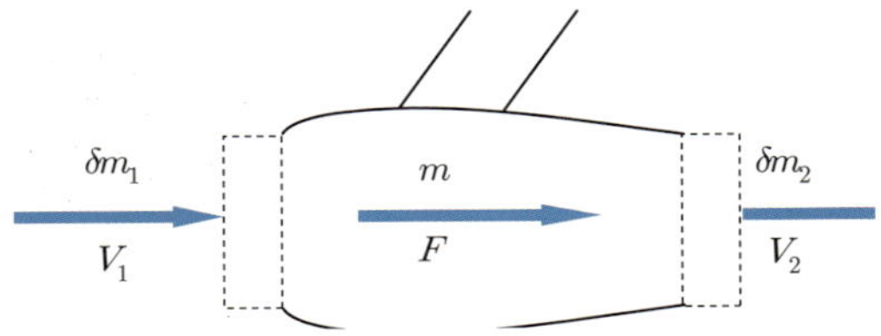

그림 1.3 제트 엔진 모델

식 (1.1)에서 보면 추진력은 질량유량($\dot{m}$)과 입구에 대한 출구 속도의 증가량($\Delta V = V_2 - V_{1_1}$)에 비례한다. 로켓도 제트 엔진과 마찬가지로 제트를 분사하면서 그 반작용으로 추진된다. 로켓이 제트 엔진과 다른 점은 제트 엔진은 주위 공기 중의 산소를 산화제로 이용하는데 비해 로켓은 산화제도 탑재하고 다닌다는 점이다. 그러므로 추진제의 흡입 속도가 0이 된다.

그리고 프로펠러 추진은 프로펠러가 회전하면서 주위 공기를 뒤로 밀어서 가속시키고 반대로 공기는 프로펠러를 앞으로 밀면서 추진하는 운동량 변화에 대한 반작용으로 추진한다는 점은 동일하다. 그러나 프로펠러 추진에서 엔진의 역할은 프로펠러를 구동하는 동력을 발생시키는 역할만 할 뿐 자체적으로 추진제의 운동량을 변화시키면서 그 반작용으로 추진력을 얻지는 않는다. 피스톤–실린더 형태로 되어 있는 왕복 엔진과 같이 엔진 자체적으로 유체를 가속시키기 힘든 엔진 형태는 모두 프로펠러 추진 방법을 택하고 있다.

두 가지 추진 방법의 가장 큰 차이점은 추진 유체가 지나는 유동 단면적과 유동 출구 속도이다. [표 1.1]에서 보는 바와 같이 같은 추력이 필요한 경우 엔진 단면적에 비해 프로펠러 단면적이 훨씬 크다. 이는 프로펠러를 지나는 질량유량이 상대적으로 제트 엔진을 지나는 질량유량 보다 훨씬 크다는 것을 의미한다. 반면에 제트 출구 속도는 상대적으로 프로펠러 출구속도보다 훨씬 크다. [표 1.1]에 같은 추력을 내는 조건에서 간단하게 프로펠러와 제트 추진의 특성을 비교해 보았다. 같은 추진력을 얻기 위해 프로펠러 추진의 경우 제트에 비해 질량유량은 5배 크고 출구 속도는 1/5만큼 작다. 두 가지 경우 모두 같은 추력을 내지만 유체 운동에너지의 변화를 보면 제트 추진이 5배 크게 증가하였다. 이는 같은 추력을 내는데 에너지가 5배

표 1.1 프로펠러 추진과 제트 추진의 비교

	프로펠러 추진	제트 추진
질량유동량	250kg/sec	50kg/sec
출구 유체속도	20m/sec	100m/sec
추력	250x20 =5000N	50x100 =5000N
에너지 증가	$250 \times 20^2/2$=50000W	$50 \times 100^2/2$=250000W

더 많이 소요된다는 것을 의미한다. 비록 정확한 수치는 아니지만 이는 프로펠러 추진이 제트 추진보다 효율적이라는 것을 의미한다. 다시 말해 많은 유량과 작은 속도 증가로 추력을 얻는 것이 효과적이라는 것을 말하고 있다. 그러나 프로펠러 추진은 저속에서는 효율적이지만 비행 속도가 빨라지면 프로펠러 깃에 대한 공기의 상대 속도가 너무 빨라져 충격파나 실속에 의해 추력이 효과적으로 발생하지 않게 된다. 따라서 비행 속도가 빨라지면 어쩔 수 없이 제트 추진에 의존하게 된다.

1.2 항공우주 추진기관의 역사

인간이 고안한 최초의 동력 발생 장치는 [그림 1.4]에 나타나 있는 Hero의 aeolipile로 알려져 있다. 이 장치는 BC 100년경에 고안된 것으로, 탱크 안의 물을 끓이면서 발생한 스팀이 서로 반대 방향으로 향하는 두 개의 노즐을 통해 분사되면서 토크를 발생시키게 된다. 이때 축에 벨트를 걸어 사용하면 사원의 문을 열 때와 같이 동력이 필요한 곳에 활용될 수 있는 장치가 된다. 비록 Hero가 운동량 변화에 대한 반작용의 원리로 회전하는 이론을 이해하고 개발한 것인지는 알 수 없지만 추진기관의 토대를 마련한 것만은 분명하다.

그림 1.4 Hero의 aeolipile

로켓의 시작은 화전(불화살)이라고 볼 수 있다. 화전은 대나무 통에 장전된 화약연료에 불을 붙일 때 발생하는 가스의 반작용에 의해 앞으로 날아가게 되므로 로켓이라 말할 수 있다. 중국은 13세기에 화전을 개발한 것으로 알려져 있다. 이 화전의 뒤에는 안정성을 높이기 위해 긴 막대를 붙여 사용하였는데, 여전히 불안정하고 부정확하였다. 그리고 긴 막대의 무게로 인해 사거리도 아주 작아져 무기로 사용하기에는 크게 부족하였으나, 중국은 전투에서 화전으로 몽고군을 놀라게 하여 크게 무찌른 적도 있다.

우리나라 최초의 로켓은 14세기에 최무선이 개발한 주화이다. 이러한 주화는 세종 때에 크게 개선되어 신기전으로 발전된다. 신기전에는 대, 중, 소 신기전 외에 산화신기전 등 여러 종류가 있다. [그림 1.5]와 같은 대신기전은 대나무로 만들어진 화살대의 윗부분에 길이 695mm, 외경 95.5mm인 약통(로켓엔진)이 부착되어 있는 것이다. 약통에는 화약을 채우고 바닥에 지름 37.5mm 크기의 구멍을 뚫어 화약이 연소되면서 가스를 분출시켜 로켓이 날아갈 수 있도록 하였으며 사정거리는 1,000m 이상인 것으로 추정된다. 중 · 소 신기전의 발사는 처음에는 한 개씩 빈 화살통 같은 곳에 꽂아 발사했으나 1451년(문종 1년) 화차가 제작된 이후로는 화차인 신기전기에서 주로 발사하였다. 『병기도설』에 의하면 신기전기는 직경 46mm의 둥근 나무통 100개를 나무상자 속에 7층으로 쌓은 것으로 이 나무구멍에 중 · 소신기전 100개를 꽂고 화차의 발사각도를 조절한 후 각 줄의 신기전 점화선을 모아 불을 붙이면 동시에 15발씩 차례로 100발이 발사되었다고 한다. 이는 세계 최초의 다연발 로켓포와 미사일이라 할 수 있다.

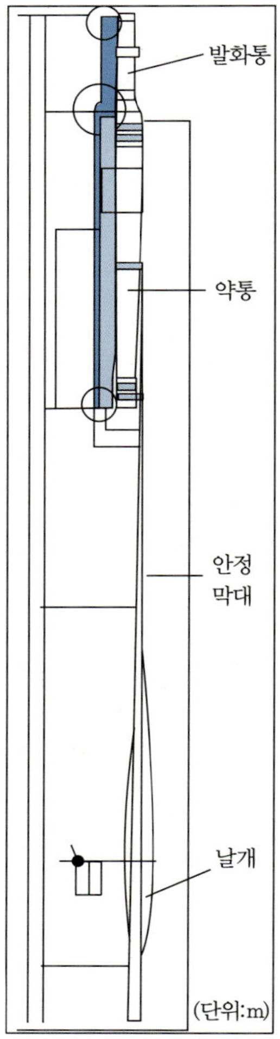

그림 1.5 대신기전 설계도

그리고 1500년경에 중국의 Wan Hu는 로켓 추진을 이용한 썰매와 비행기를 고안하였다. 로켓추진 비행기는 [그림 1.6]에 보는 바와 같이 의자에 붙은 연 모양의 날개에 의해 양력이 발생하고, 불붙은 화약연료에 의해 추진력이 발생한다. 이는 일종의 고체 로켓으로서 용기 안에서 연료가 연소되면서 발생한 고온의 연소가스가 노즐을 통해 분사되면서 추진력을 발생시킨다. 불행하게도 Wan Hu는 이 장치를 테스트하던 중 사망한

그림 1.6 로켓 추진 비행기 개념도

그림 1.7 뉴턴의 증기차

것으로 알려져 있다. 비록 과학 역사가들은 이를 사실로 받아들이기보다 전설로 치부하지만 이는 로켓을 이용한 첫 수송기관이라 볼 수 있다.

그리고 레오나르도 다 빈치는 1500년 경에 chimney jack을 개발하여 이 분야에 크게 기여한 바 있다. 이 장치는 고온의 가스가 굴뚝을 타고 오르면서 회전차를 회전시키는 동력을 얻는 장치이다.

본격적으로 동력을 활용하기 시작한 시기는 1600년대에 네델란드에서 큰 풍차를 만들어 탈곡이나 펌프를 구동하는 동력으로 활용하면서부터이다. 이 시기에 뉴턴은 [그림 1.7]과 같은 steam wagon을 고안하여 자동차 개발의 토대를 마련하기도 한다. 이는 말이 끄는 마차가 아니라 물을 끓일 때 분사되는 증기의 반작용을 이용하여 추진되는 마차라 할 수 있다.

1900년대에 접어 들면서 공기흡입기관과 로켓은 모두 눈부신 발전을 거듭하게 된다. 유인 비행의 시작이 되는 라이트 형제의 비행(1903년)에는 4행정 가솔린 엔진이 프로펠러를 구동하

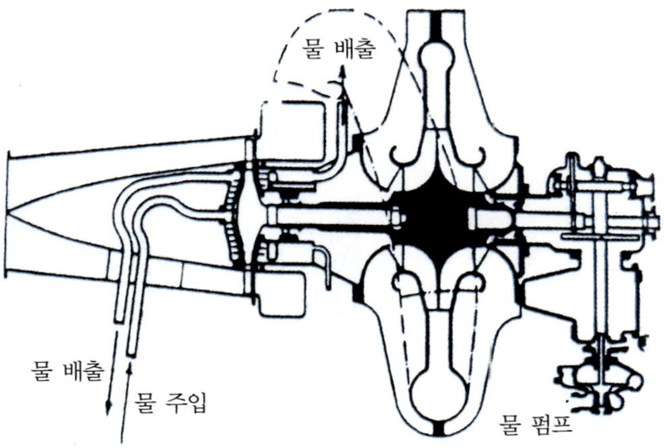

그림 1.8 Whittle의 제트 엔진

는 방식이 채택되었다. 비록 이 시기에 자동차용 가솔린 엔진은 많았으나, 가벼운 엔진을 찾지 못한 라이트 형제는 그들 자신이 엔진과 프로펠러를 직접 설계하고 제작하여 사용하였다. 1930년에는 영국의 Whittle에 의해 [그림 1.8]과 같은 제트 엔진이 개발되었으며, 지금까지 다양한 형태로 발전을 거듭하여 항공기용 엔진으로 널리 사용되고 있다.

로켓 분야를 살펴보면 1903년 Tsiolkovsky에 의해 로켓 추진에 의한 우주비행의 이론적 근거가 발표된 후, 1926년 Goddard는 액체로켓 엔진을 성공적으로 발사시킨다. 그 후 제2차 세계대전을 거치며 군사용 로켓은 크게 발전하는데, 1942년 독일에서는 첫 탄도미사일인 V2 로켓을 발사시킨다. 그리고 냉전시대를 거치며 미사일과 위성발사를 위한 로켓이 크게 발전하여, Tsiolkowski가 우주비행의 이론을 발표한 후 66년 만에 인간은 달에 착륙하는 쾌거를 이룬다. 그리고 1981년 우주왕복선용 액체로켓 엔진(SSME)이 개발되면서 인류는 본격적인 우주시대를 맞이하게 된다.

1.3 항공우주 추진기관의 분류와 적용 분야 (프로펠러에서 Solar Sail까지)

현재까지 사용되고 있는 추진기관은 대부분 운동량보존의 원리와 작용반작용의 원리에 의해 추진을 하고 있다. 이러한 추진기관은 제트 추진과 프로펠러 추진으로 구분할 수 있지만 이는 추진 방법의 문제이지 추진기관의 분류라 할 수 없다. 먼저 항공우주 추진기관은 공기흡입기관과 로켓으로 구분된다. 공기흡입기관은 연료의 연소에 공기 중의 산소를 이용하는 반면 로켓은 연료와 산화제를 모두 탑재한 상태에서 이들을 연소시키고 추진한다. 이 외에 다른 형태의 엔진을 복합적으로 활용하는 혼합형 엔진도 있다.

1) 공기흡입기관

1903년 처음 비행에 성공하였을 때 사용된 엔진은 피스톤 엔진으로 피스톤의 왕복운동에 의해 작동되므로 왕복엔진이라고 한다. [그림 1.9]와 같이 왕복엔진은 4행정기관과 2행정기관으로 구분되는데, 흡입·압축·폭발·배기 과정을 거치면서 동력을 발생시킨다. 이때 엔진은 프로펠러를 구동하고, 프로펠러에서 추진력을 얻는다. 이 엔진은 이후 40년간 비행속도가 음속에 도달할 때까지 주로 사용된 엔진으로 현재는 소형 항공기용으로만 사용된다. 그러나 자동차용, 선박용, 산업용 등으로는 아주 많이 사용되는 엔진 형태이다.

[그림 1.10]에 나타나 있는 로터리 엔진은 중앙에 위치한 로터가 회전하는 동안 특정한 공간에서 흡입·압축·팽창·배기 과정을 거치는 점에서 왕복 엔진과 유사하다. 그러나 로터리 엔진은 왕복엔진과 달리 동력이 회전운동의 형태로 발생하므로 왕복운동을 회전운동으로 전환시키는 장치가 필요없게 된다. 그러므로 로터리 엔진은 왕복엔진보다 구조가 간단하고, 중량

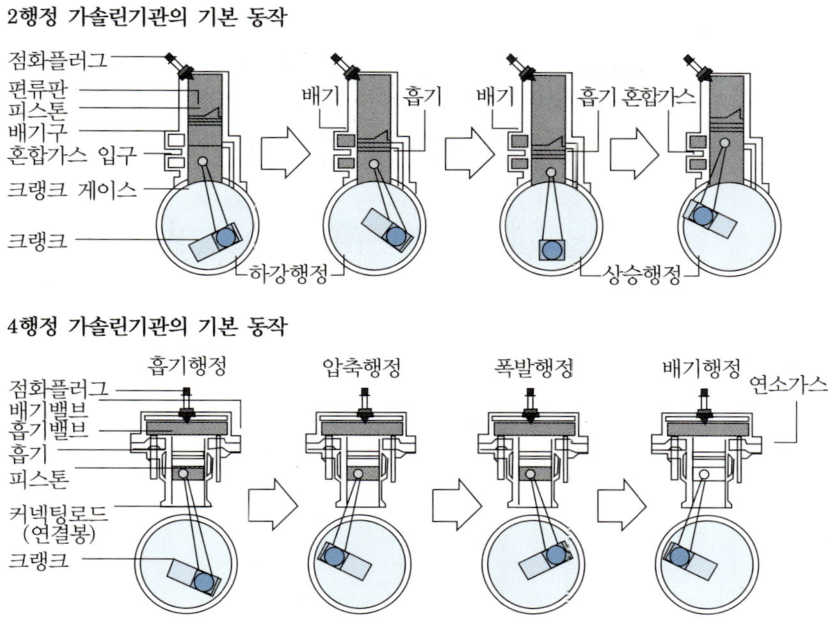

그림 1.9 왕복엔진

당 동력 발생이 크고, 진동과 소음이 작은 등 여러 가지로 매우 우수한 엔진이다. 그러나 이 엔진의 가장 큰 결함은 로터가 회전할 때 압축된 공간의 기밀을 유지하기 위해 케이스에 꼭 붙어서 움직이는데 이 부분의 윤활이 어렵고 또 윤활유가 섞여서 연소되므로 공해물질이 많이 배출된다는 점이다. 이 때문에 로터리 엔진은 2차대전 중 사용되다가 그 후 사라지게 된다. 그러나 최근 들어 가볍다는 이점 때문에 스포츠카에 종종 사용되고 있으며 스카이카의 엔진 후보로 거론되고 있다. 이와 같은 로터리 엔진은 피스톤 엔진과 마찬가지로 프로펠러를 구동하여 추진력을 얻는다.

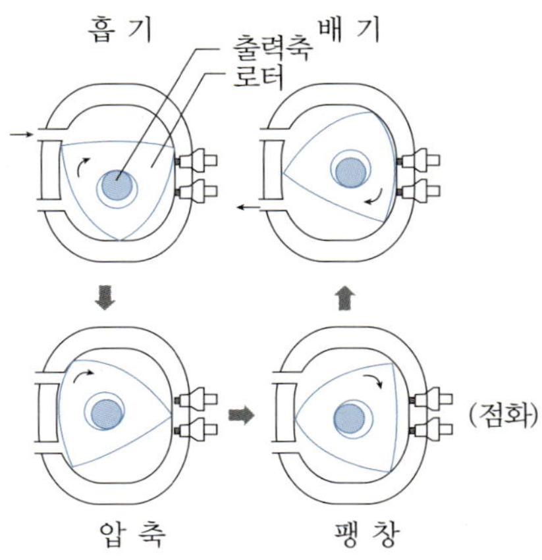

그림 1.10 로터리 엔진

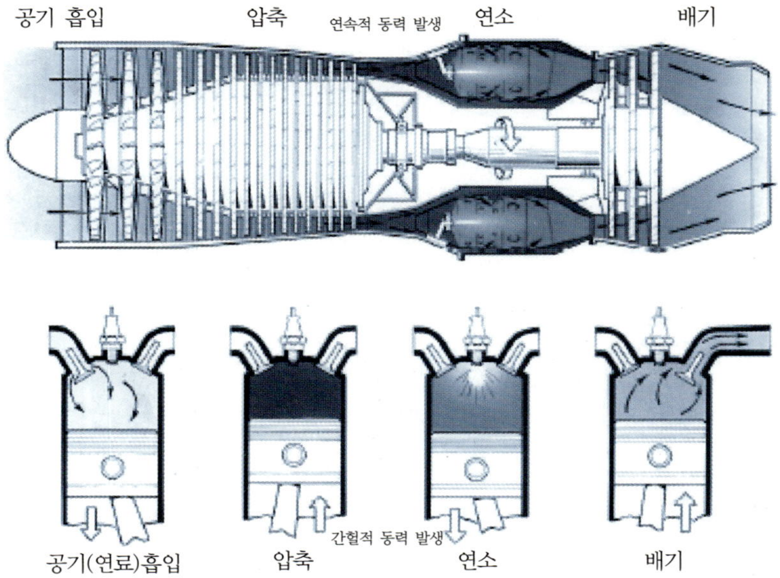

그림 1.11 왕복엔진과 가스터빈의 비교

초창기에 주로 사용되던 왕복엔진은 그 후 파워, 중량, 복잡성 등의 제한 때문에 밀려나고, 가스터빈 엔진이 주 엔진으로 자리잡게 된다. [그림 1.11]을 보면 두 엔진을 비교할 수 있다. 왕복엔진은 실린더에 공기가 흡입되면 피스톤이 상승하면서 압축이 되고, 그 다음 연료가 연소되면서 온도와 압력이 증가한 다음 피스톤이 하강하면서 팽창하게 된다. 이 팽창 과정에서 동력이 발생한다. 그 다음은 피스톤이 상승하면서 가스가 배출되고, 하강하면서 새로운 공기가 흡입되는 과정을 반복하게 된다. 가스 터빈에서는 흡입구를 통해 공기는 흡입되고, 압축기에서 압력이 증가한 다음 연소기에서 연료를 연소시키면서 온도가 상승한 후 터빈에서 팽창하면서 동력을 발생시키고 이후 가스는 배출된다.

이처럼 공기는 두 엔진 모두 유사한 과정을 거쳐 배출된다. 그러나 왕복엔진에서는 이러한 압축, 연소, 팽창 등의 과정이 하나의 공간에서 순서대로 반복되지만 가스터빈은 각 과정을 각각의 부분품이 나누어 수행함으로써 압축, 연소, 팽창 등의 모든 과정이 연속적으로 일어난다. 이러한 지속적인 과정의 발생과 많은 공기량을 통과시킬 수 있는 특징으로 인해 가스터빈은 왕복엔진에 비할 수 없는 큰 동력을 발생시킬 수 있다. 중량당 발생 동력이 크다는 점에서 가스터빈은 항공기용 엔진으로 자리를 잡게 되지만, 부품수가 많아지면서 제작비는 증가하게 된다. 가스터빈은 항공기의 추진기관 외에 배의 추진기관, 발전용, 펌프 구동용 등 다양한 용도로 사용되는데, 크게 터보제트, 터보팬, 터보프롭, 터보축 엔진으로 구분된다.

[그림 1.11]의 가스터빈과 같이 공기흡입구, 압축기, 연소기, 터빈, 노즐로 구성된 가스터빈이 터보제트 엔진이다. 연소가스의 에너지 중 일부는 터빈에서 팽창되면서 동력을 발생시키는데, 그 동력은 압축기를 구동하는데 필요한 만큼의 양이다. 그 나머지 에너지는 노즐에서 가속시켜 운동에너지로 바꾸는데, 결국 엔진의 역할은 연료를 이용하여 공기의 운동에너지를 증

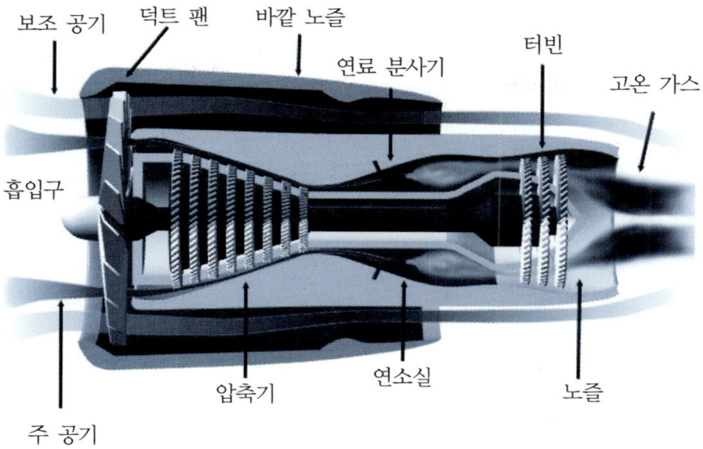

그림 1.12 터보제트와 터보팬의 비교

가시키는 것이다. 그 결과로 터보제트 엔진은 노즐 출구에서 빠른 제트를 분사하면서 추진력을 얻게 된다. 그러나 이 엔진은 저속에서 프로펠러나 다른 형태의 엔진에 비해 비효율적이어서 비교적 고속의 비행에 적합한 엔진이다. 추진의 비효율성과 빠른 제트로 인한 소음으로 인해 현재 초음속 비행을 하는 전투기에 주로 사용되고 있다. 그러나 저속에서도 작동에 아무 문제는 없으므로 작동 범위는 아주 넓다.

터보제트 엔진은 초음속 영역에서는 추진 효율이 뛰어나지만 아음속에서는 제트 출구속도가 너무 빨라서 높은 추진 효율을 구현하기가 어렵다. 이에 따라 고아음속이나 천음속 영역에서 터보제트 추진의 효율성을 개선하기 위해 고안된 것이 터보팬 엔진이다. [그림 1.12]를 보면 터보제트와 터보팬의 차이점을 살펴볼 수 있다. 터보팬 엔진에서는 팬을 압축기 앞에 위치시켜, 팬에서 공기를 가속시키고 그에 대한 반작용으로 추진력을 얻는 엔진이다. 이 팬은 추가로 설치된 터빈이 구동하게 된다. 터빈을 지나는 고온 가스는 이 경우에도 노즐을 통해 가속되면서 추진력을 발생시키지만 제트 속도는 터보제트에 비해 작다. 이렇게 함으로써 터보제트에 비해 추진시 공기유량은 증가하고 출구속도는 감소하여 추진 효율이 크게 개선된다. 특히 고아음속 영역에서 전체적인 효율이 크게 개선되고, 작은 연료 소모로 인해 배기가스도 감소하는 효과가 있다.

그리고 제트 속도의 감소로 소음이 감소하여 현재 거의 대부분의 여객기에는 터보팬 엔진이 사용되고 있다. 여기서 압축기를 지나 연소되는 공기에 대한 팬을 지나는 연소되지 않는 공기의 비를 바이패스비라고 하는데, 이 바이패스비가 작아져서 0이 되면 터보제트 엔진이 된다. 따라서 경제성을 중요시하는 여객기에는 바이패스비가 비교적 큰 엔진을 사용하고, 고속 비행을 요구하는 군용 항공기에서는 바이패스비가 작은 엔진을 사용하고 있다.

[그림 1.13]과 같이 프로펠러를 구동하는 가스발생기를 터보프롭 엔진이라 한다. 이때

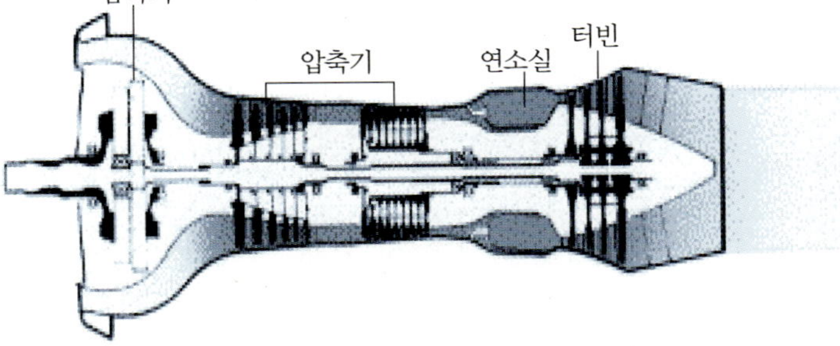

그림 1.13 터보프롭 엔진의 단면

70~90%의 추력은 프로펠러를 통해 발생하고, 나머지 10~30%의 추력은 가스발생기에서 배출하는 제트에서 발생한다. 이 프로펠러는 터보 팬의 팬보다 더 많은 공기량을 가속하는 대신 가속하는 정도는 작으므로 추진 효율이 우수하다. 그러나 프로펠러 블레이드가 큰 관계로 인해 느린 회전 속도를 위한 감속기가 필수적이고, 저아음속 비행에 적합한 엔진이다. 현재 400mph 이하의 비행속도를 가지는 소형항공기나 수송기용 엔진으로 주로 사용된다.

터보축 엔진은 터보프롭과 유사하나 동력이 프로펠러를 구동하는 대신 [그림 1.14]와 같이 축으로 전달되는 엔진이다. 대부분의 경우 터보축 엔진은 추력을 필요로 하지 않으므로 제트에 의한 추력을 발생시키지 않고 100% 축동력으로 발생시킨다. 이 엔진은 헬리콥터용으로 사용되고, 발전용, 펌프 구동용, 선박용 등 다른 용도로도 많이 활용되고 있다.

프롭팬(Propfan) 엔진은 터보프롭의 단점을 개선한 엔진으로 터보프롭과는 달리 프로펠러가 감속기가 없이 구동된다. 회전속도가 빨라짐에 따라 [그림 1.15]에서와 같이 프로펠러 지름은 작아지고, 상반각이 매우 큰 깃 형상을 택하는 등 기존의 프로펠러와는 크게 달라졌다. 이렇게 함으로써 좀더 빠른 비행속도인 고아음속 비행까지 가능해졌다. 그런 점에서 이 엔진은 터보프롭보다는 터보팬 엔진의 경쟁 기종으로 볼 수 있다. 프롭팬 엔진은 추진 효율면에서 터보팬보다 우수한 것으로 알려져 있다. 그러나 터보팬에 비해 소음이 심하여 상용화되지 못하

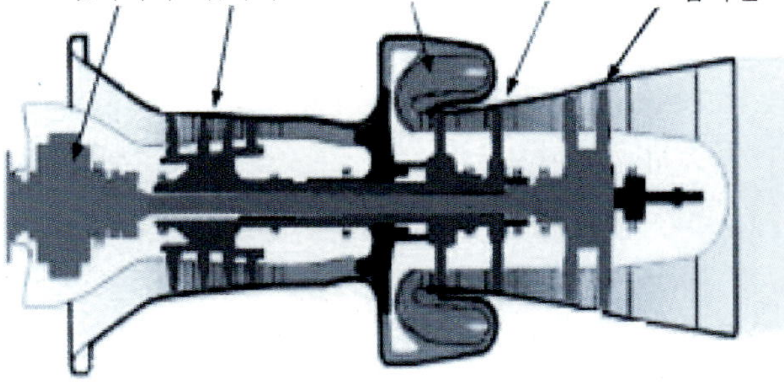

그림 1.14 터보축 엔진의 단면

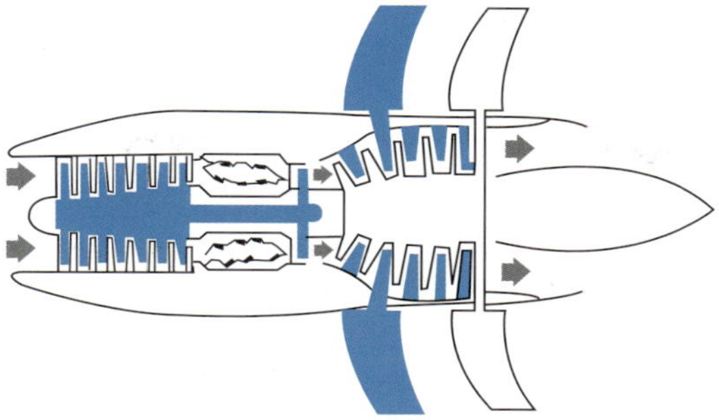

그림 1.15 프롭팬 엔진의 개념도 및 프롭팬이 탑재된 항공기 사진

고 한동안 관심 밖으로 밀려났으나, 최근 들어 소음을 감소시킬 수 있는 기술의 발전과 함께 프롭팬은 다시 재조명되고 있다.

램제트(Ramjet) 엔진은 공기의 속도가 감소하면서 압력이 증가하는 램효과에 의한 압축만으로 충분한 속도인 초음속 비행(마하수 3~5)에 적합한 엔진이다. 그래서 램제트 엔진은 압축기가 필요없게 되고 따라서 터빈이 없어도 된다. 그러므로 [그림 1.16]에서 보는 바와 같이 회전하는 콤포넌트가 없이 디퓨저, 연소실, 노즐로 구성된 아주 단순한 구조로 된 엔진이다. 엔진에 빠른 속도로 유입되는 디퓨저에서 속도가 줄어드는 대신 압력이 증가한다. 압축된 공기는 연소기를 지나면서 연소되어 온도가 크게 증가하고, 노즐을 지나면서 가속되어 빠른 속도로 분출되는데 그 결과로 추력이 발생한다. 이러한 램제트 엔진은 가장 단순하고 가벼운 엔진

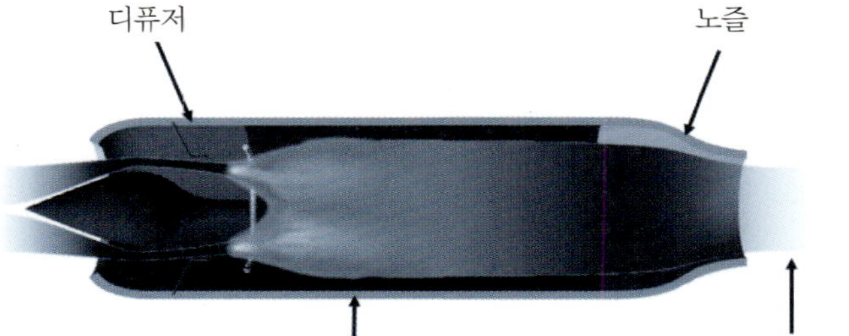

그림 1.16 램제트 엔진의 모형

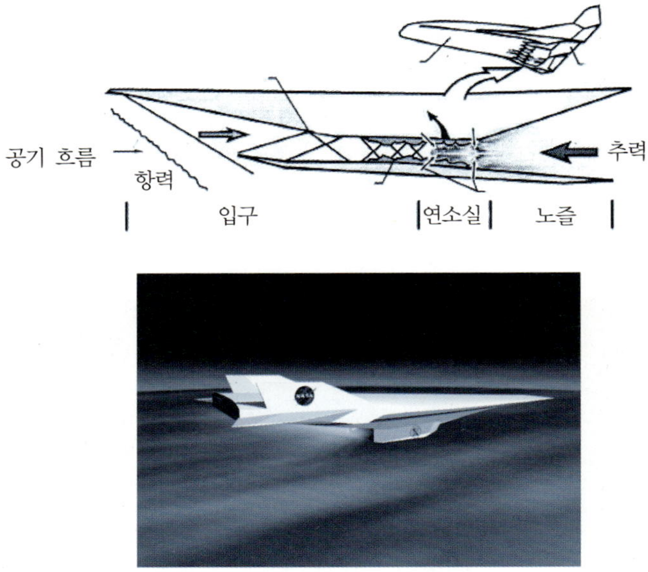

그림 1.17 스크램제트 엔진을 탑재한 Hyper-X

이지만 낮은 속도에서는 작동이 되지 않아 자체적으로 출발을 할 수 없는 큰 문제점을 안고 있다. 따라서 초음속이 될 때까지 가속시켜 줄 수 있는 다른 형태의 엔진이 필요하다. 그래서 보통은 터보-램제트나 로켓-램제트 같은 혼합형 엔진 형태로 사용을 하게 된다.

보통 램제트 엔진은 아음속에서 연소가 이루어진다. 그러나 비행속도가 더 빨라질 경우, 즉 아음속으로의 감속시의 압력증가가 효율적인 램제트 엔진보다 필요 없을 만큼 클 때 굳이 아음속까지 감속시킬 이유는 없다. 아음속까지 감속시킬 때 감속 과정에서 큰 압력손실이 발생할 수 있고, 온도가 상승하여 구조의 안정성을 위협하거나 재료와 냉각기술 등에서 많은 문제가 발생할 수 있다. 이 경우 초음속 상태에서 연소를 시킬 필요가 있는데 이를 SCRAM(Supersonic Combustion Ramjet) 제트 엔진이라고 한다. 이 엔진은 저궤도 비행에 적합하며, X-30 NASP(National Aerospace Plane) 및 [그림 1.17]의 hyper-X와 같은 마하수 5 이상의 비행에 사용된다. 이 경우 이온화와 해리가 발생하여 효율은 많이 저하될 수 있다.

[그림 1.18]에서 터보제트와 램제트 스크램제트의 개념과 적합한 비행속도를 비교할 수 있다. 그리고 맥동의 원리를 이용한 펄스제트 엔진이 있으나 널리 사용되지는 않고 있다.

2) 로켓

로켓은 산화제와 추진제를 모두 비행체에 탑재해 다닌다는 점에서 공기흡입기관과 구별된다. 따라서 로켓은 공기 중에서 뿐만 아니라 공기가 없는 우주에서도 추진기관의 역할을 할 수 있다. 로켓은 여러 가지 방법으로 구분할 수 있지만 화학연료를 사용하느냐의 여부에 따라 화

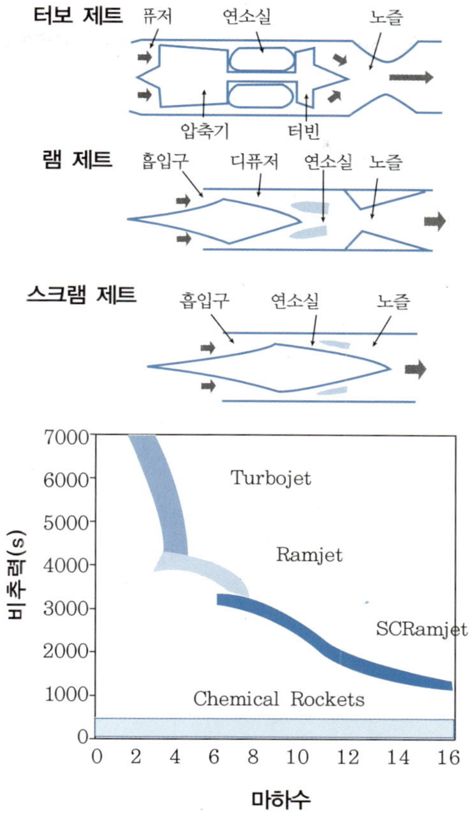

그림 1.18 터보제트, 램제트, 스크램제트의 비교

학로켓과 비화학로켓으로 구분된다. 그리고 화학로켓은 액체로켓과 고체로켓으로 구분된다.

[그림 1.19]와 같은 고체로켓은 가장 단순한 추진기관이라 할 수 있다. 고체로켓은 산화제와 연료가 미리 혼합되어 만들어진 고체 형태의 추진제를 중심으로, 케이스, 노즐 점화기 등으로 구성된다. 고체추진제를 점화하면 고온고압의 연소가스가 발생하는데, 이 가스가 고속으로 노즐을 빠져나가면서 추력이 발생한다. 고체로켓은 움직이는 파트가 거의 없어 신뢰성이 높고, 단순하다는 장점 외에도 추진제를 제외한 나머지 부분이 아주 작다는 장점도 있다. 그러나 연소가스량의 조절이 용이하지 않으므로 추력 조절이 어렵고, 연소를 중지시키거나 다시 시작하기가 매우 어려운 단점이 있다. 그러므로 주로 미리 계획된 비행에만 사용되는데, 현재 군사용 미사일에 많이 쓰이고 있고, 소형 발사체용으로 사용되며, 액체로켓 엔진을 주로 사용하는 대형 발사체에서는 부스터로 사용된다. 그리고 과학탐사 로켓 및 각종 상단 로켓으로도 많이 사용된다.

반면에 액체로켓 엔진은 [그림 1.20]과 같이 추진제 탱크, 터보펌프 및 엔진 연소실과 노즐 등으로 구성되어 있다. 추진제 탱크는 산화제와 연료를 저장하는 탱크가 따로 있으며 터보펌프를 통해 액체 형태의 산화제와 연료가 연소실로 공급된다. 산화제와 연료는 연소실에서 기화되고 연소되어서 고온고압의 가스를 만들고, 이 가스는 노즐을 통해 팽창하면서 가속되어

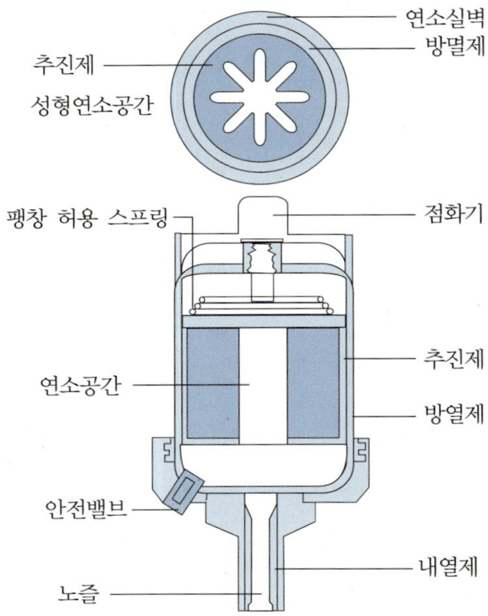

그림 1.19 고체로켓 모델

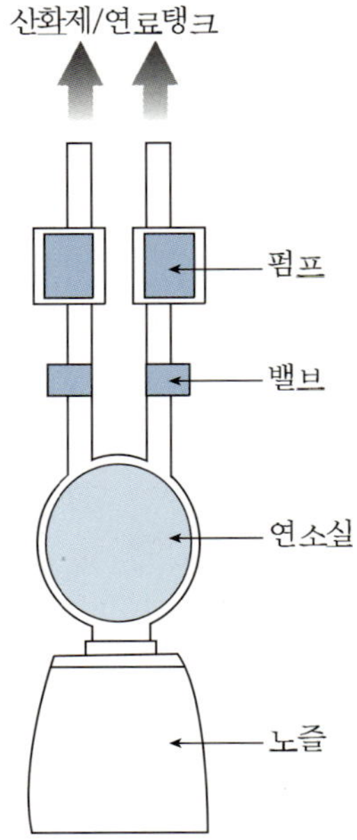

그림 1.20 액체로켓 엔진 모델

추력을 발생시킨다. 이처럼 액체로켓 엔진은 고체로켓보다 매우 복잡해지고, 더 무거워지는 대신 연료량을 펌프로 조절할 수 있어 속도 변화를 자유자재로 할 수 있다. 대형 발사체의 주 엔진은 거의 액체로켓 엔진을 고체로켓 부스터와 함께 사용한다. 액체로켓 엔진이 소형으로 사용될 때에는 연료와 산화제를 터보펌프로 공급하는 대신 연료탱크와 산화제 탱크를 가압해 두었다가 밸브만 열어주면 연료와 산화제가 공급되는 방법이 주로 사용된다.

그리고 비화학 로켓에는 핵로켓, 전기로켓, 레이저로켓 등 다양한 종류가 있으나 대부분 작은 추력이 소요되는 곳에 사용된다. 핵로켓은 연료의 연소 대신 핵반응로에서 발생한 열로 추진제를 가열한다. 그러므로 추진제 탱크, 추진제를 공급하는 펌프, 핵반응 가열기 및 노즐로 구성되어 있다.

전기추진은 다시 전기가열로켓, 전자기로켓 및 정전기로켓으로 구분한다. 전기가열로켓은 추진제를 전기에너지로 가열한다. 이렇게 가열하는 방법 중 하나는 전기로 아크를 발생시키고, 그 사이로 추진제를 통과시켜 가열하는 방법이다. 또 하나의 방법은 전기로 가열된 주위로 추진제를 통과시키면서 가열하는 방법이다. 이렇게 가열된 추진제는 노즐에서 팽창하면서 추진력을 발생한다. 전자기로켓은 플라즈마로켓이라고도 하는데, 추진제는 이온화되어 플라즈마를 형성하고 그 다음 전자기장 내에서 가속되면서 추진력을 발생시킨다. 그리고 정전기로켓은 이온로켓이라고도 하는데, 추진제 원자들에서 전자를 제거하여 이온화를 시킨 다음 전극을 향해 가속되도록 한 로켓이다. 이러한 전기로켓에서 제트의 속도는 화학로켓보다 훨씬 빠르지만 질량이 작은 관계로 추력이 작다. 따라서 자세나 위치 제어 등에 주로 사용되며,

NASA의 Deep Space One에 사용되었다.

레이저로켓에서는 강력한 에너지를 가진 레이저 빔이 추진제를 고온으로 가열시키고, 가열된 추진제는 노즐에서 가속되어 빠른 속도로 분출되면서 추진력을 발생한다.

그리고 solar sail은 우주공간에서의 이동을 위해 고안된 것으로, 태양광의 복사압을 추진력으로 활용하는 방법이다. 태양광의 복사압은 아주 미약하므로 태양광을 반사시키기 위한 아주 얇고, 가벼우면서 매우 큰 sail을 활용한다. 이 방법의 큰 장점은 추진제가 따로 필요 없으므로 수명이 길다는 점이다. 그러나 불행하게도 태양광의 반대 방향으로는 움직일 수 없다는 점이다. 이와 같은 solar sail을 비롯해 빔에너지 추진, 이온 추진, 반물질 추진 등이 미래의 추진 방법으로 고려되고 있다.

3) 혼합형 엔진

혼합형 엔진은 대기권 안과 밖에서, 그리고 넓은 속도 범위에서 추진 효율을 높이거나 연료소모율을 줄이기 위해 여러 형태의 엔진을 복합적으로 적용한 것이다. 먼저 터보램제트 엔진은 이륙부터 저초음속 영역까지는 터보제트 엔진 모드로 작동되다가 고초음속 영역으로 가면 램제트 엔진 모드로 전환되는 엔진이다. PW J58 터보램제트 엔진은 concorde의 엔진과 록히드의 SR71 blackbird의 엔진으로 사용되었다. [그림 1.21]은 여러 가지 모드로 작동할 수 있는 터보램제트의 모델을 나타내고 있다.

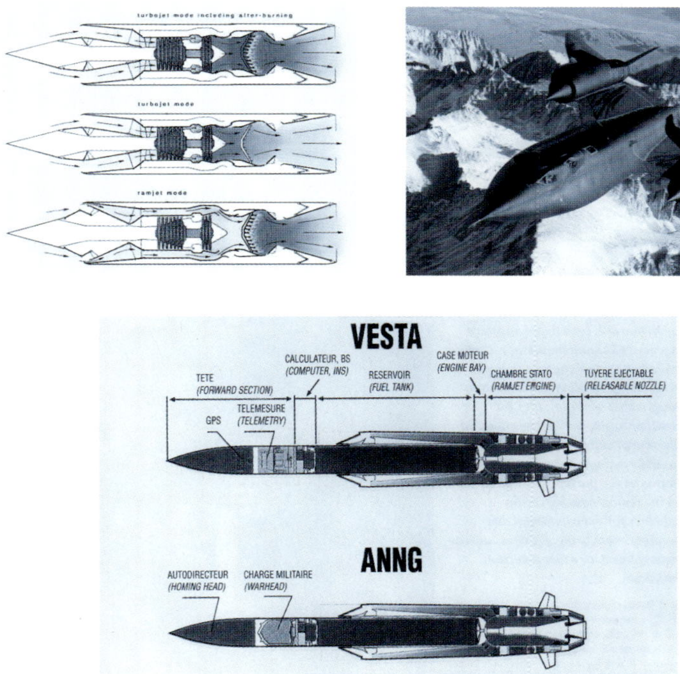

그림 1.21 여러 가지 모드로 작동할 수 있는 터보램제트의 모델

참고문헌

1. 한영민, 조남경, 박성진, 이수용, 이대성, 『KSR-III 주엔진 연소시험 Cyclogram에 대한 고찰』, 한국추진공학회지, 제6권, 제3호, 2002, pp.19-27.
2. 최환석, 문윤환, 최정열, 『유한속도 화학반응을 고려한 초음속 로켓의 플룸 유동장 해석』, 한국항공우주공학회 추계학술발표회 논문집, 세종대학교, 2001, pp. 674-677.
3. 이형진, 『장착 램제트 엔진의 예비 설계 및 성능 해석』, 석사학위논문, 서울대학교, 2004.
4. Harrje, D. J. and Reardon, F. H., *Liquid Propellant Rocket Instability* NASA SP-194, 1972.
5. Webster, F. F., *Liquid Fueled Integral Rocket Ramjet Technology* Review, AIAA 1978-1108, AIAA/ASME/SAE/ASEE 14th Joint Propulsion Conference, Las Vegas, Nevada, July 25-27, 1978.
6. Rodi, P. E., Emami, S. and Trexler, C. A., Unsteady Pressure Behavior in a Ramjet/Scramjet Inlet, *Journal of Propulsionand Power*, Vol.12, No.3, May-June, 1996, pp.486-493.
7. Sutton, G. P., *Rocket Propulsion Elements*, 7thed., John Wiley&Sons Inc., 1992.
8. Mahoney, J. J., *Inlets for Supersonic Missiles* (AIAA Education Series), AIAA, WashingtonD.C., 1990.

Chapter 02

프로펠러 추진기관과 동력장치

가솔린 엔진에 프로펠러를 장착한 라이트 형제의 플라이어 1호가 인류 최초로 동력비행에 성공한 이래로 지금까지 프로펠러는 항공추진 시스템에 널리 사용되고 있다. 프로펠러는 왕복기관 또는 터보프롭 엔진의 회전력을 이용하여 항공기가 필요로 하는 추력으로 변환시킨다. 이 장에서는 프로펠러의 구조, 작동원리를 알아보고 프로펠러의 주요 성능 인자와 해석 기법에 대해서 설명한다.

2.1 프로펠러 구조

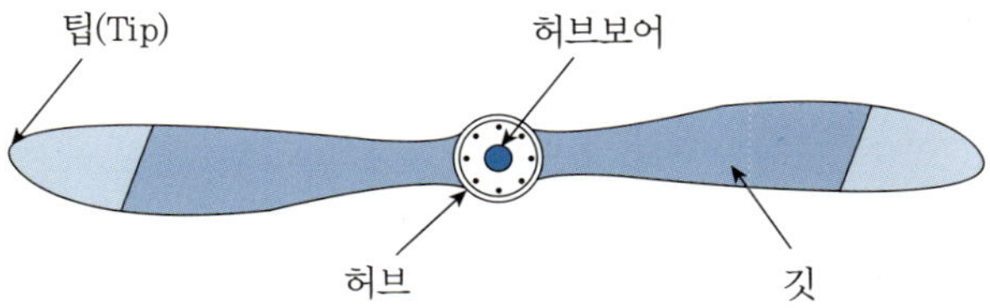

그림 2.1 고정 피치 목재 프로펠러, www.woodenpropeller.com

프로펠러는 [그림 2.1]과 같이 추력을 만드는 깃(Blade)과 프로펠러 구동장치의 축에 연결시키는 장착대(Bracket) 역할을 하는 허브(Hub)로 구성되어 있다. 허브는 깃들을 연결하며, [그림 2.1]과 같이 허브와 깃이 일체형인 것을 고정 피치 프로펠러라 한다. 허브와 깃이 분리되는 것으로는 조정 피치 프로펠러 또는 가변 피치 프로펠러가 있다.

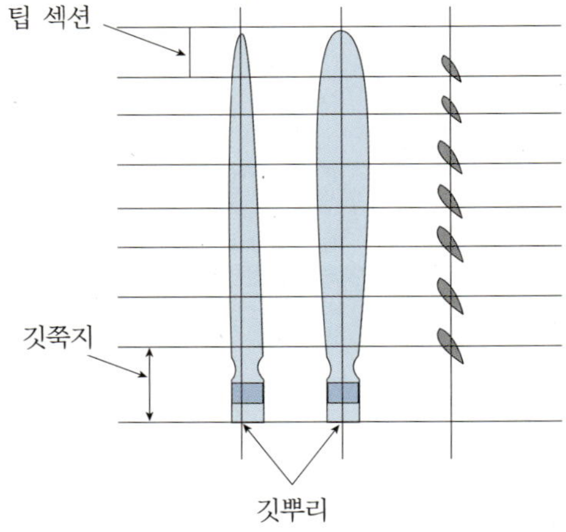

그림 2.2 프로펠러 구조, 한국항공우주연구원 카리스쿨

[그림 2.1]에서 깃의 끝을 깃끝(Blade Tip)이라고 하며, [그림 2.2]와 같이 허브와 연결되는 깃부분을 깃뿌리(Blade Butt)라 한다. 깃쭉지(Blade Shank)는 깃뿌리와 인접한 부분을 말하며 강도를 높여주기 위해 단면적이 크고 단면이 원형으로 이루어져 있다. 깃 스테이션(Blade Station)은 프로펠러의 허브 중심으로 거리 또는 프로펠러 반경의 비를 말하며, 다른 말로는 반경 방향이라 하며 % 단위를 사용한다. 깃쭉지는 추력이 거의 발생하지 않으며, 일반적으로 프로펠러 중심에서 반경 방향 30% 이상인 영역에서만 발생하는 추력의 합을 프로펠러 추력이라 말한다. 예외적으로 더 많은 추력을 내기 위하여 깃끝(Blade Tip)에서 허브까지 에어포일 형상으로 되어 있는 것도 있으나 원래 추력 대비 추력 증가량은 거의 미비하다. 또한 [그림 2.3]과 같이 깃쭉지에 에어포일 형상을 한 금속의 얇은 판으로 된 커프는 카울링(cowling) 같은 기능을 하여 구동장치의 냉각을 돕는다. 프로펠러의 깃각(Blade Angle)은 항공기 날개의 붙임각과 같은 것으로서 프로펠러의 회전면(Disk)과 깃 단면 에어포일의 시위선이 이루는 각이다. 깃

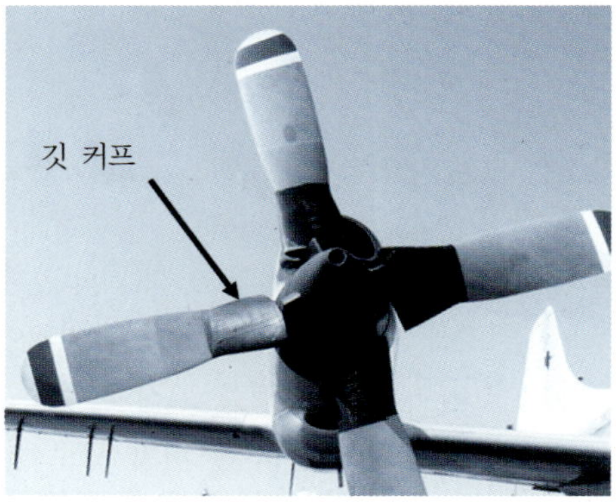

그림 2.3 깃 커프, www.wikipedia.com

각은 반경 방향에 따라 다르며 깃뿌리에서 깃끝으로 갈수록 작아진다. 프로펠러를 대표하는 깃각은 특별히 지정하지 않는 경우에는 일반적으로 반경 방향 75%인 곳에서의 깃각으로 한다.

2.2 프로펠러 추진원리

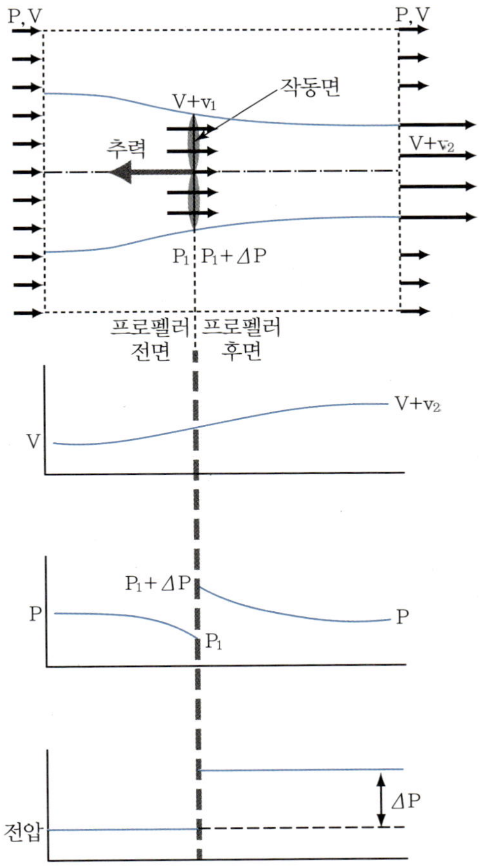

그림 2.4 운동량 이론과 이때의 공기 흐름 특성, 인하대학교 분사추진실험실

프로펠러 추진원리는 반작용에 의해 발생하는 것으로 이를 처음 증명한 사람이 Rankine이며, 추진의 기본원리는 회전면을 통과하는 공기를 가속시키는 것에 있다고 하였다. 즉 [그림 2.4]와 같이 점선의 시스템 입구의 Free Stream이 프로펠러를 거치면서 속도가 빨라져 점선의 시스템 출구에서 공기의 운동량이 증가하게 되고, 이 운동량 변화에 대한 반작용으로 추력이 발생한다. 이를 Rankine과 Froude가 정리하여 운동량 이론(Momentum Theory)을 확립하였고, 이 운동량 이론을 통해 프로펠러의 전반적인 특성을 이해할 수 있다.

운동량 이론은 공기를 비압축성·비점성의 완전 기체로 가정하였다. 또한 프로펠러 회전면을 통과한 공기 흐름 속도를 균일하게 만드는 무한개의 깃을 가진 작동면(Actuator Disk)을 도입하였다. [그림 2.4]의 프로펠러 시스템의 유동장 분포를 보면 시스템 입구의 Free Stream의 속도와 압력은 각각 V, P 이라면, 공기 흐름이 프로펠러 작동면 앞으로 다가갈수록 속도는 계속 증가하여 작동면에서는 속도가 $V+v_1$에 도달한다. 이때 압력은 P_1까지 감소한다. 이때 프로펠러 작동면을 통과하면서 프로펠러 회전 운동에 의해 공기 흐름에 에너지를 증가시켜 압력은 ΔP만큼 상승하게 된다. 프로펠러 작동면 후면에서부터 다시 압력이 감소하면서 속도가 증가하여 프로펠러 작동면으로부터 멀리 떨어진 곳(시스템 출구), 즉 압력이 Free Stream 압력 P까지 감소하는 지역에서는 공기 속도가 $V+v_2$가 된다. [그림 2.4]의 그래프는 앞에서 언급한 프로펠러 시스템에서 유동장의 속도와 압력변화를 보여주는 것으로, 속도는 연속적으로 변하지만 압력은 프로펠러에 의해 비연속적으로 변화함을 알 수 있다.

운동량 이론에서는 압력과 속도와의 관계는 앞에서 설명했듯이 공기를 완전기체로 가정하였기 때문에 베르누이 방정식을 적용하여 계산할 수 있다. 만약 프로펠러를 지나는 유동장이 고속인 경우 완전 기체 적용이 어려워져 운동량 이론은 실제와 많은 차이를 나타날 수 있음을 유의해야 한다. 프로펠러 작동면 전면과 후면에 압력과 속도 관계식은 다음과 같이 두 식으로 나누어진다. 이는 공기가 프로펠러 작동면을 지나면서 에너지를 받아 증가하게 되므로 프로펠러 작동면 전면과 후면을 기준으로 두 개의 시스템으로 분리해야만 베르누이 방정식이 적용가능하기 때문이다.

1) 프로펠러 작동면 전면

$$P + \frac{\rho V^2}{2} = P_1 + \frac{\rho(V+v_1)^2}{2} \tag{2.1}$$

2) 프로펠러 작동면 후면

$$P_1 + \Delta P + \frac{\rho(V+v_1)^2}{2} = P + \frac{\rho(V+v_2)^2}{2} \tag{2.2}$$

프로펠러 작동면의 전후면에서의 평균압력변화량은 식 (2.1)과 식 (2.2)를 이용하여 정리하면 아래와 같다.

$$\Delta P = \left(P + \frac{\rho(V+v_2)^2}{2}\right) - \left(P + \frac{\rho V^2}{2}\right) = \rho\left(V + \frac{v_2}{2}\right)v_2 \tag{2.3}$$

프로펠러의 추력은 프로펠러 회전면의 면적과 압력차에 의해 결정되며 다음과 같다.

$$T = A \Delta P \tag{2.4}$$

식 (2.4)에 식 (2.3)을 대입하면 프로펠러 추력은 아래와 같다.

$$T = A\rho \left(V + \frac{v_2}{2} \right) v_2 \tag{2.5}$$

또한, 프로펠러 추력은 뉴턴의 2법칙을 이용하여 계산할 수 있으며, 아래와 같다.

$$T = ma = m\frac{dV}{dt} = \dot{m} dV = A\rho(V + v_1) v_2 \tag{2.6}$$

가속도는 속도에 대한 시간미분이고 질유량은 질량에 대한 시간미분이므로 식 (2.6)의 가장 우변에 있는 식으로 추력을 계산할 수 있다. 식 (2.5)와 식 (2.6)을 이용하면 v_1와 v_2의 관계식을 구할 수 있으며, 아래와 같다.

$$v_2 = 2v_1 \tag{2.7}$$

이상적인 프로펠러 효율은 아래와 같이 정의된다.

$$\eta_{ideal} = \frac{Output}{Input} = \frac{Thrust \times Velocity}{Total\ Work\ Done} = \frac{V}{V + v_1} \tag{2.8}$$

이와 같은 이상적인 프로펠러 효율은 공기의 회전에 의한 에너지 손실과 프로펠러 깃의 형상항력 손실 등 모든 손실을 고려하지 않은 것으로 프로펠러의 최대 효율을 정의해 준다. 식 (2.6), (2.7), (2.8)을 정리하면 v_1가 없어진 다음과 같은 식으로 정리된다.

$$\frac{T}{2\rho V^2 A} = \frac{1 - \eta_{ideal}}{\eta_{ideal}^2} \tag{2.9}$$

식 (2.9)는 이상적인 효율과 프로펠러의 주요 특성과의 관계를 나타내는 것으로, 정리하면 다음과 같다.

1) 추력 증가는 효율을 감소시킨다.
2) 비행속도 감소는 효율을 감소시킨다.
3) 프로펠러 회전면의 감소는 효율을 감소시킨다.

[그림 2.5]는 프로펠러의 주요 특성의 무차원 비와 효율과의 그래프로 이상적인 효율과 실제 효율을 비교한 결과이다. 이상적인 효율과 실제 효율은 많은 차이가 있는데, 이는 앞에서 설명한 에너지 손실, 프로펠러 형상손실, 반경 방향에 따른 불균일한 추력에 의한 손실, 깃들 간의 손실, 압축성 효과에 따른 항력증가에 의한 손실 때문이다.

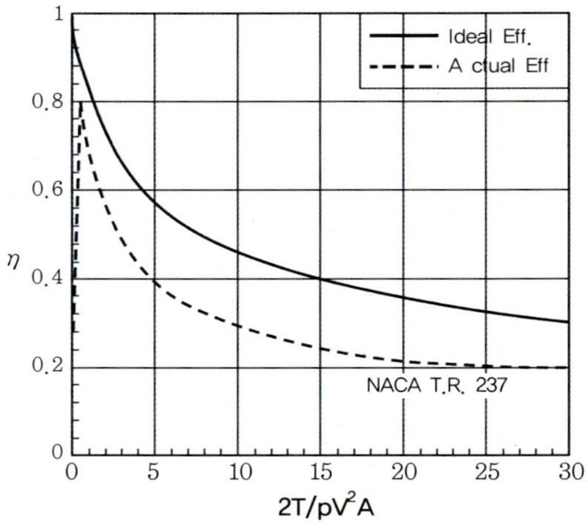

그림 2.5 무차원 비 $T/(\frac{1}{2}\rho\ V^2\ A)$에 따른 이상적인 효율과 실제 효율 변화, Airplane Propeller Principles

[그림 2.6]은 비행시 프로펠러에 작용하는 힘의 요소이며 설계시 구조적으로 고려해야 할 사항이다. 원심력은 회전에 의해 발생하며 프로펠러에 인장 응력을 발생시킨다. 비틀림은 깃 자체에 공기 합성력이 프로펠러 중심축을 통과하지 않기 때문에 발생하며 비틀림 응력이 유발한다. 원심 비틀림은 깃각을 작게 하려는 힘이며, 일부 프로펠러에 깃각을 낮추기 위해 원심 비틀림을 이용한다. 추력은 공기에 의해 발생하는 힘으로 비행기의 진행 방향과 평행이며 프로펠러에 굽힘 응력을 발생시킨다.

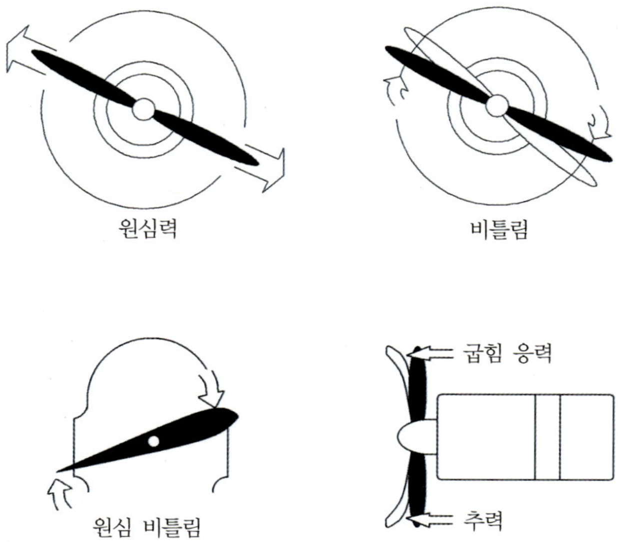

그림 2.6 비행시 프로펠러에 작용하는 힘, 항공기기관

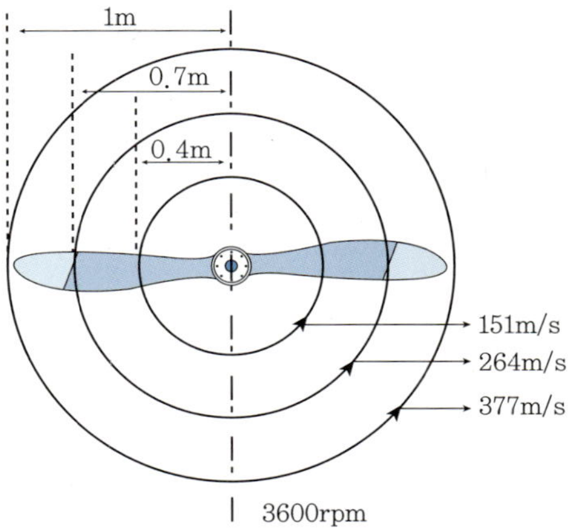

그림 2.7 깃 허브에서 팁까지 속도 분포, 인하대학교 분사추진실험실

프로펠러는 [그림 2.7]과 같이 회전에 의해 선속도는 2π nr이므로 허브에서 팁으로 갈수록 선속도와 합성속도가 빨라진다. 합성속도는 비행속도와 회전 선속도의 합력 성분이며, [그림 2.24]에 깃 단면의 상호관계가 잘 나타나 있다. [그림 2.7]과 같이 회전수가 3600rpm인 경우 회전 선속도는 반경이 1m에서 음속에 도달하였고, 반경이 0.4, 0.7m인 경우는 음속에 도달하지 않았다. 여기에 비행속도까지 더해진 합성속도를 고려하면 음속을 넘은 깃의 범위는 더욱 넓어진다. 만약 프로펠러 팁 합성속도가 음속에 가깝게 되면 프로펠러에 진동을 발생시키며 과도한 응력의 원인이 된다. 또한 깃의 단면인 에어포일에서 충격파가 발생할 수 있어 프로펠러 성능은 급격하게 떨어지게 된다. 이러한 문제는 프로펠러 직경을 감소시키고 깃의 개수를 증가시켜 개선할 수 있다.

2.3 프로펠러의 종류

프로펠러의 분류 방법에는 여러 가지가 있다. 사용 재료에 따라 목재, 금속재, 복합 재료 프로펠러로 나누어지며, 깃 수에 따라 2엽, 3엽, 4엽 프로펠러 등으로 구분된다. 또한 장착 방법에 따라 끄는형(Tractor), 미는형(Pusher), 이중반전식 및 앞뒤형 등으로 분류된다.

1) 끄는형 프로펠러

[그림 2.8]과 같이 끄는형 프로펠러는 기관 앞에 장착된 것으로 대부분의 프로펠러 추진시스템에 적용되고 있다. 끄는형 프로펠러는 흐름이 균일한 공기 속에서 회전하기 때문에 프로펠러에 응력이 비교적 적게 생기고 미는형보다 효율이 높은 장점이 있다. 또한 엔진의 냉각 효율이 우수하다는 장점이 있다.

그림 2.8 끄는형 프로펠러를 사용한 세스나사의 Skyhawk, www.cessna.com

2) 미는형 프로펠러

그림 2.9 미는형 프로펠러를 사용한 한국항공우주연구원의 반디호, www.lg-si.net

[그림 2.9]와 같이 미는형 프로펠러는 기관 뒤에 장착된 것으로 수상 항공기나 수륙 양용 항공기 등에 사용된다. 미는형 프로펠러는 조종사의 시계가 좋고 동체의 길이를 짧게 할 수 있는 장점이 있다. 단점으로 돌, 자갈 등 작은 이물질이 프로펠러 속으로 들어가기 쉬워 끄는형 프로펠러보다 손상이 더 많고 프로펠러 동력장치의 배기가스가 프로펠러에 유입되어 효율이 감소된다.

3) 이중반전식 프로펠러

그림 2.10 이중반전식 프로펠러를 사용하는 러시아의 AN-70

[그림 2.10]과 같이 이중반전식 프로펠러는 같은 직경을 가진 2개의 프로펠러를 서로 반대 방향으로 회전시키는 기어박스를 통해 하나의 동력장치로 구동되어 추력을 발생시킨다. 이중반전식 프로펠러는 2개의 프로펠러보다 비교적 높은 추진 효율과 더 큰 공기 분사 속도를 가진다. 그러나 기어박스가 복잡하고 제작이 어렵다는 문제점이 있다.

프로펠러는 피치 변경 방법에 따라 고정피치, 조정피치, 가변피치로 구분된다.

1) 고정피치 프로펠러

고정피치 프로펠러는 허브와 깃이 일체형으로 제작되며, 일반적으로 깃은 2개로 구성되어 있다. 주요 소재로는 목재나 복합재료가 사용되며, 소형 항공기에 널리 사용된다.

2) 조정피치 프로펠러

조정피치 프로펠러는 지상에 정지 상태에서 피치를 조정할 수 있다. 이러한 조정피치 프로펠러는 보통 허브를 분해할 수 있게 되어 있으며, 피치 조정을 할 때 기관으로부터 프로펠러를 장탈해야 하는 것과 장탈하지 않는 것도 있다.

3) 가변피치 프로펠러

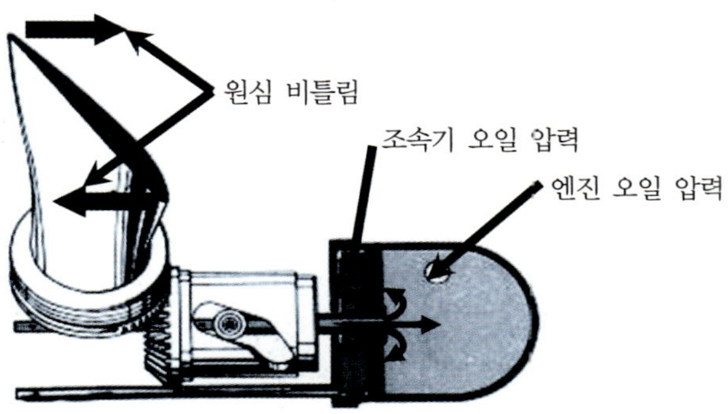

그림 2.11 유압식 조속기, www.thaitechnics.com

가변피치 프로펠러는 비행 중에 조종사가 임의로 또는 자동적으로 깃각을 변경시킬 수 있는 프로펠러이며, 이단 가변피치 프로펠러와 정속 프로펠러가 있다. 이단 가변피치 프로펠러는 저피치와 고피치인 두 개의 피치를 조종사가 선택할 수 있다. 정속 프로펠러는 대형기에 많이 사용되는 것으로 기관의 회전속도를 일정하게 유지할 수 있도록 프로펠러 조속기(governor)를 이용하여 깃각을 자동적으로 변화시킨다. 깃각은 유압식이나 전기식으로 작동되는 조속기에 의해 조정되며, [그림 2.11]은 대표적으로 사용되는 유압식 조속기로 작동기 오일 유압과 엔진 오일의 압력차에 발생한 힘으로 깃각을 변화시킨다.

비행 중 기관 고장으로 정지되었을 때 풍차회전(windmilling)으로 인한 프로펠러의 회전을 중지시키기 위해 [그림 2.12]와 같이 깃각이 직각이 되도록 프로펠러 깃각을 증가시키는 것을 페더링(feathering)이라고 한다. 페더링함으로써 얻는 장점은 항공기 주날개와 꼬리날개에 공기 흐름의 항력과 교란을 줄여 비행 조종을 원활하게 한다. 더욱이 기관내부 파손으로 고장이 났을 경우 기관에 추가 손상을 방지하고 항공기의 구조를 손상시킬 수 있는 진동을 제거해 비상 착륙 지점까지 더욱 안전한 비행을 할 수 있게 한다.

그림 2.12 두 개의 프로펠러 중 하나가 페더링된 경우, www.airliners.net

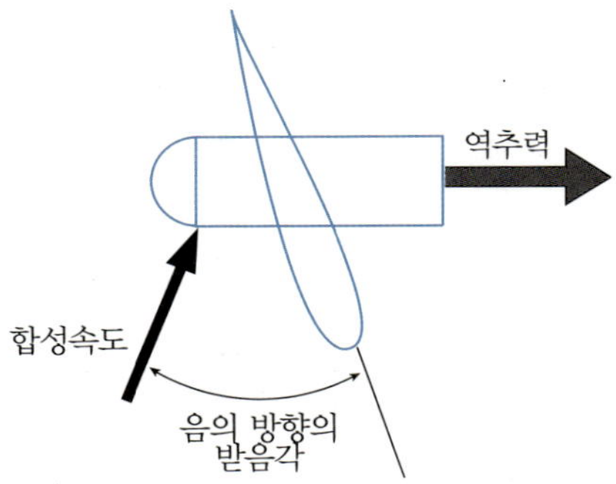

그림 2.13 역추력을 발생시키는 깃각의 상태, 인하대학교 분사추진실험실

착륙거리를 짧게 하기 위해 [그림 2.13]과 같이 깃각을 음의 방향으로 가변시켜 양력이 비행 방향과 반대 방향이 되도록 하여 역추력을 발생시킨다. 이를 통해 제동 장치와 타이어의 수명을 증가시키며 대부분의 왕복기관이나 터보프롭 기관을 장착한 항공기 착륙 시에 역추력이 사용된다.

2.4 프로펠러 동력장치

프로펠러는 내연기관, 터보프롭 기관, 전기모터로부터 회전동력을 전달받아 회전하여 항공기의 추진에 필요한 추력을 발생시킨다. 내연기관 중 왕복기관은 실린더 배열 방식에 따라 [그림 2.14]와 같이 직렬형, 수평 대향형, V형, 성형 등으로 구분된다. 이 중 [그림 2.15]는 현재 경항공기에 사용되는 수평 대향형 왕복기관이며 [그림 2.16]과 같은 성형 왕복기관은 과거 가스터빈이 개발되기 전에 주로 사용되었으나 현재는 터보프롭으로 대체되었다.

내연기관의 로터리 엔진은 [그림 2.17]과 같이 삼각형 모양의 로터가 누에고치 모양의 케이

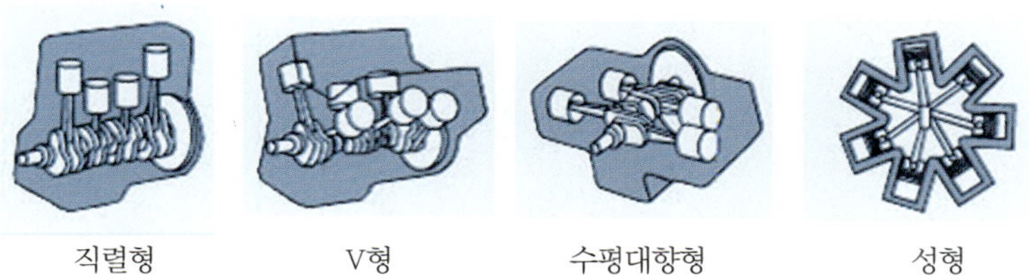

그림 2.14 실린더 배열 방법에 따른 왕복기관의 종류

그림 2.15 세스나 Skyhawk에 사용되는 수평대향형 왕복기관, www.lycoming.textron.com

그림 2.16 BMW사의 성형 왕복기관, www.wikipedia.com

스 속에서 편심 회전하면서 회전동력을 발생하는 형태의 기관이며, 독일의 Wankel에 의해 개발되었다. [그림 2.17]과 같이 로터리 엔진은 로터가 회전하는 동안 흡입, 압축, 팽창, 배기 과정 중 3가지를 동시에 수행하게 된다. 왕복기관에 비해 구조가 간단하고 소형 경량이며 진동 및 소음이 적고 출력이 크다는 장점이 있으나 로터와 케이스의 기밀과 윤활이 어렵다는 문제점이 있다. [그림 2.18]은 항공기에 사용되는 로터리 엔진이다.

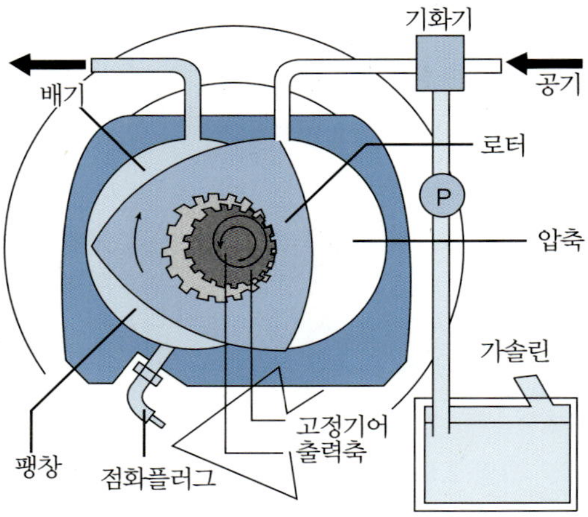

그림 2.17 로터리 엔진의 구조, www.cafe.naver.com/autowave21

그림 2.18 항공기용 로터리 엔진, www.mistral-engines.com

터보프롭 기관은 가스터빈의 동력터빈으로 프로펠러를 돌리고 배기노즐을 부착하여 동력터빈에서 나오는 가스를 분사시켜 추가로 추력을 얻는 기관이다. 터보프롭 기관은 프로펠러를 통해 75~90%의 추력을 얻고 나머지 10~25%의 추력은 배가가스 분사를 통해 얻는다. 터보프롭 기관은 [그림 2.19]와 같으며 제트기관의 고속, 고고도 특성과 프로펠러의 저속 저고도 특성의 장점을 합쳐 중속, 중고도 비행에서 높을 효율을 얻을 수 있다. [그림 2.20]은 터보프롭 기관을 장착한 항공기로 국내 저가 항공사에 사용되는 기종 중 하나이다.

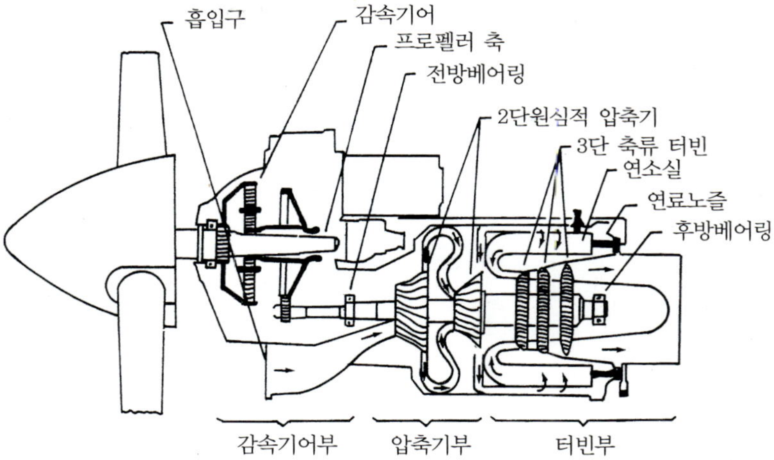

그림 2.19 터보프롭 기관의 개략도, 항공우주공학개론

그림 2.20 터보프롭 기관을 장착한 봄바디어사의 Q400, www.bombardier.com

그림 2.21 배터리와 전기모터를 이용한 무인기, www.uconsystem.com

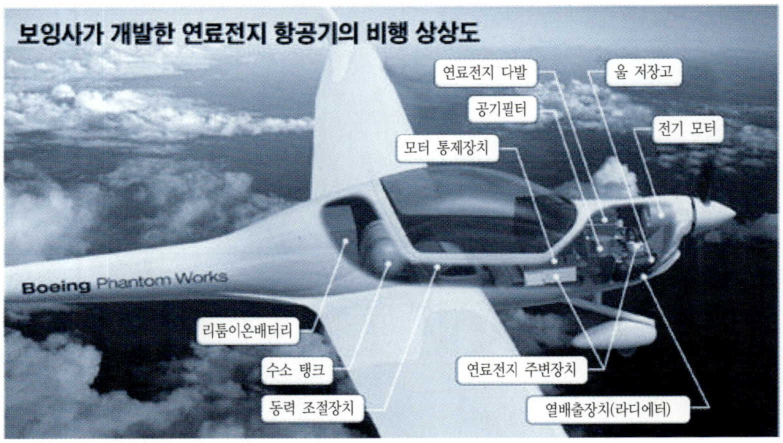

그림 2.21 수소 연료전지와 전기모터를 이용한 유인항공기

전기모터는 배터리 또는 연료전지를 이용하여 프로펠러를 구동하는 장치로 주로 [그림 2.21]과 같은 배터리를 이용하는 소형무인기 또는 레저용 RC에 사용된다. 연료 전지 중 수소 연료전지는 수소와 공기 중의 산소가 화학 반응을 일으키면서 전기와 물을 생성하는 것으로 이를 이용한 유인항공기가 개발 또는 시험 비행 중에 있다. [그림 2.21]은 보잉사가 2003년부터 스페인, 독일, 영국, 미국, 오스트리아, 프랑스 기업들과 함께 개발한 글라이더형 수소 연료전지 유인 비행기 디모나(Dimona)이다. 날개 길이가 16.3 m인 디모나는 고분자전해질막연료전지(PEMFC)와 리튬이온배터리 하이브리드 시스템에 의해 전력을 공급받으며 이착륙 시에는 배터리의 도움을 받을 뿐 비행 중에는 연료전지가 발생시킨 전력만을 사용한다.

2.5 프로펠러 성능

프로펠러의 주요 성능은 무차원 변수인 진행비(Advance Ratio, J)에 따라 표현되며, 진행비는 아래와 같이 정의된다.

$$J = \frac{V}{nD} \tag{2.10}$$

프로펠러의 주요 성능 인자로는 추력(T), 필요토크(Q), 필요동력(P), 효율(η) 등이 있으며, 일반적으로 추력과 필요동력은 무차원 계수로 표현된다. 추력 계수(C_T), 필요토크 계수(C_Q)와 필요동력 계수(C_P)는 공기밀도, 프로펠러 회전수, 프로펠러 직경으로 무차원화되며 다음과 같이 정의된다.

$$C_T = \frac{Thrust}{\rho n^2 D^4} \tag{2.11}$$

$$C_Q = \frac{Torque}{\rho n^2 D^5} \tag{2.12}$$

$$C_P = \frac{Power}{\rho n^3 D^5} \tag{2.13}$$

효율은 식 (2.8)을 식 (2.11), (2.12), (2.12)와 진행비로 정리하면 다음과 같다.

$$\eta = \frac{Thrust \times Velocity}{2\pi n \times Torque} = \frac{TV}{2\pi n Q} = \frac{TV}{P} = \frac{C_T}{2\pi C_Q} \times \frac{V}{nD} = \frac{C_T}{C_P} \times \frac{V}{nD} \tag{2.14}$$

프로펠러 효율로부터 필요마력 계수와 필요동력 계수는 다음과 같은 관계식을 가진다.

$$C_P = 2\pi C_Q \tag{2.15}$$

[그림 2.23]은 진행비에 따른 프로펠러 효율 곡선으로 진행비가 증가하면 효율이 증가하는데, 이는 식 (2.14)에서 추력 계수와 토크 계수 비가 일정하다고 가정하면 진행비가 커질수록 효율이 증가하는 것을 쉽게 이해할 수 있다. 그러나 추력 계수와 토크 계수 비가 일정하지 않고 진행비가 커짐에 따라 깃의 단면인 에어포일의 양력과 항력 계수가 변화하기 때문에 효율이 음의 방향의 2차원 포물선 곡선을 그리게 된다. 또한 전진비가 커짐에 따라 유효 받음각이 점점 작아져 추력이 0이 되고 효율은 0%가 된다 만약 진행비가 효율 0%보다 커지게 되면 공기 흐름에 의해 프로펠러가 돌아가게 되는 풍차회전 효과가 되고, 이 현상으로 인해 동력장치에 동력을 증가시킨다.

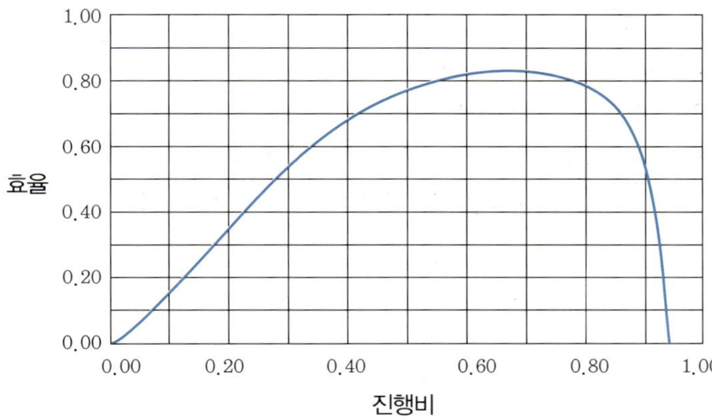

그림 2.23 McCauly사의 7557 프로펠러의 진행비에 따른 효율, www.allstar.fiu.edu

2.6 프로펠러 성능 해석

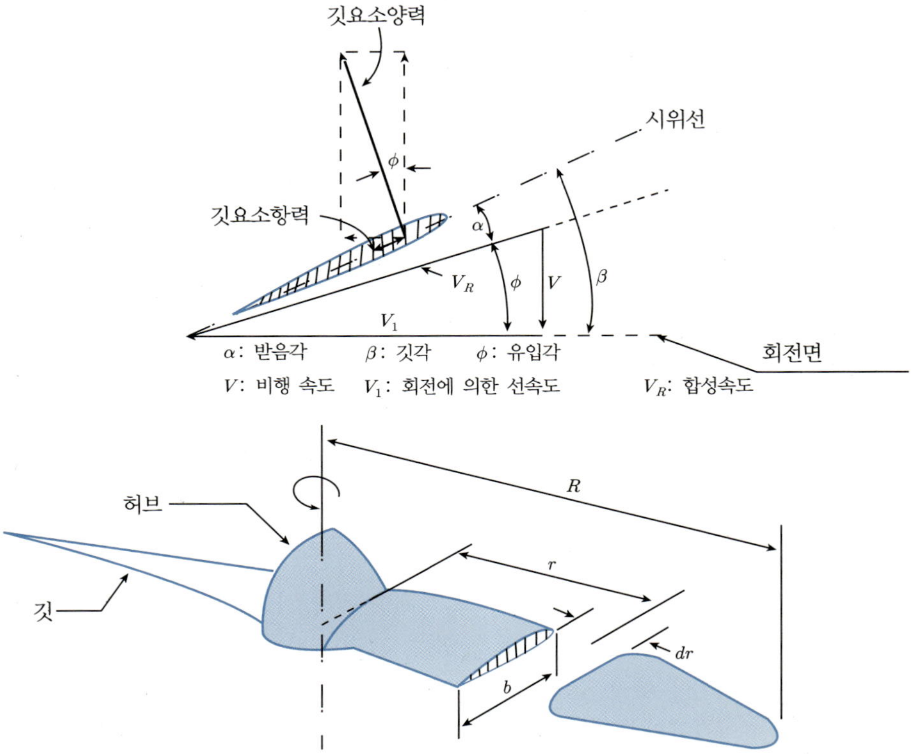

그림 2.24 프로펠러 깃의 상호관계, 항공우주공학개론

앞 절에서 설명한 운동량 이론은 깃각의 비틀림 정도와 같이 깃의 기하학적인 형태를 감안하지 않아 프로펠러의 구체적인 성능 해석이 불가능하였다. 이에 반해 깃요소 이론(Blade Element Theory)은 [그림 2.24]와 같이 깃의 단면인 에어포일에 작용하는 유동의 받음각을 계산하여 에어포일에서 발생하는 양력과 항력을 구한다. 이를 힘의 방향에 따라 추력과 필요 토크에 관한 관계식으로 정리하여 프로펠러의 성능 인자를 구하는 이론이다.

먼저, 프로펠러 깃의 단면인 에어포일에 실제로 작용하는 합성속도는 다음과 같다.

$$V_R = \sqrt{V_1^2 + V^2} \tag{2.16}$$

[그림 2.24]와 같이 프로펠러 깃의 회전 선속도와 항공기의 비행 속도의 합성속도가 프로펠러 회전면과 이루는 각을 유입각(ϕ)이라 하며 다음과 같이 정의된다.

$$\tan\phi = \frac{\text{비행속도}}{\text{회전 선속도}} = \frac{V}{V_1} = \frac{V}{2\pi nr} \tag{2.17}$$

여기서 유입각을 통해 깃의 단면인 에어포일이 유효 받음각을 알 수 있다.

요소 추력 성분은 [그림 2.23]으로부터 에어포일의 양력과 항력 성분으로 구하며 다음과 같다.

$$dT = dL\cos\phi - dD\sin\phi = \frac{1}{2}\rho V_R^2\, bdr(C_L\cos\phi - C_D\sin\phi) \tag{2.18}$$

위와 유사하게 요소 필요토크 성분은 다음과 같다.

$$dQ = (dL\sin\phi + dD\cos\phi)\,r = \frac{1}{2}\rho V_R^2\, brdr(C_L\sin\phi + C_D\cos\phi) \tag{2.19}$$

식 (2.18)과 식 (2.19)를 프로펠러 반경에 관하여 적분하고 프로펠러 깃의 개수를 곱하면 프로펠러의 추력과 필요토크를 계산할 수 있다.

[그림 2.25]는 프로펠러에 잘 사용되는 RAF-6 에어포일과 Clark-Y 에어포일로 밑면이 다른 에어포일과 달리 평평하다는 특징을 지닌다. 이는 프로펠러 제작시 반경 방향에 따라 깃각이 다르도록 제작하여야 하는데 밑면이 평평하여 다른 에어포일보다 제작이 용이하다는 장점이 있다. 또한 일반적인 에어포일에는 없는 두께비 변화에 대한 양력과 항력 곡선이 있어 프로펠러의 구조적 문제에 따른 적절한 두께비를 가진 에어포일을 선정할 수 있는 장점이 있다. 일례로 허브에 가까울수록 에어포일을 두껍게 하여 프로펠러를 제작하는 것이다.

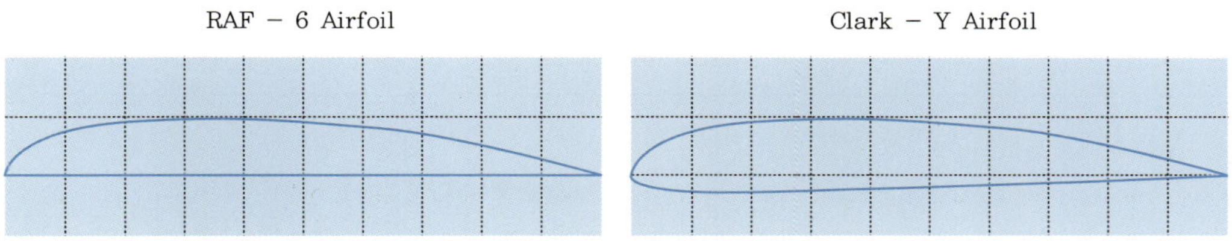

그림 2.25 RAF-6 에어포일과 Clark-Y 에어포일의 형상, www.ae.uiuc.edu

[그림 2.26]을 보면 하나의 깃각에서 최대 효율은 하나의 진행비에서 가지게 되는데 이는 깃의 단면인 에어포일의 양항비를 최대로 하는 받음각이 하나로 정해져 있기 때문이다. 따라서 깃각이 정해지고 양항비를 최대로 갖게 하는 유효 받음각을 안다면 효율이 최대가 되는 진행비를 알 수 있다. 다시 말해 반경 방향, 합성속도, 깃의 각 단면 위치를 안다면 효율을 최대로 하는 깃각을 알 수 있어 최대 효율을 가지는 프로펠러를 설계할 수 있다. 또한 깃각이 커질수록 최대 효율이 증가하는데 이는 효율이 진행비와 관련되어 있기 때문이다.

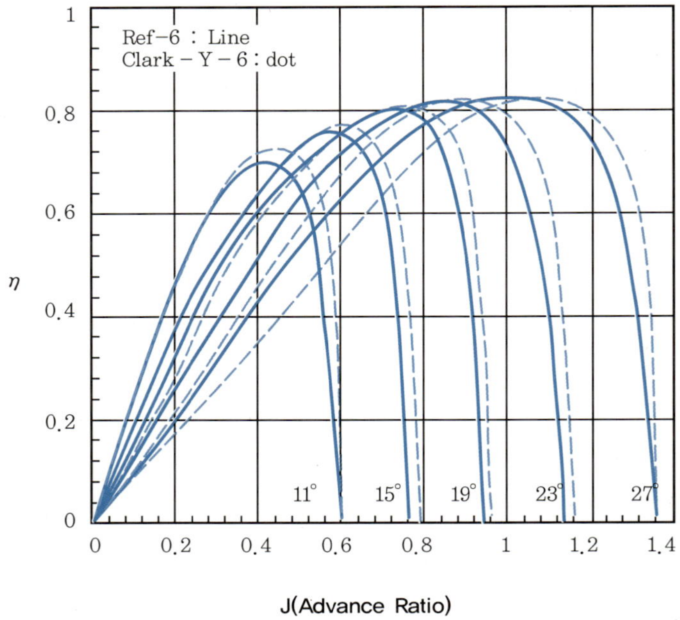

그림 2.26 RAF-6 에어포일과 Clark-Y-6 에어포일의 진행비와 깃각 변화에 따른 효율, NACA Tech. Rept. 378

연습문제

1. 직경이 3m인 프로펠러가 비행속도 200km/h일 때 추력은 2000N이다. 운동량 이론을 사용하여 최종 속도 $V+v_2$(m/s)를 구하라.

2. 식 (2.9)를 유도하라.

3. 비행속도가 100Km/h이고 프로펠러가 6000rpm 회전한다. 직경이 1m인 프로펠러의 깃끝의 합성속도(m/s)를 구하라.

4. 프로펠러 깃을 깃끝으로 갈수록 깃각이 작아지게 비틀어 놓는 이유를 깃요소 이론을 통해 설명하라.

5. 깃각이 60° 이고 직경이 1m인 프로펠러가 있다. 비행속도가 150km/h이고 회전수가 3600rpm일 때 깃이 받는 실제 받음각은 몇 도인지 구하라.

6. 깃요소 이론에서 프로펠러의 추력과 필요토크를 계산하는 수치기법을 찾고 이를 간단히 설명하라.

7. 깃에서 발생하는 양력과 항력 성분을 통해 역추력이 발생하도록 힘의 성분을 나타내라 (Hint : 프로펠러 깃의 상호관계 그림 참고).

기호 설명

V	비행속도, m/s
V_1	회전에 의한 선속도, m/s
V_R	합성속도, m/s
P	압력, Pa
T	프로펠러 추력, N
m	질량, kg
$\dot{m}$	질량유량, kg/s
ρ	밀도, $kg/m^3(ft^2)$
A	프로펠러 면적, m^2
η	효율
Q	토크, Nm
P	동력, W(J/s)
C_T	추력 계수
C_Q	필요토크 계수
C_P	동력 계수
D	프로펠러 직경, m
R	프로펠러 반경, m
n	회전수, rps
J	진행비
α	받음각
β	각
φ	유입각
C_L	에어포일의 양력 계수
C_D	에어포일의 항력 계수
b	에어포일의 시위길이, m

참고문헌

1. Daniel O. Dommasch, Sydney S. Sherby and Thomas F. Connolly, *Airplane Aerodynamics*, 4th Ed., Pitman Publishing Corp., NewYork,1967.
2. Wilbur C. Nelson, *Airplane Propeller Principles*, 2th Ed., John Wiley & Sons Inc., 1947.
3. 조옥찬, 『비행원리의 발달사』, 경문사, 1995.
4. 한국항공우주학회, 『항공우주학개론』, 3개정판, 경문사, 2000.
5. 임달연, 『알기쉽고 재미있는 비행기 이야기』, 고려원, 1991.
6. 인하공업전문대학 1종도서 편찬위원회, 『고등학교 항공기기관』, 교육인적자원부
7. 『브래태니커 백과사전』, www.empas.com

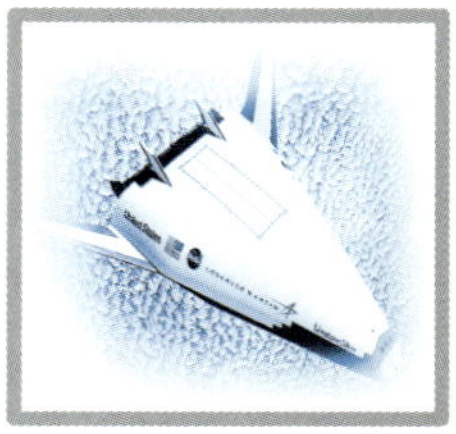

Chapter 03

제트엔진의 열역학

항공기용 가스터빈 엔진은 유용한 동력이 추력이라는 점에서 축동력을 이용하는 산업용 가스터빈 엔진과는 다르다. 항공기용 가스터빈 엔진은 대량의 주위 공기를 흡입하여 압축, 가열함으로써 공기에 에너지와 모멘텀을 주면, 공기가 추진노즐을 지나면서 가속되어 분출될 때 반작용이 비행체에 작용하여 추력을 얻게 된다. 축동력 가스터빈 엔진과는 달리 항공용 가스터빈 엔진은 압축기, 연소기, 터빈 이외에도 비행속도 에너지를 압력 에너지로 바꾸기 위해 공기 흡입구가 있고, 분출가스를 가속시키기 위해 추진노즐이 있다. 추진기관 중 공기 흡입식 추진기관은 압축기와 터빈이 필요한 가스터빈 엔진과, 압축기와 터빈 대신 램압력을 이용하는 도관 엔진 또는 램제트 엔진으로 분류된다.

가스터빈 엔진은 터보제트 엔진, 터보팬 엔진, 터보프롭 엔진, 터보축 엔진 등으로 나눌 수 있다.

터보제트 엔진이나 터보팬 엔진의 추력은 추진노즐로부터 발생된다. 터보프롭 엔진의 경우 약 90%의 추력은 프로펠러에서 얻어지고, 약 10%의 추력만 배기노즐로부터 얻어진다. 항공용 가스터빈 엔진의 또 다른 특징은 비행속도와 비행고도가 엔진 성능에 영향을 미친다. 저출력의 경항공기를 제외하고 항공기의 추진기관으로서 가스터빈 엔진이 빠르게 왕복엔진을 대처한 이유는 중량당 추력이 아주 높기 때문이다.

항공기용 가스터빈 엔진의 설계자는 이륙, 상승, 순항, 기동 등의 서로 다른 요구 조건과 민간용과 군용, 장거리용과 단거리용 항공기의 상대적 차이 등을 이해하고 있어야 한다. 초창기에는 이륙추력에만 관심을 두었으나 장거리용 민간 항공기의 경우, 순항 상태에서의 연료소모율을 줄이려는 노력이 계속되고 있다. 최대추력은 더운 날의 이륙추력과 최대상승에 필요한 추력에 의해 결정되고, 추력연료소모율은 순항 상태에서 결정되기 때문에 설계점 계산은 이륙 상태와 순항 상태 모두에서 수행되고 있다.

이 장에서는 항공용 가스터빈 엔진의 성능 평가에 필요한 변수와 터보제트 엔진, 터보팬 엔진, 터보프롭 엔진, 터보축 엔진의 사이클에 대해 차례로 설명한다.

3.1 항공용 가스터빈 성능변수

공기가 비행속도와 크기는 같지만 반대 방향으로 V_a라는 속도로 공기 흡입구로 들어가서 동력장치 내에서 가속하게 되어, V_j라는 속도로 빠져나가는 [그림 3.1]과 같은 추진도관의 개략도를 생각해보자. 추진 도관이나 내부의 동력장치는 엔진의 종류에 따라 다르다. 즉, 제트 엔진의 경우 동력장치의 주요 부품은 압축기, 연소기, 터빈이며 터보축 엔진의 경우 동력장치에는 프로펠러를 구동시켜주는 동력 터빈이 추가로 더 있으며 램제트 엔진의 경우는 연소실만으로 구성되어 있을 수 있다.

운동량 변화율에 의한 진추력은 총운동량 추력에서 흡기운동량 항력을 제한 값이므로 진추력 F는 다음과 같이 나타낼 수 있다.

$$F = \dot{m}_a[(1+f)V_j - V_a] \tag{3.1a}$$

여기서 f는 연료-공기비이고, $\dot{m}_a[(1+f)V_j]$는 총운동량 추력, $\dot{m}_a V_a$는 유입공기 운동량 항력이다. 연료 공급량은 유입 공기량에 비해 아주 작으므로, 단순화를 위해 연료공급량을 무시하고 질유량이 일정하다고 가정하면 식 (3.1a)는 다음과 같이 된다.

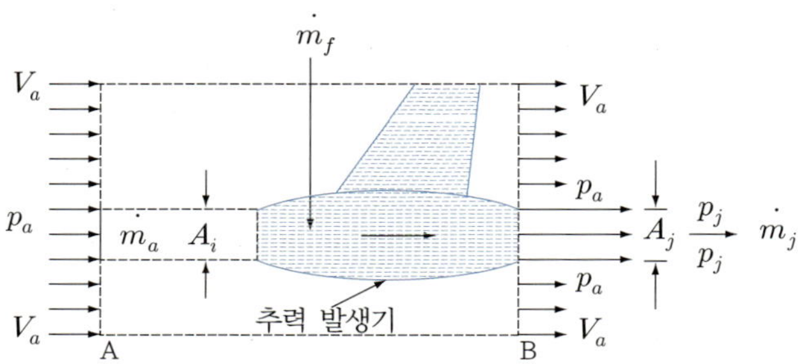

그림 3.1 추진도관 개략도

$$F = \dot{m}_a(V_j - V_a) \tag{3.1 b}$$

추진도관에서 배기가스가 p_a로 완전히 팽창하지 않을 때 출구압력 p_j는 p_a보다도 크며, [그림 3.1]에서처럼 출구 면적 A_j에 미치는 $A_j(p_j - p_a)$의 추가적인 압력추력이 존재하게 된다. 따라서 운동량 추력과 압력 추력의 합인 진추력은 다음과 같다.

$$f = \dot{m}_a(V_j - V_a) + A_j(p_j - p_a) \tag{3.2}$$

항공기가 일정속도 V_a로 수평비행하고 있을 때의 추력은 그 속도에 해당하는 항공기의 항력과 크기가 같고 방향은 반대이다.

추진노즐에서 배기가스가 p_a로 완전히 팽창할 경우 식 (3.1)을 적용하면 추력을 구할 수 있다. 이 식으로부터 제트엔진에 필요한 추력은 적은 질유량으로 고속 공기 흐름을 만들거나 큰 질유량으로 저속 공기 흐름을 만들 때 얻어질 수 있다. 따라서, 같은 추력을 얻고자 하더라도 추진도관을 통과하는 공기 질유량과 추진노즐 출구에서의 제트속도를 어떻게 최적으로 설정할 것인가 하는 것이 문제인데, 이는 추진효율과 추력연료소모율 등의 성능변수를 분석함으로써 해결할 수 있다.

추진 효율 η_p는 항공기를 추진시키는데 사용되는 추진기관의 효율로서, 엔진을 지나가는 질유량에 부가된 에너지(또는 동력) 중 비행체 추진에 유용한 추진 에너지(또는 동력)의 비율로 정의될 수 있다.

$$\eta_a = \frac{FV_a}{\dot{m}_a[(V_j^2 - V_a^2)/2]} = \frac{\dot{m}_a(V_j - V_a)V_a}{\dot{m}_a[(V_j^2 - V_a^2)/2]} = \frac{2}{1+(V_j/V_a)} \tag{3.3}$$

여기서

(1) $V_a = 0$ (정지 상태)일 때 F는 최대가 되지만 η_p는 0이 된다.

(2) η_p는 $V_j / V_a = 1$일 때 최대가 되지만 F는 0이 된다.

비행속도에 따른 여러 형식의 가스터빈 엔진 추진효율은 [그림 3.2]와 같다. 저속에서는 터보프롭의 추진효율이 터보팬 엔진이나 터보제트 엔진의 추진효율에 비하여 높지만 비행속도가 250 km/h 이상에서는 프로펠러 효율이 저하되기 때문에 터보프롭 엔진의 효율이 급속히 감소한다.

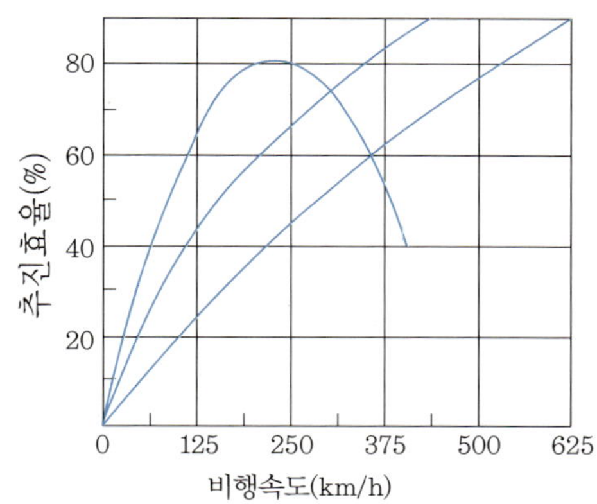

그림 3.2 비행속도에 따른 가스터빈의 추진효율

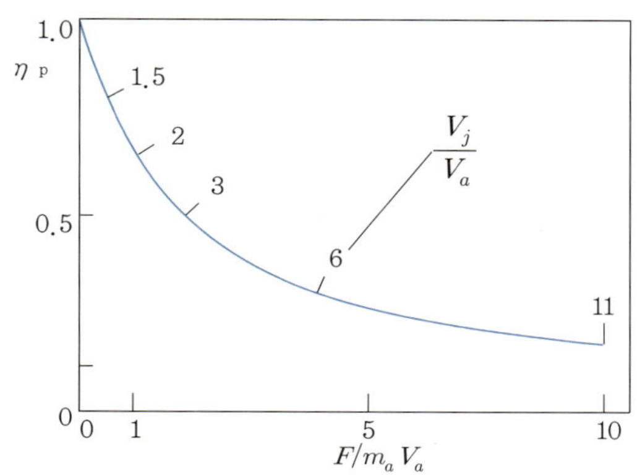

그림 3.3 유입공기 모멘텀당 추력변화에 따른 추진효율

η_p는 엔진에서 사용되지 않는 엔탈피를 무시하였기 때문에 전체 동력장치 효율로 볼 수는 없다. 식 (3.1b)와 식 (3.3)을 조합하여 η_p와 $F / \dot{m}_a V_a$의 관계를 그림으로 그리면 [그림

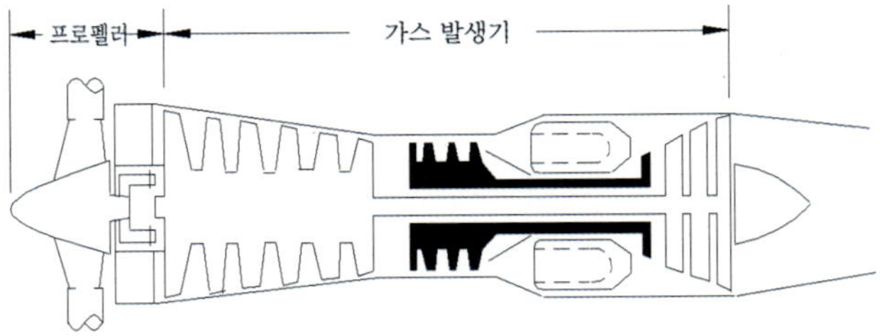

(a) 터보프롭 엔진

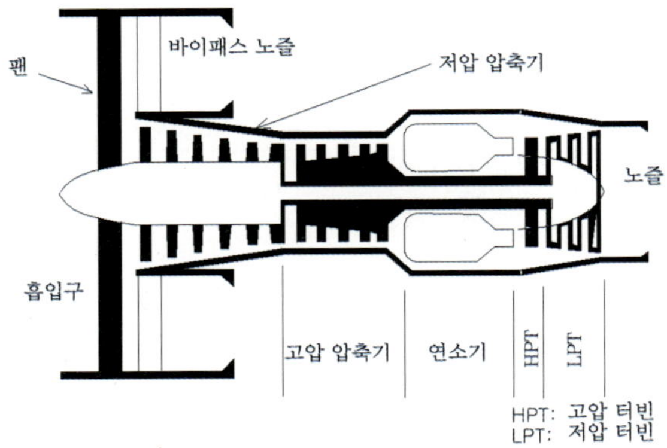

(b) 터보팬 엔진(고바이 패스, 2중 스풀)

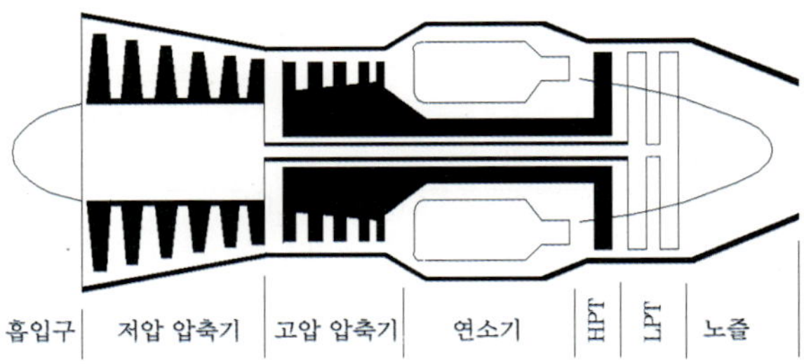

(c) 터보제트 엔진(2중 스풀)

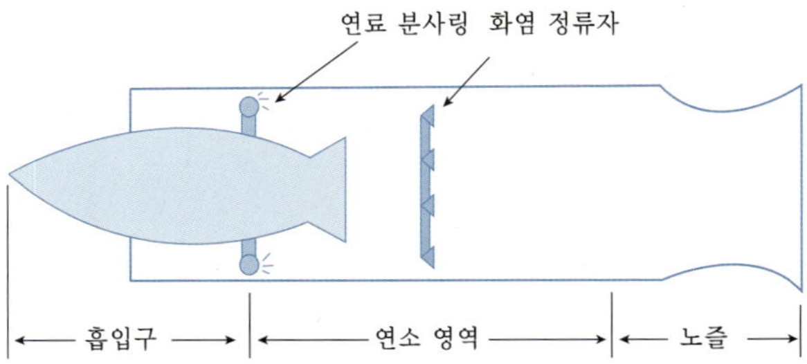

(d) 램제트 엔진

그림 3.4 여러 가지 항공용 제트 엔진

3.3]과 같다.

전투기용 제트엔진은 비추력이 높은 것이 선호되지만, 상업용 가스터빈은 추진효율을 높게 하는 것이 선호된다. 추진효율을 높이기 위해서는 V_j / V_a가 작아야 하지만 이때 추력은 낮아지고, 추력을 높이기 위해서는 V_j / V_a가 커야 하지만 이때는 추진효율이 낮아진다. 따라서 항공기의 임무에 따라 [그림 3.4]와 같은 다양한 추진장치가 개발되었으며, 그림에서 순서대로 추진제트의 공급 질량유량은 줄어들고 제트의 속도는 증가한다. 따라서 설계 순항 속도가 빠른 항공기에 따라 각각 적합한 엔진이 된다.

터보프롭 엔진은 추진효율이 높지만 프로펠러 회전 속도를 감소시키기 위한 기어박스가 필요하고, 높은 마하수 비행에서는 프로펠러 팁의 실속이 일어날 가능성이 있으므로 최고 비행속도가 제한된다. 터보팬 엔진은 팬 지름을 감소시키고, 팬에 유입되기 전에 유동을 확산 제어시킬 수 있는 도관을 팬 앞에 설치한 엔진이기 때문에 팁 실속 문제를 해결할 수 있다. 터보팬 엔진에서 팬 블레이드에 대한 유입공기의 상대속도는 비행속도에 의해 영향을 받지 않는다. 실질적으로 항공기의 제원이 알려졌을 때에만 그에 알맞은 엔진의 선정이 가능하다. 이는 단지 요구 순항속도뿐만 아니라 항공기의 순항거리나 최대상승률과 같은 요소에 의해 엔진이 선택된다. 제트추진 장치의 추력이나 추력연료소모율은 순항속도뿐만 아니라 고도에 따라 변화하기 때문에 비행고도에 따라서도 엔진의 선정은 달라진다.

[그림 3.5]는 추진동력 장치별로 적합한 순항속도와 고도의 범위를 나타내고 있다. 추진효율(η_p)은 동력장치 내에서의 에너지변환 효율, 즉 열역학적 효율(η_{th})과는 다르다. 연료의 질유량이 $\dot{m}_f$일 때, 연료에 의해 공급되는 에너지율은 $\dot{m}_f \, |\Delta \mathrm{h_c}|$이다. 여기서 $|\Delta \mathrm{h_c}|$ 는 연료의 연소열, 즉 발열량을 의미한다. 연료에 의해 공급된 에너지는 추진을 위한 유용한 운동 에너지율(동력) $\dot{m}_a(V_j^2 - V_a^2)/2$와 제트에서 사용되지 않는 엔탈피율 $\dot{m}_a C_p(T_j - T_a)$로 나눌 수 있으므로, 열효율(η_{th})은 다음과 같이 정의된다.

$$\eta_{th} = \frac{\dot{m}_a(V_j^2 - V_a^2)/2}{\dot{m}_f|\Delta h_c|} \tag{3.4}$$

전효율(η_0)은 공급된 전체 에너지 중 항력을 극복하고, 추진에 사용되는 일의 비율로 다음과 같이 나타낸다.

$$\eta_0 = \frac{F V_a}{\dot{m}_f\,|\Delta h_c|} = \frac{\dot{m}_a(V_j - V_a)\,V_a}{\dot{m}_f\,|\Delta h_c|} \tag{3.5}$$

식 (3.3)의 분모와 식 (3.4)의 분자가 같으므로 전효율 η_0은 다음과 같이 추진효율 η_p와 열효율 η_{th}로 나타낼 수 있다.

$$\eta_0 = \eta_p \, \eta_{th} \tag{3.6}$$

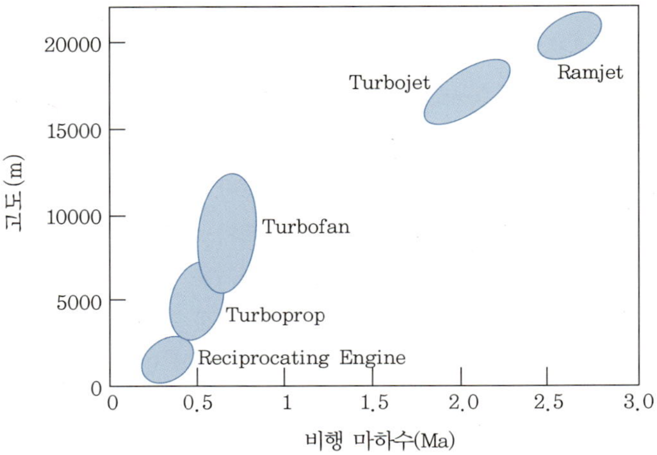

그림 3.5 추진 기관별 적합한 비행속도 및 고도

지금까지 식 (3.6)의 유도 과정에서 항공기 동력장치의 효율은 항공기의 속도와 밀접한 관련이 있음을 알 수 있다. 항공기 운용은 비행속도가 넓은 범위에 걸쳐 있으므로, 다른 종류의 엔진 성능을 비교할 때 이륙시와 같이 최대출력 경우인 지상정지 성능과 항공기가 주로 운용되는 최적화된 특정고도 및 속도에서의 순항 성능으로 비교한다.

항공기 엔진의 성능을 나타내는데 효율만으로는 정확한 표현이 어렵기 때문에 비추력(specific thrust)과 추력연료소모율(Thrust Specific Fuel Consumption: TSFC)을 대신 사용 한다. 추력연료소모율은 단위추력당 연료소모율(단위는 kg/h · N)을 말한다. 식 (3.5)에서 주어진 전효율은 다시 다음과 같이 쓸 수 있다.

$$\eta_0 = \frac{V_a}{TSFC} \times \frac{1}{|\Delta h_c|} \tag{3.7}$$

주어진 연료에 대해 $|\Delta h_c|$의 값은 일정한 값으로, 전효율은 축동력에 관한 한 $1 / TSFC$ 보다는 V_a/TSFC에 비례한다. 또 다른 중요한 성능변수는 단위공기 질량유량당 추력을 나타내는 비추력 F_s(단위는 N · s/kg)이다. 엔진의 크기는 주로 공기유량에 의해 결정되므로, 비추력은 같은 추력을 생성시키는 엔진의 상대적 크기를 나타내고 있다. 여기서 엔진의 크기라는 것은 단지 중량뿐만 아니라 전면 면적과 그에 따른 항력과 관련되기 때문에 비추력은 가능한 한 크게 하는 것이 좋다.

$F_s = F / \dot{m}_a$ 이므로 추력연료 소모율과 비추력은 다음과 같은 관계를 가진다.

$$TSFC = \frac{f}{F_s} \tag{3.8}$$

여기서 f는 연료-공기비이다.

표 3.1 국제 표준대기

$\frac{k}{[m]}$	$\frac{p}{[bar]}$	$\frac{T}{[K]}$	$\frac{\rho}{\rho_0}$	$\frac{a}{[m/s]}$
0	1.01325	288.15	1	340.3
500	0.9546	284.9	0.9529	338.4
1000	0.8988	281.7	0.9075	336.4
1500	0.8456	278.4	0.8638	334.5
2000	0.7950	275.2	0.8217	332.5
2500	0.7469	271.9	0.7812	330.6
3000	0.7012	268.7	0.7423	328.6
3500	0.6578	265.4	0.7048	326.6
4000	0.6166	262.2	0.6689	324.6
4500	0.5775	258.9	0.6343	322.6
5000	0.5405	255.7	0.6012	320.5
5500	0.5054	252.4	0.5694	318.5
6000	0.4722	249.2	0.5389	316.5
6500	0.4408	245.9	0.5096	314.4
7000	0.4111	242.7	0.4817	312.3
7500	0.3830	239.5	0.4549	310.2
8000	0.3565	236.2	0.4292	308.1
8500	0.3315	233.0	0.4047	306.0
9000	0.3080	229.7	0.3813	303.8
9500	0.2858	226.5	0.3589	301.7
10,000	0.2650	223.3	0.3376	299.5
10,500	0.2454	220.0	0.3172	297.4
11,000	0.2270	216.8	0.2978	295.2
11,500	0.2098	216.7	0.2755	295.1
12,000	0.1940	216.7	0.2546	295.1
12,500	0.1793	216.7	0.2354	295.1
13,000	0.1658	216.7	0.2176	295.1
13,500	0.1533	216.7	0.2012	295.1
14,000	0.1417	216.7	0.1860	295.1
14,500	0.1310	216.7	0.1720	295.1
15,000	0.1211	216.7	0.1590	295.1
15,500	0.1120	216.7	0.1470	295.1
16,000	0.1035	216.7	0.1359	295.1
16,500	0.09572	216.7	0.1256	295.1
17,000	0.80885	216.7	0.1162	295.1
17,500	0.08182	216.7	0.1074	295.1
18,000	0.07565	216.7	0.0993	295.1
18,500	0.06995	216.7	0.09182	295.1
19,000	0.06467	216.7	0.08489	295.1
19,500	0.0598	216.7	0.07850	295.1
20,000	0.05529	216.7	0.07258	295.1

해면고도 밀도 $\rho_0 = 1.225kg/m^3$

비행고도를 고려하여 사이클 성능 해석을 할 때에는, 고도에 따른 주변 온도와 압력의 변화를 알 필요가 있다. 고도에 따른 온도와 압력변화는 계절과 위도에 따라 달라지므로 평균적인 표준대기를 적용한다. 국제 표준대기는 중위도 지방의 평균적인 값을 나타내며, 11,000m까지는 500m마다 약 3.2K의 온도강하를 보인다. 그리고 11,000m 이상 20,000m까지는 216.7K의 일정한 온도를 나타낸다. 또한, 20,000m 이상에서는 온도가 서서히 증가하게 된다. 일단 온도가 결정되면 압력의 변화는 유체 정역학의 법칙을 따른다. ISA의 요약된 표준대기표는 [표 3.1]에 나와 있다. 그러나 지상이든 어떤 고도이든 간에 실제 주변 조건은 ISA값과는 상당한 차이가 있음에 유의해야 한다.

고아음속이나 초음속 항공기의 경우, 공력 및 열학적 관계식을 속도보다는 마하수의 함수로 나타내는 것이 편리하므로 속도의 단위로서 m/s를 사용하기보다는 마하수를 사용하는 것이 적절하다. 속도가 m/s로 주어지면 고도가 증가함에 따라 11,000m까지는 온도가 감소하므로 마하수는 증가하게 된다. 마하수 M_a를 비행속도 V_a와 음속 a로 표기하면 $M_a = V_a / a$로 나타낼 수 있으며, 또 음속 a는 $(\gamma R T_a)^{1/2}$로 나타낼 수 있다.

3.2 공기흡입구 및 추진노즐효율

[그림 3.6]은 터보제트 엔진의 개략도와 이상사이클을 나타낸다. 그림에서의 기호 및 번호는 터보제트 엔진 각 부품의 입구와 출구의 기준 위치를 나타내고 있다. 터빈에서는 압축기를 구동하기에 충분한 일만 생성하도록 가스가 팽창되고 나머지 부분은 추진노즐에서 팽창된다. 비행속도로 인해 엔진으로 들어오는 공기는 충분한 운동에너지를 갖고 있고 공기흡입구에서 압력에너지로 변환되는 램효과가 있기 때문에 공기흡입구를 압축기와는 별도로 생각한다. 항공기 추진사이클의 성능에 대한 논의에 앞서서 항공기 엔진에 추가적인 구성요소인 공기흡입구와 추진노즐의 손실에 대하여 알아보자.

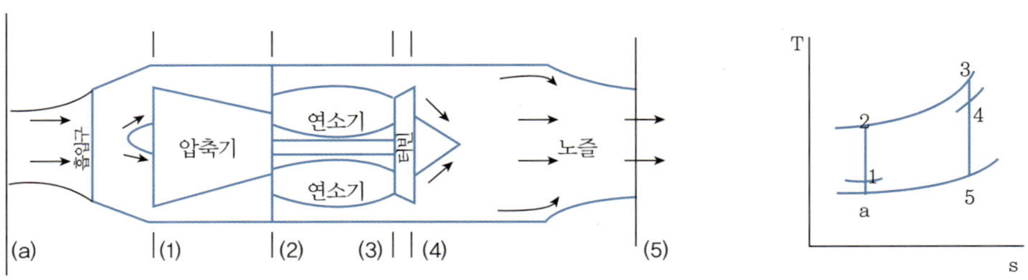

그림 3.6 터보제트 엔진 개략도와 T-s 선도

3.2.1 공기흡입구

공기흡입구는 항공기 엔진의 중요한 구성품으로 엔진 효율과 항공기 안전에 중대한 영향을 미친다. 주요한 요구 사항은 모든 비행조건에 흡입구를 통해 공기가 압축기로 들어갈 때 압력과 속도가 균일해야 하고 압력손실이 최소가 되어야 한다. 균일하지 않거나 왜곡된 흐름은 압축기의 서지현상을 일으키며 이로 인해 연소 화염이 꺼지거나 비정상적인 공기역학적 효과에 의한 블레이드 진동으로 심각한 기계적인 손상을 초래한다. 아무리 잘 설계된 공기흡입구라 하더라도 빠른 기동에서는 얼마간의 흐름왜곡은 피할 수 없다.

엔진은 매우 다른 형태의 장착 장치와 흡기시스템을 가지는 다양한 항공기에 사용되도록 잘 설계되어야 한다. [그림 3.7]은 아음속 공기흡입구를 나타내며 비행 상태에 따른 유입공기의 유선을 나타내고 있다.

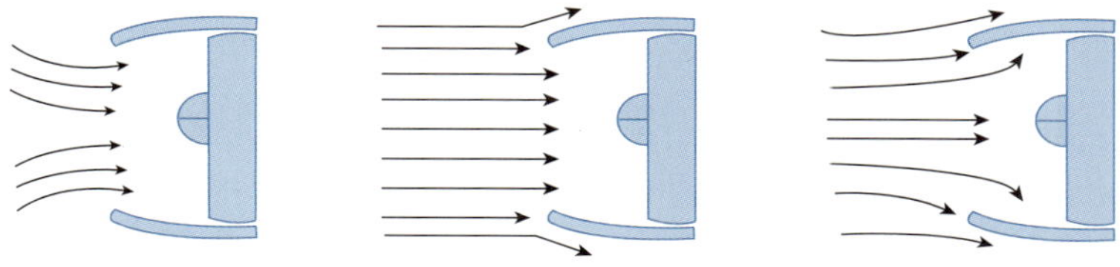

그림 3.7 아음속 공기 흡입구 (a)정지 상태 (b)저속 상태 (c)고속 상태

[그림 3.8]은 초음속 공기흡입구의 개략도를 나타내고 있다. 엔진은 보통 동체, 날개 혹은 후방동체에 연결되어 있는 포드 또는 날개 뿌리 속에 장착되고 있다. L-1011과 DC-10과 같은 기종에서 엔진은 후방에 장착되며, 기본적으로 다른 형태의 공기흡입구를 사용하고 있다. L-1011은 후방동체에 S자형으로 굽어진 도관을 지난 곳에 엔진이 장착되며, DC-10은 수직꼬리날개에 엔진이 장착되며 직선형 도관흡입구가 있다. 공기흡입구의 설계는 공기역학적 요구와 구조적 요구를 적절히 고려하여 이루어진다.

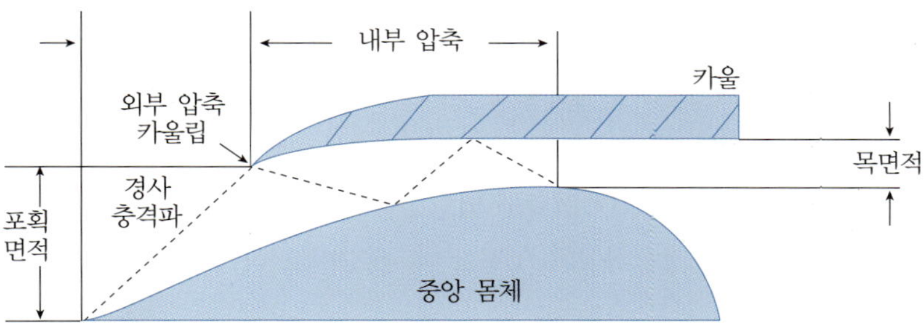

그림 3.8 초음속 공기흡입구

압축기 설계에서는 압축기 첫째 단으로 들어가는 공기의 속도는 마하수 0.4~0.5 정도가 적절하다. 초음속 항공기가 전형적으로 마하수 2~2.5의 속도로 작동되는데 비해 아음속기는

0.8~0.85로 순항하게 된다. 이륙시, 전진속도가 없을 때 엔진으로 유입되는 공기유동은 최대가 되며 출력도 최대가 된다. 공기흡입구는 이와 같이 광범위한 작동조건에서 효율적으로 작동되어야 하기 때문에 공기흡입구 설계시에는 항공기 기체 설계자와 엔진 설계자 사이에 긴밀한 협조가 이루어져야 한다.

공기흡입구를 단열도관으로 취급하면 외부와 열 및 일의 전달이 없으므로 전온도는 일정하며 [그림 3.9]에서 $T_{01} = T_{0a}$로 표시되어 있다. 그러나 초음속 유동에서는 충격파와 마찰 때문에 전압력은 손실이 있게 된다. 정지 상태 또는 매우 낮은 비행속도에서 공기흡입구 유동은 마치 노즐처럼 작동하게 되어 공기는 속도가 0 또는 매우 낮은 속도 V_a로부터 압축기 입구속도 V_1으로 가속되어진다. 그러나 정상적인 비행속도에서 공기흡입구는 디퓨저의 역할을 하게 되기 때문에 공기는 V_a에서 V_1으로 감속되고 따라서 정압력은 p_a에서 p_1으로 상승하게 된다. 사이클 해석에서는 압축기 입구에서의 전압력이 사용되기 때문에 관심의 대상이 되는 것은 공기흡입구를 통한 압력상승($p_{01} - p_a$)이며, 이것을 램압력 상승이라고 한다. 초음속항공기 공기흡입구에서는 충격파를 지나면서 유입속도가 초음속에서 마하수 약 0.8 정도로 감속되고 압력은 상승하게 되며 도관 나머지 확산부에서 마하수 0.8에서 마하수 0.5로 아음속 팽창된다. 공기흡입 효율은 다양한 방법으로 나타낼 수 있으나 보통 등엔트로피 효율 η_i(온도상승의 항으로 정의됨)와 램효율 η_r(압력상승의 항으로 정의됨)의 두 가지 방법으로 나타낸다.

외기온도 T_a에서 비행속도 V_a로 비행할 때 전온도 T_{01}은 [그림 4.9]에서 나타낸 바와 같으며 다음 식으로 표현된다.

$$T_{01} = T_{0a} = T_a + \frac{V_a^2}{2c_p}$$

그리고

$$\frac{p_{01}}{p_a} = \left(\frac{T_{01}'}{T_a}\right)^{\gamma/(\gamma-1)}$$

여기서 T_{01}'은 등엔트로피 램압축에 의해 압력이 p_{01}이 될 때의 온도이다. T_{01}'은 등엔트로피 효율 η_i를 도입함으로써 구할 수 있다.

η_i는 공기흡입구에서 동일한 램출구 압력 p_{01}을 달성하기 위해 실제 압축일에 대한 등엔트로피 압축일의 비이며 정압비열이 일정할 때 온도비로 나타낼 수 있다.

$$\eta_i = \frac{h_{01}' - h_a}{h_{01} - h_a} = \frac{T_{01}' - T_a}{T_{01} - T_a} \tag{3.9}$$

따라서

$$T_{01}' = T_a + \eta_i \frac{V_a^2}{2c_p}$$

η_i는 공기흡입구에서 등엔트로피 압축시 얻을 수 있는 동적 온도의 분율로 간주할 수 있다. 공기흡입구의 압력비는 다음과 같이 구할 수 있다.

$$\frac{p_{01}}{p_a} = \left[1 + \frac{T_{01}' - T_a}{T_a}\right]^{\frac{\gamma}{\gamma-1}} = \left[1 + \eta_i \frac{V_a^2}{2c_p T_a}\right]^{\frac{\gamma}{\gamma-1}} \tag{3.10a}$$

다시 고쳐 쓰면

$$\frac{p_{01}}{p_a} = \left[1 + \frac{\gamma-1}{2} \mathrm{M}^2\right]^{\frac{\gamma}{\gamma-1}} \tag{3.10b}$$

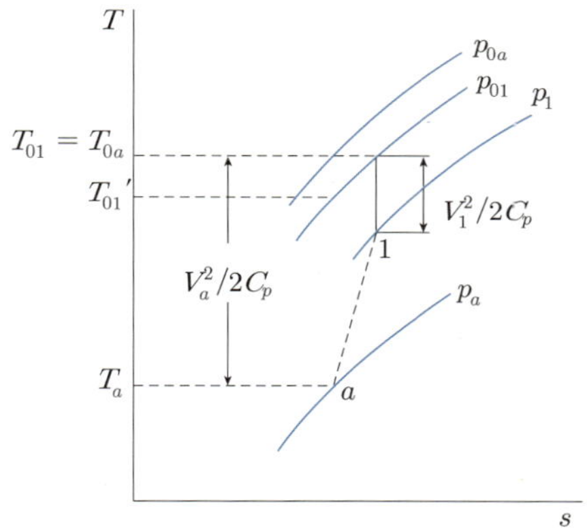

그림 3.9 공기흡입구의 T–s 선도

전온도 역시 M_a의 항으로 다음과 같이 표현될 수 있다.

$$\frac{T_{01}}{T_a} = \left[1 + \frac{\gamma-1}{2} M_a^2\right] \tag{3.11}$$

램효율은 공기가 흡입구를 통과하는 동안 실제 과정과 이상적인 등엔트로피 과정에서 일어나는 압력상승비로 정의된다.

$$\eta_r = \frac{p_{01} - p_a}{p_{0a} - p_a}$$

η_r은 η_i와 그 크기가 거의 동일하며 두 효율은 바꾸어 사용할 수 있다. η_r이 실험적으로 측정하기 쉬운 사실 이외에는 η_i보다는 이점이 없기 때문에 이 책에서는 공기흡입구 효율을 나타낼 때 η_i를 사용할 것이다. 아음속 공기흡입구에서 η_i와 η_r는 둘 다 마하수 약 0.8까지는 마하수에 대해 독립적이기 때문에 사이클 계산에 적합하다. 이 둘 다 동일하게 V_a가 0일 때 $p_{01}/p_a = 1$이고 $p_a = p_{0a}$이므로 전압력 손실이 0이 되는 결점을 가지고 있다. 그런데 실제 비행속도가 0일 때 공기흡입구에서의 평균유속은 낮고, 또한 흐름은 가속되어 마찰의 효과는 아주 작으므로 전압력 손실도 아주 작게 된다.

공기흡입구 효율은 항공기에서의 엔진의 장착 위치(날개, 포드 혹은 동체)에 따라 달라지지만 아음속항공기에 대한 계산문제에서는 η_i는 0.85~0.95 정도의 값을 나타낸다. 초음속 항공기에서의 공기흡입구 효율은 더 작은 값을 가지며 일반적으로는 마하수가 증가함에 따라 공기흡입구의 효율은 작아지게 된다. 실제로 초음속 공기흡입구에서는 η_i나 η_r 어느 것도 사용되지 않으며 마하수의 함수로서 전압력비 p_{01}/p_{0a}를 사용한다. p_{01}/p_{0a}를 공기흡입구에서의 압력회복계수(pressure recovery factor)라 한다. 압력회복계수를 알면 압력비 p_{01}/p_a은 다음과 같이 표현된다.

$$\frac{p_{01}}{p_a} = \frac{p_{01}}{p_{0a}} \times \frac{p_{0a}}{p_a}$$

여기서 p_{01}/p_{0a}는 압력회복 계수이고, p_{0a}/p_a는 2장에서 설명한 등엔트로피 관계식에 의해 다음과 같이 M_a의 항으로 나타낼 수 있다. 즉

$$\frac{p_{0a}}{p_a} = \left[1 + \frac{\gamma - 1}{2} M_a^2\right]^{\gamma/(\gamma-1)}$$

초음속 공기흡입구의 압력회복계수는 미 국방성에서는 다음의 근사관계식을 제시하고 있다.

$$\left(\frac{p_{01}}{p_{0a}}\right)_{shock} = 1.0 - 0.075(M_a - 1)^{1.35}$$

이 식은 $1 < M_a < 5$에 대해 유용하다. 초음속 공기흡입구 전체의 압력회복계수를 구하기 위해서는 충격파 부분의 압력회복계수에 아음속 흡입구의 압력회복계수를 곱해야 한다.

3.2.2 추진노즐

고속 제트가 생성되도록 작동유체가 팽창하는 부분을 추진노즐이라 한다. [그림 3.6]과 같은 터보제트 엔진에서는 터빈 후방이 단일노즐로 되어 있다. 터보팬 엔진은 고온의 흐름과 저온의 흐름이 각각 다른 2개의 노즐을 통해 팽창하는 분리노즐 방식(비혼합노즐방식, [그림

3.10(a)] 참조)과 두 흐름이 혼합된 뒤 하나의 노즐을 통해 가스가 배출되는 혼합노즐 방식 [그림 3.10(b)]이 있다. 터빈 출구와 추진노즐 사이에는 제트파이프가 있는데 제트파이프의 길이는 항공기에서 엔진의 장착 위치에 의해 결정된다. 터빈의 환형출구와 원형의 제트파이프 사이에는 마찰손실을 줄이기 위해 단면적을 증가시켜서 속도를 감소시키는 디퓨저가 있다. 만일 추력을 증가시킬 필요가 있다면 제트파이프 내에 후기연소기를 장착시킬 수 있다. 항공기의 엔진의 위치에 따라, 또 추력증가를 위한 후기연소 여부에 따라 추진노즐의 구성 부품은 달라진다.

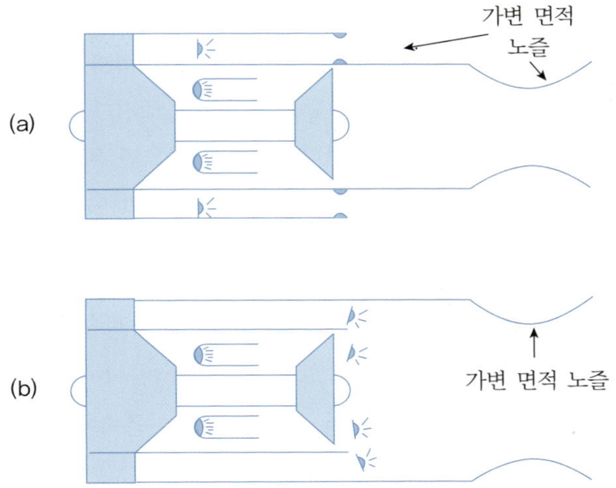

그림 3.10 터보팬 엔진 추진노즐의 개략도 (a)분리추진노즐 (b)혼합추진노즐

어느 때 단순 수축노즐이 적합한지 아니면 수축확산노즐이 적합한지에 대한 의문이 생기게 된다. 이후의 사이클 계산에서 보듯이, 적절한 사이클 압력비를 가진 제트 엔진에서 압력비 p_{04}/p_a는 작동 비행속도와 비행고도의 최소한 어느 영역에서는 임계압력비보다 큰 영역이 있게 된다. p_{04}/p_a가 임계압력비보다 큰 영역이 있게 되면 수축확산노즐이 적절하리라 생각되지만, 엔진에 필요한 것은 추력이지 최대가능제트속도가 아니라는 사실을 기억하여야 한다. 추진노즐에서 작동가스의 불완전한 팽창이 이루어질 때는 압력추력 $A_5(p_5-p_a)$이 생기지만, 제트속도 감소로 인하여 모멘텀 추력의 손실이 수반된다. 불완전한 팽창시 압력추력은 모멘텀 추력을 완전히 보상하지는 못하므로 p_5가 p_a로 완전 팽창하는 등엔트로피팽창 노즐에서 추력은 최대가 된다. 그러나 마찰이 있을 때에는 실제 제트속도가 이론적인 제트속도가 되지 못하였기 때문에 등엔트로피 팽창에서 반드시 최대추력을 얻는 것은 아니다. 더욱이 수축확산노즐을 사용하면 엔진의 중량, 길이, 직경이 크게 되고 장착도 어렵게 되어 항공기 전체 중량을 증가시키는 결과가 된다.

p_{04}/p_a가 약 3 정도가 될 때까지는, 수축확산노즐이 압력비에 정확히 맞는 노즐출구/노즐목 면적비를 가지고 있다 하더라도 수축노즐의 추력이 수축확산노즐의 추력보다 크다. 설계값

보다 낮은 압력비에서 작동할 때 고정 수축확산노즐은 확산부에서 충격파가 발생하여 손실이 생기기 때문에 효율이 떨어지게 된다. 이와 같은 이유로 항공기용 가스터빈에서는 보통 수축노즐이 사용된다. 수축확산 노즐보다 수축노즐을 사용할 때의 또 다른 이점은 후기연소기 장착엔진의 가변면적 노즐과 착륙 거리를 줄이기 위해 민간항공기에 보통 사용되는 역추력장치, 그리고 고온의 고속배기제트가 차가운 주위 대기와 혼합할 때 생기는 제트 소음의 억제를 용이하게 할 수 있다.

그러나 초음속 항공기에 사용되는 고압력비 엔진에서는 수축확산노즐이 필요하다. p_{04}/p_a의 값은 임계압력비의 수배에 이르게 되며 마하수 2~3의 비행에서는 10~20의 값이 될 수도 있다. 가능한 넓은 작동 범위에서 충격파에 의한 손실을 피하기 위해서 출구/목면적을 가변적으로 하는 것이 필요하지만 기계장치가 추가되어 복잡해진다. 수축확산노즐 설계에서 출구의 직경은 엔진 전체 직경보다는 작아야 한다. 그렇지 않으면 외부항력이 증가하여 추가된 추력을 상쇄시킨다. 또한 제트의 확산부와 관련된 손실은 확산각이 증가할수록 크게 증가하므로 확대부의 각은 무게가 증가하는 단점에도 불구하고 30° 이내가 되어야 한다.

수축확산노즐의 설계는 콩코드와 같이 높은 초음속으로 오랜 기간 비행하는 초음속 수송항공기에 특히 중요하다. 항속 거리와 유료 하중은 전반적으로 추진 성능에 크게 영향을 받는다. 연속적으로 변할 수 있는 공기흡입구와 목과 출구의 면적이 연속적으로 변할 수 있는 노즐이 둘 다 필요하게 된다. 군용항공기에서는 일반적으로 아음속에서 운용이 되고 초음속 기동은 극히 짧은 기간에 대해서만 필요하므로 초음속에 대한 연료 소모는 그리 중요하지는 않다.

보편적으로 많이 사용되는 수축노즐에 대해서 사이클 계산에서의 추진노즐손실을 고려하는 방법에 대해 알아보자. 일반적으로 두 가지 접근 방법이 있다. 한 방법은 등엔트로피 효율 η_j를 사용하는 것이고 또 다른 방법은 비추력상수 K_F를 사용하는 것이다. 비추력상수는 $[\dot{m}_a V_5 + A_5(p_5 - p_a)]/\dot{m}_a$에 대한 비추력의 비로 정의되어진다. 노즐유동이 초크되지 않고 노즐에서 p_a로 완전히 팽창되었을 때, 즉 $p_{04}/p_a < p_{04}/p_c$이면, K_F는 증기터빈 설계자들이 종종 속도상수로 사용하는 실제 제트속도 대 등엔트로피 제트속도의 비로 나타내어진다. 이러한 조건에서 $\eta_i = K_F^2$ 임을 쉽게 알 수 있다. 노즐을 테스트하면 K_F는 측정하기는 쉽지만 η_j만큼 항공용 추진노즐해석에서는 그리 유용하지는 않다.

[그림 3.11]은 실제 과정과 등엔트로피 과정에서의 T-s선도를 보여주고 있다. η_j는 다음과 같이 정의된다.

$$\eta_j = \frac{h_{04} - h_5}{h_{04} - h_5{}'} = \frac{T_{04} - T_5}{T_{04} - T_5{}'}$$

주어진 노즐입구 조건 (p_{04}, T_{04})과 η_j와 T_5 값을 알고 있다고 가정하면 다음 식을 얻을 수 있다.

$$T_{04} - T_5 = \eta_j T_{04}\left[1 - \left(\frac{1}{p_{04}/p_5}\right)^{(\gamma-1)/\gamma}\right] \tag{3.12}$$

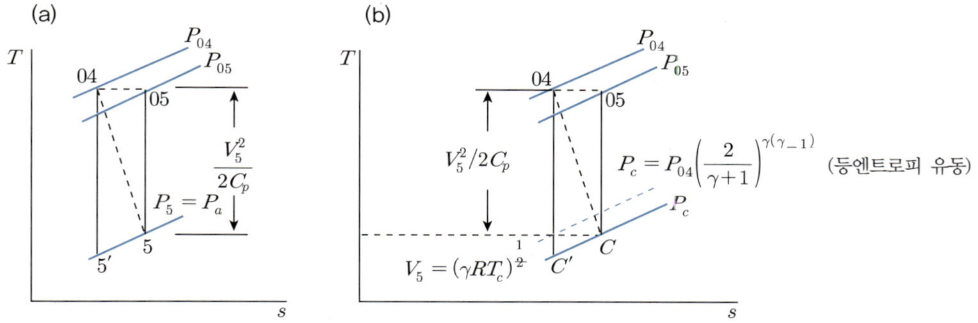

그림 3.11 추진 배기 노즐의 T–s 선도. (a)초크되지 않은 상태 (b)초크 상태

추진노즐의 출구의 전온도(T_{05})와 입구의 전온도(T_{04})는 같으므로 $T_{04} - T_5$는 $T_{05} - T_5$가 되고 이 값은 [그림 3.11(a)]에서 보는 바와 같이 제트의 동온도 ($V_5^2/2c_p$)가 된다. 노즐이 초크되지 않는 임계 압력비까지의 압력비 범위에서 p_5는 p_a와 같으며 식 (3.2)에서의 압력추력은 0이 된다. 임계압력비 이상에서는 노즐은 초크될 것이며, p_5는 임계압력비 p_c가 되며 V_5는 음속값인 $\sqrt{\gamma R T_5}$ 로 된다. 문제는 등엔트로피 흐름이 아닐 때 임계압력값 p_c를 어떻게 구할 것인가 하는 것이다. 그 방법을 알아보자.

노즐이 초크될 때 임계압력비 p_{04}/p_c는 p_{04}/p_5가 되고 이때 $M_5 = 1$이 된다. 이제 상응하는 임계온도비 T_{04}/T_c 를 구하여보자. 열전달이 없는 단열흐름의 경우 $T_{04} = T_{05}$ 라는 사실로부터 다음 식이 유도된다.

$$\frac{T_{04}}{T_5} = \frac{T_{05}}{T_5} = 1 + \frac{V_5^2}{2c_pT_5} = 1 + \frac{\gamma-1}{2}M_5^2$$

여기에 $M_5 = 1$을 대입하면 다음 식이 된다.

$$\frac{T_{04}}{T_c} = \frac{\gamma+1}{2} \tag{3.13}$$

식 (3.13)으로부터 T_c를 구할 수 있으므로, η_j를 알면 [그림 3.11(b)]로 부터 실제 임계압력 p_c로 등엔트로피 팽창했을 경우의 온도인 T_c'를 구할 수 있다. 즉

$$T_c' = T_{04} - \frac{1}{\eta_j}(T_{04} - T_c)$$

p_c는 다음과 같이 쓸 수 있다.

$$p_c = p_{04}\left(\frac{T_c'}{T_{04}}\right)^{\gamma/(\gamma-1)} = p_{04}\left[1-\frac{1}{\eta_j}\left(1-\frac{T_c}{T_{04}}\right)\right]^{\gamma/(\gamma-1)}$$

식 (3.13)의 T_c/T_{04}를 위 식에 대입하면 다음과 같이 임계 압력비를 알 수 있다.

$$\frac{p_{04}}{p_c} = \frac{1}{\left[1-\frac{1}{\eta_j}\left(\frac{\gamma-1}{\gamma+1}\right)\right]^{\gamma/(\gamma-1)}} \tag{3.14}$$

임계압력비를 결정하기 위하여 η_j를 사용하는 방법은 운동량 식을 포함하는 보다 상세한 해석 방법으로도 같은 결과를 얻을 수 있다.

압력추력 $A_5(p_c - p_a)$ 값을 구하기 위해 필요한 나머지 양은 노즐의 면적 A_5이다. 주어진 질량유량 $\dot{m}_a$에 대해 A_5는 대략적으로 다음과 같이 구할 수 있다.

$$A_5 = \frac{\dot{m}_a}{\rho_c V_c} \tag{3.15}$$

여기서 ρ_c는 p_c/RT_c 로부터 구해지며 V_c는 $[2c_p(T_{04}-T_c)]^{\frac{1}{2}}$ 또는 $(\gamma RT_c)^{\frac{1}{2}}$로 부터 구해진다. 식 (3.15)와 같이 구하는 방법은 출구 면적의 대략적인 값이다. 그 이유는 실제 흐름에서는 경계층의 두께에 의해 차이가 생기게 되고 또한 콘형 노즐에서는 흐름이 비가역적일 때 $M=1$이라는 조건은 출구 하류 지점에서 발생하기 때문이다. 실제로 엔진 작동조건에 필요한 출구 면적은 개발시험 중의 시행착오법에 의해 결정된다. 더욱이 동일한 형태의 개별적인 엔진들에서 공차의 누적과 각 부품 효율의 작은 변화 때문에 노즐 면적은 약간씩 다르게 된다. 노즐 면적을 미세하게 변화시키는 방법으로는 노즐 면적의 일부를 조절할 수 있는 작은 탭(tab)인 노즐트리머(nozzle trimmer)가 사용되기도 한다.

앞에서 설명한 여러 가지 보조장치들의 채용 여부에 따라 제트 파이프의 길이를 증가시키고 부가적인 마찰을 야기시키기 때문에 η_j의 값은 달라지게 된다. η_j에 영향을 미치는 또 다른 요인은 터빈을 빠져나가는 가스의 스월 성분이며 이 값은 가능한 한 작아야 한다. η_j의 값은 보통 0.90~0.98 사이의 값을 갖는다.

3.3 터보제트 엔진

3.3.1 실제 터보제트 엔진 사이클

실제 터보제트 엔진의 T-s 선도는 [그림 3.12]과 같이 나타낼 수 있다. 주어진 비행속도 및 비행고도에서 설계점의 성능은 다음과 같은 절차로 계산할 수 있다.

(1) ISA 표에 주어진 고도에서 대기 압력(p_a), 온도(T_a), 음속(a)을 구한다.

(2) 공기흡입구 출구(압축기 입구)의 전온도(T_{01}) 및 전압력(p_{01})을 구한다.

$$T_{01} = T_a + \frac{V_a^2}{2c_p} \tag{3.16}$$

$$\frac{p_{01}}{p_a} = \left[1 + \eta_i \frac{V_a^2}{2c_p T_a} \right]^{\frac{\gamma}{\gamma-1}} \tag{3.17}$$

(3) 압축기 출구 상태를 결정한다.

$$p_{02} = (\frac{p_{02}}{p_{01}})p_{01} \tag{3.18}$$

$$T_{02} - T_{01} = \frac{T_{01}}{\eta_c} \left[\left(\frac{p_{02}}{p_{01}} \right)^{\frac{\gamma-1}{\gamma}} - 1 \right] \tag{3.19}$$

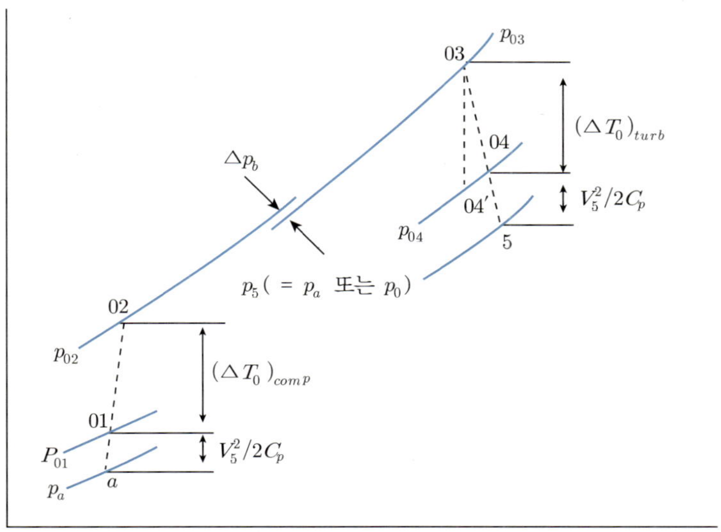

그림 3.12 실제 터보제트 엔진의 T-s선도

여기서 η_c는 압축기 등엔트로피 효율이며, $\left(\frac{p_{02}}{p_{01}}\right)$은 압축기의 압축비를 의미한다.

(4) 연소기 전후의 에너지 평형을 생각해서 이론 연료-공기비 f'를 구한다.

$$\dot{m}_a h_{02} + \dot{m}_f |\Delta h_c| = (\dot{m}_a + \dot{m}_f) h_{03} \tag{3.20}$$

$$f' = \frac{\dot{m}_f}{\dot{m}_a} = \frac{h_{03} - h_{02}}{|\Delta h_c| - h_{03}} \tag{3.21}$$

c_p가 일정하면,

$$f' = \frac{T_{03}/T_{02} - 1}{|\Delta h_c|/(c_p T_{02}) - T_{03}/T_{02}} \tag{3.22}$$

여기서 h_{03}에 $c_{pg}T_{03}$, h_{02}에는 $c_{pa}T_{02}$를 대입해서 값을 구할 수도 있다. 보통 c_{pa}는 1.005kJ/kg이고 c_{pg}는 1.148kJ/kg이다.

연소효율을 η_b라고 하면 실제 연료-공기비 f는

$$f = \frac{f'}{\eta_b} \tag{3.23}$$

여기서 η_b는 연소기 효율이다.

연소기 출구의 전압력을 연소기 내의 압력강하를 고려하여 계산한다.

$$p_{03} = p_{02}(1 - \Delta p_b / p_{02}) \tag{3.24}$$

여기서 Δp_b는 연소기 전후의 압력 강하량이다.

(5) 터빈 출구 상태 전온도(T_{04}),전압력(p_{04})을 결정한다.

이때 터빈과 압축기일의 조종 형식인 W는 $W_t = W_c / \eta_m$ 관계를 이용한다.

$$T_{04} = T_{03} - \frac{c_{pa}(T_{02} - T_{01})}{c_{pg}\eta_m} \tag{3.25}$$

따라서 이상적 터빈 출구온도 T_{04}와 터빈출구압력 p_{04}는

$$T_{04}' = T_{03} - \frac{1}{\eta_t}(T_{03} - T_{04}) \tag{3.26}$$

$$p_{04} = p_{03}\left(\frac{T_{04}'}{T_{03}}\right)^{\frac{\gamma}{\gamma-1}} \tag{3.27}$$

여기서 W_c는 압축기일, W_t는 터빈일 η_m는 기계적 효율, η_t는 터빈의 등엔트로피 효율이다.

(6) 노즐의 초크 여부를 판단하고 노즐출구에서 제트속도를 구한다.

여기서 노즐 압력비는 $\dfrac{p_{04}}{p_a}$이다.

임계압력비는 다음과 같은 식으로 나타낼 수 있다.

$$\frac{p_{04}}{p_c} = \frac{1}{\left[1-\dfrac{1}{\eta_j}\left(\dfrac{\gamma-1}{\gamma+1}\right)\right]^{\frac{\gamma}{\gamma-1}}} \tag{3.28}$$

여기서 η_j는 노즐의 등엔트로피 효율이며 p_c는 노즐목에서 음속일 때의 임계압력을 의미한다.

1) $\dfrac{p_{04}}{p_a} > \dfrac{p_{04}}{p_c}$이면 노즐은 초크 상태가 된다. 따라서 노즐출구의 전온도(T_{05}), 전압력 (p_{05}), 밀도(ρ_5), 속도(V_5)는 다음 식으로 구할 수 있다.

$$T_{05} = T_c = \left(\frac{2}{\gamma+1}\right) T_{04} \tag{3.29}$$

$$p_5 = p_c = p_{04}\left(\frac{1}{p_{04}/p_c}\right) \tag{3.30}$$

$$\rho_5 = \frac{p_c}{RT_c} \tag{3.31}$$

$$V_5 = (\gamma R T_c)^{1/2} \tag{3.32}$$

2) $\dfrac{p_{04}}{p_a} < \dfrac{p_{04}}{p_c}$이면 노즐은 초크되지 않는다. 이때의 노즐 출구 상태는 다음과 같이 나타낼 수 있다.

$$T_{04} - T_5 = \eta_j T_{04}\left[1-\left(\frac{1}{p_{04}/p_5}\right)^{\frac{\gamma-1}{\gamma}}\right] \tag{3.33}$$

노즐이 초크되지 않을 때는 압력 $p_5 = p_a$이다.

$$V_5 = [2c_{pg}(T_{04}-T_5)]^{1/2} = \left\{2c_{pg}\eta_j T_{04}\left[1-\left(\frac{1}{p_{04}-p_a}\right)^{\frac{\gamma-1}{\gamma}}\right]\right\}^{\frac{1}{2}} \tag{3.34}$$

(7) 따라서 비추력 및 추력연료 소모율은 다음과 같다.

1) 비추력 F_s

$$F_s = (V_5 - V_a) + \frac{A_5}{\dot{m}}(p_5 - p_a) \tag{3.35}$$

2) 추력연료소모율 $TSFC$는

$$TSFC = \frac{f}{F_s} \tag{3.36}$$

여기서 A_5는 노즐 출구 면적을 나타낸다.

예제 3.1

12,000m에서 마하수 0.8로 순항비행하는 터보제트 엔진의 각 부품 성능이 다음과 같을 때 비추력(F_s)과 추력연료소모율(TSFC)을 구하라.

압축기 압력비	8	
터빈입구 온도	$1400K$	
등엔트로피 효율		
압축기	η_c	0.87
터빈	η_t	0.90
공기흡입구	η_i	0.93
추진노즐	η_j	0.95
기계적 효율	η_m	0.99
연소효율	η_b	0.98
연소기 압력강하	Δp_b	압축기 공급압력의 4%

ISA 표로부터 고도 12,000m에서

$$p_a = 0.1940\,bar, \quad T_a = 216.7\,K, \quad a = 295.1\,m/s$$

공기흡입구 직후의 전온도 및 전압력은 다음과 같다.

$$\frac{V_a^2}{2c_{pa}} = \frac{(0.8 \times 295.1)^2}{2 \times 1.005 \times 1000} = 27.7\,K$$

$$T_{01} = T_a + \frac{V_a^2}{2\ C_{pa}} = 216.7 + 27.7 = 244.4K$$

$$\frac{p_{01}}{p_a} = \left[1 + \eta_i \frac{V_a^2}{2\, C_{pa} T_a}\right]^{\gamma/(\gamma-1)} = \left[1 + \frac{0.93 \times 27.7}{216.7}\right]^{3.5} = 1.4816$$

$$p_{01} = 0.1940 \times 1.049 = 0.2035\, bar$$

압축기 출구에서

$$p_{02} = \left(\frac{p_{02}}{p_{01}}\right) p_{01} = 8.0 \times 0.2035 = 1.628\, bar$$

$$T_{02} - T_{01} = \frac{T_{01}}{\eta_c}\left[\left(\frac{p_{02}}{p_{01}}\right)^{(\gamma-1)/\gamma} - 1\right] = \frac{244.4}{0.87}[8.0^{1/3.5} - 1] = 228.0K$$

$$T_{02} = 244.4 + 228.0 = 472.4K$$

$W_t = W_c/\eta_m$ 이므로

$$T_{03} - T_{04} = \frac{c_{pa}(T_{02} - T_{01})}{c_{pg}\eta_m} = \frac{1.005 \times 228.0}{1.148 \times 0.99} = 201.6K$$

$$T_{04} = 1400 - 201.6 = 1198.4K$$

$$p_{03} = p_{02}\left(1 - \frac{\Delta p_b}{p_{02}}\right) = 1.628(1 - 0.04) = 1.563\, bar$$

$$T_{04}{}' = T_{03} - \frac{1}{\eta_t}(T_{03} - T_{04}) = 1400 - \frac{201.6}{0.90} = 1176.0\, K$$

$$p_{04} = p_{03}\left(\frac{T_{04}{}'}{T_{03}}\right)^{\gamma/(\gamma-1)} = 1.563\left(\frac{1176.0}{1400}\right)^4 = 0.778\, bar$$

따라서 노즐압력비는

$$\frac{p_{04}}{p_a} = \frac{0.778}{0.1940} = 4.011$$

임계압력비는

$$\frac{p_{04}}{p_c} = \frac{1}{\left[1 - \frac{1}{\eta_j}\left(\frac{\gamma-1}{\gamma+1}\right)\right]^{\gamma/(\gamma-1)}} = \frac{1}{\left[1 - \frac{1}{0.95}\left(\frac{0.333}{2.333}\right)\right]^4} = 1.914$$

$\frac{p_{04}}{p_a} > \frac{p_{04}}{p_c}$ 이므로 노즐은 초크된다.

$$T_5 = T_c = \left(\frac{2}{\gamma+1}\right) T_{04} = \frac{2 \times 1198.4}{2.333} = 1027.3K$$

$$p_5 = p_c = p_{04}\left(\frac{1}{p_{04}/p_c}\right) = \frac{0.778}{1.914} = 0.406\,bar$$

$$\rho_5 = \frac{p_c}{RT_c} = \frac{100 \times 0.406}{0.287 \times 1027.3} = 0.138\,kg/m^3$$

$$V_5 = (\gamma R T_c)^{\frac{1}{2}} = (1.333 \times 0.287 \times 1027.3 \times 1000)^{\frac{1}{2}} = 626.9\,m/s$$

$$\frac{A_5}{\dot{m}_a} = \frac{1}{\rho_5 V_5} = \frac{1}{0.138 \times 626.9} = 0.011559\,m^2 \cdot s/kg$$

비추력은

$$F_s = (V_5 - V_a) + \frac{A_5}{\dot{m}_a}(p_c - p_a)$$

$$= (626.9 - 236.08) + 0.011559(0.406 - 0.194) \times 10^5 = 635.9\,N \cdot s/kg$$

$$f' = \frac{h_{03} - h_{02}}{|\Delta h_c| - h_{03}} = \frac{1.148 \times 1400 - 1.005 \times 472.4}{43100 - 1.148 \times 1400} = 0.0273$$

$$f = \frac{f'}{\eta_b} = \frac{0.0273}{0.98} = 0.0278$$

따라서 추력연료소모율은

$$TSFC = \frac{f}{F_s} = \frac{0.0278 \times 3600}{635.9} = 0.157 kg/h \cdot N$$

3.3.2 터보제트 엔진 사이클의 최적화

터보제트 엔진의 설계시 설계자들이 고려해야 할 기본적인 열역학적 사항은 터빈 입구 온도와 압축기의 압력비이다. 압축기와 터빈의 주어진 각각의 폴리트로픽 효율을 사용하여 적절한 작동 범위의 여러 설계점에서 터빈입구 온도 T_{03}와 압축기 압력비 r_c를 계산하고, 이들을 매개변수로 하여 TSFC와 비추력에 대한 성능선도를 그리는 것이 일반적이다. 이러한 성능선도 작성은 비행속도와 비행고도의 몇 가지 비행 조건에서 이루어진다. 아음속 순항 조건에 해당

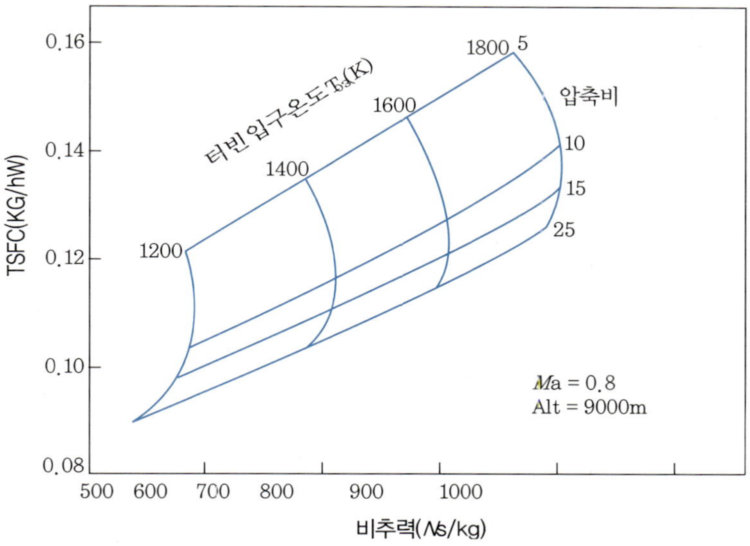

그림 3.13 전형적인 터보제트 엔진의 성능선도

하는 마하수 0.8, 비행고도 9000m에서의 전형적 터보제트 엔진의 성능곡선은 [그림 3.13]과 같다. 여기서 터빈입구 온도(TIT)의 영향을 살펴보자.

그림과 같이 비추력은 TIT(T_{03})의 값에 따라 크게 달라진다. 주어진 추력에 대해 엔진을 작게 만들려면 가능한 한 높은 터빈 입구 온도를 유지해야 한다. 그러나 일정한 압력비에서는 T_{03}를 크게 하면 TSFC도 다소 증가한다. 제트엔진에서는 TSFC의 증가가 수반되더라도 T_{03}를 높여서 비추력을 증가시키는 것이 더 중요하며, 특히 고속비행 엔진에서는 중량과 항력을 감소시키기 위해서 엔진의 크기를 작게 하는 것이 필요하다.

압력비 r_c를 증가시키면 TSFC는 감소한다. 고정된 T_{03}에서 압력비를 증가시키면 초기에는 비추력이 증대되지만, 정점을 지난 후 감소하게 된다. T_{03}가 증대될수록 최대 비추력이 되도록 하는 최적 압력비는 증가한다.

[그림 3.13]은 특정한 아음속 순항조건에서의 성능선도인데 만일 동일한 고도에서 순항비행 속도를 높여서 같은 계산을 해보면, 주어진 r_c와 T_{03} 값에서 일반적으로 TSFC는 증가하고 비추력은 감소한다. 그 이유는 입구 운동량 항력의 증가와 입구온도의 상승으로 인한 압축기 일의 증가 때문이다. 고도 변화에 따른 성능 계산에서는 고도가 증가함에 따라 비추력은 증가하고 TSFC는 감소함을 보여주는데, 이는 고도상승에 따른 온도의 감소와 결과적으로 이어지는 압축기 일의 감소 때문이다. 설계 순항속도의 증가에 따른 두드러진 특징은 최대 비추력을 위한 압축기의 최적 압력비가 감소한다는 것이다. 이것은 공기흡입구에서 큰 램압축이 생기기 때문이다. 압축기 입구 온도가 높을수록 터빈 입구 온도가 높게 되어 더 빠른 제트속도를 얻을 수 있으며, 초음속 항공기의 경제적인 작동을 위해서는 이와 같이 하는 것이 필요하다. 터보제트 엔진 사이클의 열역학적 최적화는 기계적인 설계 고려 사항들과 분리해서 생각할 수

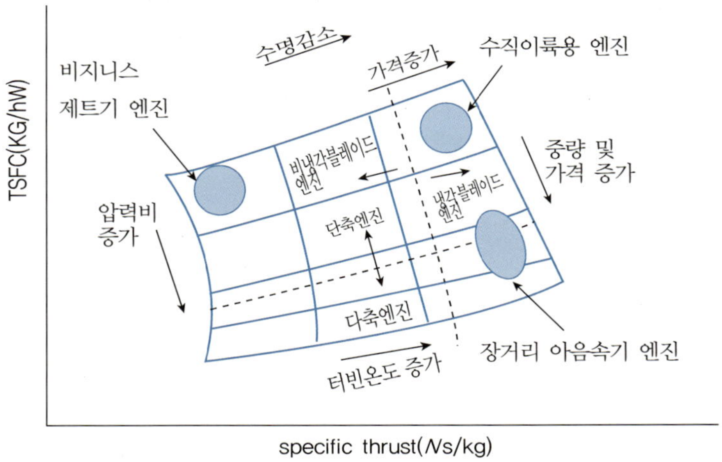

그림 3.14 항공용 엔진의 용도, 설계 사양에 따른 성능선도

없으며, 사이클 매개변수의 선택은 항공기의 형식에 크게 좌우된다. 열역학적으로 터빈온도가 높아질수록 바람직하겠지만 터빈 입구 온도를 높이려면 고온에서 견딜 수 있는 합금의 사용이나 터빈 블레이드의 복잡한 냉각 시스템이 필요하며, 엔진의 수명이 짧아지게 된다. 압력비를 증가시키기 위해서는 압축기와 터빈의 단수를 늘리거나 다중스풀을 사용해야 하기 때문에 무게가 증가되고 구조가 복잡해지며 가격이 상승하게 된다. 그러므로 열역학적 이점과 기계적 복잡성, 경제성을 복합적으로 고려해야 한다.

[그림 3.14]는 항공기의 용도 및 설계 사양과 성능 사이의 관계를 나타내고 있다.

예를 들어, 소형의 업무용 제트기나 훈련기에는 가격이 싸고 단순하며, 신뢰성 있는 엔진이 필요하다. TSFC는 상대적으로 비행량이 적으므로 중요하지 않으며, 적당한 터빈 입구 온도를 가지는 저압축비 터보제트 엔진만으로도 충분하다. 상업용 항공기는 소음규제와 항속거리가 길어짐에 따라 터보제트에서 터보팬으로 엔진이 바뀌었다. 또 다른 흥미로운 경우는, 수직 이착륙기(VSTOL)에 사용되는 특별한 이착륙용 엔진의 개발에 관한 것인데, 이러한 엔진에 요구되는 사항은 단위중량 및 체적당 추력이 최대로 되어야 하며, TSFC는 작동시간이 길지 않으므로 상대적으로 덜 중요하다. 이에 적합한 엔진은 터빈 입구 온도가 상당히 높고(작동시간이 짧으므로 높은 터빈 입구 온도의 사용도 가능함) 낮은 압축비를 사용하는 엔진이다.

초기의 상업용 항공기와 폭격기에는 긴 항속거리와 낮은 TSFC를 필요로 하였기 때문에 높은 압력비를 가진 터보제트 엔진이 사용되었다. 그러나 상업용 아음속 항공기에서 상대적 연료 소모율 감소를 위하여 이제 터보제트 엔진은 터보팬 엔진에 그 자리를 내주었다. 터보제트 엔진은 이륙시 소음 때문에 이제 더 이상 상업용 아음속 항공기에는 적합하지 않다. 이륙시에는 터보팬으로 작동되고 초음속 순항조건에서의 터보제트(혹은 저바이패스의 터보팬)처럼 작동할 수 있는 능력을 지닌, 가변 사이클의 엔진을 개발할 필요가 있다. 초음속 수송기라 하더라도 아음속 비행시의 저연료 소모도 중요한 관심의 대상이다. 그것은 초음속 항공기라도 상당한 부분이 아음속 상태의 비행으로 이루어지며, 비행은 한가지 순항상태로만 이루어지는 것이 아니기 때문이다.

3.4 터보팬 엔진

3.4.1 터보팬 엔진 사이클 해석

가스터빈 엔진의 추력은 식 (3.1)에서 보는 바와 같이, 엔진을 통과하는 질유량과 배기제트의 속도를 곱한 것과 같다. 적은 질유량으로 제트속도를 크게 하거나, 아주 많은 질유량으로 제트속도를 줄여도 큰 추력 발생이 가능하다. 식 (3.3)으로부터 배기제트 속도를 줄일수록 추진효율이 증가함을 알 수 있다. 터보팬 엔진은 원래 고아음속 작동 영역에서 제트의 평균속도를 감소시켜 제트엔진의 추진효율을 향상시키는 방법으로 고안되었다. 제트속도가 감소할수록 소음 발생이 작다. 제트추진 항공기가 상업용으로 사용됨에 따라 소음을 저감시킬 수 있는 제트속도 저감이 중요한 인자로 부각되고 있다.

터보팬 엔진의 추력은 [그림 3.15]에서 보는 바와 같이 바이패스 흐름에 의한 추력과 주흐름에 의한 고온유동 추력으로 구성된다. 바이패스 흐름에 의한 추력은 저압터빈으로 구동되는 팬에 의해 유속은 느리지만 많은 양의 공기를 유입하여 별도의 도관을 통해 팬 노즐에서 분출되는 흐름에 의해 발생한다. 고온유동 추력은 압축기, 연소기, 터빈, 노즐을 통과하는 주흐름에 의해 발생된다.

터보팬 엔진의 추진노즐은 바이패스 흐름과 주흐름이 별도의 노즐을 갖고 있어서, 배기제트와 혼합되지 않은 비혼합 배기노즐 방식([그림 3.15] 참조)과 주위 대기로 배출하기 전에 두 흐름을 혼합해서 하나의 제트로 분출하는 혼합 배기노즐 방식이 있다. 혼합배기 노즐은 혼합에 의한 압력손실이 있지만, 소음저감과 하나의 노즐을 사용한다는 이점이 있다.

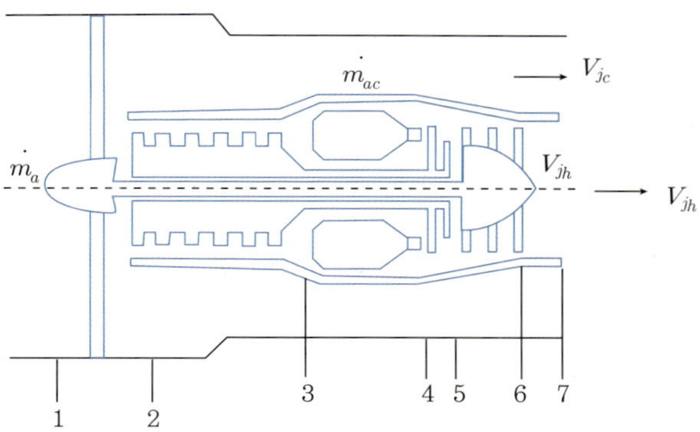

그림 3.15 팬이 저압터빈에 의해 구동되는 2중 스풀 터보팬 엔진

터보팬 엔진에서 바이패스 흐름에 의한 질유량과 주흐름에 의한 질유량의 비를 바이패스비 (bypass-ratio: B)라 하며, 다음과 같이 나타낸다.

$$B = \frac{\dot{m}_{ac}}{\dot{m}_{ah}} \tag{3.37}$$

터보팬 엔진을 통과하는 총질유량 $\dot{m}_a$는 바이패스 흐름 질유량 $\dot{m}_{ac}$와 주흐름 질유량 $\dot{m}_{ah}$으로 구성되므로, 다음 식으로 표현될 수 있다.

$$\dot{m}_{ac} = \frac{\dot{m}_a B}{B+1}, \text{ 또는 } \dot{m}_{ah} = \frac{\dot{m}_a}{B+1}, \text{ 그리고 } \dot{m}_a = \dot{m}_{ac} + \dot{m}_{ah} \tag{3.38}$$

따라서 터보팬 엔진의 추력은 다음과 같이 나타낼 수 있다.

$$F = \dot{m}_{ah}[(1+f)V_{jh} - V_a] + (p_{jh} - p_a)A_{jh} + \dot{m}_{ac}(V_{jc} - V_a) + (p_{jc} - p_{a)})A_{jc} \tag{3.39}$$

추진 노즐에서 두 흐름이 모두 대기압으로 팽창하는 특별한 경우는 압력 추력항이 0이 되므로, 터보팬 엔진의 진추력은 다음과 같이 나타낼 수 있다.

$$F = (\dot{m}_{ac} V_{jc} + \dot{m}_{ah} V_{jh}) - \dot{m}_a V_a \tag{3.40}$$

터보팬 엔진의 추진효율 η_p는 다음과 같이 나타낼 수 있으며,

$$\eta_p = \frac{FV_a}{\dot{m}_{ah}\left[(1+f)\frac{V_{jh}^2}{2} - \frac{V_a^2}{2}\right] + B\dot{m}_{ah}\left[\frac{V_{jc}^2}{2} - \frac{V_a^2}{2}\right]} \tag{3.41}$$

터보팬 엔진의 열효율 η_{th}는 다음 식으로 표현된다.

$$\eta_{th} = \frac{\dot{m}_{ah}\left[(1+f)\frac{V_{jh}^2}{2} - \frac{V_a^2}{2}\right] + B\dot{m}_{ah}\left[\frac{V_{jc}^2}{2} - \frac{V_a^2}{2}\right]}{\dot{m}_f\,|\Delta h_c|} \tag{3.42}$$

터보팬 엔진의 설계점 계산은 터보제트 엔진의 계산법과 비슷하므로, 차이점에 대해서만 기술하면 다음과 같다.

(1) 전압력비와 터빈 입구 온도 이외에도 바이패스비(B)와 팬압력비(FPR)를 정의할 필요가 있다.
팬압력비는 다음과 같이 정의된다.

$$FPR = \frac{p_{02}}{p_{01}} \tag{3.43}$$

(2) 입구 조건과 FPR로부터 팬을 떠나서 바이패스 도관으로 들어가는 흐름의 압력과 온도를 계산할 수 있다. 바이패스 도관으로 유입되는 질유량은 전체 유량과 바이패스비에 의하여 계산될 수 있다.

바이패스 흐름의 노즐압력비와 팬 전온도비는 다음과 같다.

$$\frac{p_{02}}{p_a} = \left(\frac{p_{02}}{p_{01}}\right)\left(\frac{p_{01}}{p_a}\right) = FPR\left(\frac{p_{01}}{p_a}\right) \tag{3.44}$$

$$\frac{T_{02}}{T_{01}} = \left(\frac{p_{02}}{p_{01}}\right)^{\frac{n-1}{n}} = FPR^{\frac{n-1}{n}} \tag{3.45}$$

여기서 n은 폴리트로픽 지수를 의미한다.

(3) 바이패스 흐름에 의한 추력을 계산할 때, 팬 노즐이 초크되었는지 확인할 필요가 있다. 만일 초크되었다면 압력추력도 계산하여야 한다.

팬노즐에 대한 임계 압력비는 앞에서 설명한 터보제트엔진 노즐의 임계 압력비와 동일하게 표현할 수 있다.

$$\frac{p_{02}}{p_c} = \frac{1}{\left[1 - \frac{1}{\eta_j}\left(\frac{\gamma-1}{\gamma+1}\right)\right]^{\frac{\gamma}{\gamma-1}}}$$

1) $\frac{p_{02}}{p_c} > \frac{p_{02}}{p_a}$ 이면 바이패스 흐름노즐은 초크되지 않는다.

팬 노즐의 온도 강하는 다음 식으로 표현될 수 있다.

$$T_{02} - T_8 = \eta_j T_{02}\left[1 - \left(\frac{1}{p_{02}/p_a}\right)^{\frac{\gamma-1}{\gamma}}\right] \tag{3.46}$$

노즐이 초크되지 않을 때는 $p_{08} = p_a$ 이며, 팬노즐 출구 속도는 다음과 같이 나타낼 수 있다.

$$V_8 = \left[2C_{pa}(T_{02} - T_8)\right]^{\frac{1}{2}} = \left\{2\eta_j c_{pa} T_{02}\left[1 - \left(\frac{1}{p_{02}/p_a}\right)^{\frac{\gamma-1}{\gamma}}\right]\right\}^{\frac{1}{2}} \tag{3.47}$$

바이패스 흐름노즐의 진추력은 다음과 같다.

$$F_c = \dot{m}_{ac}(V_8 - V_a) \tag{3.48}$$

2) $\frac{p_{02}}{p_c} < \frac{p_{02}}{p_a}$ 이면 노즐은 초크 상태가 된다. 이때 노즐 출구에서의 전속도, 압력, 밀도, 속도는 다음과 같다.

$$T_{08} = T_c = T_{02}\left(\frac{2}{\gamma+1}\right) \tag{3.49}$$

$$p_8 = p_c = p_{02}\left(\frac{1}{p_{02} / p_c}\right) \tag{3.50}$$

$$\rho_8 = \frac{p_c}{RT_c} \tag{3.51}$$

$$V_8 = (\gamma RT_c)^{1/2} \tag{3.52}$$

바이패스비 B를 이용해서 팬노즐 출구 면적 A_8과 진추력을 구하면 다음과 같다.

$$\dot{m}_{ac} = \frac{\dot{m}_a B}{B+1} \tag{3.53}$$

$$A_8 = \frac{\dot{m}_{ac}}{\rho_8 C_8} \tag{3.54}$$

$$F_c = \dot{m}_{ac}(V_8 - V_a) + A_8(p_8 - p_a) \tag{3.55}$$

(4) [그림 3.15]처럼 2중 스풀로 되어 있을 때, 팬은 저압터빈에 의해 구동된다. 고압 압축기와 터빈에 대해 계산하는 것은 터보제트와 같은 방법으로 구한다.

$$T_{04} - T_{05} = \frac{c_{pa}}{\eta_m c_{pg}}(T_{03} - T_{02}) \tag{3.56}$$

즉, 고압터빈과 저압터빈의 출구 온도는 압축기와 터빈 사이의 에너지 평형식으로부터 다음 식이 성립된다.
LPT가 팬을 구동하므로 이들 사이의 에너지 평형식으로부터 다음 식이 성립된다.

$$\dot{m}_a c_{pa}(T_{02} - T_{01}) = \eta_m \dot{m}_{ah} c_{pg}(T_{05} - T_{06}) \tag{3.57}$$

또한, $\frac{\dot{m}_a}{\dot{m}_{ah}} = B+1$ 이므로 고압터빈출구전온도는 다음과 같다.

$$T_{05} - T_{06} = (B+1)\frac{c_{pa}}{\eta_m c_{pg}}(T_{02} - T_{01}) \tag{3.58}$$

B의 값은 0.3에서 8 혹은 그 이상이며, 이 값은 온도강하와 저압터빈에서 요구되는 압력비에 중대한 영향을 미친다. T_{05}, η_t 그리고 $(T_{05} - T_{06})$를 안다면 저압터빈의 압력비를 구할 수 있으며, 고온유동 노즐의 입구 조건들을 구할 수 있다. 고온유동에 대한 추력 계산은 터보제트 엔진과 같이 구하면 된다.

고압터빈출구전압력 p_{06}는 다음과 같이 구할 수 있다.

$$\frac{p_{04}}{p_{05}} = \left(\frac{T_{04}}{T_{05}}\right)^{\frac{n}{n-1}} \tag{3.59}$$

$$\frac{p_{05}}{p_{06}} = \left(\frac{T_{05}}{T_{06}}\right)^{\frac{n}{n-1}} \tag{3.60}$$

$$p_{04} = p_{03} - \triangle P_b \tag{3.61}$$

$$p_{06} = \frac{p_{04}}{(p_{04}/p_{05})(p_{05}/p_{06})} \tag{3.62}$$

고온유동의 임계압력비와 추력은 터보제트 엔진과 같으며, 고온유동의 질유량과 노즐 출구 면적은 바이패스비를 이용해서 구한다.

$$A_7 = \frac{\dot{m}_{ah}}{\rho_7 V_7} \tag{3.63}$$

(5) 단일터빈이 팬과 압축기를 동시에 구동할 때는 다음과 같은 에너지 평형식을 이용해야 한다.

$$\dot{m}_{ah} c_{pa}(T_{03} - T_{02}) + \dot{m}_a c_{pa}(T_{02} - T_{01}) = \dot{m}_{ah}(1+f)c_{pg}(T_{04} - T_{05})\eta_m \tag{3.64}$$

따라서 터빈출구전온도는

$$T_{04} = T_{05} + \frac{c_{pa}(T_{03} - T_{02}) + c_{pa}(T_{02} - T_{01})(B+1)}{\eta_m(1+f)c_{pg}} \tag{3.65}$$

만일 정압비열 c_p가 일정하다면 터빈출구전온도는 다음과 같이 된다.

$$T_{04} = T_{05} + \frac{(T_{03} - T_{02}) + (T_{03} - T_{01})(B+1)}{\eta_m(1+f)} \tag{3.66}$$

(6) 전체 추력은 바이패스 흐름추력과 주흐름추력의 합이 된다.

$$F = F_c + F_h \tag{3.67}$$

(7) 바이패스 흐름과 고온유동이 혼합되어진다면 엔탈피와 운동량 균형에 의해 혼합 이후의 조건을 구할 수 있다. 최대추력 증강을 위해 후기 연소기를 장착하는 터보팬 엔진에서는 바이패스 흐름과 고온유동에 재가열 장치의 설치가 요구된다.

예제 3.1

팬은 저압터빈에서 구동되고 압축기는 고압터빈에 의해서 구동되는 이중 스풀 터보팬 엔진이 다음과 같은 조건에서 작동되고 있다. 추진 노즐에서 냉간유동과 고온유동은 분리노즐 방식으로 배출되고 있다. 고도 8000m에서 마하수 0.9로 비행할 때 추력과 TSFC을 구하라. 단 공기의 비열비는 1.4이며, 연소가스의 비열비는 1.333이다.

전압력비	25.0
팬압력비	1.65
바이패스비 ($\dot{m}_{ac}/\dot{m}_{ah}$)	5.0
터빈입구온도 (TIT)	1550K
팬, 압축기, 터빈의 폴리트로픽 효율	0.90
공기흡입구효율	0.93
각 추진노즐의 등엔트로피 효율	0.95
각 스풀의 기계적 효율	0.99
연소기 압력손실	1.50bar
전체 공기질량유량	215kg/s

폴리트로픽 압축과 팽창에 대한 $(n-1)/n$의 값은

압축시, $\dfrac{n-1}{n} = \dfrac{1}{\eta_{\infty c}}\left(\dfrac{\gamma-1}{\gamma}\right)_a = \dfrac{1}{0.9\times 3.5} = 0.3175$

팽창시, $\dfrac{n-1}{n} = \eta_{\infty t}\left(\dfrac{\gamma-1}{\gamma}\right)_g = \dfrac{0.9}{4} = 0.225$

기호는 [그림 4.16]을 따른다.
ISA 표로부터 고도 8000m에서

$$p_a = 0.3565\,,\quad T_a = 236.2K,\quad a = 308.1\,m/s$$

공기흡입구 직후의 전온도 및 전압력은 다음과 같다.

$$\frac{V_a^2}{2c_p} = \frac{(0.9 \times 308.1)^2}{2 \times 1.005 \times 1000} = 38.3K$$

$$T_{01} = T_a + \frac{V_a^2}{2\ c_p} = 236.2 + 38.3 = 274.5K$$

$$\frac{p_{01}}{p_a} = \left[1 + \eta_i \frac{V_a^2}{2c_p T_a}\right]^{\gamma/(\gamma-1)} = \left[1 + \frac{0.93 \times 38.3}{236.2}\right]^{3.5} = 1.635$$

$\dfrac{T_{02}}{T_{01}} = \left(\dfrac{p_{02}}{p_{01}}\right)^{(n-1)/n}$ 이므로 $T_{02} = 274.5 \times 1.65^{0.3175} = 321.8K$

$$T_{02} - T_{01} = 321.8 - 274.5 = 47.3K$$

$$\frac{p_{03}}{p_{02}} = \frac{p_{03}/p_{01}}{p_{02}/p_{01}} = \frac{25.0}{1.65} = 15.15$$

$$T_{03} = T_{02}\left(\frac{p_{03}}{p_{02}}\right)^{(n-1)/n} = 321.8 \times 15.15^{0.3175} = 762.7K$$

$$T_{03} - T_{02} = 762.7 - 321.8 = 440.9K$$

냉간유동 노즐의 압력비는

$$\frac{p_{02}}{p_a} = \left(\frac{p_{02}}{p_{01}}\right)\left(\frac{p_{01}}{p_a}\right) = 1.65 \times 1.635 = 2.792$$

팬 노즐에 대한 임계압력비는

$$\frac{p_{02}}{p_c} = \frac{1}{\left[1 - \frac{1}{\eta_j}\left(\frac{\gamma-1}{\gamma+1}\right)\right]^{\gamma/(\gamma-1)}} = \frac{1}{\left[1 - \frac{1}{0.95}\left(\frac{0.4}{2.4}\right)\right]^{3.5}} = 1.964$$

따라서 $\dfrac{p_{02}}{p_c} < \dfrac{p_{02}}{p_a}$ 이므로 냉간유동 노즐은 초크된다.

$$T_8 = T_c = \left(\frac{2}{\gamma+1}\right)T_{02} = \frac{2 \times 321.8}{2.4} = 268.2K$$

$$p_8 = p_c = p_{02}\left(\frac{1}{p_{02}/p_c}\right) = \frac{0.3565 \times 2.792}{1.964} = 0.5068\,bar$$

$$\rho_8 = \frac{p_c}{RT_c} = \frac{100 \times 0.5068}{0.287 \times 268.2} = 0.6584\,kg/m^3$$

$$V_8 = (\gamma R T_c)^{\frac{1}{2}} = (1.4 \times 0.287 \times 268.2 \times 1000)^{\frac{1}{2}} = 328.3\,m/s$$

바이패스비 B가 5.0이므로

$$\dot{m}_{ac} = \frac{\dot{m}_a B}{B+1} = \frac{215 \times 5.0}{6.0} = 179.2kg/s$$

$$A_8 = \frac{\dot{m}_{ac}}{\rho_8 C_8} = \frac{179.2}{0.6584 \times 328.3} = 0.829\,m^2$$

$$F_c = \dot{m}_{ac}(V_8 - V_a) + A_8(p_8 - p_a)$$

$$= 179.2(328.3 - 277.3) + 0.829(0.5068 - 0.3565) \times 10^5 = 21599\,N$$

HPC를 구동하는 것은 HPT이므로 HP로터에서 일의 균형을 생각하면 다음과 같이 나타낼 수 있다.

$$T_{04} - T_{05} = \frac{c_{pa}}{\eta_m c_{pg}}(T_{03} - T_{02}) = \frac{1.005 \times 440.9}{0.99 \times 1.148} = 389.9K$$

LP로터에 대해서는 다음 식과 같이 나타낼 수 있다.

$$T_{05} - T_{06} = (B+1)\frac{c_{pa}}{\eta_m c_{pg}}(T_{02} - T_{01}) = \frac{6.0 \times 1.005 \times 47.3}{0.99 \times 1.148} = 251.0K$$

따라서

$$T_{05} = T_{04} - (T_{04} - T_{05}) = 1550 - 389.9 = 1160.1$$

$$T_{06} = T_{05} - (T_{05} - T_{06}) = 1160.1 - 251.0 = 909.1K$$

p_{06}는 다음과 같이 구할 수 있다.

$$\frac{p_{04}}{p_{05}} = \left(\frac{T_{04}}{T_{05}}\right)^{n/(n-1)} = \left(\frac{1550}{1160.1}\right)^{1/0.225} = 3.625$$

$$\frac{p_{05}}{p_{06}} = \left(\frac{T_{05}}{T_{06}}\right)^{n/(n-1)} = \left(\frac{1160.1}{909.1}\right)^{1/0.225} = 2.955$$

$$p_{03} = \left(\frac{p_{03}}{p_{01}}\right)\left(\frac{p_{01}}{p_a}\right)p_a = 25 \times 1.635 \times 0.3565 = 14.57bar$$

$$p_{04} = p_{03} - \Delta p_b = 14.57 - 1.50 = 13.07bar$$

$$p_{06} = \frac{p_{04}}{(p_{04}/p_{05})(p_{05}/p_{06})} = \frac{13.07}{3.625 \times 2.955} = 1.202bar$$

고온유동 노즐의 압력비는

$$\frac{p_{06}}{p_a} = \frac{1.202}{0.3565} = 3.372$$

임계압력비는

$$\frac{p_{06}}{p_c} = \frac{1}{\left[1 - \frac{1}{0.95}\left(\frac{0.333}{2.333}\right)\right]^4} = 1.918$$

$\frac{p_{06}}{p_c} < \frac{p_{06}}{p_a}$ 이므로 고온유동 노즐도 역시 초크된다.

$$T_7 = T_c = \left(\frac{2}{\gamma + 1}\right)T_{06} = \frac{2 \times 909.1}{2.333} = 779.3K$$

$$p_7 = p_c = p_{06}\left(\frac{1}{p_{06}/p_c}\right) = \frac{1.202}{1.918} = 0.6276\,bar$$

$$\rho_7 = \frac{p_c}{RT_c} = \frac{100 \times 0.6276}{0.287 \times 779.3} = 0.2802\,kg/m^3$$

$$V_7 = (\gamma RT_c)^{\frac{1}{2}} = (1.333 \times 0.287 \times 779.3 \times 1000)^{\frac{1}{2}} = 546.0\,m/s$$

$$A_7 = \frac{\dot{m}_{ah}}{\rho_7 V_7} = \frac{35.83}{0.2802 \times 546.0} = 0.2342\,m^2$$

$$F_h = \dot{m}_{ah}(V_7 - V_a) + A_7(p_7 - p_a)$$

$$= 35.83(546.0 - 227.3) + 0.2342(0.6276 - 0.3565) \times 10^5 = 17747\,N$$

따라서 전체 추력은

$$F = F_c + F_h = 21599 + 17747 = 39346\,N \text{ or } 39.3\,kN$$

연료질량유량은 실제 연료-공기비와 연소기를 통과하는 공기질량유량($\dot{m}_{ah}$)을 알면 계산할 수 있다. 이론 연료-공기비는

$$f' = \frac{h_{04} - h_{03}}{|\Delta h_c| - h_{04}} = \frac{1.148 \times 1550 - 1.005 \times 762.7}{43100 - 1.148 \times 1550} = 0.0245$$

이고, 연소효율이 99%이므로 실제 연료-공기비는

$$\mathrm{f} = \frac{\mathrm{f}'}{\eta_{\mathrm{b}}} = \frac{0.0245}{0.99} = 0.0248$$

이다. 따라서 연료질량유량은

$$\dot{m}_f = 0.0248 \times 35.83 \times 3600 = 3193.8\,kg/h$$

그리고

$$TSFC = \frac{3193.8}{39346} = 0.0782\,kg/h \cdot N$$

냉간유동과 고온유동이 흐르는 각 노즐에서 얻어진 값을 요약하면 다음과 같다.

	냉간유동	고온유동
정압(bar)	0.5068	0.6625
정온도(K)	268.2	779.3
밀도(kg/m^3)	0.6584	0.2962
질유량(kg/s)	179.2	35.83
속도(m/s)	328.3	546.0
노즐면적(m^2)	0.829	0.2215

이 터보팬 엔진의 냉간유동 노즐 면적은 고온유동노즐면적보다 훨씬 큼을 알 수 있다. 바이패스되는 냉간유동에 의한 추력은 전체 추력의 약 55%로 상당한 부분을 차지하고 있다. 일반적으로 이륙시 공기유입속도는 약 60m/s 정도이므로 운동량항력 $\dot{m}_a V_a$는 12,900N이 된다. 높은 바이패스비 엔진일수록 이륙시 추력강하가 더 뚜렷히 나타나기 때문에 터보팬 엔진의 추력은 정적인 상태보다는 전형적인 이륙 속력에서의 추력으로 나타내는 것이 보통이다.

3.4.2 터보팬 사이클의 최적화

터보팬의 설계시에는 전압력비, 터빈입구 온도, 바이패스비 그리고 팬압력비를 매개변수로 하여 성능 변화를 고려해야 한다. 사이클 최적화는 다소 복잡하긴 하지만 기본적인 원리는 쉽게 이해될 수 있다. 먼저, 전압력비와 바이패스비가 정해진 엔진에 대해서 성능 변화를 알아보자. 터빈입구 온도를 선정하면 연소실에 유입된 공기유량과 온도 등 작동 조건이 결정되어지기 때문에 에너지 투입량이 정해진다.

전압력비, 바이패스비, 터빈입구 온도가 정해진 조건에서 팬압력비 변화에 따른 비추력과 추력연료소모율의 변화를 알아보자. 팬압력비가 작으면 팬에 의한 추력은 작을 것이고 저압터빈에 의해 추출되는 일도 작게 된다. 따라서 저압터빈으로 사용되는 에너지도 작을 것이기 때문에 고온부에서는 추력이 증가하게 된다. 반면 팬압력비가 증가함에 따라 팬추력은 증가하게 되고, 이에 따라 고온부 추력 생성은 감소하게 된다.

[그림 3.16]은 터빈온도가 일정한 상태에서 팬압력비 변화에 따른 비추력과 TSFC의 전형적인 변화를 보여준다. 터빈입구 온도가 일정할 때 팬압력비의 최적값이 존재함을 알 수 있다. 에너지 공급이 일정하기 때문에 TSFC를 최소로 하는 최적 팬압력비와 최대 비추력을 발생시키는 최적 FPR는 일치함을 알 수 있다.

바이패스비가 일정할 때 최적 TSFC와 최적 비추력을 주는 팬압력비는 터빈입구 온도에 따라 달라진다. 일정한 전압력비를 선정하고 바이패스비를 변화시킬 때 성능 변화는 [그림 3.16

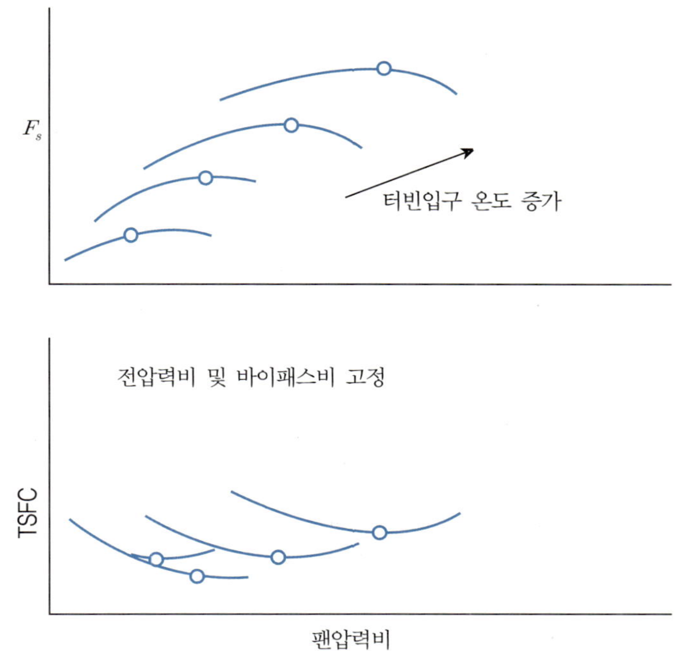

그림 3.16 터보팬 엔진의 팬압력비 변화에 따른 성능 변화

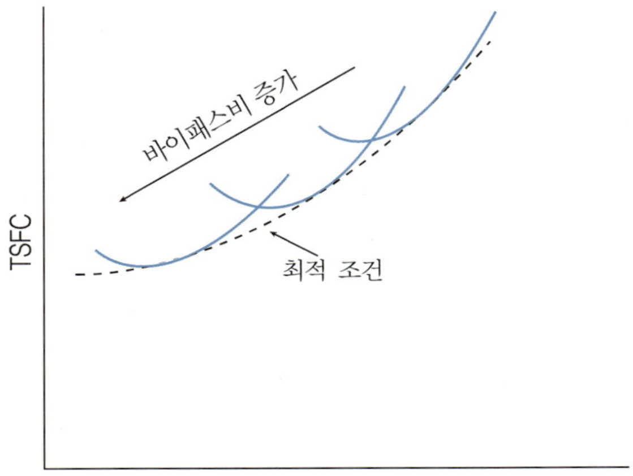

그림 3.17 터보팬 엔진의 최적화

과 같이 여러 선들로 나타난다. 이 선도에서 점선은 선정된 전압력비가 변화할 때 최적 비추력과 최적 TSFC의 변화를 보여주고 있다.

전압력비를 바꾸면서 이와 같은 계산을 반복할 수 있다. 이러한 일련의 계산을 통해 다음과 같은 사항을 알 수 있다.

① 바이패스비를 증가시키면 TSFC는 향상되지만 비추력은 상당히 감소한다.
② 터빈입구 온도를 증가시키면 최적 팬압력비는 증가한다.
③ 바이패스비를 증가시키면 최적 팬압력비는 감소한다. 대략 5 정도의 바이패스비에서 팬압력비는 충분히 작아 단일 팬을 사용해도 무방하다.

사이클 매개변수의 선택은 항공기의 용도에 따라 달라진다. 긴 항속거리를 가지는 아음속 여객기나 수송기에서는 추력연료소모율이 적어야 한다. 바이패스비가 4~6 정도 되는 터보팬 엔진이 높은 터빈입구 온도 및 높은 전압력비에서 운전될 때, 추력연료소모율은 가장 적다. 바이패스비가 8~9 정도 되는 터보팬 엔진은 1995년부터 GE90에 사용되었으며, 이것은 수년 동안의 엔진 개발 중 바이패스비가 크게 증가한 대표적인 엔진 중의 하나이다. 초음속에서 기동 능력이 양호하면서 낮은 아음속 TSFC를 요구하는 군용 항공기는 전면적을 줄이기 위해 0.5~1 정도의 상당히 낮은 바이패스비를 사용하며, 초음속 작동시에는 후기연소기를 사용한다.

상당히 높은 터빈입구 온도를 갖도록 현재 개발 중인 엔진들은 후기 연소기 없이도 마하수 1.4 정도의 속도를 낼 수 있다. 단거리 상업용 항공기에서는 TSFC가 장거리용보다 그리 중요하지는 않으며, 그동안 바이패스비를 1 정도로 사용해왔다. 그러나 최신 설계에서는 장거리용 항공기에 사용되는 것처럼 고바이패스비가 사용되고 있다. 이러한 변화의 주된 요인은 바이패스비를 증가시키면 엔진의 소음이 크게 감소되기 때문이다. 다양한 항공기에 적합하도록

TSFC가 작은 엔진에 관심을 가지는 또 다른 이유는 새로운 엔진을 개발하는데 드는 비용이 증가되기 때문이다.

[그림 3.17]에서 보면 최적 TSFC를 얻기 위해서 높은 바이패스비를 사용해야 하지만, 바이패스비가 커지면 비추력은 감소함을 알 수 있다. 그림에서 보여진 선도는 비장착 엔진의 성능에 대한 것인데, 장착에 따른 영향은 각 항공기마다 다르다. 높은 바이패스비를 얻기 위해서는 팬의 지름이 커져야 하며, 따라서 엔진의 무게와 지름이 커지게 된다. 지상 간격을 고려하면 착륙 장치의 길이와 무게가 증가하게 되며, 이로 인하여 항공기의 무게가 증가하게 되고 더 큰 추력을 요구하게 된다.

나셀과 이를 지지하는 구조체를 보통 포드(pod)라고 부르며, 포드의 항력효과에 대한 간단한 해석을 하는 것이 좋다. 장착에 따른 추진효율은 다음과 같이 수정할 수 있다.

$$\eta_p = \frac{2}{1+\dfrac{V_j}{V_a}}\left[\frac{\text{순추력}-\text{포드항력}}{\text{순추력}}\right] \tag{3.68}$$

바이패스비가 커질수록 포드항력의 효과가 커지기 때문에 장착 효과를 고려해야 한다. 제트 평균속도가 감소할수록 터보팬 엔진은 터보제트 엔진보다 소음을 적게 발생시킨다. 언뜻 생각하면, 소음을 감소시키기 위해 가능한 한 제트속도를 감소시킬 수 있는 높은 바이패스비가 유리할 것 같지만, 바이패스비를 높이면 팬의 익단속도가 증가하여 팬소음이 크게 증가하게 된다.

실제로 저추력으로 작동이 요구되는 착륙 진입 조건일 때는, 대부분의 소음은 팬에 의해 발생된다. 팬소음은 본질적으로 불연속적인 주파수를 만들어내며, 광대역의 제트소음보다 훨씬 더 자극적이다. 이러한 문제는 공기흡입구 안내베인 대신에 공기흡입구 도관을 음향학적 처리를 하고, 팬 로터와 스테이터 블레이드간의 축간 거리를 잘 조절하면 완화시킬 수 있다.

[그림 3.18]는 최근 550석 슈퍼점보기 A380에 사용되는 롤스로이스사의 Trent 900터보엔진을 보여준다.

그림 3.18 롤스로이스사의 Trent 900엔진

3.5 터보프롭 엔진

터보프롭 엔진은 가스발생기에서 얻은 동력으로 감속장치를 통해 프로펠러를 구동해서 추력의 80~90%를 얻고, 10~20%의 추력은 배기제트를 통해 얻는다. 터보프롭 엔진은 유용한 동력의 일부가 제트추력의 형태로 나타나기 때문에 축동력과 제트추력을 조합할 필요가 있다. 항공기의 비행속도를 고려하여 여러 가지 방법에 의한 축동력과 제트추력을 조합할 수 있다.

터보프롭 엔진 성능은 추진동력의 형태로 표시될 수 있다. 추진동력(TP)은 축동력(SP), 프로펠러효율 η_{pr}, 그리고 제트추력 F로 다음과 같이 나타낼 수 있다.

$$TP = (SP)\eta_{pr} + FV_a \tag{3.69}$$

터보프롭 엔진에서 가스 발생기의 유용 엔탈피 강하의 대부분은 축동력에 사용되며, 축동력은 비행조건에 따라 변하는 프로펠러 효율에 의존한다. 추력동력으로 터보프롭 엔진의 성능을 표시하면 엔진 자체만의 성능이 아니고 프로펠러 효율에 의해 크게 달라진다. 동력을 표현하는 보다 적합한 방법은 등가동력(EP)으로 다음과 같이 정의된다.

$$EP = \frac{TP}{\eta_{pr}} = SP + \frac{FV_a}{\eta_{pr}} \tag{3.70}$$

터보프롭 엔진에서 축동력이 제트추력보다 훨씬 크므로, 프로펠러 효율 η_{pr}의 영향은 그리 크지 않다. 등가동력은 인위적으로 정의된 값으로서, 비행속도를 알아야 그 값을 알 수 있다. 정지 상태에서 식 (3.70)에서는 EP와 SP는 같은 값이지만, 실험에 의하면 약간의 제트추력이 존재한다. 이륙 조건에서 엔진 성능을 비교할 때는 이 점이 고려되어야 한다. 이 실험에서는 프로펠러는 정지 상태에서 공급동력 1kW당 약 8.5N의 추력을 발생시켜, 이륙 등가동력 EP를 $(SP)+(F/8.5)$로 나타낼 수 있다. 여기서 SP의 단위는 kW이며 F는 N이다. 그러나 터보프롭 엔진의 성능을 나타내는 등가동력은 단지 인위적인 개념이므로, 축동력과 제트추력을 모두 나타내는 것이 바람직하다.

터보프롭 엔진은 보통 이륙 조건에서 등가동력으로 나타낼 수 있으며, 연료소모율은 보통 등가동력의 항을 기준으로 나타낸다. 따라서 터보프롭 엔진의 연료소모율은 다음 식과 같이 표현된다.

$$BSFC = \frac{\dot{m}_f}{EP} \tag{3.71}$$

터보제트엔진과 터보프롭엔진의 사이클은 상사성이 있으므로, 터보프롭 엔진의 사이클 해석에 대해서는 상세히 설명하지 않는다. 그러나 터보프롭의 기본적인 차이점은 설계시에 터빈에서 엔탈피 강하에 의한 유용한 일을 축동력에 주로 사용한다는 점이다. 어떠한 주어진 비행속도와 고도에서 축동력과 제트추력의 배분에는 최적값이 있으며, 일반적으로 터빈출구 압력이 압축기 입구압력과 동일하도록 선정하면 배분이 된다. 이러한 범위에서는 등가동력이 터빈출구 압력에 민감하지 않다. 일반적으로 터보프롭 엔진에서 노즐은 초크되지 않은 상태에서 작동되며, 수축노즐보다는 단순한 직선 형태의 파이프 형태를 사용한다.

터보프롭 엔진은 저아음속 비행에서 터보제트 엔진보다 추진효율이 더 높기 때문에, 마하수 0.6까지의 비행속도에서 주로 사용된다. 터보프롭출력은 대개 500~2000kW의 수준으로 상업용 중단거리 항공기에서 널리 사용되고 있다.

일반적으로 기존 프로펠러의 효율이 마하수 0.6 이상에서 급격히 감소하므로 마하수 0.6 이상의 아음속을 요구하는 장거리용 항공기에서는 터보프롭 엔진이 널리 사용되지 못하고 추진효율이 좋은 터보팬 엔진이 사용되고 있다. 그러나 마하수 0.6으로 정찰비행을 하며, 상당히 낮은 속도로 로이터링(loitering)하는 항속시간이 긴 정찰기에서는 예외이다.

1980년대 초반부터 비행 마하수가 0.8 정도에서 프로펠러 효율의 80%를 얻기 위한 많은 연구가 진행되었는데, 이러한 프로펠러의 성공적인 개발도 기존의 터보팬에 비해 큰 연료 절약을 할 수 있게 되었다. 즉, 뒤젓힘이 큰 초음속 블레이드와 8~10개의 블레이드를 사용하는 프로펠러로서 기존의 프로펠러와 구분하여 프로팬(profane)으로 불린다.

연구 결과에 의하면 프로팬을 사용하는 항공기는 이전의 터보프롭보다 더 높은 동력을 발생시킬 수 있는데, 8000kW 이상의 동력 수준에서는 기어박스의 설계가 더욱 어렵게 되는 문제에 직면하게 된다. 더 심각한 문제는 객실로 프로펠러 소음이 전달되어 기존의 터보팬 수준을 넘는 소음의 증가가 발생하여 여객기로 사용하기에는 곤란하다는 점이다. 따라서 객실 후방에 프로펠러를 위치시키는 푸셔(pusher) 배치를 하여 이러한 소음 문제를 해결할 수 있다.

기존의 터보프롭 엔진은 400~600kW/h의 비행속도에서 60~90분 정도를 비행할 수 있는 10~60석 규모의 작은 항공기 시장을 계속 유지할 수 있을 것으로 예상된다. [그림 3.19]는 최근 한국에서 개발된 기본훈련기 KT-1에 사용되는 P&WC사의 950마력급 PT6A-62A 터보급 엔진이다.

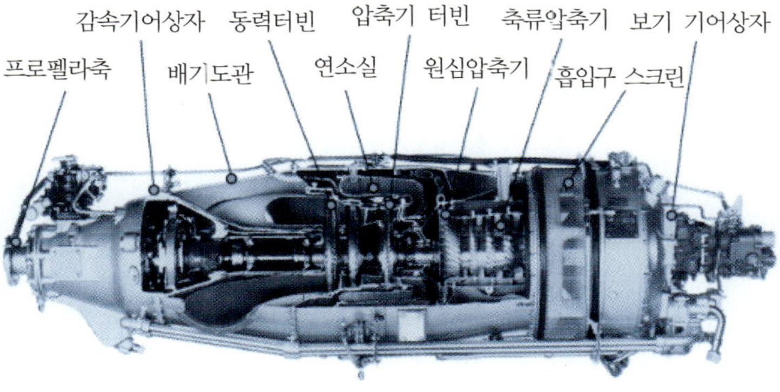

그림 3.19 P&WC사의 PT6A-62A 터보프롭 엔진

3.6 터보축 엔진

로터에 출력을 전달하는 터보축 엔진은 경량으로 높은 출력을 얻을 수 있어서 헬리콥터에 사용되어진다. 헬리콥터의 적용에서는 분리축 동력터빈이 사용된다. 헬리콥터의 로터는 피치를 바꿈으로써 등속으로 회전하도록 되어 있으며, 가스 발생기의 회전 속도를 바꿈으로써 출력을 바꿀 수 있게 되어 있다. 터보프롭 엔진과 터보축 엔진의 설계 요구 사항은 거의 동일하지만 터보프롭 엔진은 6000~10,000m 고도에서 순항하도록 설계되고, 터보축 엔진은 아주 낮은 고도에서 작동하도록 설계되어 있다. [그림 3.20]은 최근 한국형 헬리콥터 개발 프로그램(KHP)에 사용된 터보축엔진의 기본 모델인 GE사의 T700-701C을 나타낸다.

그림 3.20 GE사의 T700-701C엔진

3.7 추력 증가

기존의 엔진의 추력을 증가시켜야 할 때는 몇 가지 방법이 가능하다. 한 예로 터빈입구 온도를 높이면 비추력이 증가하게 되고 따라서 주어진 엔진 크기에서 추력이 증가하게 된다. 또 다른 선택은 사이클 매개변수를 바꾸지 않고 엔진으로 들어가는 질유량을 증가시키는 것이다. 이러한 방법은 둘 다 엔진에 대한 약간의 재설계가 필요하다.

이륙시, 아음속에서 초음속으로의 가속시 혹은 전투 기동시와 같이 일시적인 추력 증가가 필요할 때가 있다. 추력 증가에는 여러 가지 방법이 있으나 가장 널리 사용되는 방법은 물(또는 물과 메탄올의 혼합액)분사와 후기연소기(또는 재가열)이다.

물분사는 주로 이륙추력을 증가시키기 위해 사용된다. 상당한 양의 물이 필요하지만 물은 이륙시나 초기 상승시에 소모되므로 무게에 대한 불이익은 그리 크지 않다. 압축기 입구에 물을 분사하면 물이 증발될 때 주위 공기로부터 열을 빼앗게 되므로 터보제트 엔진의 압축기 입구온도 감소와 동등한 효과가 있다. 터보제트 엔진의 입구온도를 감소시키면 회전속도의 증가

효과가 있어 압력비와 질량유량이 증가하여 추력이 증가한다. 실제로는 순수한 물 대신 물과 메탄올의 혼합물이 사용된다. 혼합물의 메탄올은 물의 어는점을 낮출 뿐만 아니라 연소실에 도달할 때 연소가 된다. 때때로 혼합액체는 압축기 출구와 연소실 사이의 디퓨저에서 분사되기도 한다. 최근의 항공기에서는 물분사가 더이상 사용되지 않고 후기연소기를 사용한다.

후기연소 방법은 제트파이프에서 추가적인 연료를 연소시킨다. 높은 응력을 받으면서 회전하는 블레이드가 없기 때문에 후기연소기 이후의 최대허용온도는 터빈입구 온도보다 상당히 높다. 최대한의 추력 증가를 위해서는 이론혼합비로 완전연소시켜야 하며 이때 최종 온도는 약 2000K 정도가 된다. [그림 3.24]는 최고 온도가 2000K 정도 되는 후기연소를 포함하는 단순 터보제트의 T-s 선도이다. 후기연소기를 사용하면 해면상에서 약 40% 정도의 추력을 증가시킬 수 있으나 TSFC가 증가되고 엔진 길이가 길어지는 단점이 있다.

후기연소기 장착 터보제트 엔진 해석을 생각해보자. 터빈출구 지점 4까지의 해석은 터보제트 사이클과 동일하다. 주연소실로 들어가는 연료유량은

$$\dot{m}_{f,p} = \frac{\dot{m}_a (h_{03} - h_{02})}{\eta_b |\Delta h_c|} \tag{3.72}$$

여기서 η_b는 주연소실의 연소효율이며 $|\Delta h_c|$는 연소열이다.

후기연소기 전후의 에너지 평형에서 후기연소실로 분사되는 연료유량은

$$\dot{m}_{f,A/B} = \frac{(\dot{m}_a + \dot{m}_{f,p})(h_{05} - h_{04})}{\eta_{A/B} |\Delta h_c|} \tag{3.73}$$

여기서 $\eta_{A/B}$는 후기연소기의 효율이다.

후기연소기 작동시 총 연료소비량 $\dot{m}_f$는

$$\dot{m}_f = \dot{m}_{f,p} + \dot{m}_{f,A/B} \tag{3.74}$$

압력추력항을 무시할 때 후기연소기 작동시의 추력은

$$F_{A/B} = \dot{m}_a \left[(1 + f_p + f_{A/B}) V_j - V_a \right] \tag{3.75}$$

여기서 $f_p = \frac{\dot{m}_{f,p}}{\dot{m}_a}$, $f_{A/B} = \frac{\dot{m}_{f,A/B}}{\dot{m}_a}$이다.

비추력 $F_{s,A/B}$ 는

$$F_{s,A/B} = \frac{F_{A/B}}{\dot{m}_a} = (1 + f_p + f_{A/B}) V_j - V_a \tag{3.76}$$

단위추력연료소모율 TSFC는

$$TSFC_{A/B} = \frac{f_p + f_{A/B}}{F_{s,A/B}} \tag{3.77}$$

$\frac{p_{06}}{p_a} < \frac{p_{06}}{p_c}$ 이면 노즐은 초크되지 않고 $\frac{p_{06}}{p_a} > \frac{p_{06}}{p_c}$ 이면 노즐은 초크된다. 노즐이 초크되지 않을 때 $p_7 = p_a$ 이며 이때 배기제트 속도는

$$V_7 = [2c_p(T_{06} - T_7)]^{\frac{1}{2}} = \left\{2c_p\eta_j T_{06}\left[1 - \left(\frac{1}{p_{06}/p_a}\right)^{\frac{\gamma-1}{\gamma}}\right]\right\}^{\frac{1}{2}} \tag{3.78}$$

노즐이 초크될 때 $V_7 = (\gamma R T_c)^{\frac{1}{2}}$ 이 된다.

초크된 수축노즐이 사용되는 제트 엔진에서 제트속도는 노즐출구 온도에서의 음속과 같아지며 후기연소기 사용 여부에 따라 노즐출구 온도는 T_7 또는 T_5가 된다. 따라서 제트속도는 $(\gamma R T_c)^{1/2}$라는 관계로부터 구해지며 T_c는 노즐이 초크될 때 노즐출구 온도이며 후기연소기 사용 여부에 따라 $T_{06}/T_c = (\gamma+1)/2$ 또는 $T_{04}/T_c = (\gamma+1)/2$로부터 구할 수 있다.

배기제트의 속도는 추진노즐입구 전온도의 제곱근에 비례하므로 후기연소기를 사용할 때 운동량추력 증가는 $\sqrt{(T_{06}/T_{04})}$ 에 비례하여 증가한다. [그림 3.21]의 예에서는 $\sqrt{(2000/959)}$ 또는 1.44배가 된다. 연료의 증가를 대략적으로 살펴보면 후기연소를 할 때 (2000−959)+(1200−565)와 후기연소가 없을때 (1200−565)의 비로서 타나나게 되며, 이 값은 2.64가 된다. 즉 44%의 추력 증가를 위해 연료소비는 164%가 증가하며 TSFC가 증가하기 때문에 후기연소는 극히 짧은 기간 동안만 사용되어야 한다. 예에서 본 것은 전추력이 순추력과 같아지는 이륙 조건일 경우이다. 추력 비행속도가 빠를수록 후기연소기 사용 이득은 더욱 크며 종종 100%를 넘기도 한다. 그 이유는 고정된 운동량 항력에서 전추력의 증가는 상당히 큰 순추력의 증가로 나타나기 때문이다. 콩코드는 M 0.9에서 M 1.4로의 천음속 가속 영역에 후기연소기를 사용한다. 후기연소기 사용으로 진추력이 크게 증가하면 M 1.0 부근의 큰 항력구간을 빠른 가속으로 빨리 지날 수 있기 때문에 결과적으로 짧은 시간 동안에 연료질량유량이 증가함에도 불구하고 전체 연료 소모는 줄어든다. 저바이패스비 터보팬 엔진에 후기연소기를 사용하면 냉간유동과 고온유동의 혼합 후 노즐을 지나는 배기가스의 온도는 상대적으로 낮고 여분의 많은 공기가 있기 때문에 이득이 더욱 크다. 군용기는 이륙시나 전투 기동시에 후기연소기를 사용한다.

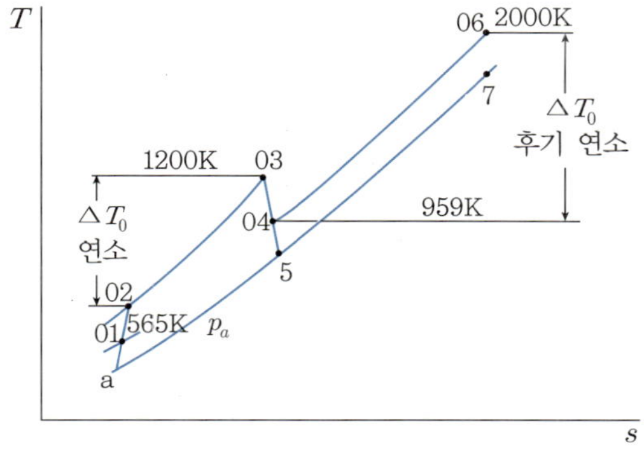

그림 3.21 후기연소기 장착 제트 엔진의 T-s 선도

후기연소기를 사용할 때 추진노즐을 지나는 가스의 온도는 증가하고 밀도는 감소하기 때문에 유량은 증가하게 된다. 동일가스 질량유량을 통과시키려면 노즐의 면적이 후기연소기 사용시 증가하여야 하기 때문에 후기연소기가 장착된 엔진은 가변면적 추진노즐을 사용한다. 후기연소기 사용시 압력추력도 확장된 노즐 면적의 증가로 인해 증가하게 된다.

후기연소기는 상당한 압력손실이 있다. 연소압력손실은 압력유체마찰손실과 열의 유입에서 오는 운동량 변화에 기인한다. 연소실에서는 유체마찰손실이 더 크지만 후기연소기에서는 운동량 변화로 인한 손실이 더 크게 작용한다. 온도상승은 터빈출구 온도, 후연소기에서의 연료/가스비에 의해 결정되어지며 운동량 변화로 인한 압력손실은 Rayleigh 상태 함수로 가정하여 구할 수 있다. 이러한 압력손실은 후기연소기를 지나는 온도비와 도관입구에서의 마하수의 함수이다. 만일 입구 마하수가 너무 높을 때 열 방출 때문에 하류 마하수는 1.0에 이르게 되며, 이때가 허용열 방출의 상한선이 된다. 이 현상은 열초크에 의해 설명된다. 따라서 후기연소기 입구 마하수는 상당히 낮아야 된다. 보통 제트 엔진의 터빈출구 마하수는 0.5 정도가 되며 후기연소기 연료가 공급되기 전에 마하수를 약 0.25~0.30 정도로 감소시키기 위해서 터빈과 후기연소기 사이에 디퓨저를 도입하여 가스속도를 감소시켜야 한다.

후기연소기는 비록 사용되지 않을 때라도 연소기와 화염안정 장치의 존재로 인한 압력손실이 있다. 후기연소기의 또 다른 단점은 제트속도 때문에 소음이 증가한다. 콩코드에 사용되는 후기연소기 장착 올림퍼스 엔진은 이륙 추력을 15~20% 증가시킬 수 있고 이때 배기가스온도는 약 1400K에 이른다. 올림퍼스 엔진에서 후기연소기 때문에 증가된 소음 수준은 심각하지만 군용항공기의 소음에 비하면 상당히 작은 정도이다. 향후 초음속 여객기에서 주요한 요구사항의 하나는 이륙시 소음 수준을 현재의 아음속기 정도로 유지하여야 하기 때문에 후기연소기가 사용되지는 않을 것이다. 따라서 이 문제를 해결하기 위해서는 가변 사이클 엔진의 개발이 필요할 것이다.

연습문제

1. 터보팬 엔진에서 팬과 팬 주위 덕트의 역할을 각각 터보제트와 터보프롭을 대비하여 설명하고, 터보팬 엔진의 특징을 설명하라.

2. 고도 10,000m에서 마하수 0.8로 순항비행하는 터보제트 엔진의 터빈입구 온도가 1200 K일 때 <예제 3.1>을 다시 풀어라.

3. 터보제트 엔진이 주위압력 18.75 kPa, 주위온도 217K 인 12,200m에서 M=1.3으로 비행하고 있다. 터보제트 압축기의 압력비는 12, 최대허용온도는 1400K이다. 이 엔진의 디퓨저, 압축기 터빈, 노즐의 효율은 각각 100%, 90%, 95%, 98% 이고, 연소실 입구 압력 기준으로 연소실 출구의 전압력손실은 3%이다. 연료의 발열량은 45,000kJ/kg이며, 터빈입구의 온도(TIT)를 1400K로 제한하고 싶다. 추진노즐은 수축확대노즐을 사용한다. 이 터보제트 엔진의 추진효율, 비추력, 추력연료소모율을 구하라(연소 전 공기의 비열비는 1.40, 정압비열은 $1.005\mathrm{kJ/kg\cdot K}$로 가정하고, 연소 후 공기상당가스의 비열비는 1.333, 정압비열은 $1.148\mathrm{kJ/kg\cdot K}$로 가정한다).

4. 터보제트 엔진이 고도 12,000m에서 마하수 0.7로 비행하고 있다. 이 엔진의 노즐은 수축노즐이며, 노즐로 들어가는 공기의 전압력은 151.9kPa이며, 전온도는 1020K이다. 고도 12,000m에서 주위공기의 온도는 216K이며, 주위공기의 압력은 19.3 kPa이다. 일반기체상수는 $8.314\mathrm{kJ/kg\cdot mol\cdot K}$이고, 공기의 분자량은 28.96이다.

   1) 수축노즐 출구에서 유량의 초크 여부를 판단하라.
   2) 연료-공기비가 0.0215일 때 비추력 중 압력추력의 비율을 구하라.

5. 고도 12,000m 상공에서 마하수 0.8로 비행하는 터보팬 엔진에 대해 <예제 3.2>를 다시 풀어라.

6. 바이패스비 5.0인 터보팬 엔진이 주위압력 35.6kPa , 주위온도 236.15K인 8,000m에서 마하수 0.9로 비행하고 있다. 터보팬 엔진 팬과 압축기의 전압력비는 12, 팬의 압력비는 1.35, 코아를 통과하는 공기유량은 1.0kg/s이다. 터빈입구(TIT)의 최대허용온도는 1400K

로 제한하고자 한다. 이 엔진의 디퓨저, 팬, 압축기, 터빈, 노즐, 팬노즐의 효율은 각각 100%, 85%, 87%, 89%, 100%, 100%이고, 연소실입구 압력 기준으로 연소실 출구의 전압력손실은 0%이다. 터보팬 엔진의 노즐 형식은 비혼합형이며 수축확대 노즐을 사용한다. 연료의 발열량은 44,400kJ/kg이다. 연소 전,후 모든 공기 및 가스의 비열비는 1.4, 정압비열은 1.0 kJ/kg·K로 가정하고, 기체상수는 0.287kJ/kg·K이다. 이 터보팬 엔진의 추진효율, 추력, 연료소모율을 구하라.

7. 1개의 압축기와 2개의 터빈으로 구성되어 있는 터보프롭 엔진이 다음 조건하에서 작동하고 있을 때, 등가동력과 연료소모율을 구하라. 1단 터빈은 압축기를 구동하고 2단 터빈은 프로펠러를 구동한다.

고도는 해면고도, 압력비는 12이고,
디퓨저, 압축기, 팬, 터빈, 노즐의 효율은 각각 100%, 87%, 95%, 89%, 100%이다.
이 엔진의 허용터빈입구온도는 1400K이며, 프로펠러를 구동하는 2단 터빈 출구에서 가스의 전압력은 172.4kPa이다.

8. <문제 3.3>의 엔진에 후기연소기를 장착하여 추진노즐 입구 온도 T_{06}을 2000K까지 가열시킬 때 비추력과 추력연료소모율(TSFC)을 구하라.

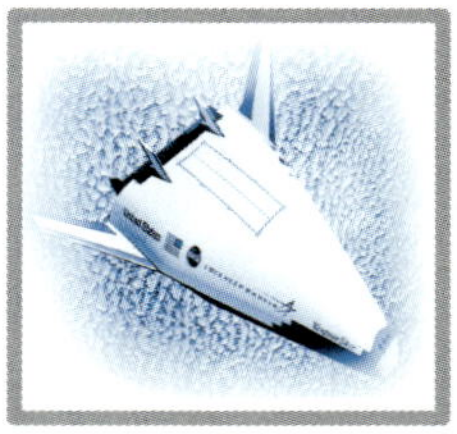

Chapter 04

공기흡입구, 노즐

4.1 공기흡입구, 노즐의 정의

1) 공기흡입구

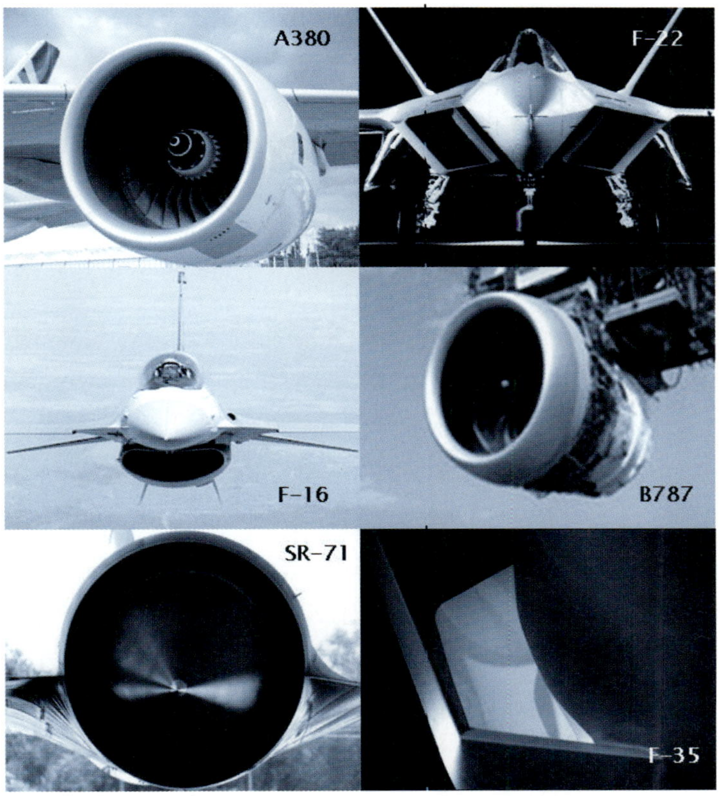

그림 4.1 각 항공기의 공기흡입구 형상

그림 4.2 각 항공기의 공기흡입구 위치

공기흡입구는 엔진이 필요로 하는 공기를 압축기로 공급시켜주는 통로이며, 엔진 추력에 직접적인 영향을 주는 매우 중요한 부분이다. 엔진의 속도에 따라 적당하고, 계속적인 공기의 흐름이 형성되도록 함으로써 정상적인 추력을 얻는 동시에 압축기의 실속이나 과도한 터빈의 온도 상승을 예방하는 면에서도 중요한 역할을 한다. 공기흡입구는 항공기가 지상 정지운전으로부터 극초음속 비행까지 운항하며, 모든 고도, 자세 및 비행속도에서도 효율이 커야 한다. 공기흡입구는 공기의 원활한 흐름이 유지되도록 공기의 경계층이 얇게 발생하게, 가능한 한 똑바르고, 내부 표면이 매끄럽도록 설계되어야 한다.

항공기 엔진의 위치에 따라 흡입구의 형상 및 배치 방법이 결정된다.

2) 노즐

노즐은 공기의 흐름을 가속화시켜주는 역할을 하는 장치이다. 일반적으로 단면적이 유동방향으로 줄어드는 유동통로를 생각하게 되는데 이는 아음속의 영역(M〈1)에 해당된다. 수축노즐에서 유체가 가속될 수 있는 최대 속도는 노즐목에서의 속도가 음속(M=1)으로 제한되어 있다. 유체를 초음속으로 가속시키기 위해서는 아음속 노즐의 노즐목에 확대구간을 확보해야 한다. 이러한 수축구간과 확대구간이 결합된 것이 수축-확대 노즐이며, 초음속 항공기와 로켓 추진을 위한 기본 장치이다. 수축-확대 노즐은 단지 유체를 밀어냄으로써 유체가 초음속 속도로 가속되는 것은 아니다. 실제로 만약 배압이 올바른 범위에 있지 않으면 유체는 확대구간에서 가속하는 것이 아니라 오히려 감속하게 된다. 노즐유동의 상태는 전체 압력비 Pb/P0에 의하여 결정된다. 이에 관한 이론은 다음 절에서 설명하기로 한다.

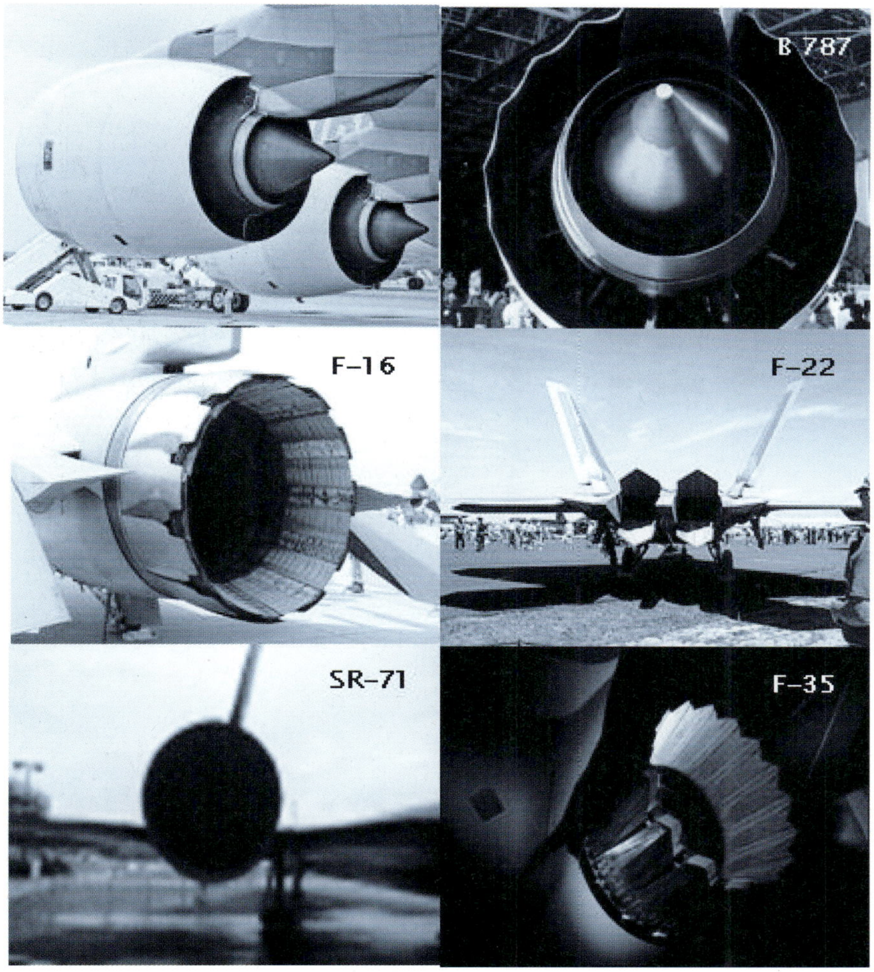

그림 4.3 각 항공기의 노즐 형상

4.2 면적과 속도의 관계

일정한 단면흐름을 가지는 1차 유동은 오로지 x방향으로의 변수를 가진다. 대조적으로 x변수에 따라 관(tube)의 면적이 변한다고 가정하면, 즉 [그림 4.4]의 오른쪽 그림에서 보는 바와 같이 A=A(x)이면 변수 x, y, z의 3차원 유동이 된다. 특히 관의 경계 영역에서의 속도는 반드시 경계 영역의 접선 방향이어야 한다. 그리고 그 속도는 x축 방향뿐만 아니라 y, z 방향의 성분도 가진다. 그러나 만약 면적 변화의 크기가 y, z 방향의 성분이 x 방향의 성분과 비교하여 매우 작다고 하자. 이와 같은 경우는 y, z의 성분이 무시될 수 있으므로 우리는 이 유동장을 x

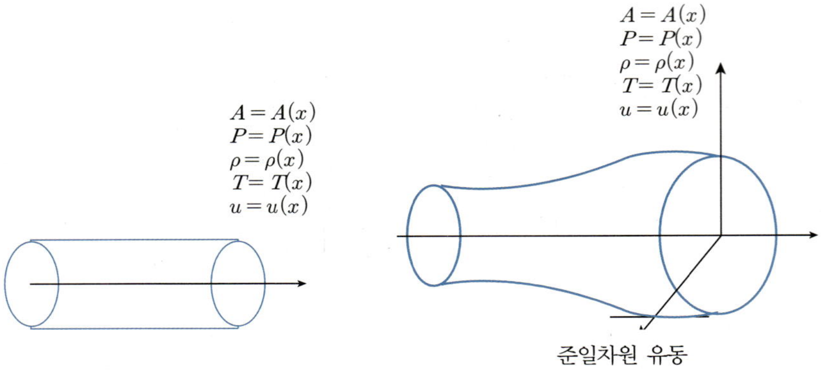

그림 4.4 일차원 유동 및 준 일차원 유동

하나의 변수를 갖는 유동장으로 가정할 수 있다. 이를 준 일차원 유동(Quasi-One-Dimensional flow)이라고 한다.

[그림 4.5]와 같은 검사 체적(control volume)에서의 준일차원 유동을 연속, 운동량, 에너지 방정식으로부터 유도해보자.

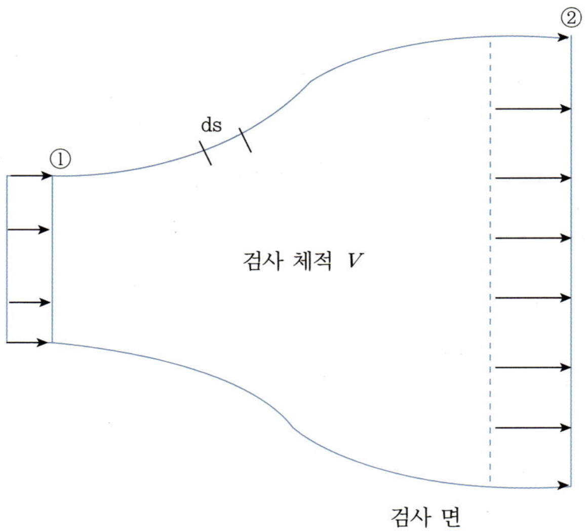

그림 4.5 준 일차원 유동의 유한 검사 체적

1) 연속 방정식(continuity equation)

① 지점에서의 질량을 고려해보면 다음과 같다.

$$dm = \rho_1 (u_1 A_1 dt) \tag{4.1}$$

식 (4.1)을 질량 유량으로 나타내면

$$\frac{dm}{dt} \equiv \dot{m}_1 = \rho_1 u_1 A_1 \tag{4.2}$$

와 같다.

② 지점에서의 질량 유량 역시 다음과 같이 나타낼 수 있다.

$$\dot{m}_2 = \rho_2 u_2 A_2 \tag{4.3}$$

질량보존의 법칙에 의해 식 (4.2)와 식 (4.3)은 같다.

$$\dot{m}_1 = \dot{m}_2 \tag{4.4}$$

식 (4.4)에 식 (4.2)와 식(4.3)을 대입하면 다음과 같다.

$$\boxed{\rho_1 u_1 A_1 = \rho_2 u_2 A_2} \tag{4.5}$$

식 (4.5)는 준일차원 유동에서의 연속 방정식이다.

2) 운동량 방정식(momentum equation)

운동량 방정식의 적분 형태를 고려해보자.

$$\frac{\partial}{\partial t}\oiiint_v \rho \vec{V} dv + \oiint_S (\rho \vec{V} \cdot dS)\vec{V} = -\oiint_s p d\vec{S} + \oiiint_v \rho \vec{f} dv + \vec{F}_{viscous} \tag{4.6}$$

이때 체적력(body force)를 가지지 않는 정상(定常, steady), 비점성(inviscid) 유동이라고 가정하면 식 (4.6)은 다음과 같이 된다.

$$\oiint_s (\rho \vec{V} \cdot d\vec{S})\vec{V} = -\oiint_s p d\vec{S} \tag{4.7}$$

식 (4.7)은 벡터식이기 때문에 x 성분만 가지고 본다면 다음과 같다.

$$\oiint_s (\rho \vec{V} \cdot d\vec{S})u = -\oiint_s (pd\vec{S})_x \tag{4.8}$$

이때 식 (4.8)의 좌변항과 우변항은 각각 다음과 같이 된다.

$$\oiint_s (\rho \vec{V} \cdot d\vec{S})u = -\rho_1 u_1^2 A_1 + \rho_2 u_2^2 A_2 \tag{4.9}$$

$$-\oiint_s (p d\vec{S})_x = -(-p_1 A_1 + p_2 A_2) \tag{4.10}$$

검사 체적 윗면과 아랫면의 압력을 적분하면 다음과 같이 표현될 수 있다.

$$-\int_{A_1}^{A_2} -p dA = \int_{A_1}^{A_2} p dA \tag{4.11}$$

결국 식 (4.8)은 다음과 같이 된다.

$$p_1 A_1 + \rho_1 u_1^2 A_1 + \int_{A_1}^{A_2} p dA = p_2 A_2 + \rho_2 u_2^2 A_2 \tag{4.12}$$

식 (4.12)는 정상, 준 일차원 유동에서의 운동량 방정식이다.

3) 에너지 방정식(energy equation)

에너지 방정식의 적분 형태를 고려해보자.

$$\oiiint_v \dot{q}\rho dv + \dot{Q}_{viscous} - \oiint_s p\vec{V}\cdot d\vec{S} + \oiiint_v \rho(\vec{f}\cdot\vec{V})dv + \dot{W}_{viscous}$$
$$= \frac{\partial}{\partial t}\oiiint_v \rho\left(e + \frac{V^2}{2}\right)dv + \oiint_s \rho\left(e + \frac{V^2}{2}\right)\vec{V}\cdot d\vec{S} \tag{4.13}$$

이때 체적력을 가지지 않는 비점성, 단열(adiabatic), 정상 유동이라고 가정하면 식 (4.13)은 다음과 같이 된다.

$$\oiint_s \rho\left(e + \frac{V^2}{2}\right)\vec{V}\cdot d\vec{S} = -\oiint_s p\vec{V}\cdot d\vec{S} \tag{4.14}$$

[그림 4.5]의 제어 체적에 적용하면 식 (4.14)는 다음과 같이 된다.

$$\rho_1\left(e_1 + \frac{u_1^2}{2}\right)(-u_1 A_1) + \rho_2\left(e_2 + \frac{u_2^2}{2}\right)(u_2 A_2) = -(-p_1 u_1 A_1 + p_2 u_2 A_2) \tag{4.15}$$

식 (4.15)을 식 (4.5)의 연속 방정식으로 나누어주면

$$\frac{p_1}{\rho_1} + \left(e_1 + \frac{u_1^2}{2}\right) = \frac{p_2}{\rho_2} + \left(e_2 + \frac{u_2^2}{2}\right) \tag{4.16}$$

처럼 된다.

엔탈피는 다음 식과 같이 정의된다.

$$h = e + pv = e + p/\rho \tag{4.17}$$

결국 식 (4.16)은 다음과 같이 된다.

$$\boxed{h_1 + \frac{u_1^2}{2} = h_2 + \frac{u_2^2}{2}} \tag{4.18}$$

총 엔탈피는 일정하게 되므로 다음과 같다.

$$\boxed{h_0 = const} \tag{4.19}$$

4) 오일러 방정식(Euler equation)

[그림 4.6]에서 운동량 방정식을 정리하면 다음과 같이 된다.

$$pA + \rho u^2 A + pdA = (p + dp)(A + dA) + (\rho + d\rho)(u + du)^2(A + dA) \tag{4.20}$$

dp, dA, $d\rho$, $(du)^2$는 매우 작은 값이기 때문에 무시할 수 있으므로 식 (4.20)은 다음과 같이 정리된다.

$$Adp + Au^2 d\rho + \rho u^2 dA + 2\rho u A du = 0 \tag{4.21}$$

연속 방정식은 $\rho u A = const$이므로 미분 형태를 취하면 다음과 같이 된다.

$$\boxed{d(\rho u A) = 0} \tag{4.22}$$

식 (4.22)을 전개하고 u를 곱해주면 다음과 같은 식을 구할 수 있다.

$$\rho u^2 dA + \rho u A du + A u^2 d\rho = 0 \tag{4.23}$$

식 (4.21)에서 식 (4.23)을 빼주면 다음과 같은 식을 얻을 수 있다.

$$\boxed{dp = -\rho u du} \tag{4.24}$$

식 (4.24)는 정상, 비점성, 준 일차원 유동에서의 운동량 방정식의 미분 형태이고, 이를 오일러 방정식이라 한다.

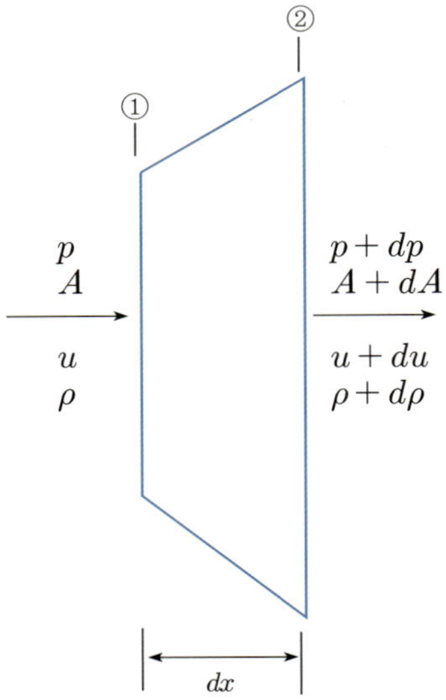

그림 4.6 미소 제어 체적

에너지 방정식을 미분 형태로 나타내주기 위해서 식 (4.18)로부터 다음과 같은 식을 얻을 수 있다.

$$h + \frac{u}{2} = const \tag{4.25}$$

이 식을 미분하면 다음과 같은 식을 얻을 수 있다.

$$\boxed{dh + udu = 0} \tag{4.26}$$

식 (4.22), (4.24), (4.26)은 정상, 비점성, 단열, 준일차원 유동에서의 연속, 운동량, 에너지 방정식의 미분 형태이다.

5) 면적-속도 관계식

연속 방정식의 미분 형태인 식 (4.22)으로부터 다음과 같은 식을 얻을 수 있다.

$$\frac{d\rho}{\rho} + \frac{du}{u} + \frac{dA}{A} = 0 \tag{4.27}$$

식 (4.27)에서 $\frac{d\rho}{\rho}$를 소거하기 위해 식 (4.24)를 고려하면

$$\frac{d\rho}{\rho} = \frac{dp}{d\rho}\frac{d\rho}{\rho} = -udu \tag{4.28}$$

와 같이 된다.

충격파가 발생하지 않는 비점성, 단열 유동이라고 가정하면, 이 유동은 등엔트로피 유동이다. 등엔트로피 과정에서 매질을 통한 압력의 섭동으로부터 음속은 다음과 같이 정의된다.

$$a = \sqrt{\left(\frac{\partial p}{\partial \rho}\right)_s} \tag{4.29}$$

편의상 다음과 같이 정의하면

$$\frac{dp}{d\rho} \equiv \left(\frac{\partial p}{\partial \rho}\right)_s \tag{4.30}$$

음속의 제곱을 다음과 같이 나타낼 수 있다.

$$a^2 = \frac{dp}{d\rho} \tag{4.31}$$

식 (4.31)를 식 (4.28)에 대입하면

$$a^2 \frac{d\rho}{\rho} = -udu, \text{ 또는}$$

$$\frac{d\rho}{\rho} = -\frac{udu}{a^2} = -\frac{u^2}{a^2}\frac{du}{u} = -M^2\frac{du}{u} \tag{4.32}$$

와 같이 된다.

식 (4.32)을 식 (4.28)에 대입하면

$$-M^2\frac{du}{u} + \frac{du}{u} + \frac{dA}{A} = 0 \tag{4.33}$$

이 되고 이를 다시 정리하면

$$\frac{dA}{A} = (M^2 - 1)\frac{du}{u} \tag{4.34}$$

와 같이 된다.

식 (4.34)를 면적-속도 관계식이라 한다.

이 식은 3가지 속도 영역에서 설명할 수 있다. 마하수 1 이하인 아음속 영역, 1 이상인 초음속 영역, 그리고 마지막으로 마하수=1인 음속 영역이다.

5.1) 아음속 영역($0 \le M < 1$)

아음속 영역에서는 식 (4.34)가 음수가 된다. 결국 속도의 증가는 면적의 감소가 되는 것이

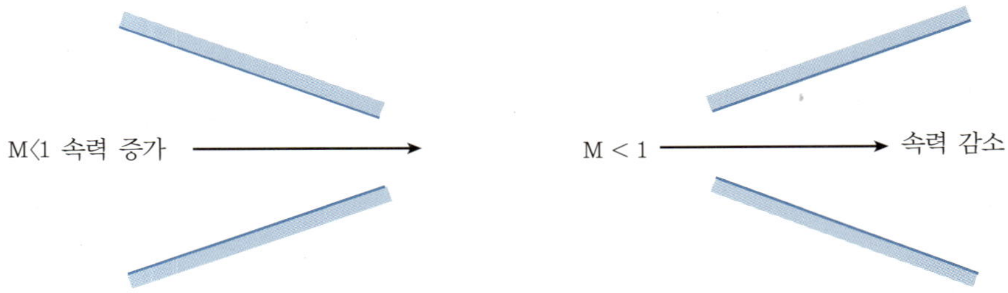

그림 4.7 아음속 영역에서 축소 및 확대 덕트 내부 압축성 유동의 속력 변화

다. 마찬가지로 속도의 감소는 면적의 증가이다. 명확히 아음속 압축성 유동에서 속도를 증가시키기 위해서는 반드시 축소 덕트(duct)를 가져야 하고, 속도를 감소시키기 위해서는 확대 덕트를 가져야 한다. 이 결과는 [그림 4.7]에 나타나 있다.

아음속 영역에서의 엔진 흡입구는 속도를 감소시키고 압력 증가를 위한 확대 덕트 형상을 가지고, 엔진 노즐은 속도 증가를 위한 축소 덕트 형상을 가지게 된다.

5.2) **초음속 영역**(M〉1)

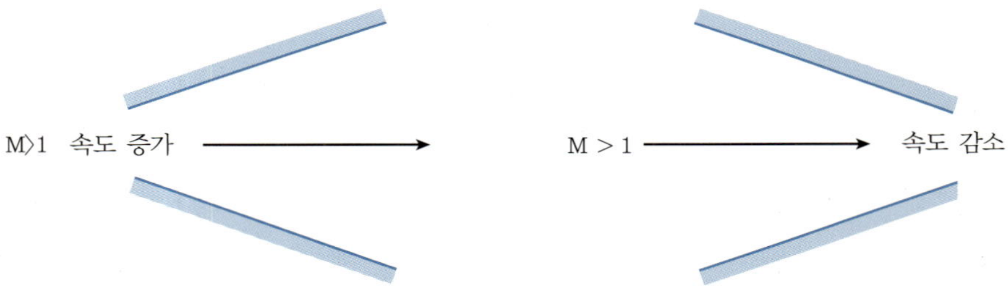

그림 4.8 초음속 영역에서 확대 및 축소 덕트 내부 압축성 유동의 속력 변화

초음속 영역에서는 식 (4.34)가 양수가 된다. 결국 속도의 증가는 면적의 증가가 되는 것이다. 마찬가지로 속도의 감소는 면적의 감소이다. 명확히 초음속 압축성 유동에서 속도를 증가시키기 위해서는 반드시 확대 덕트를 가져야 하고, 속도를 감소시키기 위해서는 축소 덕트를 가져야 한다. 이 결과는 [그림 4.8]에 나타나 있다.

초음속 영역에서의 엔진 흡입구는 속도를 감소시키고 압력 증가를 위한 축소 덕트 형상을 가지고, 엔진 노즐은 속도 증가를 위한 확대 덕트 형상을 가지게 된다.

5.3) **음속 영역**(M=1)

음속 영역에서는 식 (4.34)가 0이 된다. 수학적으로 이것은 면적 분포에서 최대 또는 최소의 값이 상응하게 된다.

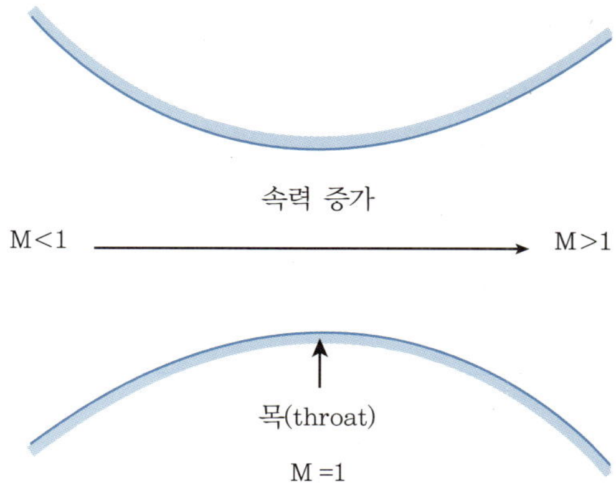

그림 4.9 초음속 노즐

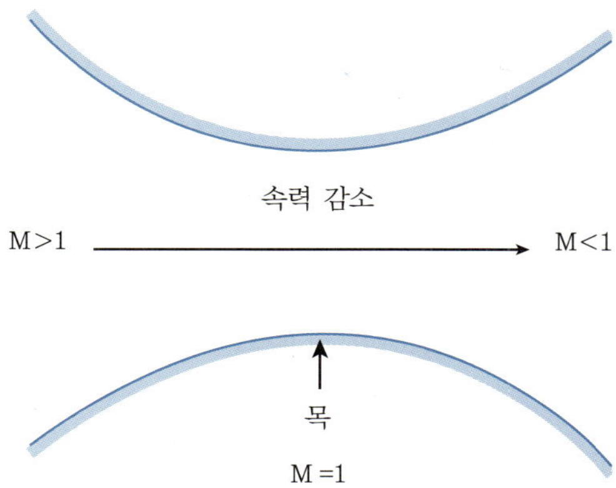

그림 4.10 초음속 공기 흡입구 또는 확산기(diffuser)

6) 면적-마하수 관계식

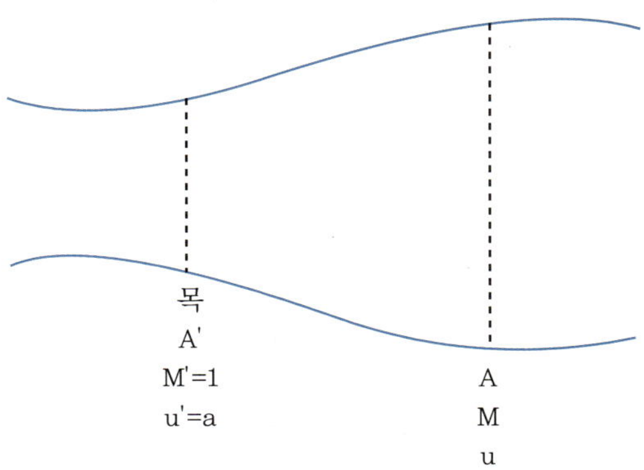

그림 4.11 면적-마하수 관계식 유도를 위한 준 일차원 덕트

위 그림과 같은 덕트를 고려해보자.

목(Throat)에서 음속이 발생할 때의 면적을 A^* 마하수와 속도를 각각 M^*, u^*라고 하고, 덕트의 다른 임의의 점에서의 면적, 속도, 마하수를 각각 A, u, M이라 하면,

연속 방정식에 의해

$$\rho^* u^* A^* = \rho u A \tag{4.35}$$

또는,

$$\frac{A}{A^*} = \frac{\rho^*}{\rho}\frac{u^*}{u} \tag{4.36}$$

음속이므로,

$$u^* = a \tag{4.37}$$

식 (4.37)을 식 (4.36)에 대입하면

$$\frac{A}{A^*} = \frac{\rho^*}{\rho}\frac{a^*}{u} = \frac{\rho^*}{\rho_0}\frac{\rho_0}{\rho}\frac{a^*}{u} \tag{4.38}$$

ρ_0는 정체 밀도이므로 등엔트로피 관계식을 이용하여

$$\frac{\rho^*}{\rho_0} = \left(\frac{2}{\gamma+1}\right)^{\frac{1}{\gamma+1}} \tag{4.39}$$

$$\frac{\rho_0}{\rho} = \left(1 + \frac{\gamma-1}{2}M^2\right)^{\frac{1}{\gamma-1}} \tag{4.40}$$

$$\left(\frac{u}{a^*}\right)^2 = M^{*\,2} = \frac{[(\gamma+1)\,/\,2]\,M^2}{1+[(\gamma-1)/2\,]\,M^2} \tag{4.41}$$

식 (4.39)와 식 (4.41)을 식 (4.38)에 대입하면

$$\left(\frac{A}{A^*}\right)^2 = \left(\frac{\rho^*}{\rho_0}\right)^2\left(\frac{\rho_0}{\rho}\right)^2\left(\frac{a^*}{u}\right)^2 \tag{4.42}$$

또는,

$$\left(\frac{A}{A^*}\right)^2 = \left(\frac{2}{\gamma+1}\right)^{2/(\gamma-1)}\left(1+\frac{\gamma-1}{2}M^2\right)^{2/(\gamma-1)}\frac{1+[(\gamma-1)/2]M^2}{[(\gamma+1)/2]M^2} \tag{4.43}$$

이 된다. 식 (4.43)을 간단히 정리하면

$$\left(\frac{A}{A^*}\right)^2 = \frac{1}{M^2}\left[\frac{2}{\gamma+1}\left(1+\frac{\gamma-1}{2}M^2\right)\right]^{(\gamma+1)/(\gamma-1)} \tag{4.44}$$

식 (4.44)를 면적-마하수 관계식이라 한다. 이를 통해 원하는 마하수를 얻기 위한 면적을 구할 수 있게 된다.

4.3 각 엔진에 따른 흡입구, 노즐의 형상

1. 아음속 엔진

1.1) 흡입구

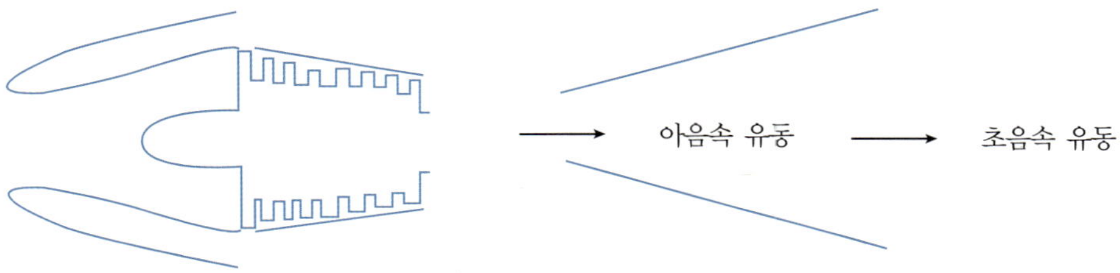

그림 4.12 확산형 아음속 흡입구

아음속 엔진을 사용하는 항공기의 흡입구 형상은 고정된 형태(fixed geometry)이며 앞에서 뒤로 갈수록 점차 직경이 커지는 확산형이다. 이는 엔진 압축기에 공급되는 공기의 속도가 마하수 0.5 전후이어야 하기 때문에 면적-속도 관계식에 의해 면적이 커지면 속도는 감소하는 확산형 흡입구를 사용하는 것이다. 이것은 아음속 디퓨저 역할을 하여 유입 공기를 확산시켜, 속도 에너지를 압력 에너지로 변환시켜 필요한 정압 상승을 얻는다.

대표적인 아음속 흡입구로는 pitot 흡입구가 있다.

[그림 4.13]에서 보는 Pitot 흡입구는 안쪽과 바깥쪽이 두께를 갖는 부드러운 곡선으로 연결되어 있다. 흡입구를 통해 공기가 압축기로 들어갈 때 압력과 속도가 균일해야 하고, 압력 손실이 최소가 되어야 하므로 압축기 입구 단면상의 유속 분포를 균일하게 해주어야 한다. 따라서 유로단면을 완만하게 확대하여 최대의 정압 상승을 얻을 수 있도록 하며, 흡입구의 안쪽과 바깥쪽이 두께를 갖는 부드러운 곡선으로 연결되어 유동의 박리를 방지하는 것이다.

그림 4.13 F-86 세이버(Sabre) 항공기의 피토(Pitot) 공기 흡입구

또한, 최대 확대각은 직선 대퓨저에서 10° 전후가 가장 적당하다.

[그림 4.15~16]은 흡입구 립(Nose cowl Rip)으로 엔진의 성능과 항공기 항력에 영향을 주는 덕트로 고받음각이나 옆 미끄럼각에서도 흡입구 도관을 통과하는 공기흐름의 찌그러짐을 최소화하기 위해 반경이 큰 것이 좋다.

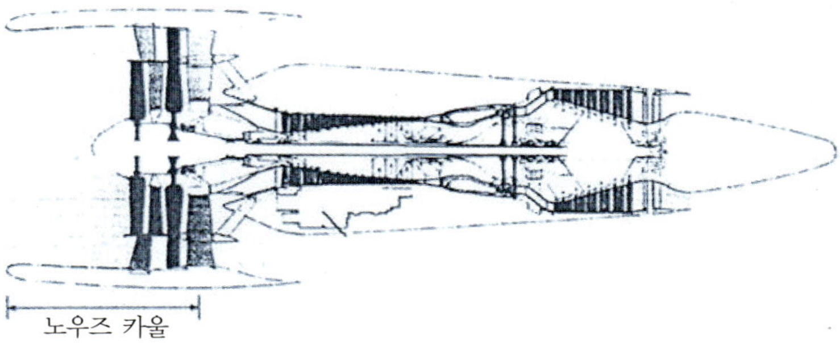

그림 4.14 노우즈 카울

아음속 엔진 흡입구에서 정지 상태, 저속, 고속일 때의 유동은 다음과 같다.

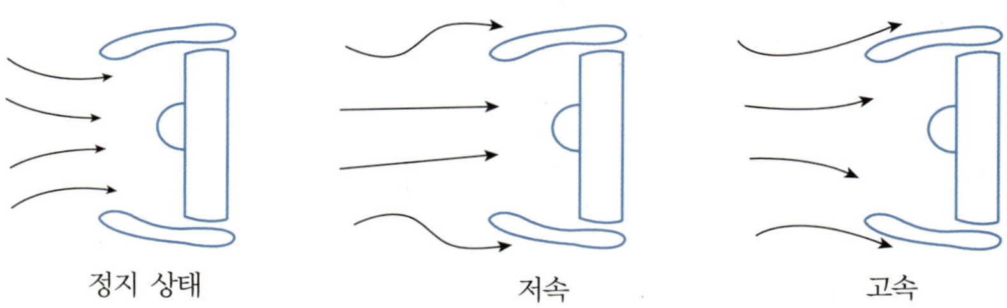

그림 4.15 흡입구에서의 유동

1.2) 노즐

흡입구와 마찬가지로 아음속 엔진의 노즐은 수축(convergent) 형상이다. 흡입구를 통해 감속된 유동이 압축기와 터빈을 지나면서 연소기에서 고온, 고압의 가스로 생성되어 이를 팽창시켜 속도가 증가하게 되는 것이다. 따라서 면적-속도 관계식에 의해 면적이 감소하는 수축노즐을 갖게 되는 것이다.

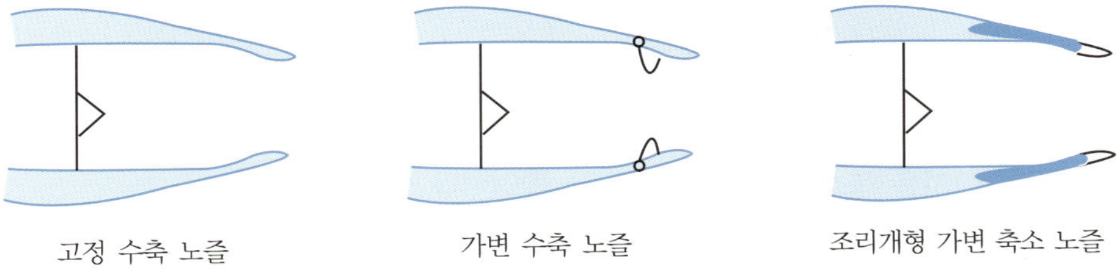

그림 4.16 아음속 노즐의 형태

이 고정수축 노즐은 출구 면적이 순항 조건에 적합하고, 단순성으로 인한 무게 감소라는 장점을 가진다.

• 터보팬 엔진

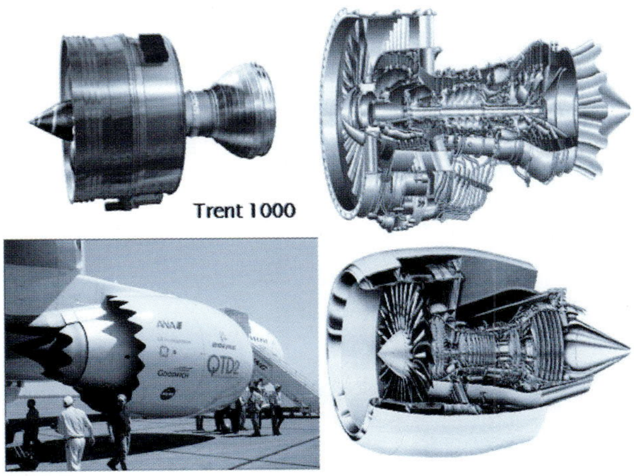

그림 4.17 터보팬 엔진

[그림 4.17]은 롤스로이스의 Trent 1000, Pratt-Whitney의 6000, GE의 90 엔진

- 터보제트 엔진

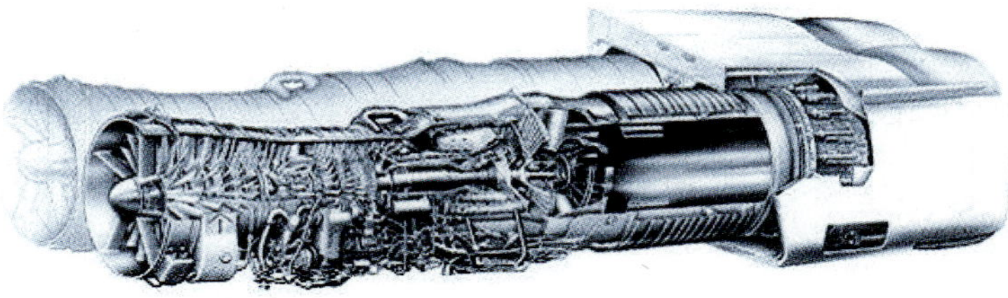

그림 4.18 터보제트 엔진

[그림 4.18]은 롤스로이스의 Olympus 엔진이다.

- 터보프롭 엔진

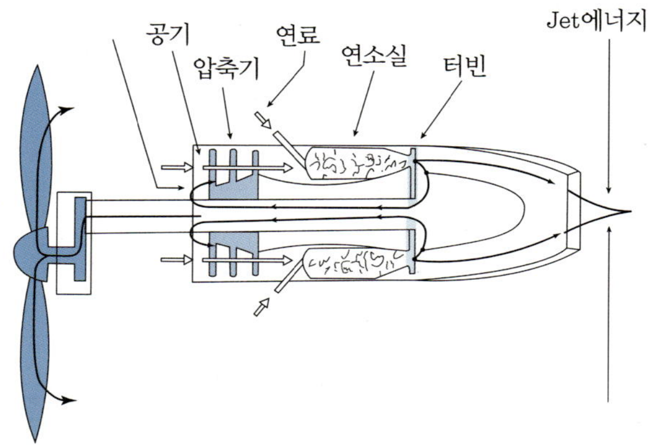

그림 4.19 터보프롭 엔진

[그림 4.19]는 엔진 중앙부에 있는 감속장치 주위로 공기를 흡입한다.

- 터보샤프트 엔진

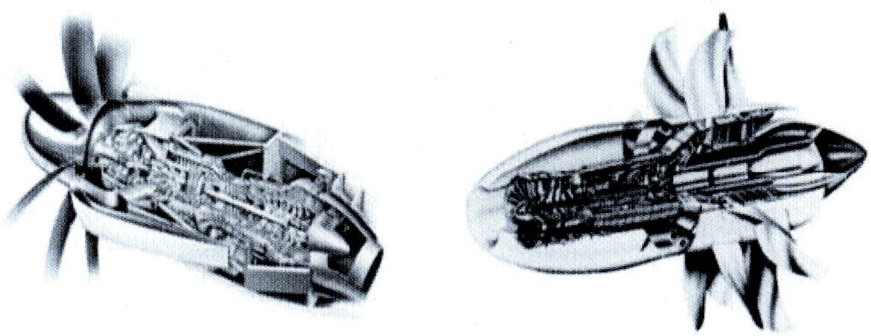

그림 4.20 터보샤프트 엔진

[그림 4.20]은 롤스로이스의 TP400와 GE의 UDF 터보샤프트 엔진이다.

2) 초음속 엔진

2.1) 흡입구

초음속으로 운행하는 비행체는 흡입구로 초음속 유동이 들어와 연소를 위해 아음속으로 감속되고 노즐에서 팽창하여 추력을 발생시킨다. 따라서 초음속 비행에서 쓰이는 스크램제트(SCRamjet) 엔진을 제외한 초음속 엔진은 수축-확산형(convergent-divergent) 흡입구가 필요하다.

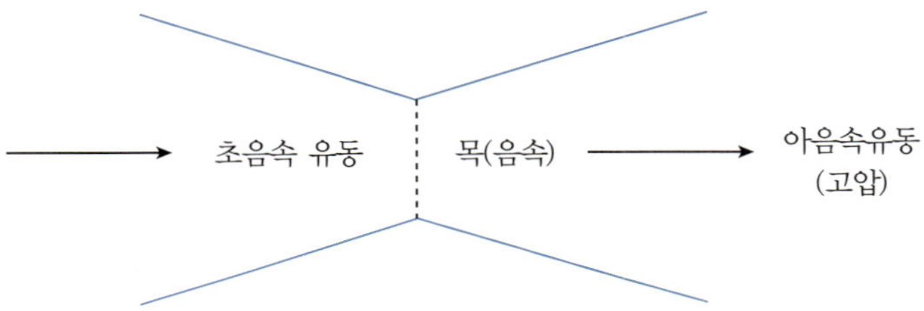

그림 4.21 수축-확산 흡입구

[그림 4.21] 형태의 흡입구에서의 초음속 유동은 수축 덕트 내에서 공기의 압축에 의해 마하수 1.0 이하로 낮아지면 아음속 디퓨저 부분으로 들어가는 공기 흐름의 속도는 마하수 0.5 이하로 느려지고 엔진 압축기로 들어가기 전의 정압력은 더 커지게 된다. 공기 압축에 의해 느려진 유동은 목부분에서 초크를 형성한다.

수축-확산형 흡입구의 유동은 [그림 4.22]와 같다.

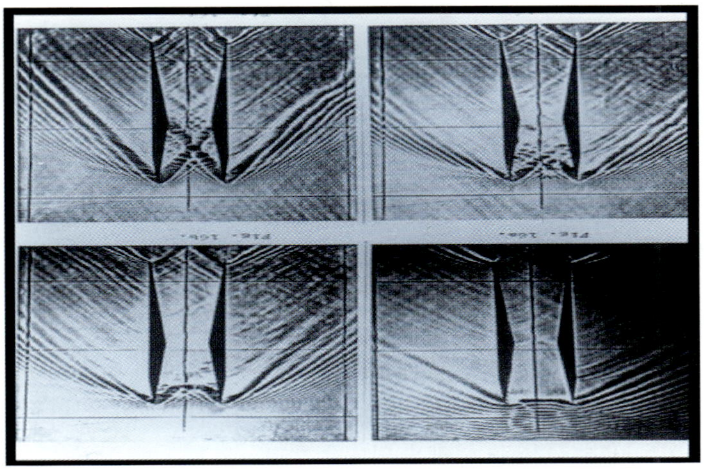

그림 4.22 수축-확산 흡입구 유동 가시화(Water Channel)

- 스파이크 흡입구(spike inlet)

[그림 4.23]과 같이 원추를 지나는 초음속 흐름의 형태를 활용한 흡입구로 무게와 전압력 손실 감소라는 장점이 있다.

그림 4.23 스파이크 흡입구

- 2차원 램프 흡입구

그림 4.24 2차원 램프 흡입구

직사각형의 단면을 갖는 흡입구로 초음속기가 이륙 및 착륙시에 발생하는 아음속 영역에서도 유동의 손실이 없는 높은 전압력 회복률을 자랑한다.

- 가변 단면 흡입구(variable-geometry air inlet)

초음속과 아음속에서 효율을 극대화하는 흡입구로 초음속 비행시 고정 램프와 가변 램프에서 2개의 경사 충격파를 통하여 외부 압축이 되도록 하고, 아음속 비행시 가변 램프의 위치 변경을 통하여 아음속 흡입구 형태가 되도록 한다.

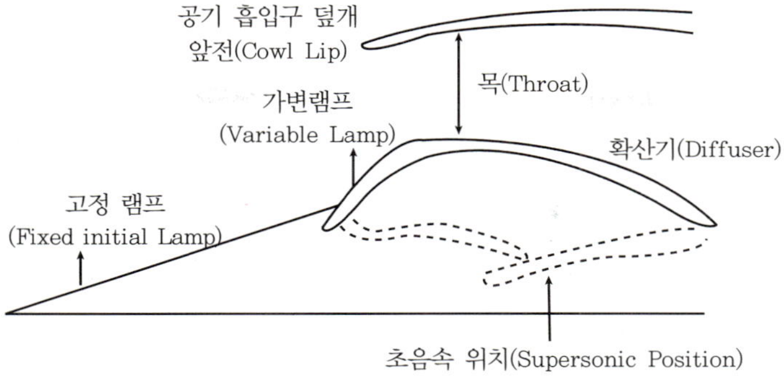

그림 4.25 가변 단면 흡입구

이는 초음속기의 비행속도가 변화하면 흡입구에 유입하는 공기속도도 변하게 되는데, 엔진에서 필요로 하는 공기 흡입속도는 비행속도에 관계없이 일정하다. 따라서 초음속 비행시 수축-확산형 흡입구가 되고, 아음속이 되는 이착륙시에는 확산덕트가 필요한 것이다.

2.2) 노즐

수축-확대 노즐은 수축 노즐에서 공기는 강하게 가속되어 노즐 목에서 음속에 도달하고 확대 노즐의 출구 부분에서는 면적-속도 관계식에 의해 더욱 팽창, 가속되어 음속 이상의 유속으로 분출하게 된다.

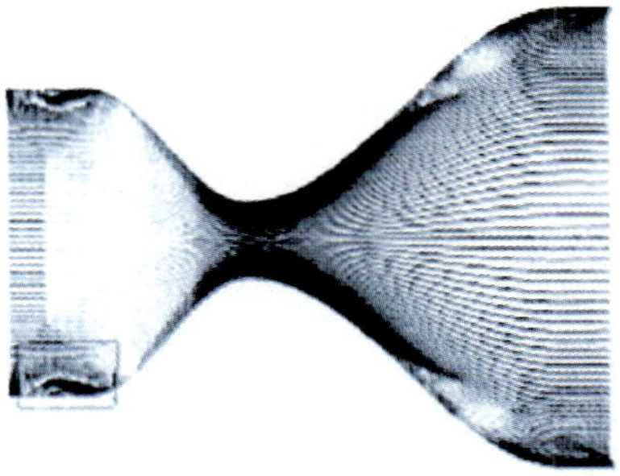

그림 4.26 수축-확대 노즐

- 램제트와 SC램제트

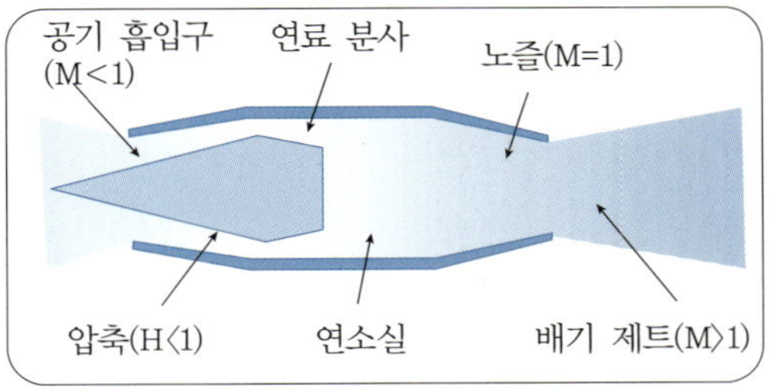

그림 4.27 램제트

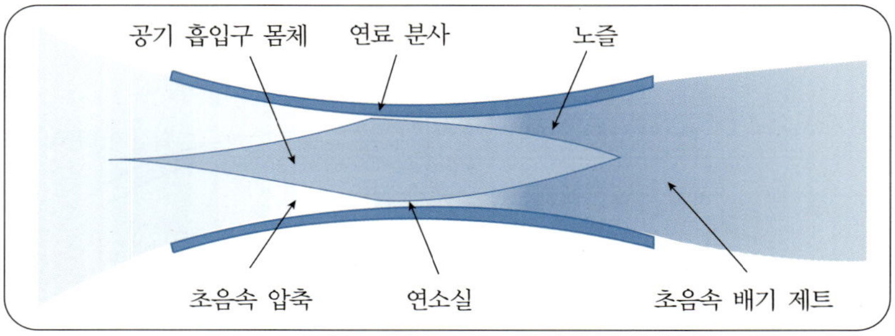

그림 4.28 스크램제트

[그림 4.27]은 램제트 엔진의 흡입구와 노즐 형상을 보여주는 그림이다. 흡입구에서 초음속으로 들어온 유동이 연소를 위해 감속되어야 하므로 수축-확산 흡입구를 사용하고, 노즐에서는 추진을 위해 아음속 연소 유동을 초음속으로 가속시키는 수축-확산 노즐이 사용된 것을 볼 수 있다.

[그림 4.28]은 스크램제트 엔진으로 전 영역에서 초음속 유동이 지속되어야 하기 때문에 수축형 흡입구와 확산형 노즐이 사용된 것을 볼 수 있다.

램제트과 스크램제트에 관한 자세한 내용은 다음 장에서 다룬다.

연습문제

1. 공기 흡입구와 노즐의 역할에 대해 설명하시오.

2. 아음속 영역과 초음속 영역에서 면적과 속도의 관계에 대해 설명하시오.

3. 아음속 엔진의 흡입구와 노즐 형상에 대해 설명하시오.

4. 초음속 엔진의 흡입구와 노즐 형상에 대해 설명하시오.

기호 설명

u	속도 [m/s]
a	음속 [m/s]
p	압력 [N/m^2]
T	온도 [K]
A	면적 [m^2]
ρ	밀도 [kg/m^3]
e	내부 에너지 [J/kg]
h	엔탈피 [J/kg]
$\dot{m}$	질량유량 [kg/s]

참고문헌

1. John D.Anderson Jr, *Fundamentals of Aerodynamics*, McGrawHill
2. John D.Anderson Jr, *Introduction to Flight*, McGrawHill
3. 윤선주, 신편 기초항공공학2, 한국항공대학교출판부
4. 부준홍외 5명, 분사추진기관, 청운각
5. 조용욱, 가스터빈엔진, 청연
6. 공창덕, 항공가스터빈엔진, 동명사

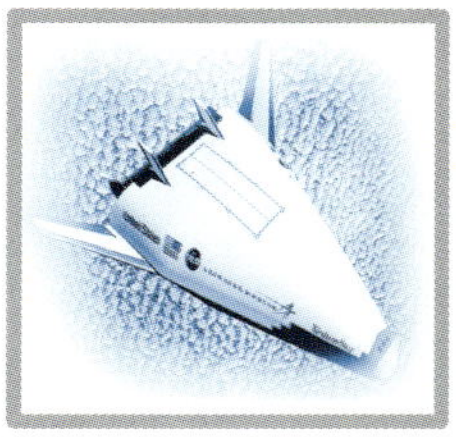

Chapter 05 압축기와 터빈

5.1 작동 원리

가스터빈 추진기관은 다른 추진기관과 차별된 여러 가지 특성을 가지고 있으며 그중에서 대표적인 것이 압축기와 터빈으로 구성된 회전체에 의해서 구동된다는 것이다. 가스터빈의 중요한 성능들이 압축기와 터빈의 회전체에 의해서 결정되고, 또한 가스터빈의 고장 및 수명 등도 대부분 회전체에 의해서 정해진다. 따라서 압축기와 터빈은 가스터빈 추진기관에서 가장 중요한 구성품이라고 할 수 있다.

압축기는 작동유체인 공기를 압축하여 정해진 압력으로 상승시키는 역할을 하며, 터빈은 이와 반대로 공기를 팽창하여 압력을 하강시키는 역할을 한다. 따라서 압축기에서는 공기에 에너지를 공급하게 되고 반대로 터빈에서는 공기로부터 에너지를 공급받게 된다. [그림 5.1]에서와 같이 압축기와 터빈은 동일한 축으로 연결되어 있기 때문에 공기로부터 공급받은 에너지로 터빈이 회전하게 되면 압축기도 같은 속도로 회전하게 되면서 공기에 에너지를 공급하게 된다.

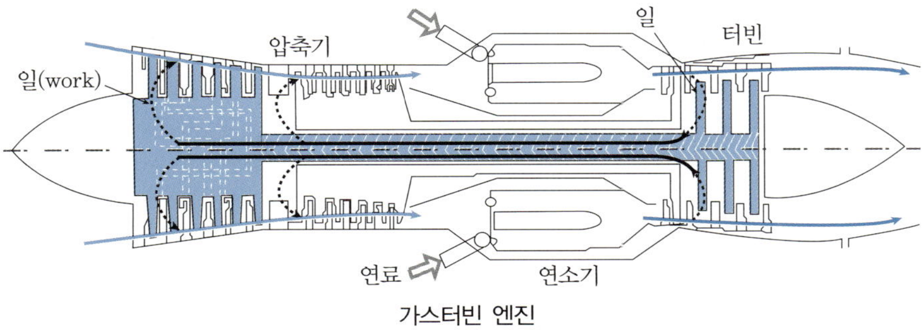

그림 5.1 압축기와 터빈의 구성 및 역할

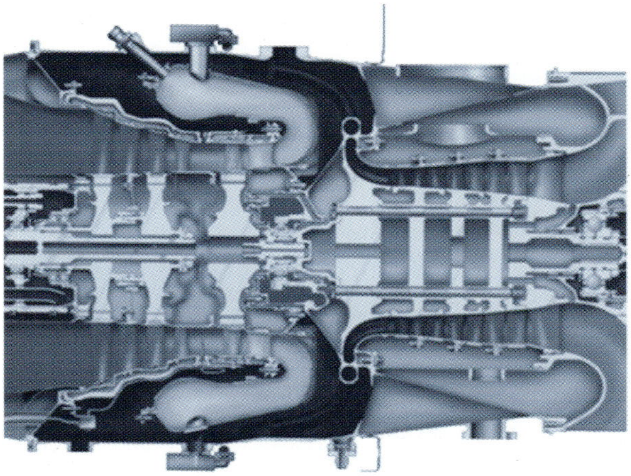

그림 5.2 압축기와 터빈의 동익 및 정익

압축기와 터빈은 공기의 압력 상승과 하강을 효율적으로 하기 위하여 [그림 5.2]에서 보는 것 처럼 일반적으로 회전하는 동익부와 정지되어 있는 정익부로 나누어져 있다. 압축기의 동익부는 로터 또는 임펠러로 불리며 일정한 속도로 회전하면서 공기에 에너지를 공급한다. 공급된 에너지는 공기의 압력과 속도를 상승시키는데 사용된다. 정익부는 스테이터 또는 디퓨저로 불리며 이곳에서는 에너지의 공급이 없고 단지 상승된 공기의 속도를 낮춤으로써 운동에너지가 압력 상승으로 전환된다. 터빈의 정익부는 노즐이라 불리며 에너지의 출입이 없이 공기를 팽창시킴으로써 압력은 하강하게 되고 속도는 상승하게 된다. 터빈의 동익부는 로터라 불리며 공기로부터 에너지를 공급받아 일정한 속도로 회전을 한다. 터빈에 공급해준 에너지만큼 공기의 압력과 속도는 하강하게 된다.

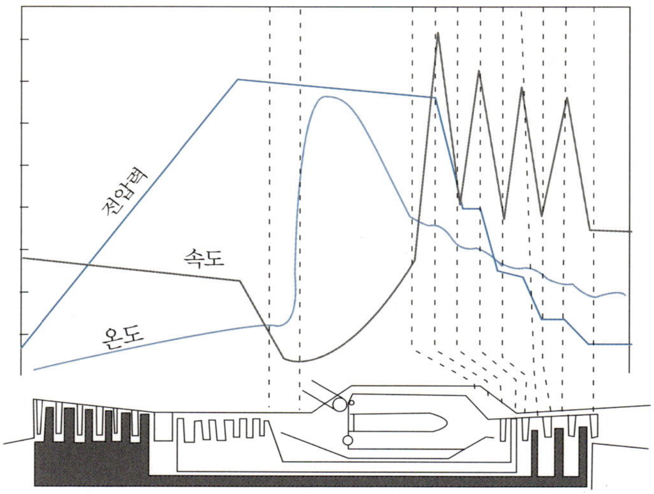

그림 5.3 압축기와 터빈에서의 압력 및 속도 변화

[그림 5.3]에서는 압축기와 터빈에서 일어나는 압력과 속도의 변화를 나타내고 있다. 앞서 설명한 바와 같이 압축기와 터빈에서는 압력의 상승과 하강이 동익부에서만 일어나는 것이 아니고 정익부에서도 함께 일어나게 하여 한 곳에서 과도한 압력 상승 혹은 하강이 일어남으로써 생길 수 있는 여러 가지 손실을 방지한다.

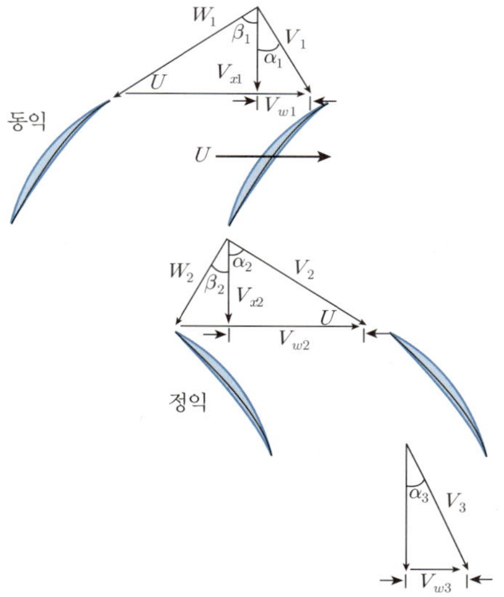

그림 5.4 압축기에서의 속도 삼각형

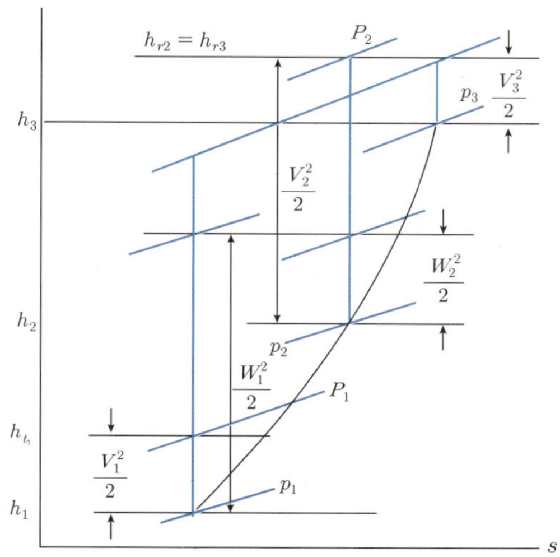

그림 5.5 압축 과정의 H-s 선도

압축기와 터빈의 입구, 내부 및 출구에서 공기의 상태가 어떻게 되는가를 알아보기 위하여 속도 삼각형과 H-S 선도를 통해 간단하게 살펴보면 다음과 같다. [그림 5.4]는 압축기에서의 속도 삼각형을 나타내고 있다. 압축기로 유입되는 공기는 V_1의 속도를 가지고 있으며 압축기 동익은 U의 속도로 회전을 한다면 압축기로 유입되는 공기는 W_1이라는 상대속도를 가지고 압축기로 들어가게 된다. 다시 말해서 압축기와 같은 속도로 회전하는 좌표에서 바라보면 공기는 W_1의 속도와 β_1의 각도를 가지고 유입한다는 것이다. 유입된 공기는 회전하는 동익 내에서 익형을 따라 흐르게 된다. 이때 압축기와 같이 회전하는 좌표에서 보면 동익 출구에서의 공기 속도는 W_2, 흐름 각도는 β_2가 된다. 이 때 고정 좌표에서 보면 압축기 동익의 출구로 빠져 나오는 공기는 V_2의 속도와 α_2의 각도를 가지게 된다. 동익을 빠져 나온 공기는 정익으로 유입되고 정익의 형상을 따라 흐르는 공기는 정익의 출구에서 V_3의 속도와 α_3의 각도를 가지게 된다.

이것을 H-S 선도상에서 표현하면 [그림 5.5]와 같다. 압축기의 동익으로 유입되는 공기는 정압 p_1과 속도 V_1을 가지고 있다. 동익을 통과하면서 압축기로부터 공기에 에너지가 전달되고 이로 인해 공기의 정압은 p_2로, 속도는 V_2로 상승하게 된다. 동익을 빠져 나온 공기는 정익을 통과하면서 속도는 V_3로 줄고 압력은 p_3로 커지게 된다. 이것은 정익 내에서는 에너지의 유입이 없지만, 베르누이 공식에 따라 단지 공기가 가지고 있는 운동 에너지가 압력으로 전환되기 때문이다.

압축기를 통과하면서 생기는 정압 상승 $\triangle p_{comp}$ $(= p_3 - p_1)$은 동익에서의 정압 상승 $\triangle p_r$ $(= p_2 - p_1)$과 정익에서의 상승 $\triangle p_s$ $(= p_3 - p_2)$으로 나누어 생각할 수 있으며 이것은 설계자에 따라 다르게 분배되어진다. 일반적으로 동익에서의 정압 상승과 정익에서의 정압 상승을 비슷하게 하는 것이 압축기 전체의 효율 측면에서 유리하다고 알려져 있다.

앞서 H-S 선도에서 살펴볼 수 있듯이 정익에서의 정압 상승은 정익 내에서 공기의 속도를 얼마만큼 줄일 것인가에 따라 결정된다. 즉 정익 내에서의 에너지 손실이 없다고 가정하면 베르누이 공식에 따라 $\triangle p_s$는 식 (5.1)과 같이 되며, 정익의 입구 속도 V_2 및 출구 속도 V_3에 따라 결정된다.

$$\triangle p_s = p_3 - p_2 = \frac{\rho}{2}(V_2^{\,2} - V_3^{\,2}) \tag{5.1}$$

동익에서의 압력 상승은 정익에서와는 다르게 상대속도와 관련이 있다. 동익에서는 압축기로부터 공기로 에너지의 전달이 일어난다. 따라서 얼마만큼의 에너지가 공기에 전달되었는가에 따라 동익 출구에서의 공기 상태가 달라지게 된다. 그러나 동익에 올라타서 같은 속도로 회전하고 있는 관점에서 보면 동익은 정익과 같이 공기에 아무런 에너지도 전달하지 않는 것이 된다. 따라서 동익 입구에서의 상대 조건(속도 W_1와 압력 p_1)과 동익 출구에서의 상대 조건(속도 W_2와 압력 p_2) 사이에는 정익과 마찬가지로 베르누이 공식에 따라 식 (5.2)가 성립한다. 즉, 동익에서의 정압 상승은 동익의 입구 상대속도 W_1 및 출구 상대속도 W_2에 따라 결정된다.

$$\triangle p_r = p_2 - p_1 = \frac{\rho}{2}(W_1^{\,2} - W_2^{\,2}) \tag{5.2}$$

압축기의 설계에서는 동익과 정익에서의 압력 상승을 어떻게 배분할 것인가를 나타내기 위하여 반동도 R을 식 (5.3)과 같이 정의하고 있다. 여기에서 반동도가 0이면 동익에서 정압 상승은 없고 모든 정압 상승은 정익에서 일어나는 경우이며, 반동도가 1이면 동익에서 모든 정압 상승이 일어나고 정익에서의 압력 상승은 없는 경우의 극한적인 설계를 나타낸다. 일반적으로는 반동도를 0.5 정도로 하여 동익과 정익에서 정압 상승이 비슷하게 일어나도록 한다.

$$R = \frac{\triangle p_r}{\triangle p_r + \triangle p_s} = \frac{p_2 - p_1}{p_3 - p_1} \tag{5.3}$$

압축기와 마찬가지로 터빈에서의 공기 상태도 속도 삼각형과 H-S 선도를 통하여 쉽게 나타낼 수 있다. [그림 5.6]은 터빈에서의 속도 삼각형을 나타내고 있다. 터빈으로 유입되는 공기는 V_1의 속도를 가지고 연소기로부터 빠져나와 먼저 터빈의 정익으로 들어간다. 정익에서는 입구보다 출구에서의 면적이 작아지므로 공기의 속도가 V_2로 커지게 되며, 정익으로 유입된 공기는 정익의 출구 형상에 따라 각도 α_2을 가지고 정익에서 빠져나온다. 정익을 빠져나온 공기는 속도 V_2와 각도 α_2를 가지고 동익으로 유입되는데 이때 터빈 동익은 U의 속도로 회전하고 있기 때문에 동익으로 유입되는 공기는 W_2라는 상대속도와 β_2의 상대각을 가지고 동익 내로 유입된다. 터빈 동익으로 유입된 공기는 회전하는 동익 내에서 익형을 따라 흐르게 되며 터빈과 같이 회전하는 좌표에서 보면 동익 출구에서의 공기 속도는 W_3, 흐름 각도는 β_3가 된다. 이때 고정 좌표에서 보면 터빈 동익의 출구로 빠져나오는 공기는 V_3의 속도와 α_3의 각도를 가지게 된다.

이것을 H-S 선도상에서 표현하면 [그림 5.7]과 같다. 터빈의 정익으로 유입된 공기는 정압 p_1과 속도 V_1을 가지고 있으며 정익 내에서 흐름의 면적이 줄어들기 때문에 속도가 V_2로 커지게 된다. 따라서 정익 내에서는 에너지의 유출이 없으므로 베르누이 법칙에 따라 정압은 p_2로 감소하게 된다. 정압p_2와 속도V_2을 가지고 동익으로 들어간 공기는 동익에 에너지를 전달하고 난 뒤 정압은 p_3로, 속도는 V_3로 감소되어 동익을 빠져나오게 된다.

터빈을 통과하면서 생기는 정압 감소 $\Delta p_{turb}(=p_1 - p_3)$은 정익에서의 감소$\Delta p_n$ $(=p_1 - p_2)$과 동익에서의 감소 $\Delta p_r(=p_2 - p_3)$로 나누어 생각할 수 있으며 이것은 설계자에 따라 다르게 분배되어진다. 압축기의 설계와 마찬가지로 터빈 정익에서의 정압 감소와 동

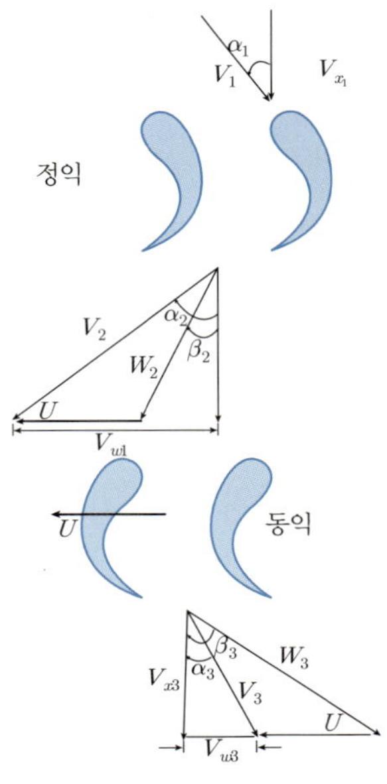

그림 5.6 터빈에서의 속도 삼각형

익에서의 정압 감소를 비슷하게 하는 것이 터빈 전체의 효율 측면에서 유리하다고 알려져 있다.

앞서 H-S 선도에서 살펴볼 수 있듯이 정익에서의 정압 감소는 정익 내에서 공기의 속도를 얼마만큼 늘릴 것인가에 따라 결정된다. 즉 정익 내에서 에너지 손실이 없다고 가정하면 베르누이 공식에 따라 $\triangle p_n$는 식 (5.4)과 같이 되며, 정익의 입구 속도 V_1 및 출구 속도 V_2에 따라 결정되어진다.

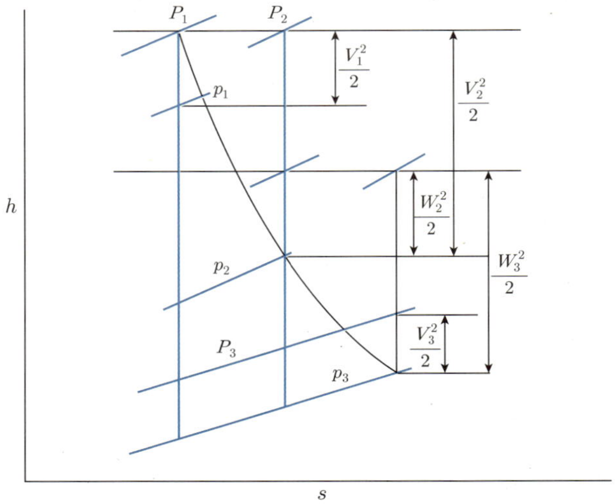

그림 5.7 팽창 과정의 T-s 선도

$$\triangle p_n = p_1 - p_2 = \frac{\rho}{2}(V_2{}^2 - V_1{}^2) \tag{5.4}$$

동익에서의 압력 감소는 정익에서와는 다르게 상대속도와 관련이 있다. 동익에서는 공기로부터 터빈으로 에너지의 전달이 일어난다. 따라서 얼마만큼의 에너지를 터빈에 전달하는가에 따라 동익 출구에서의 공기 상태가 달라지게 된다. 그러나 동익에 올라타서 같은 속도로 회전하고 있는 관점에서 보면 동익은 정익과 같이 공기로부터 아무런 에너지의 유출도 없는 것이 된다. 따라서 동익 입구에서의 상대 조건(속도 W_2와 압력 p_2)과 동익 출구에서의 상대 조건(속도 W_3와 압력 p_3) 사이에는 정익과 마찬가지로 베르누이 공식에 따라 식 (5.5)가 성립한다. 즉, 동익에서의 정압 감소는 동익의 입구 상대속도 W_2 및 출구 상대속도 W_3에 따라 결정되어진다.

$$\triangle p_r = p_2 - p_3 = \frac{\rho}{2}(W_3{}^2 - W_2{}^2) \tag{5.5}$$

압축기와 마찬가지로 터빈의 설계에서도 동익과 정익에서의 압력 감소를 어떻게 배분할 것인가를 나타내기 위하여 반동도 R을 식 (5.6)과 같이 정의하고 있다. 여기에서 반동도가 0이면 동익에서 정압 감소는 없고 모든 정압 감소는 정익에서 일어나는 경우이며, 반동도가 1이면 동익에서 모든 정압 감소가 일어나고 정익에서의 압력 감소는 없는 경우의 극한적인 설계를 나타낸다. 터빈의 경우는 그 사용 목적에 따라 반동도가 0인 충동형 터빈이 사용되기도 하며 가스터빈 엔진의 경우는 반동도를 보통 0.5 정도로 사용한다.

$$R = \frac{\Delta p_r}{\Delta p_r + \Delta p_n} = \frac{p_2 - p_3}{p_1 - p_3} \tag{5.6}$$

5.2 형상

1) 원심형 압축기

소형 가스터빈 엔진에 사용되는 대표적인 압축기로는 [그림 5.8]과 같은 원심 압축기가 있다. 원심 압축기는 제작이 용이하고 하나의 압축기로 올릴 수 있는 압축비가 높은 장점을 가지고 있다. 그리고 공기가 축 방향으로 들어와서 반경 방향으로 압축되기 때문에 축 방향 길이는 적은 반면에 반경은 커지는 형상을 가지게 된다. 따라서 압축기와 터빈 사이의 거리를 최대한 줄일 수 있기 때문에 연결 축의 길이가 짧고 이로 인해 고속 회전시에 야기될 수 있는 많은 문제를 사전에 방지할 수 있다. 그러나 형상에서 알 수 있듯이 단위 면적당 공기 흡입량이 적음으로 인해 많은 공기량을 필요로 하는 대형 가스터빈 엔진의 경우에는 사용되지 않는다.

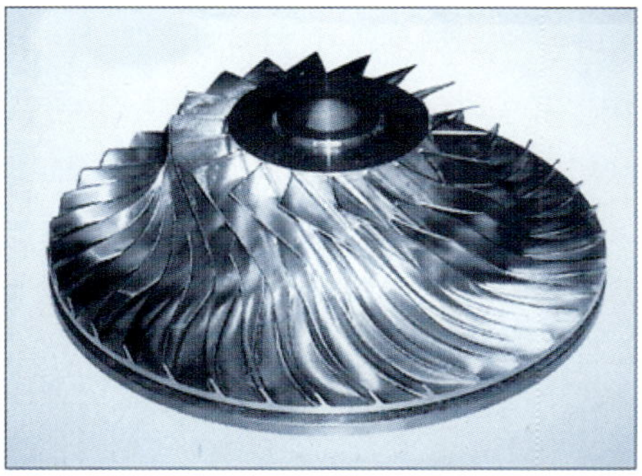

그림 5.8 원심 압축기

원심형 압축기는 동익인 임펠러와 정익인 디퓨저의 형상에 따라 여러 가지 형태로 분류되기도 한다. 임펠러의 형상은 [그림 5.9]에서 보는 바와 같이 압축기 내의 유로의 흐름이 회전 방향과 반대 방향으로 굽어 흐르는 후향형, 회전 방향과 직선을 이루며 흐르는 직선형, 그리고 회전 방향과 같은 방향으로 굽어 흐르는 전향형으로 나누어진다. [그림 5.9]에 표시된 바와 같이 각각의 형상에서 임펠러 출구를 빠져나오는 공기의 흐름에 대한 속도 삼각형을 살펴보면, 흐름의 상대속도 W_2는 각각 임펠러의 출구 각도와 같은 방향으로 β_2의 각도를 가지게 되며 회전속도 U를 고려하면 임펠러 출구를 빠져나오는 공기의 실제 속도는 V_2, 흐름 각도는 α_2가 된다. 회전속도가 U로 동일하고 출구의 상대속도 W_2가 같은 3가지 종류의 압축기가 있다고 가정하면 임펠러가 공기에 전달하는 에너지는 V_{w2}에 비례하므로 전향형 임펠러의 경우가 가장 큰 에너지를 공기에 전달한다. 따라서 전향형이 동일한 회전수로 가장 많은 에너지를 공기에 전달할 수 있기 때문에 같은 크기의 압축기에서 가장 높은 압축비를 얻을 수 있다. 반면에 후향형의 경우에는 넓은 작동 영역에서 안정적으로 작동하기 때문에 가장 널리 사용되어지고 있다.

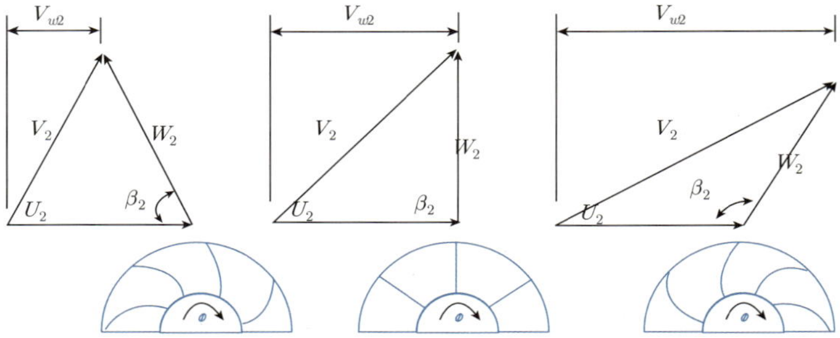

그림 5.9 원심 압축기의 임펠러 형상에 따른 속도 삼각형

원심 압축기의 정익인 디퓨저는 임펠러 출구에서 나온 공기의 속도를 효율적으로 줄여서 동압을 정압으로 전환하는 역할을 한다. 이 전환 과정에서는 손실이 필연적으로 생긴다. 압력 전환이 급격하게 일어나면 역압력구배가 커져서 흐름의 박리 현상이 발생하고, 반대로 너무 천천히 일으키려고 하면 유로의 길이가 길어져서 마찰 손실이 커지게 된다. 디퓨저의 형상은 [그림 5.10]에서 보는 바와 같이 에어포일형과 웨지형으로 나눌 수 있다.

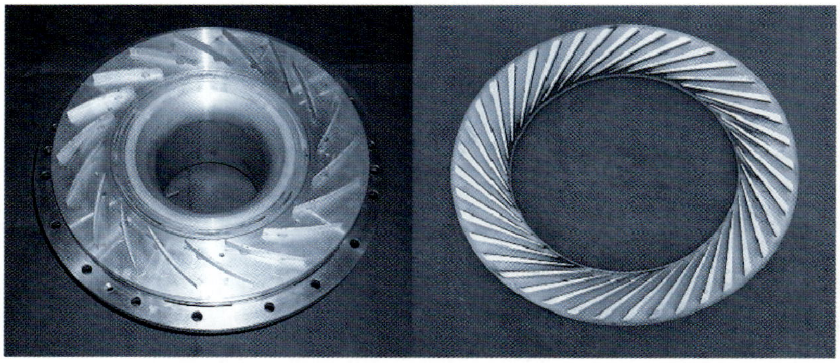

그림 5.10 원심 압축기의 디퓨저 형상

웨지형은 비교적 제작이 용이한 반면에 디퓨저로 유입되는 공기의 각도에 민감한 반응을 보이기 때문에 효율적으로 작동할 수 있는 유량 범위가 매우 좁은 단점이 있다. 이러한 단점을 보완하기 위하여 에어포일형 디퓨저를 사용하며 비교적 넓은 유량 범위에서 효율적인 성능을 보장한다.

2) 반경형 터빈

원심형 압축기와 함께 많이 사용되는 터빈으로 대표적인 것이 [그림 5.11]에서 보는 반경형 터빈이다. 반경형 터빈은 원심형 압축기와 형태 및 작동원리가 유사하다. 즉 공기가 반경 방향으로 들어와서 터빈의 정익인 노즐을 거치고 터빈의 동익인 로터로 유입되어 축 방향으로 빠져나온다. 원심 압축기와 마찬가지로 터빈의 축 방향 길이를 최소화할 수 있기 때문에 압축기와의 연결축을 매우 짧게 하여 고속 회전체에서 생기는 여러 가지 문제점을 줄일 수 있다. 반경형 터빈은 원심 압축기와 가장 잘 어울리는 형태이며 [그림 5.12]에서와 같이 주로 자동차 엔진에 사용되는 터보챠저 혹은 주 엔진의 시동에 사용되는 소형 APU(Auxiliary Power Unit) 등에 많이 사용되어진다.

그림 5.11 반경형 터빈

그림 5.12 터보챠저의 압축기와 터빈

3) 축류형 압축기

중형 이상에서 대형에 이르는 대부분의 가스터빈 엔진에서 압축기로 사용되는 형태가 [그림 5.13]에서 보는 축류형 압축기이다. 축류형 압축기는 단위 면적당 공기유량이 크기 때문에 대형 가스터빈 엔진, 특히 항공용 가스터빈 엔진에 적합하다. 그러나 단당 압축비가 적기 때문에 다단으로 구성하여 원하는 압축비를 만들어야 하며 따라서 구조가 복잡하고 제작 비용이 높다는 단점을 가지고 있다. 축류형 압축기의 각 단은 동익과 정익이 한 쌍으로 구성되며 보통 단당 압축비는 1.5 이상을 초과하지 않게 설계한다.

축류형 압축기에서 동익과 정익의 블레이드 형상을 결정짓는 중요한 요소들은 [그림 5.14]에 표시한 입구각, 출구각, 캠버선 그리고 블레이드의 두께 등이 있다. 블레이드의 입구각과

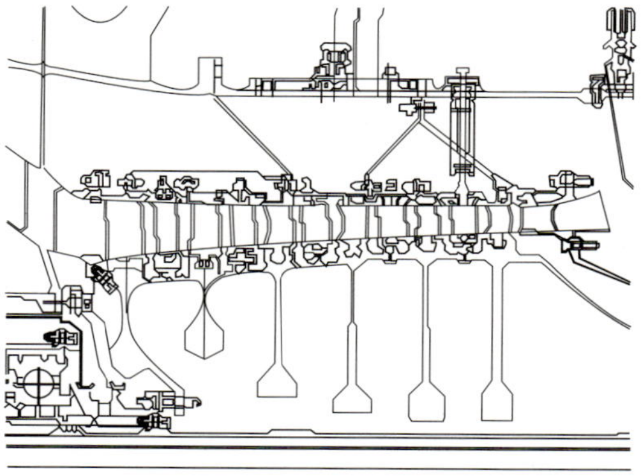

그림 5.13 축류형 압축기

출구각은 앞서 설명한 바와 같이 압축기의 각 단을 통하여 공기에 얼마만큼의 일을 해줄 것이며 또한 동익과 정익에서의 압력 상승을 어떻게 분포시킬 것인가에 따라 결정된다. 이렇게 결정된 입구각으로 공기의 흐름이 들어와서 자연스럽게 흐름의 방향이 바뀌면서 정해진 출구각으로 흐름이 빠져나가도록 설계된 블레이드 중심선이 캠버선이다. 이 캠버선에 적당한 두께를 입혀주면 블레이드의 형상이 결정된다.

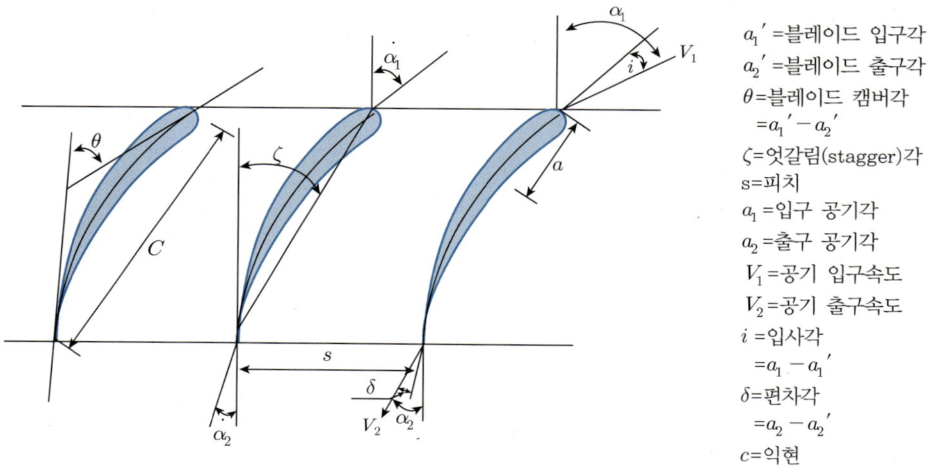

그림 5.14 블레이드 형상 결정의 중요 변수

축류형 압축기에 사용되는 동익과 정익의 캠버선과 두께 분포는 [그림 5.15]에 표시한 바와 같이 오랫동안 실험을 통하여 구축되어 있는 기존의 NACA-65 계열 혹은 C 계열의 에어포일 형상을 채택하여 정한다. 그 외에도 사용 목적에 따라 다양한 형상을 채택하여 사용할 수 있으며, 천음속 영역에서는 이중원호(DCA) 에어포일 형상이 자주 사용되어진다.

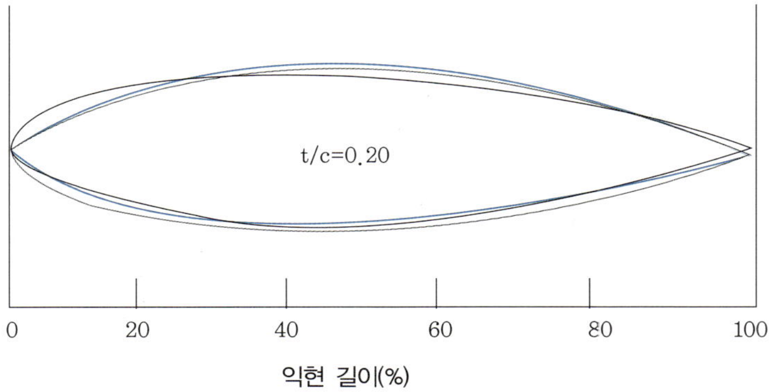

그림 5.15 압축기 블레이드 두께 분포

압축기는 이렇게 결정된 단일의 블레이드를 원주 방향으로 배열시켜야 되는데 이것을 결정하는 것이 솔리디티(σ)이다. 이것은 블레이드의 코드 길이(C)를 블레이드간의 거리(S)로 나눈 값이다. 솔리디티가 크면 블레이드가 원주 방향으로 촘촘히 배열되어 있어서 공기의 흐름을 정해진 입구각과 출구각으로 원활하게 바꾸어 줄 수 있는 반면에 블레이드의 표면적 증가로 인하여 마찰 손실이 늘어날 뿐만 아니라 블레이드의 개수가 많아짐으로 인해 제작 비용이 늘어나게 된다.

압축기의 형상 결정에서 중요한 하나는 반경 방향으로 블레이드의 휜 상태이다. 축류 압축기에서 블레이드의 회전 속도는 일정하기 때문에 각 반경에서의 원주 방향 속도는 반경에 비례하여 커진다. 따라서 블레이드의 각 반경에서 속도 삼각형은 다르게 되고 이에 따라 각 반경에서의 입구각과 출구각도 다르게 정해진다. 따라서 각 반경에서 정해진 입구각과 출구각에 맞게 설계된 2차원 단면 블레이드를 쌓아 올려서 만들어진 것이 블레이드의 3차원 형상이 된다. [그림 5.16]에서는 이와 같이 쌓아 올린 블레이드의 형상을 보여주며, 블레이드를 쌓아 올리는 방법으로는 앞전을 고정하는 방법과 하중 중심을 고정하여 쌓아 올리는 방법 등의 몇 가지 방법이 사용된다.

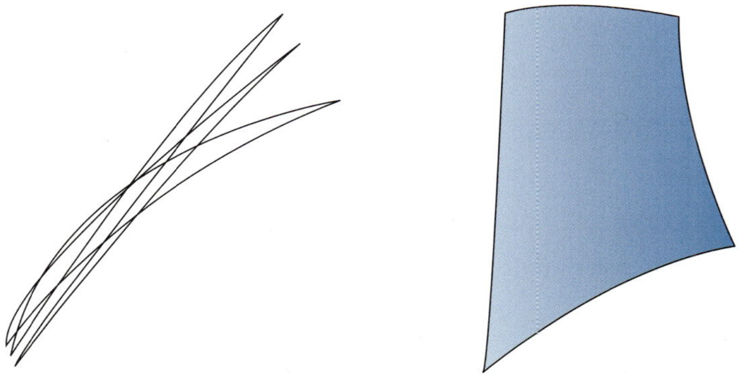

그림 5.16 블레이드의 적층 및 3차원 형상

4) 축류형 터빈

축류 압축기와 연결되어 가장 많이 사용되는 터빈의 형태가 축류 터빈이며, 형상이나 특성에서도 축류 압축기와 유사한 면을 많이 가지고 있다. 형상을 정의하는 여러 가지 변수들도 유사하게 사용하며 블레이드를 원주 방향으로 배열하는 것이나 반경 방향으로 쌓아 올리는 것도 유사한 방법을 사용한다.

터빈에서 사용하는 동익과 정익의 블레이드 형상도 많은 실험을 통하여 구축되어 있는 기존의 NACA 계열 형상을 채택하여 정한다. [그림 5.17]에서는 대표적인 NACA 계열 터빈 블레이드의 형상을 보여주는데, 압축기와는 달리 블레이드 앞전의 두께가 두껍고 뭉툭한 형상을 가지고 있다. 압축기 내에서는 공기의 흐름 방향으로 압력이 점점 증가하는 역압력구배가 형성되기 때문에 흐름의 박리 현상이 쉽게 일어나지만, 터빈 내에서는 공기의 흐름 방향으로 압력이 점점 감소하는 순압력구배가 형성되므로 흐름의 박리가 쉽게 생기지 않는다. 따라서 블레이드로 유입되는 공기의 입사각이 블레이드의 입구각과 어느 정도 차이가 생겨도 흐름의 박리가 생기지 않고 운용될 수 있도록 비교적 뭉툭한 모양의 앞전을 가지고 있다. 또한 블레이드 내에서 흐름의 방향을 많이 꺾어주어도 흐름의 박리가 생기지 않기 때문에 하나의 블레이드가 감당할 수 있는 터빈의 일이 커지게 된다. 일반적으로 축류 압축기를 구동하는 축류 터빈의 단수가 축류 압축기에 비해 적은 것이 바로 이 같은 이유 때문이다.

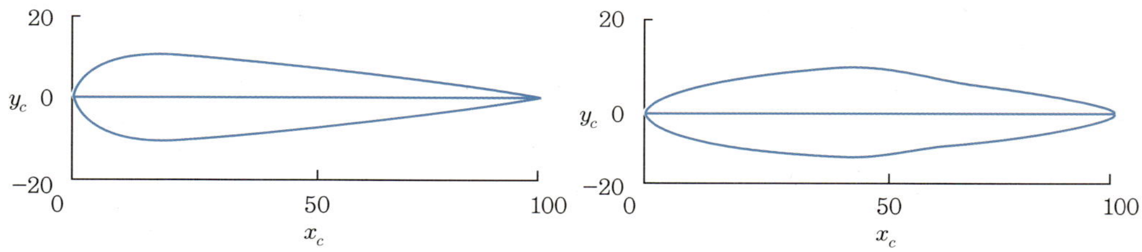

그림 5.17 터빈 블레이드의 두께 분포

5.3 성능 특성

1) 전압력 손실

압축기와 터빈에서는 여러 가지 요인에 의해 전압력 손실이 발생하고 이것이 압축기와 터빈의 효율을 저하시키는 요인이 된다. 일반적으로 전압력 손실은 [그림 5.18]에서 보는 것처럼 익렬 형상손실, 벽면 손실, 이차 유동 손실, 끝간격 손실 그리고 충격 손실 등 크게 5가지로 분류한다.

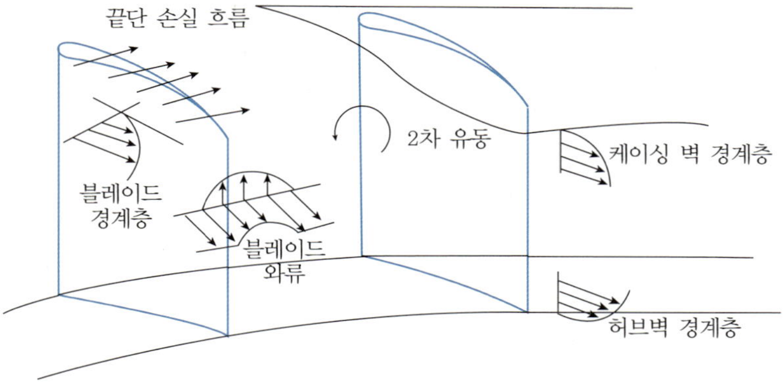

그림 5.18 전압력 손실의 물리적 현상

익렬 형상 손실은 압축기나 터빈의 블레이드에 의해서 생기는 손실을 말하며, 이것은 블레이드 표면을 흐르는 공기와의 마찰에 의한 손실, 블레이드 뒷전에서 생기는 후류의 손실과 블레이드 표면 흐름의 경계층 박리에 의해 생기는 손실 등을 모두 포함한다. 이러한 익렬 형상 손실은 게스케이드 실험 자료를 비롯해 여러 실험식을 이용하여 예측할 수 있다. 벽면 손실은 압축기와 터빈의 블레이드를 둘러싸고 있는 내벽과 외벽에서 생기는 마찰 손실이 대부분을 차지하고 있으나 모서리 등의 3차원 효과 때문에 해석적으로 예측하기는 어렵다. 전체 손실 중에서 가장 적은 양을 차지하고 있으며 운전 상태에 따라 큰 변화가 없이 일정한 양을 보인다.

이차 유동 손실은 바로 옆에 있는 블레이드 간에는 압력면과 흡입면이 서로 마주보고 있는 상태가 되기 때문에 압력차가 생기게 되고 이 압력차 때문에 벽 근처의 경계층을 통하여 압력면에서 흡입면쪽으로 흐름이 생긴다. 이러한 2차적 흐름은 블레이드에 와류를 형성하게 되고 이것에 의해 손실이 발생한다. 이차 유동 손실은 전체 손실에서 상당한 양을 차지하고 있으며 압축기나 터빈의 운전 상태에 따라 큰 변화를 보인다. 끝간격은 압축기와 터빈의 동익 끝단과 외부벽 사이의 간격으로서, 일반적으로 열 및 하중에 따른 블레이드의 변형과 제작상의 공차 등을 고려하여 적당한 간격을 유지하게끔 제작한다. 이때 블레이드 압력면과 흡입면의 압력차에 따라 이 끝 간격을 통하여 2차적 흐름이 발생함으로써 끝 간격 손실이 생긴다. 또한 압축기에서는 동익으로부터 일을 받지 못하고 끝 간격을 통하여 공기가 새어나가 버리고, 터빈에서는 고온 고압의 공기가 터빈에 일을 해주지 못하고 끝 간격으로 새어나가 버림으로써 끝 간격 손실이 커지게 된다.

마지막으로 충격파 손실은 고속 압축기나 터빈의 경우에 동익으로 유입되는 공기의 상대 속도가 음속 이상이 되기 때문에 블레이드의 앞전에서 충격파가 발생하는데 이 충격파는 상당한 전압력 손실을 초래한다. 충격파 손실은 항공기의 날개와 같은 단일 블레이드에서는 비교적 그 값을 예측하기가 쉬우나 압축기나 터빈과 같이 여러 블레이드 사이에 상호 간섭을 일으키며 3차원적으로 발생하는 경우에는 이론적으로 예측하기 어렵다.

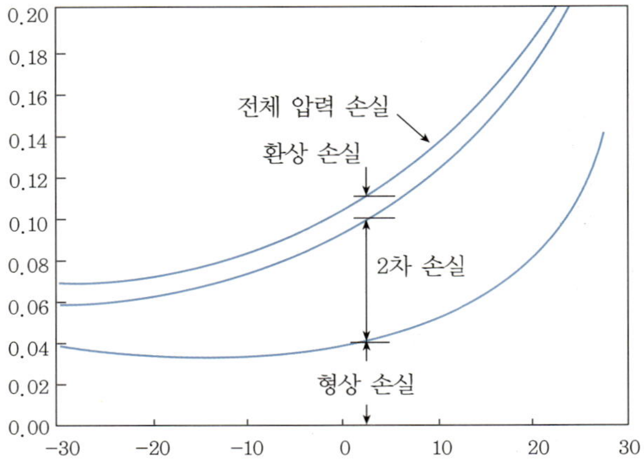

그림 5.19 터빈 블레이드의 전압력 손실 경향

지금까지 설명한 여러 가지 전압력 손실들은 그 자체적으로 많은 실험과 연구를 통하여 규명하여야 하며 그 값을 예측하기가 매우 어렵고 복잡하다. 따라서 되도록 간략한 방법으로 예측하기 위한 다양한 실험식들이 제시되어 있기 때문에 가장 적합한 실험식을 찾아 사용하는 것이 중요하다. 다만 이러한 전압력 손실들이 각각 어느 정도의 값을 차지하고 있으며 또한 운전 조건에 따라 어떻게 변하는지에 대한 개략적인 경향을 파악하고 있는 것이 필요하다. [그림 5.19]는 터빈 블레이드에서 각각의 전압력 손실이 차지하는 양을 입사각에 따라 표시하고 있는 예시이며 대부분의 터빈 블레이드에서 일반적으로 비슷한 경향을 보인다.

2) 실속 및 서지 현상

압축기와 터빈에서는 블레이드로 유입되는 공기의 흐름각과 블레이드의 입구각 사이에 차이가 생기며 이를 입사각이라 부른다. 이 입사각이 커지게 되면 블레이드의 앞전에서 흐름의 박리가 생기는데 이것을 블레이드의 실속이라고 한다. 이러한 현상은 항공기의 날개에서 생기는 현상과 동일하며 날개에서는 받음각이 어떤 각도 이상으로 커지게 되면 실속이 발생한다. 날개에서와는 달리 압축기나 터빈에서는 하나의 블레이드에 실속이 생기게 되면 실속이 발생한 블레이드의 유로 면적이 감소하게 되고 이것이 옆의 블레이드로 유입하는 공기 흐름각에 영향을 입힌다. 이로 인해 옆 블레이드의 입사각이 오히려 증가되어 옆 블레이드에 실속이 발생하고 그 전에 실속이 발생한 블레이드에는 오히려 실속이 사라지게 된다.

즉, 실속 현상이 옆 블레이드로 전파되어 가는데 이것을 선회실속이라고 하며 압축기나 터빈과 같은 회전기계에서는 이러한 실속 현상이 항상 선회실속으로 나타난다. 선회실속은 압축기가 회전하는 방향과 같은 방향으로 약 30%~50% 정도의 속도로 회전을 하는데 이것이 원주방향으로 몇 개가 동시에 발생하여 같이 회전을 한다. 압축기와 터빈 블레이드 모두에서 이 같은 선회 실속은 발생할 수 있지만 터빈의 경우에는 공기의 흐름이 지나감에 따라 압력이 감소하는 순압력구배에서 작동하고 반면에 압축기는 압력이 증가하는 역압력구배에서 작동하기 때문에 압축기에서 훨씬 심각한 현상으로 인지되고 있다.

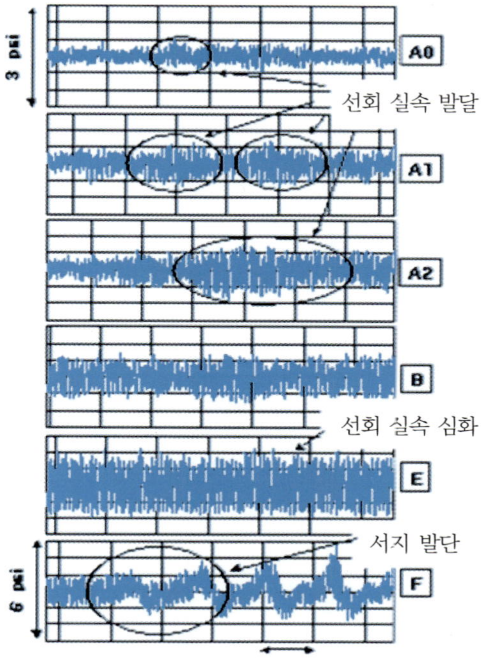

그림 5.20 압축기의 스톨 및 서지 신호

압축기에서 발생하는 현상 중에서 성능에 중요한 영향을 미치는 것으로 서지 현상이 있다. 선회실속은 앞서 설명한 것처럼 압축기의 일부 단에서 발생하는 국부적인 현상인 반면에 서지는 압축기 전체 단에서 발생하는 압축기의 성능 특성이다. 압축기의 작동 영역을 표시하는 성능 중에서 가장 중요한 것이 서지선이며 이 서지선을 벗어난 영역에서는 압축기가 작동하지 않는다. 압축기의 성능을 살펴보면 일정한 회전수로 작동하고 있을 경우 배압을 증가시키면 유량은 점점 줄어들게 된다. 즉, 압축기의 유량이 점점 줄어들면서 압축비가 점점 증가하게 되는데 어느 점에 도달해서는 압축비가 더 이상 증가하지 않고 오히려 감소하게 된다.

이것이 서지의 시작점이며 이때부터 배압이 압축기의 압축비보다 커지면서 유동의 역류 현상이 발생하는데 이것이 심화되면 큰 소리 및 진동과 함께 압축기가 멈춰버리게 된다. 또 심한 경우에는 압축기가 파손되어 버리기도 한다. 이러한 현상은 엔진의 급가속시에 자주 발생한다. 가스터빈 엔진의 작동시에 급격한 연료의 증가로 터빈으로 유입되는 가스의 온도가 급격하게 상승하면 보정유량이 고정된 상태에서 터빈 입구로 유입되는 실제 유량이 줄어들고 전압력은 증가한다. 그러나 이 순간에 터빈의 회전속도는 일정하게 유지되는데 이것은 관성을 가지고 회전하는 기계적인 반응보다는 유체역학적인 변화가 빠르게 일어나기 때문이다. 이때 터빈과 기계적으로 묶여서 같은 속도로 회전하고 있는 압축기는 순간적으로 회전속도가 고정된 상태에서 배압이 증가하고 유량이 줄어드는 상태가 된다. 즉, 서지선 쪽으로 압축기의 작동점이 이동하게 되며 급가속이 심할 경우 서지선까지 도달하여 압축기의 서지가 생기게 된다.

압축기의 선회실속과 서지는 서로 연관 관계를 가지고 있으며 일반적으로 서지가 생기기 전에 선회실속의 징후가 나타난다. 선회실속과 서지의 징후는 압력, 공기의 유속, 또는 진동 등의 여러 종류의 신호를 통하여 판별할 수 있는데 [그림 5.20]은 선회실속과 서지가 발생하였을 경우의 압축기 후방에서의 압력신호를 나타낸다. 그림에서 살펴볼 수 있듯이 선회실속이 나타나면 압축기의 회전 주파수보다는 적은 주파수대에서 압력의 변동이 측정된다. 이 상태에서 점점 선회실속이 심화되면 굉장히 낮은 주파수대의 압력 변동이 생기는데 이것이 서지의 시작점이다. 일반적으로 서지 전에는 선회실속이 먼저 생기게 되며 이것이 심화되면서 서지가 발생하는 것으로 알려져 있다.

3) 다단 영향

축류 압축기 및 터빈의 경우에는 하나의 단에서 압력 상승 혹은 팽창이 적기 때문에 여러 단으로 구성한다. 원심 압축기의 경우에도 [그림 5.21]에서 볼 수 있듯이 2단으로 구성하는 경우가 있지만, 축류 압축기의 경우에는 단당 압축비를 1.3 정도로 하여 [그림 5.22]와 같이 보통 10단 이상으로 구성하며 필요할 경우 제일 마지막 단에 원심 압축기를 추가하여 [그림 5.23]과 같이 구성한다. 축류 터빈의 경우에는 단당 팽창비를 보통 2 내지 3 정도로 하여 [그림 5.24]와 같이 보통 2 내지 6단으로 구성한다.

압축기나 터빈을 다단으로 구성하면 첫째 단을 지난 출구의 공기가 그 다음 단의 입구 공기의 상태가 된다. 따라서 두 번째 단의 입구 공기의 분포는 첫째 단의 입구 공기와는 달리 균일한 분포를 가지지 못하며 이 불균일도는 단을 거듭할수록 더욱 심화된다. 일반적으로 이 같은 불균일성은 보통 6개 정도의 단을 지나기까지 점점 심화되다가 그 이후로는 심화되는 정도가

그림 5.21 2단형 원심 압축기

그림 5.22 축류 다단 압축기

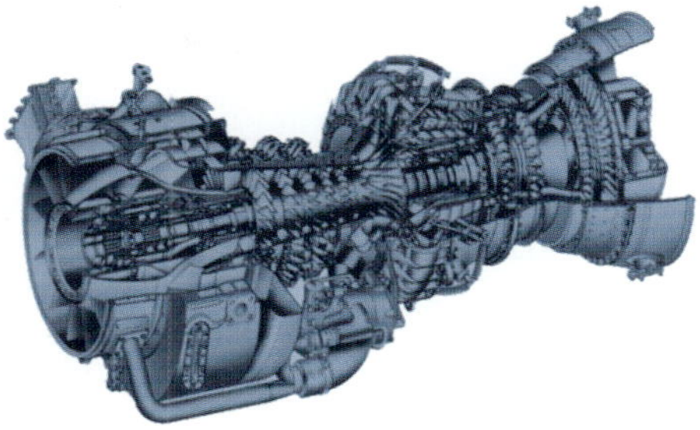

그림 5.23 축류 및 원심 혼합 압축기

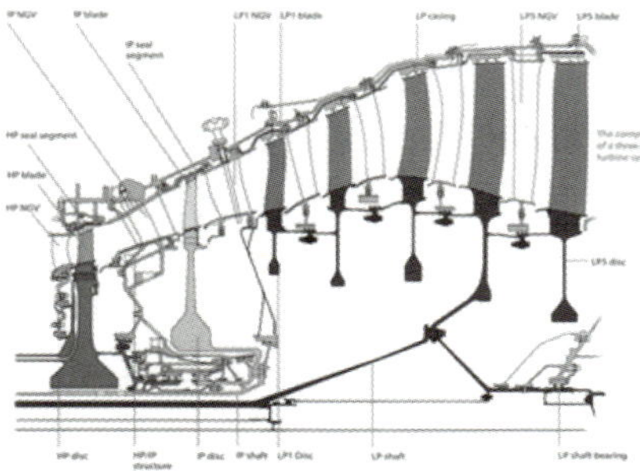

그림 5.24 축류 다단 터빈

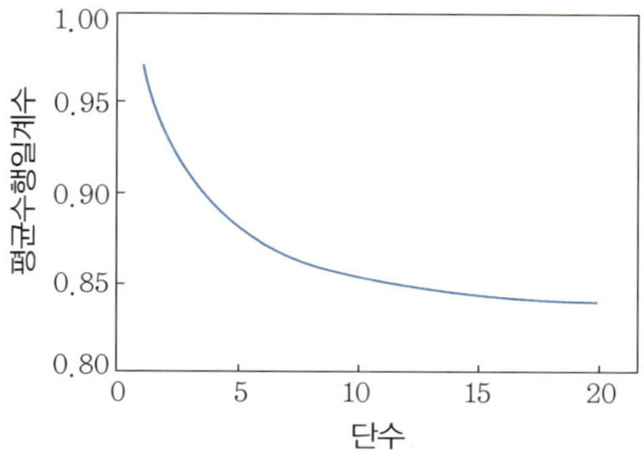

그림 5.25 다단에 의한 효율 저하

점차 약화되어 비슷한 불균일성을 유지하게 된다. 이러한 불균일한 입구 분포는 각 단의 효율을 저하시키기 때문에 단일 단에서 측정한 효율보다는 낮은 효율값을 가지게 된다. 그래서 다단의 압축기나 터빈을 개발할 경우에는 다단의 영향에 의한 효율 저하를 고려하여 설계를 하여야 하며 단수가 증가되면서 생기는 효율 저하는 일반적으로 [그림 5.25]와 같이 표현된다.

4) 성능 곡선도

항공용 가스터빈 엔진에서 압축기는 보통 10개 이상의 단으로 구성되어 있고 터빈의 경우도 3개 이상으로 구성되어 있기 때문에 각 단의 성능도 중요하지만 단과 단 사이에 미치는 상호작용들이 포함된 전체 압축기 및 터빈의 성능을 파악하는 것이 매우 중요하다. 이러한 압축기와 터빈의 성능은 설계가 완료되면 실제 압축기와 터빈을 제작한 후 시험을 통해 확인할 수 있다. 압축기와 터빈의 성능을 그래프로 가능한 한 쉽게 나타내어 그 성능을 파악할 수 있도록 한 것이 성능 곡선도이며 가스터빈 엔진의 개발시에도 많이 사용되어 진다.

압축기의 성능은 입구 온도나 압력에 따라 변하기 때문에 많은 수의 성능 곡선도가 필요하나 이를 하나의 성능 곡선도로 간단하게 표시하기 위해서는 입구 온도나 압력으로 무차원하는 것이 필요하다. 압축기의 성능에 관계하는 변수들을 나타내면 식 (5.7)과 같이 압축기의 크기, 회전수, 공기 유량, 입구 압력, 입구 온도, 출구 압력, 출구 온도가 있다.

$$f(D,\ N,\ \dot{m},\ P_1,\ P_2,\ T_1,\ T_2) = 0 \tag{5.7}$$

이것에 'Buckingham의 π 이론'을 적용하면 4개의 무차원 변수에 의해 압축기의 성능이 식 (5.8)과 같이 표현된다.

$$f(\frac{\dot{m}\sqrt{T_1}}{P_1},\ \frac{N}{\sqrt{T_1}},\ \frac{P_2}{P_1},\ \frac{T_2}{T_1}) = 0 \tag{5.8}$$

이러한 4개의 무차원 변수로 압축기의 성능을 표시하면 압축기의 입구 조건과 상관없이 쉽게 하나의 그래프로 압축기의 성능을 표현할 수 있다. 여기에서 온도비 T_2 / T_1와 압축비 P_2 / P_1는 효율의 함수로 정의되므로 온도비 대신에 효율을 무차원 변수로 사용하면 좀더 편리하고 보편적인 성능 곡선도가 된다. 따라서 압축기 성능 곡선도는 일반적으로 식 (5.9)에 의해서 정의된 식으로 표시하며 그것을 그래프로 표현하면 [그림 5.26]과 같다.

$$f(\dot{m}\frac{\sqrt{\theta}}{\delta},\ \frac{N}{\sqrt{\theta}},\ \frac{P_2}{P_1},\ \eta) = 0 \tag{5.9}$$

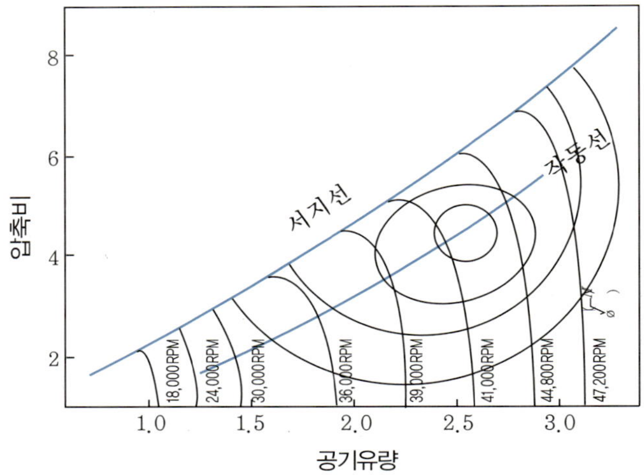

그림 5.26 압축기 성능 곡선도

항공용 가스터빈 엔진에서 압축기의 작동선은 [그림 5.26]에 표시된 바와 같이 서지선과 일정한 간격을 유지하고 보정 회전수가 증가하면 보정 유량과 압축비가 증가하는 방향으로 움직인다. 압축기의 설계점은 가장 효율이 좋은 점으로 설정하는 것이 유리하나 그 운용 특성에 따라 다른 점에 설정되기도 한다. 항공용과 달리 발전용 가스터빈 엔진의 경우 압축기의 작동선이 일정한 회전수를 따라 움직이는 경우도 있다. 이 경우에는 압축비가 증가하면서 보정 유량은 감소하는 경향을 가지며 압축기의 부하가 증가하면서 점점 서지선으로 접근하는 경향을 보인다. 가스터빈 엔진의 개발 초기 단계에서는 다른 유사한 압축기의 성능 곡선도를 이용하여 사용 영역에 따라 축소 또는 확대한 성능 곡선도를 사용하기도 한다.

터빈의 성능도 압축기와 마찬가지로 4개의 무차원 변수를 사용하여 하나의 그래프로 표현할 수 있으나 경우에 따라서는 분리하여 2개의 그래프로 표현하는 방법을 사용하기도 한다. 하나의 그래프로 표현할 경우에는 압축기와 마찬가지로 팽창비 P_1 / P_2, 보정 회전수 N, 보정 유량 $\dot{m}$ 그리고 효율 η로 이루어진 4개의 무차원 변수로 표시하며 [그림 5.27]과 같이 나타낸다. 압축기와는 달리 터빈의 성능은 2개의 그래프를 사용하여 자주 나타내기도 한다. 터빈의 성능을 2개의 그래프로 표현하는 경우에는 효율 곡선과 보정 유량 곡선을 나누어 사용한다. [그림 5.28]은 터빈의 효율 곡선을 표시하며 여기에서 사용되는 무차원 변수는 효율 η, 팽창비 P_1 / P_2및 속도비 U / V_x로 이루어진 3개의 무차원 변수이다. 압축기와 마찬가지로 터빈의 효율도 특정 회전수에서 가장 좋은 효율을 나타내고 이 회전수보다 낮거나 높은 영역에서는 효율이 저하된다. 따라서 터빈을 설계할 때는 이 같은 특성을 고려하여 전체 작동 영역에서 가장 효율적으로 운용될 수 있도록 터빈의 설계점을 결정하여야 한다.

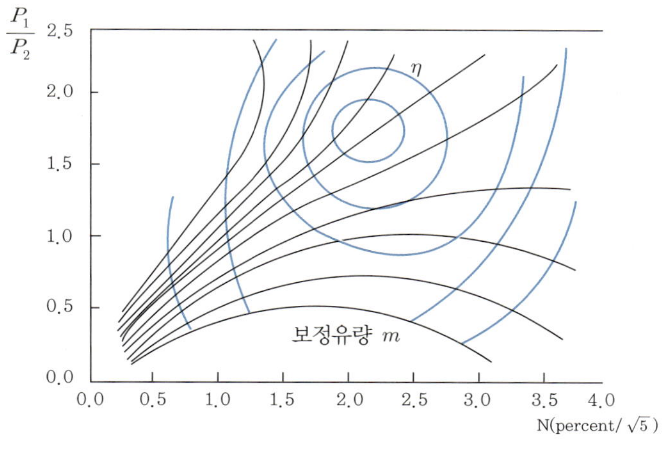

그림 5.27 터빈 성능 곡선도

[그림 5.29]는 보정 유량 곡선을 나타내며 터빈의 팽창비 P_1 / P_2에 따라 보정 유량은 결정된다. 터빈의 보정 유량은 터빈의 팽창비가 커짐에 따라 증가하지만 어떤 팽창비에 이르게 되면 터빈의 흐름에는 초킹이 발생하고 더 이상 유량은 증가하지 않는다. 또한 보정 유량과 팽창비는 하나의 곡선으로 정의되지만 충동형 터빈의 경우에는 터빈의 회전속도가 증가함에 따라 보정 유량이 감소하는 경향을 가진다. 충동형 터빈의 경우에는 회전하는 동익에서는 팽창이 일어나지 않기 때문에 팽창비에 따른 유량 변화는 정익에서만 일어나고, 동익에서의 유량 변화는 회전속도에 따라 달라지는 경향을 보이는 것이다.

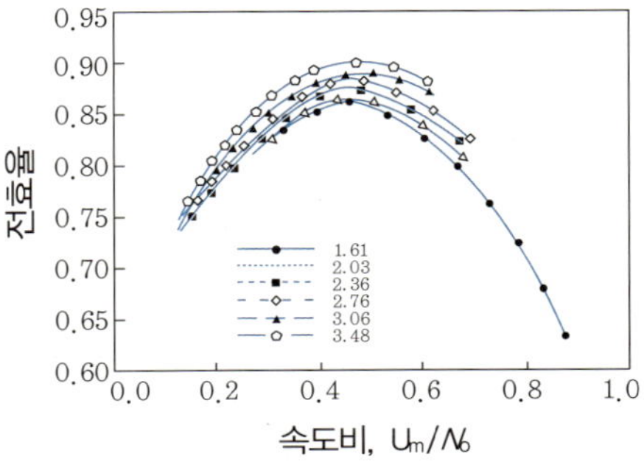

그림 5.28 터빈의 효율 곡선

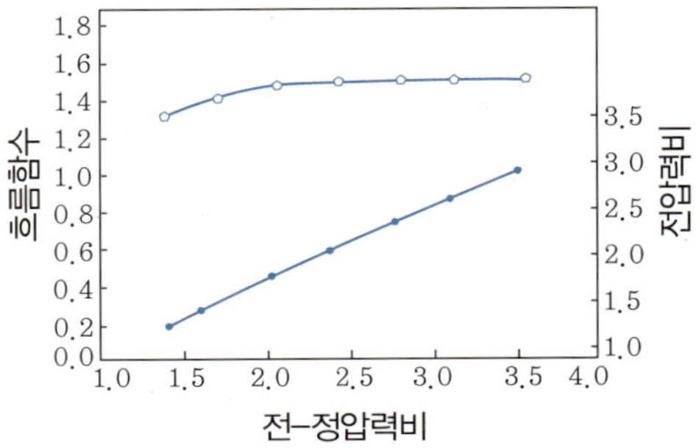

그림 5.29 터빈의 보정유량 곡선

5.4 설계 및 해석

앞서 설명한 압축기나 터빈의 속도 삼각형 및 열역학적 H-S 선도는 동일한 반경에서의 2차원 흐름을 가정하여 설명한 것이다. 그러나 실제 압축기나 터빈의 경우에는 블레이드의 허브와 팁의 반경이 다르고 이에 따라 속도 삼각형도 크게 달라지기 때문에 3차원 형상으로 설계된다. 블레이드의 3차원 흐름을 고려하여 형상을 설계하는 방법에는 여러 가지가 있으나 여기에서는 가장 대표적인 반경 평형 이론 및 엑추에이터 디스크(Actuator Disc) 이론에 대해서 설명한다.

1) 반경 평형 이론

반경 평형 이론은 블레이드가 반경에 따라 다른 속도 삼각형을 가지므로 비틀림이 반경에 따라 달라지는 3차원 형상을 가지게 되지만 반경 방향으로의 흐름은 없다고 가정하는 이론이다. 즉, 반경 방향으로 힘이 평형을 이루어 반경 방향으로 흐름이 없게 되는 것이다. 어떤 반경을 지나는 유체는 회전을 하기 때문에 반경 방향으로 원심력을 받게 되는데 이 원심력에 상응하는 압력 힘이 원심력과 반대 방향으로 작용하면 유체에 작용하는 힘은 반경 방향으로 평형을 이루게 된다. 따라서 반경 방향으로 공기의 흐름은 없게 된다. 이와 같은 흐름이 블레이드 입구와 출구에서 유지되도록 블레이드를 설계하는 것이 반경 평형 이론에 따른 설계법이다. 원심력과 압력 힘이 평형을 이루는 것을 수식으로 표현하면 식 (5.10)과 같이 된다.

$$mrw^2 = \frac{m V_w^{\ 2}}{r} = AdP \tag{5.10}$$

이 식을 블레이드의 입구와 출구에서 단위 유체에 대하여 적용하면 식 (5.11)과 같은 간략화된 형태의 반경 평형식이 된다.

$$\frac{dp}{\rho} = V_w^{\ 2}\frac{dr}{r} \tag{5.11}$$

이 반경 평형식을 Euler 방정식에 적용하면 식 (5.12)와 같이 간략하게 된다.

$$\frac{dr}{r} + \frac{VdV}{V_w^{\ 2}} = 0 \tag{5.12}$$

여기에서 $V^2 = V_w^{\ 2} + V_x^{\ 2}$ 이고 V_x는 일정하다고 가정하면 $VdV = V_w dV_w$이 되므로 식 (5.13)과 같이 free vortex 조건으로 간략하게 된다.

$$rV_w = const \tag{5.13}$$

반경 평형 조건으로 압축기를 설계할 경우에는 식 (5.13)을 적용하여 원주 방향 속도가 반경에 반비례하도록 블레이드를 설계하여야 한다.

2) 엑추에이터 디스크 이론

반경 평형 이론에서는 [그림 5.30a]에서 보는 바와 같이 블레이드 내부에서의 흐름의 변화는 무시하고 블레이드 입구와 출구에서의 공기 흐름에 대해서만 반경 방향으로 힘이 평형을 이룬다는 조건을 적용한 것이다. 그러나 실제로는 블레이드 내부에서 뿐만 아니라 블레이드의 입구와 출구에서도 반경 방향으로의 공기 흐름이 존재하기 때문에 이것을 설계에 감안하는 방법이 엑추에이터 디스크 설계법이다.

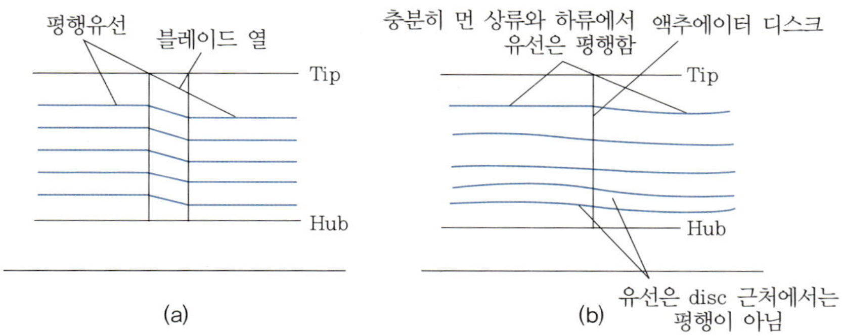

그림 5.30 반경 평형 이론 및 엑추에이터 디스크 이론의 유선 형태

어떤 유한 길이를 갖는 블레이드의 내부에서 생기는 흐름의 변화가 가상의 평판을 통과하면서 불연속적으로 일어난다고 가정하는 것이 엑추에이터 디스크 이론이다. 따라서 [그림 5.30b]에서 보는 바와 같이 평판을 통과하면서 흐름의 변화가 불연속적으로 급격하게 일어난

다. 또한 평판을 전후하여 반경 방향으로의 흐름이 존재하게 된다. 즉, 반경 평형 이론에서는 존재하지 않는 반경 방향 속도를 고려한 설계법이 되는 것이다. 엑추에이터 디스크 이론을 적용한 3차원 식은 식 (5.14)와 같으며 여기에서는 유도 과정은 생략한다.

$$\frac{dh}{d\Psi} = \frac{1}{r^2}\left[r\left(\frac{\partial V_r}{\partial x} - \frac{\partial V_x}{\partial r}\right) + rV_w\frac{d}{d\Psi}(rV_w)\right] \tag{5.14}$$

연습문제

1. 아래의 조건을 가지고 축류 압축기의 평균 반경에서의 속도 삼각형을 구하라. 그 다음 반경 평형 이론을 적용하여 블레이드의 허브 및 팁 반경에서의 속도 삼각형을 구하라(유량 10kg/sec, 회전속도 15,000 rpm, 압축기 일 15 kJ/kg, 반동도 0.5, 평균반경 원주속도 200m/sec, 축방향 속도 150m/sec, 입구 온도 및 압력은 표준 대기압).

2. 아래의 조건을 가지고 축류 터빈의 평균 반경에서의 속도 삼각형을 구하라. 그 다음 반경 평형 이론을 적용하여 블레이드의 허브 및 팁 반경에서의 속도 삼각형을 구하라(유량 10 kg/sec, 회전속도 15,000rpm, 터빈 입구 전온도 1200K, 터빈입구 전압력 $5 \cdot 10^5 N/m^2$, 터빈 출력 100 kJ/kg). 이때 반동도는 0.5, 흐름계수(Cx/U)는 0.5, 블레이드의 하중계수 $\left(\dfrac{\Delta h_t}{U^2 \ / \ (2g_c J)}\right)$는 3.0으로 가정한다.

기호 설명

P	전압력, N/m^2
P	정압력, N/m^2
T	전온도, $^\circ K$
$\dot{m}$	질량유량, kg/s
N	회전속도, rpm
θ	무차원 온도
δ	무차원 압력
η	효율
U	원주속도, m/sec
V	공기의 절대속도, m/sec
W	공기의 상대속도, m/sec
V_x	축방향 속도, m/sec
V_w	원주방향 속도, m/sec
ρ	공기의 밀도, kg/m^3
α	유입공기의 절대각도
β	유입공기의 상대각도
h	공기의 엔탈피
ψ	유동 함수

참고문헌

1. 홍영식, 『가스터빈 엔진』,
2. 차봉준, 『IGV 특성연구』, 유체기계공업학회지, 제6권, 제3호, 2002, pp.19-27.
3. 임진식, 『축류 압축기의 설계 최적화』, 박사학위논문, 한국과학기술원, 1988.
4. 최동환, 양수석, 『소형 제트엔진 탈설계점 동적 성능해석』, 한국기계연구소, 1987.
5. J. H. Horlock, *Axial Flow Turbines*, Robert E. Krieger Publishing Co., 1973.
6. Irwin E. Treager, *Aircraft Gas Turbine Engine Technology*, McGraw-Hill Book Co., 1979

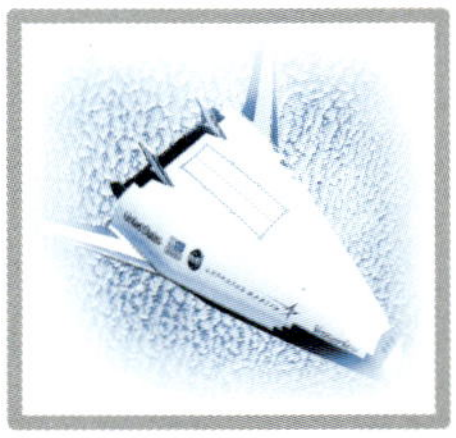

Chapter 06

연소기

6.1 개요

1) 연소기 구조

전형적인 가스터빈 연소기의 단면이 [그림 6.1]에 제시되어 있으며 각각의 명칭 및 역할은 다음과 같다.

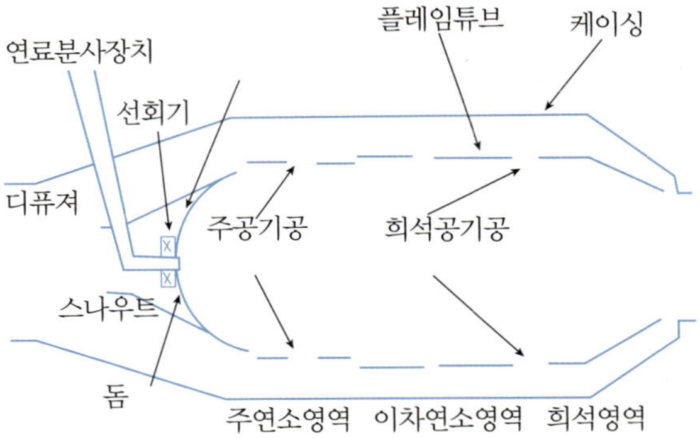

그림 6.1 가스터빈 연소기 단면

연소기의 바깥쪽을 둘러싸고 있는 구조물을 케이싱(casing)이라 부른다. 공기의 흐름 방향을 따라서 연소기 구조를 살펴보자. 압축기에서 배출된 공기는 디퓨저로 들어가며, 공기는 스나우트(Snout)에 의해 돔(Dome)으로 흘러가는 공기와 플레임 튜브(flame tube)와 케이싱 사이의 유로로 흘러가는 공기로 유도된다. 반구 형태의 돔의 중앙에는 연료 분사장치(fuel atomizer)가 장착되며, 이 주위로 선회기(swirler)가 배치된다. 돔으로 흘러 들어온 공기는 선회기를 통해 연소실 내부로 회전하며 흘러 들어가서 분사된 연료와 혼합하게 된다. 연소기의 몸체를 플레임 튜브라 칭하며, 연소실 내에 공기를 공급하기 위한 여러 개의 구멍과 슬롯(slot)을 플레임 튜브 표면에 구성한다. 돔의 내부 면을 냉각하기 위해서 몇 개의 구멍을 구성하며 Flare Hole이라 칭한다. 플레임 튜브와 케이싱 사이를 흐르는 공기는 주공기공을 거쳐 주 연소 영역으로 공급되며, 순차적으로 이차연소영역과 희석영역으로 공급된다. 플레임 튜브의 최종 하류에는 다수의 냉각 공기 공이 있어 1단 터빈 블레이드의 냉각을 돕게 된다. 플레임 튜브의 안쪽 면에는 연소기 필름 냉각을 위해서 슬롯 또는 루버(Louver)들이 다수 구성되어 있다.

연소기는 주 연소영역(primary zone), 이차연소영역(secondary zone)과 희석영역(dilution zone)으로 구별한다. 만약 모든 공기와 연료가 가스터빈 엔진에서 한꺼번에 혼합되어 통과한다면 공기연료 혼합가스는 연료가 부족한 혼합가스가 되며, 희박연소한계를 초과하게 되어 연소가 어렵게 된다. 따라서 가스터빈 연소기의 주요한 역할은 넓은 작동조건에서 연소를 유지하고 안정시켜 연속적인 연소가 유지되도록 하는 것이며, 이것은 공기와 연료의 혼합을 적절하게 조절함으로써 가능하다. 주 연소영역의 역할은 화염을 촉발시키고 안정화시키는 것이며, 연소와 화염유지에 가장 좋은 이론혼합비 근처의 적당한 양의 공기와 연료가 이 영역으로 공급된다. 이 영역에서 연소된 뜨거운 가스는 재순환유동을 가질 수 있도록 공기역학적으로 설계하여야 하며, 이것은 유입되는 미연 혼합가스에 연속된 점화에너지원을 공급하는 역할을 수행한다. 대부분의 연소기에서는 이차적인 공기를 유도하여 이러한 화염을 안정화시키게 된다. 이러한 이차적인 공기유도방식은 [그림 6.2]에 제시되어 있다.

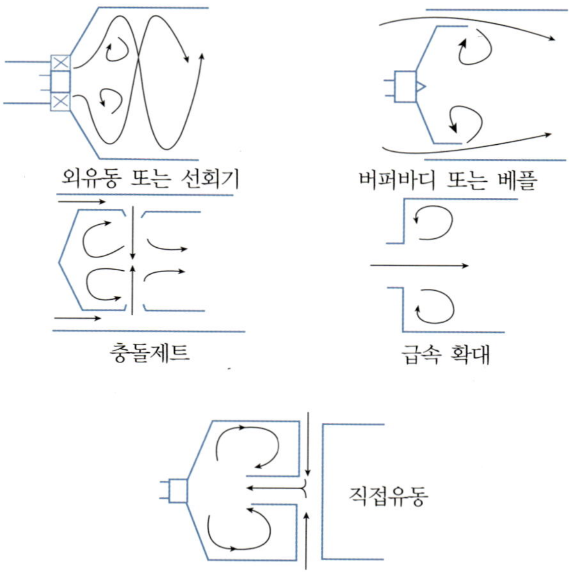

그림 6.2 2차 공기를 이용한 재순환 유동생성

이차연소영역에서는 주연소영역에서 흘러나오는 가스를 완전하게 연소시키기 위해 추가적인 공기가 공급되며, 이것은 연소가스 온도를 낮추는 역할을 한다. 만약 추가적인 공기가 공급되지 않는다면 불완전연소로 인하여 연소효율은 낮은 값을 보일 것이다.

이차연소영역에서 배출되는 가스의 온도는 터빈의 재료가 견디기에는 너무 높으므로 가스 온도를 낮추기 위해 희석영역으로 추가의 공기를 공급하게 된다. 이때 연소효율은 보다 상승하게 되는데 이것은 평형 상태의 가스조성이 양호한 형태로 변화되기 때문이며 실제 연소반응은 미소한 역할을 한다.

2) 연소기 형태

연소기는 일반적으로 기하학적 구조, 공기역학적 구조 및 사용 용도에 따라 세 가지로 분류될 수 있으며, 각각의 분류에 대한 특징은 다음과 같다.

(1) 기하학적 구조

튜블러(Tubular) 연소기는 실린더 형태의 플레임 튜브와 케이스를 가지고 있으며, 각각의 플레임 튜브는 각각의 케이스에 의해 완전하게 둘러싸여 있으며, 전체 조립 시에는 다중의 연소기를 가진 엔진이 되며, 캔형(can type) 연소기라고도 불리운다([그림 6.3(a)] 참조).

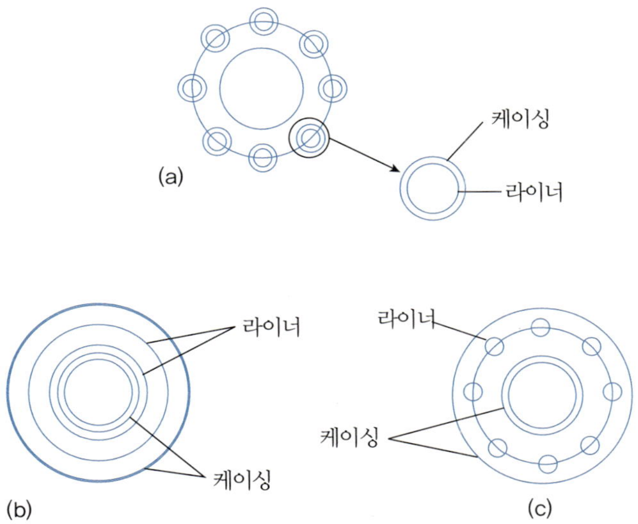

그림 6.3 연소기의 기하학적 형상 (a) 튜블러, (b) 환형, (c) 튜보-환형

산업과 이동용 응용 분야에서 튜블러 연소기를 널리 사용하고 있으며, 축 마력을 이용하는 과거의 항공기용 엔진에서는 이러한 형태의 연소기를 일반적으로 이용하여 왔다. 최신의 항공기 분야에서는 튜블러 연소기를 거의 사용하지 않고 있는데 주어진 환형 공간에서 최대연소영

역을 제공하지 못하기 때문이다. 튜블러 연소기는 다수의 점화장치 및 연결 관들이 필요하여 구조적으로 복잡한 단점이 있다. 그러나 튜블러 연소기의 설계 개념은 산업용 연소기의 형태로 이용되는 경우 공기역학적 문제 및 연소문제를 최소화할 수 있다.

환형연소기(Annular Combustor)는 하나의 환형 플레임 튜브로 구성되며, 같은 중심을 가지는 환형케이스로 구성된다([그림 6.3(b)] 참조). 이러한 배열은 이용 가능한 체적을 최대한 이용할 수 있는 구조이므로 현대의 연소기에서 가장 널리 이용되고 있다. 작은 수의 점화기에서부터 연소기 전체로의 화염전파 문제는 최소화할 수 있으나, 튜블러 설계에 비해 공기역학적 성능 및 구조적인 완전성에서 다소 떨어진다. 연료의 불균일한 분포로 인하여 연소기 출구온도 분포는 일정한 분포를 가지지 못한다. 환형연소기는 형태에 따라 환형직류연소기(Annular Straight Combustor) 및 환형역류연소기(Annular Reverse Combustor)로 구분할 수 있다.

환형직류연소기는 축류 압축기와 함께 주로 이용되며, 국내에서 연구가 수행된 환형직류연소기의 형상의 한 예가 [그림 6.4]에 제시되어 있다. 이 연소기는 전기점화기 또는 토치점화기에 의해 점화가 될 수 있고, 공기 분사식 연료 분사기 타입의 주 노즐과 압력 분무식 연료 분사기 타입의 시동용 노즐로 구성되어 있으며 총 11개의 연료노즐이 연소기에 장착된다. 스월러는 축방향과 반경방향 스월러로 구성되어 있으며 두 스월러는 선회 방향이 반대인 카운터 스월을 형성하게 구성되어 있다.

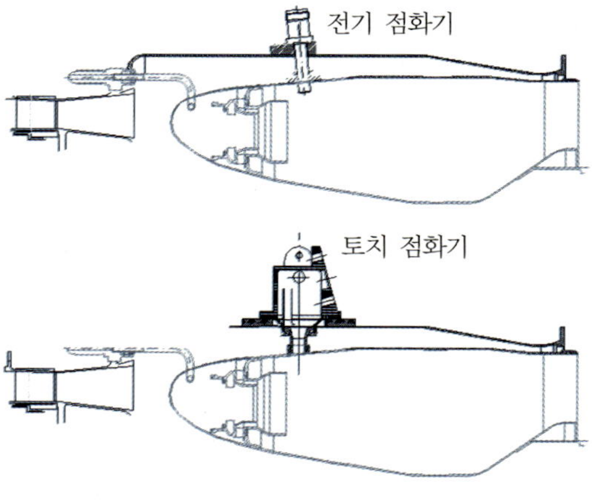

그림 6.4 환형직류연소기, 삼성테크윈㈜ 제공

환형역류연소기는 원심형 압축기와 함께 주로 사용되며, 터빈이 연소기 하부에 위치할 수 있어 엔진의 길이가 짧아질 수 있는 장점이 있으나, 직경이 환형직류연소기에 비해 다소 크게 되는 약점이 있다. 국내에서 연구가 진행된 환형역류연소기의 형상이 [그림 6.5]에 제시되어 있다. 연료분사는 18개의 압력분사식 이중 오리피스 노즐을 이용하며, 벽면냉각은 막 냉각방식(Film Cooling)을 이용하고 있다.

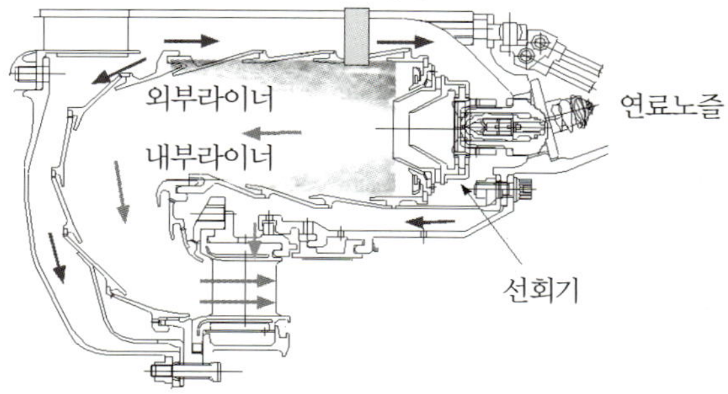

(a) 연소기 단면

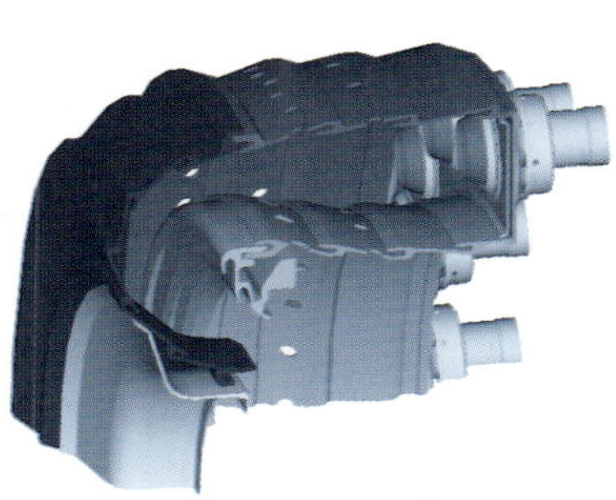

(b) 연소기 3차원 형상

그림 6.5 환형역류연소기, 삼성테크윈㈜ 제공

튜보 환형(Tubo-Annular) 연소기는 튜블러 및 환형(Annular) 형식을 조합한 형태로 여러 개의 실린더 형태의 플레임 튜브를 환형 케이스가 둘러싸고 있는 형태이다([그림 6.2(c)] 참조). 앞서의 두 개의 종류를 조합시킨 것으로 캔 애뉼러(Can- Annular)라고도 명칭하는 경우가 있다. 이러한 플레임 튜브는 환형연소기에 비해 보다 향상된 구조적인 완전성을 가지게 된다. 그러나 이 연소기의 주요한 문제점은 각 연소기들에 균일한 공기를 배분하는 것이며, 또한 튜블러 연소기에서와 같이 점화 문제가 발생하게 된다. 이것은 환형 덮개에 몇 개의 원형 연소관을 가지고 있으며, 연소관의 구조는 환형연소기보다 향상된 구조적 완벽함을 제공한다.

(2) 공기역학적 구조

확산화염연소기([그림 6.1 참조])는 가스 터빈에서 사용하기 위해 오래 전부터 선택되어왔다. 가장 큰 특징은 연료와 공기를 초기에 혼합하지 않는다는 것이다. 전형적으로 순수한 연료가 주 연소영역에 분사가 이루어지며 난류와 분자확산에 의한 혼합 과정이 연소 전에 반드시 선행되어야 하며, 액체연료의 경우 분자간의 혼합 전에 반드시 증발 과정이 있어야 한다. 확산화염연소기는 우수한 연소안정성을 가지고 있어 높은 턴다운 비(최소 연료유량에 대한 최대 연료유량의 비)에서도 작동이 가능하며, 또한 저압에서 우수한 점화 성능을 가지고 있다. 그러나 매연 및 질소산화물 배기가스를 최소화하기 위한 세밀한 주의가 필요하다. 배기가스의 저감 문제는 최근 다른 형태의 연소기 설계연구에 주요한 동기를 제공하고 있다. 예혼합연소기는 유해 배기가스를 감소하기 위한 시도의 하나로서, 이러한 설계의 몇 가지 예가 [그림 6.6]에 제시되어 있다.

연료분사 위치는 플레임 홀더(Flame Holder)보다 상당히 상류에 위치하게 되는데 이것은 연소 전에 연료의 증발과 공기와의 혼합을 하기 위한 충분한 시간이 필요하기 때문이다. 따라서 연소시의 공기연료 혼합비는 충분히 조정이 가능하다. 잘 설계된 장치의 경우 희박연소한계 근처에서의 연료가 희박한 혼합기에서도 작동이 가능하도록 되어 있다. 이것은 연소온도를

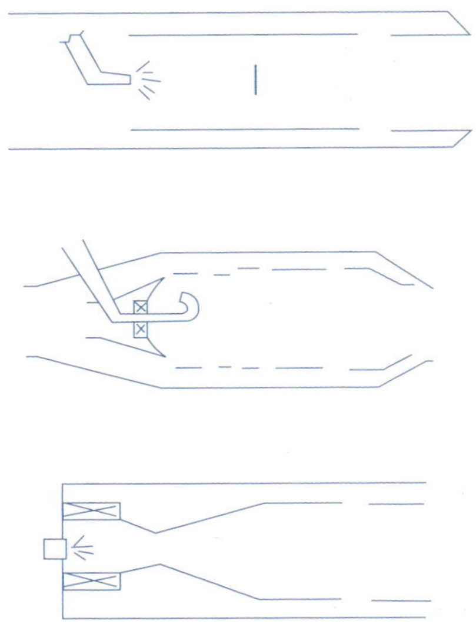

그림 6.6 예혼합연소기

크게 낮추어서 질소산화물을 저감할 수 있게 한다. 매연가스 또한 극적으로 감소된다. 이러한 이유는 주 연소 영역에서 전체적으로 연료가 희박하여 국부적으로 연료가 과농한 지역을 대부분 없앨 수 있기 때문이다. 그러나 배기가스를 조절하는 것은 기계적인 구조 및 작동의 복잡성을 야기하여 비용이 증가하는 결과를 초래한다. 즉 높은 턴다운 비에서 엔진이 작동하도록 하기 위해서는 주 연소영역으로 유입되는 공기량을 조절하여 화염 소실이 되지 않도록 공연비를 조정할 필요가 있으며 이것은 가변면적 형태의 복잡한 장치를 필요로 한다.

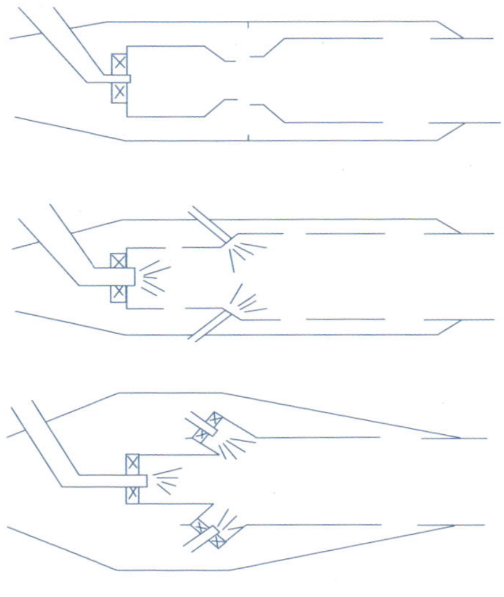

그림 6.7 다단연소기

다단 연소기는 [그림 6.7]에 제시되어 있으며, 일반적으로 연료만 추가적으로 공급하는 단계가 더해진다. 이러한 설계는 매우 높은 턴 다운 비를 얻을 수 있게 된다. 다단 연소기의 첫 번째 단은 파일럿의 역할을 하며 우수한 연소안정성을 가질 수 있게 한다. 매연과 일산화탄소는 각 단에서의 연속적인 작동으로 일반적으로 낮게 나타나는데 이것의 이유는 전 단계에서 형성된 공해물질이 다음 단에서 연소 과정으로 산화되기 때문이다. 또한 각 단에서의 공연비를 적절하게 조절하여 고온에서 발생하는 질소산화물의 생성을 저감할 수 있다. 각 단에서 연료공급 량만을 조절하는 것은 예혼합연소 방식의 가변면적 장치를 사용할 필요가 없기 때문에 상당한 기계적인 단순함을 가져온다.

촉매연소기는 [그림 6.8]에 제시되어 있으며, 매우 희박한 혼합기를 안정적으로 연소시키기 위해 촉매에 의해 화학반응을 증가시키게 된다. 이것은 개념적으로 촉매연소 안정장치가 있는 예혼합연소기이다. 매우 드문 경우지만 이론혼합비보다 연료가 과농한 상태에서 촉매연소기가 작동하도록 하는 경우가 있으며 이것은 연료 내의 질소성분의 산화를 방지하기 위한 것이다. 이때 반드시 연료가 희박한 상태에서 연소하는 다음 단이 연속되어 있게 된다. 어떠한 경우든지 배기가스는 최소화되며 촉매의 작동온도는 촉매의 파손 방지를 위해 매우 세심하게 조정된다. 이때 허용 가능한 공연비는 촉매가 파손되는 온도와 일산화탄소 등의 미연배기가스가 급격하게 증가하는 온도에 의해 제한받게 된다. 공기를 조정하기 위한 가변면적 장치가 항상 필요로 하며, 고 중량과 복잡성으로 인해 일반적으로 항공기에는 사용되지 않고 있다.

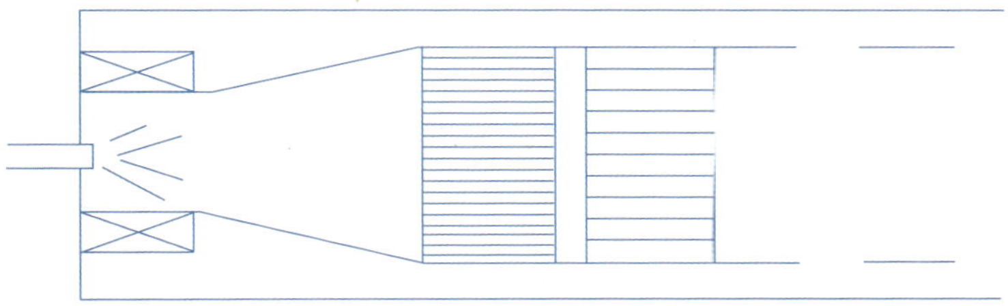

그림 6.8 촉매연소기

(3) 사용 용도

항공기에 적용되는 연소기는 근래에 들어와서 환형 또는 튜보 환형(Tubo-Annular) 설계를 주로 이용한다. 주된 관심사는 적은 단면적과 신뢰성이다. 고고도에서 작동하기 위해서는 저압 환경에서의 점화 능력이 필수적이다. 공기역학적으로 모든 항공기 연소기는 확산화염 연소기이다. 그러나 매연 등의 배기가스 저감을 위한 관심이 증대되고 있어 연료다단(Fuel Staged) 또는 부분적으로 예혼합 설계를 시도하고 있다.

산업용 연소기의 경우 크기는 주된 관심 요소가 아니다. 극도로 높은 연소효율과 낮은 압력손실 및 장기간의 내구 성능을 요구하며 다중연료 사용이 가능하여야 한다. 선박 등의 운송시스템에 이용되는 연소기의 요구 조건은 항공기와 산업용 사이의 중간쯤에 위치한다. 크기와 무게는 중요하지만 주된 관심사는 아니며 역시 여러 연료 사용의 가능성은 바람직하지만 핵심적인 요소는 아니다.

6.2 연료분사기

1) 기본 특성

가스터빈 연소기는 액체연료 또는 가스연료로도 작동된다. 가스연료의 경우 분자 수준에서 연료와 공기가 밀접하게 잘 혼합될 수 있는 상태인데 반해, 액체연료는 먼저 혼합물 생성을 위해 증발이 되어야만 한다. 따라서 액체연료는 연소 영역으로 분사될 때 많은 수의 작은 액적으로 미립화되어야 하며, 연료입자의 증발과 주위 공기의 가열에 의해 작은 액적에서 발생하는 연료증기들은 공기와 혼합하여 가연성의 혼합물을 생성하게 된다.

배출 오염, 스모그 생성, 화염 복사 등을 줄이기 위해 연소기 내부로 연료와 공기를 공급하기 전에 미리 혼합하는 것에 대한 관심이 높아지고 있지만, 전통적인 가스터빈 연소기에서의 연소는 일반적으로 확산화염(Diffusion Flame)에 의해 영향을 받는다. 연료의 열 방출률은 연료증기와 공기의 혼합률에 의해 좌우된다. 또한 액체 연료에 있어서 또 다른 제어 요소로는 액적과 공기 사이의 접촉 면적의 크기에 의해 정해지는 증발률, 질량전달계수 및 증기의 농도 구배가 있을 수 있다. 이때 질량전달계수 및 증기의 농도 구배는 액체연료의 조성과 주위 공기 상태에 의해 결정된다. 그러므로 연료와 연소기 상태가 결정된 상태에서는 액적의 전체 표면적의 크기에 따라 증발률이 결정된다. 따라서 연료가 분사될 때 액적의 크기 및 액적의 분포는 연료분사기의 중요한 성능 특성이 되는 것이며, 이것은 연료분사장치의 동작원리와 작동조건에 의존하게 된다.

연료분사기의 두 번째 중요 기능은 연소 영역에서 요구하는 대로 분무입자를 분포시키는 것이다. 적절한 연료입자의 분포는 공기와의 혼합을 촉진시켜 미연 혼합가스의 분포를 연소기내주 연소영역에 형성할 수 있게 제어하는 역할을 한다. 이러한 연료의 공간적인 분포는 연소기의 공기역학적 유동 형태와 밀접하게 관련이 되어있으며, 연소기 공력 설계 시 가장 중요하게 고려되어야 할 부분이다.

연료분사기는 연소기 출구의 온도분포에 국부적인 고온 영역을 만들어서는 안 된다. 또한 신뢰성 있는 좋은 연료 분사기는 연료의 고체입자 오염물질에 의해 막히지 않아야 하며, 분사기 출구 표면에 쌓이는 탄소 침전물에 영향을 받지 않아야 한다. 끝으로 연료분사기는 저렴한 비용으로 높은 정확도를 가져야 하며, 가능한 유지보수의 필요성을 거의 없애야 한다.

2) 종류

대부분의 실질적인 연료분사기는 액체연료에 높은 속도를 가하여 연료분무를 형성하게 된다.

a) 압력 선회식 분사기

b) 회전식 분사기

그림 6.9 연료분사기의 분무 형태, 전북대학교 터보추진실험실 제공

고속의 연료분사는 액막 또는 제트의 형태로 분출하여 급격히 불안정해지며 작은 액적으로 분열이 된다. 연료분사기는 연료를 가속하는 방법에 따라 다음과 같은 세 가지 종류로 구별한다.

(i) **압력식 미립화**(Pressure Atomization)

연료분사기 내부에 고압이 가해지는 상태 하에서 연료는 폭이 좁은 오리피스를 통해 밀려나가게 되며 그로 인해 높은 속도를 얻는다. 연료는 축 방향 또는 회전 성분을 가지는 액주 또는 막의 형태로 오리피스를 빠져나간다.

(ii) **2유체 미립화**(Twin-Fluid Atomization)

벽면을 따라 흐르는 연료에 고속의 공기를 횡단하게 하여 전단력으로 벽면에서 이탈하게 하여 미립화하거나 또는 얇은 연료 액막을 고속의 공기유동을 통과하게 하여 연료제트가 분리되는 방식이다.

(iii) **회전 미립화**(Rotary Atomization)

연료를 회전 디스크의 표면이나 축의 내부 구멍을 따라 흘려보내게 되면 원심력에 의해 액막이나 제트의 형태로 방출되어 액적으로 분열한다.

이와 같은 연료 미립화의 세 가지 방법 이외에도 다른 장치들이 있는데 예를 들면, 두 개의 연료 제트가 충돌하여 미립화가 되거나 고체 표면 위에 연료 제트가 부딪쳐서 미립화가 되는 장치들도 있다. 미립화는 액체 연료에 초음파를 가해줌으르써 얻어질 수 있다. 실제의 연료분사기 설계 시 위의 세 가지 경우 중 두 가지가 혼합되거나 또는 세 가지 모두 혼합되기도 한다. 예를 들어 잘 알려지고 널리 사용되는 압력선회식 분사기(Pressure Swirl Atomizer)는 액체의 압력뿐만 아니라 액체의 회전 성분을 이용한다. 또한 대부분의 경우 압력선회식 분사기는 연료 분포와 미립화를 돕는 공기흐름장치와 함께 이용된다.

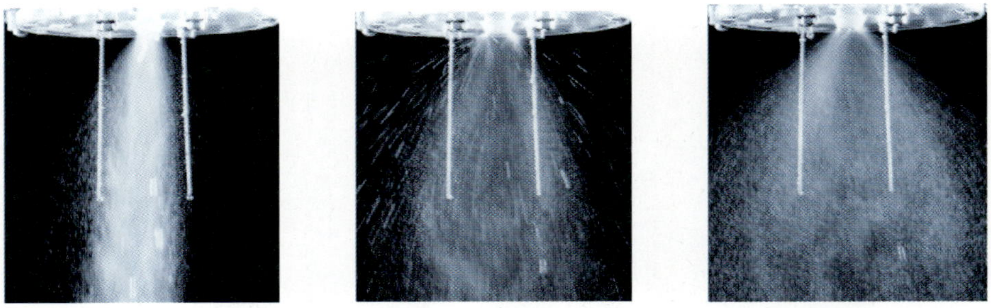

a) 공기압력=0 mmH₂O　　b) 공기압력=300 mmH₂O　　c) 공기압력=1,000 mmH₂O

그림 6.10 공기흐름 장치에 의한 압력 스월식 분사기 분무의 변화(연료압력=6kg/cm^2), 삼성테크윈㈜ 제공

3) 압력선회식 분사기의 성능특성

압력선회식 분사기의 유량 특성은 오리피스에서의 축방향 속도에 의해 결정되며 분사 형태는 접선방향 속도성분에 의해 좌우된다. 따라서 선회식 분사기의 주요한 특성은 분사기 내의 연료의 선회성분에 의해 생성된다. 연료의 축방향 속도성분을 원주 형태의 와류실(Swirl Chamber)에 접선방향의 구멍이나 슬롯을 통하여 흐르게 함으로써 연료의 선회성분을 얻을 수 있다. [그림 6.11]에 여러 가지 형태의 압력선회식 분사기가 제시되어 있다.

연료의 접선방향 속도는 와류실의 반경이 점차 작아지는 오리피스 출구로 이동하면서 속도가 빨라지게 되어 고속으로 오리피스 출구를 빠져나가게 되며 [그림 6.12]에 그 내부구조가 제

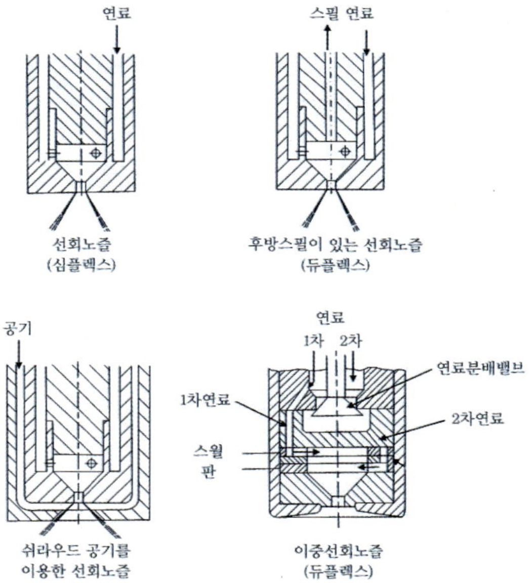

그림 6.11 압력선회식 분사기의 종류

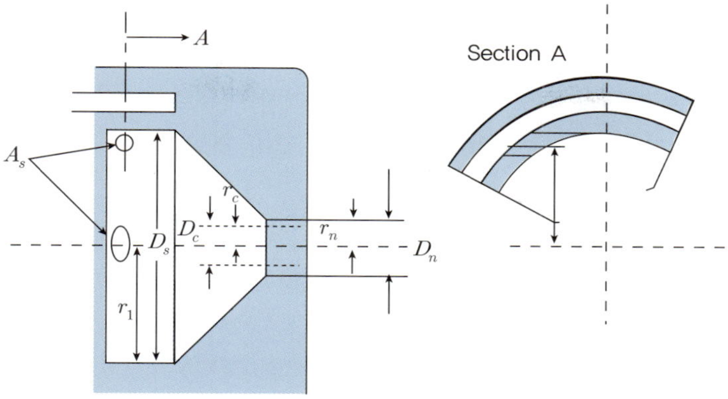

그림 6.12 압력선회식 분사기의 내부 형상

시되어 있다. 이러한 작동 프로세서는 연료분사기의 작동에서 매우 중요하며, 와류실로 유입되는 포트는 대칭적으로 잘 제작되어야 한다. 또한 오리피스 출구의 중심축과 와류실의 중심축은 정확하게 일치하여야 하며 이러한 요구 조건은 연료분사기의 제작 및 조립시 매우 고 정밀도로 이루어져야 한다. 만약 이것이 담보되지 않는다면 연료노즐의 성능은 매우 나쁘게 되어 연소기 파손의 결과로 이어질 수 있다.

연료유량은 연료의 종류, 연료분사기의 형상 및 엔진의 작동조건에 의해 결정되며 식 (6.1)과 같이 표시된다. 이상적인 출구속도는 식 (6.2)와 같이 표시되므로 연료유량은 식 (6.3)과 같이 최종 표시된다. 이 관계는 모든 종류의 압력분사기에 적용되며 유량계수 FN는 식 (6.4)와 같이 표시한다. 유량계수는 분사기의 배출계수 및 형상의 함수이므로 주어진 응용 분야에서 분사기의 크기를 특성화하는데 이용된다.

$$\dot{m}_l = c_D \rho_l A_n v \tag{6.1}$$

$$v = \sqrt{\frac{2\Delta P_l}{\rho_l}} \tag{6.2}$$

$$\dot{m}_l = c_D A_n \sqrt{2\rho_l \Delta P_l} \tag{6.3}$$

$$FN = \frac{\dot{m}_l}{\sqrt{\Delta P_l}} = c_D A_n \sqrt{2\rho_l} \tag{6.4}$$

서로 다른 분무의 특성을 규정하기 위하여 평균 액적 직경(Mean Diameter) 개념을 도입하여 표현하는 것이 편리하다. 비록 크기가 다른 액적들의 집합이라 하더라도 모든 액적의 크기를 평균 직경으로 대표하여 나타내는 것으로, 가장 널리 사용되는 분무입자의 평균 직경은 Sauter Mean Diameter(SMD)이다. 이것은 Sauter(1926)에 의해 정의된 것으로 모든 분무액적 표면적에 대한 체적의 비로 나타내는 것으로 정의된다. SMD는 액체연료의 증발에 필요한 열은 액적의 표면적을 통해서만 전달되어야 하는 반면, 액적의 체적은 증발되는 액적의 질량을 결정한다는 사실의 중요성에 기초한다. 이러한 이유로 SMD는 공학적인 분야에서 널리 이용되는데 d32로 표현되기도 하며 식 (6.5)와 같이 정의된다.

$$SMD = \frac{\Sigma n_i d_i^{\,3}}{\Sigma n_i d_i^{\,2}} \tag{6.5}$$

6.3 점화장치

가연혼합기의 점화는 다양한 방법으로 가능하다. 가스터빈 엔진에서는 전기 스파크 점화장치에 의해 주로 점화가 수행되며, 약 25m/s 정도의 유속을 갖는 혼합기를 점화하기 위해서는 높은 점화 에너지를 필요로 한다. 일반적으로 전기 스파크 점화장치는 엔진 시동 시에만 작동하며 점화 후 화염은 안정화되므로 더 이상 작동을 할 필요가 없게 된다. 점화장치는 1분당 60회에서 100회 정도 스파크를 발생시키며, 계속 사용시 전극이 침식되므로 주기적인 교환이 필요하다. 점화기의 끝은 통상 연소기 내부로 약 1mm 정도 들어가게 되므로 설계 시 냉각을 고려하여야 한다. 스파크는 연소기 내부로 대략 20mm 정도 침투하게 되어서 가연혼합기를 점화시켜 연소기 전체로 화염을 전파하게 한다. 일반적인 연소시스템에서 점화장치는 2개를 이용한다.

토치점화장치는 고고도에서의 재점화 성능을 향상시키기 위해서 개발되었으며 파일럿 연료분사기와 점화장치가 같은 몸체에 붙어서 작동하도록 고안되어 있다.

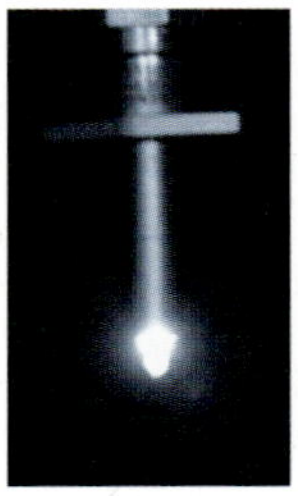

a) 전기스파크 점화장치

b) 토치점화장치

그림 6.13 점화장치의 작동 모습, 삼성테크윈㈜ 제공

글로우 플러그(glow plug)는 수분이나 얼음 또는 연료의 급격한 감소로 연소 과정이 중단될 경우 안전장치의 용도로 사용된다. 이것은 백금이나 실리콘 카바이드와 같은 열 저항체로 구성되며 연소기의 화염이 소실될 경우 충분한 높은 온도를 유지하고 있다가 가연 혼합기에

재빨리 열을 전달하여 연소를 촉발하게 한다.

주 연소영역에 산소를 공급하여 저압조건에서 점화 성능을 향상시킬 수 있으며, 엔진의 가속시간을 줄일 수 있다. 연소공기의 약 0.5% 정도를 투입할 경우 200% 정도의 점화 성능을 향상시킬 수 있다. 공기와 접촉 시 순간적으로 점화하는 화학물질을 점화에 이용할 수 있으며, 이것을 자발점화(pyrophoric) 연료라고 호칭한다. 약 2cc 정도로 10Joule의 점화에너지를 얻을 수 있으며, 이 연료는 트리메틸 알루미늄과 알루미늄 보로하이드라이드를 포함한다.

6.4 냉각장치

연소 과정에 의해 가스의 온도는 약 2,100C 정도에 도달하게 되며 이것은 연소기 플레임 튜브(Flame Tube)나 터빈의 금속재질의 녹는점보다 높은 값이다. 고온의 가스에 노출되어 있는 금속재료의 표면온도를 반드시 냉각시켜야 하며, 이를 위해 연소기로 유입되는 상대적으로 차가운 공기를 이용한다. 이때 냉각공기는 연소에 직접적으로 참여하지 못하므로 최소화하여 사용하여야 한다. 가장 일반적으로 사용되는 방법은 벽면을 따라서 냉각필름을 형성하는 방법이다. 이 방법은 연소기 제작 방법에 따라 물결모양 스트림냉각, 기계가공 냉각링, 스플래쉬 냉각 스트림 등으로 구분된다. 이 방식들은 이퓨전냉각과 세라믹 써멀베리어코팅 등과 함께 사용할 수도 있다. 또 다른 방식으로는 트랜스퍼레이션 냉각 방법이 있으며 이것은 라미네이티드 재료를 이용하여 냉각공기가 네트워크 형태의 유로를 통과하게 하여 냉각효율을 극대화시키는 것이다.

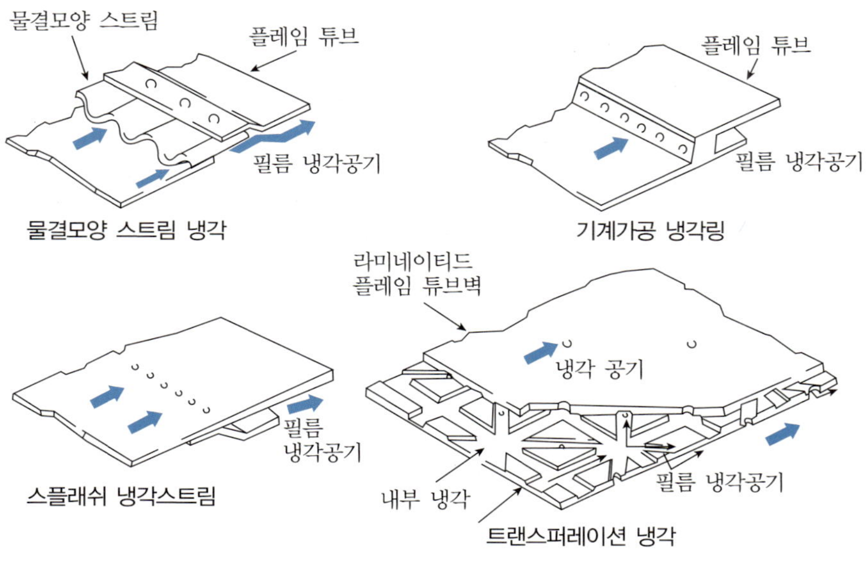

그림 6.14 플레임 튜브 냉각 방식

연료분사기 내부의 연료가 흐르는 표면의 관리가 매우 중요하다. 연료분사기 내부의 연료가 과도한 열에 노출된다면 래커(Lacquer)나 탄소 침적물이 연료 통로를 막게 되거나 파손시키게 된다. 이러한 이유로 연료분사기는 복잡한 열 차단장치를 갖추고 있어야 하며 연료가 정체되어 있지 않게 설계하는 것이 매우 중요하다.

6.5 연료

일반적으로 가스터빈은 다양한 종류의 연료로 작동될 수 있기 때문에 상대적으로 연료에 구애받지 않는 엔진이라고 말할 수 있다. 하지만 효율이나 유지보수 과정을 고려한다면 많은 제한이 있음을 알 수 있다.

1) 성능 요구 조건

항공용 가스터빈 연료의 요구 조건으로는 첫째 Soot 형성, 탄소 퇴적 및 높은 복사 에너지 방출을 최소화하기 위해 화염의 발광을 최소화하면서 청정하게 연소되는 능력이 있어야 하며, 둘째 열적 산화에 의한 성능 저하와 이에 수반되는 퇴적물 형성을 막기 위해 뜨거운 표면에서 열 응력에 견디는 능력이 있어야 한다. 셋째 고도별 외부 대기온도에 근접한 온도에서 연료시스템 내부를 정체 없이 흐를 수 있어야 하며, 넷째 고도에 따라 점화와 재점화가 쉽도록 충분한 증기를 제공하고(단 연료탱크 벤트를 통한 과도한 연료손실 방지 이유로 최대 휘발성은 제한됨), 다섯째 장거리 비행시 급유를 최소화하기 위해 단위 체적당 혹은 단위 질량당 충분한 열에너지를 공급하는 능력이 있어야 한다.

산업용 가스터빈은 가스연료와 다양한 액체연료들로 작동된다. 연료의 선택은 가스터빈의 설계, 유지 및 운용 요구 사항에 따라 결정된다. 해상용 가스터빈은 전세계 다양한 지역의 해상용 시설에서 국제적으로 인정되는 양질의 액체연료를 사용할 수 있어야 한다. 또한 해상용 가스 터빈은 다른 추진 시스템들과 경쟁력을 갖춰야 하기 때문에 경제성 문제가 중요하게 되므로, 연료에 대한 요구 사항들은 항공기 연료에 대한 기술적 요구 사항과 경제성에 대한 절충점에서 결정된다.

2) 연료정제 과정

가스터빈의 대부분은 현재 일반적인 원유에서 추출된 탄화수소 계열의 연료로 작동되고 있으며, 이러한 연료는 대부분의 탄화수소와 소량의 황, 질소 및 산화 혼합물들과 결합된 복잡한 탄화수소 혼합물로 구성된다. 원유의 조성은 지질학적 위치에 따라 다르게 나타나고 또한 특정한 지역에서 유전에 따라 다를 수도 있다. 조성의 변화는 탄화수소뿐만 아니라 비 탄화수소 성분의 농도의 차이로 나타난다. 원유는 파라핀계(Paraffins) 탄화수소(C_nH_{2n+2}), 사이클로파라핀계(Cycloparaffins) 탄화수소 및 약간의 방향족(Aromatics) 탄화수소를 함유한다. 황은 원유질량의 극소량에서 8.0%까지 다양하게 존재하지만 대다수의 원유는 0.5%에서 1.5% 정도이다. 황 화합물 중 황화수소의 양이 가장 많으며 달걀 썩는 냄새가 나는 유독가스이다. 이밖에 황 화합물은 정제 과정 중 기구의 부식이나 촉매의 파손을 가져오며, 대기오염의 주요한 원인으로 인식되고 있다. 황은 원유의 바람직하지 않은 성분이므로 정제 처리에서는 황 함유량을 용인될 수 있는 수준까지 줄여야 한다.

질소는 일반적으로 0.2% 이하의 농도로 대부분의 원유 속에 존재한다. 하지만 몇몇 원유들은 1.6%까지 함유하기도 한다. 질소화합물은 인체에 대해 큰 독성을 지니고 있지는 않으나 배기가스에 의한 대기오염의 주요인 중 하나인 질소산화물(NOx)을 발생시키는 것으로 알려져 있다. 여러 금속들이 원유 속에서 발견되어 왔으며 그들 중 바나듐과 니켈은 가스터빈 적용 분야에서 가장 중요하다. 또한 나트륨, 칼슘 그리고 다른 금속들은 유화수에 용해된 염류로서 존재한다. 바나듐과 니켈과 같은 금속들은 가용성 유기금속 혼합물로서 존재하며 0.1mg/L에서 1000mg/L의 범위로 발생한다. 이러한 금속들은 연료와 부산물을 무겁게 하고, 연소 과정에서 침전물 발생과 부식을 유발시키기도 한다.

이러한 원유의 정제 과정은 분리 및 변환 과정의 두 개의 기본적인 과정으로 이루어진다. 분리 과정은 여러 또는 개별적인 화학 종들을 분리하는데 사용되며, 증류는 첫 번째 단계이고 정제 과정에서 가장 중요한 과정 중 하나이다. 원유는 넓은 끓는점 범위를 갖는 복잡한 탄화수소 혼합물이며, 증류는 탄화수소들의 끓는점 차이를 바탕으로 하는 분리 과정이다. 증류는 증류 타워에서 대기압 조건으로 수행되고 대략 350~400℃ 이하에서 끓는점 범위에 따라 위

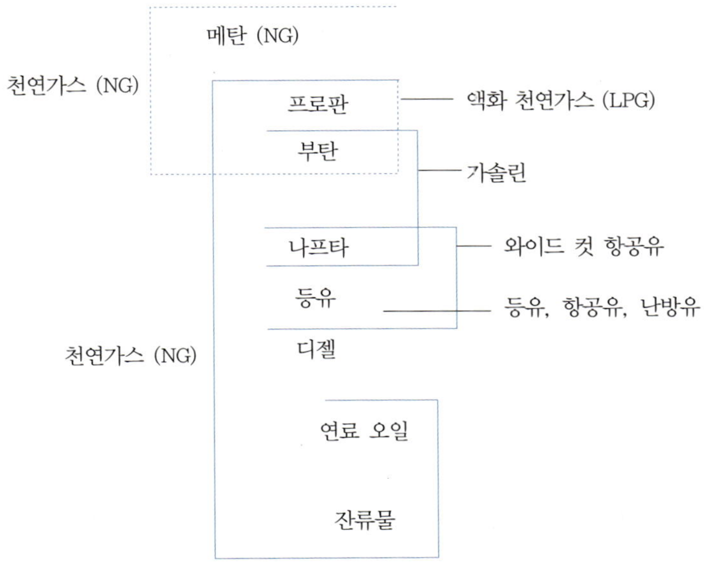

그림 6.15 원유에서 가스 및 액체연료 생성

치한 측면관을 따라 증류된 유증기들이 이동하게 된다. 일반적으로 나프타, 정제하지 않은 가스, 액체들은 증류로부터 얻어질 수 있다. 이러한 분류들은 대부분의 경우 개량을 위해 전환 과정으로 보내진다. 양질의 저황원유는 변환 과정이 필요 없이 등유연료로 생산되며 일반적으로 훌륭한 항공기용 가스터빈 연료로 사용된다. [그림 6.15]에서 천연가스와 원료로부터 생산되는 기체 및 액체연료의 도식적인 표현이 제시되어 있다.

전환 과정은 정제 비율을 향상하거나, 특정한 특성을 강화시키거나 바람직하지 않은 성분들을 제거하기 위한 목적으로 사용된다. 즉 변환 과정에서는 생성물의 수율 향상, 분자구조 변형을 통한 생성물의 질 향상, 황, 질소 또는 금속과 같은 원치 않은 성분들의 농도 감소 등이 있다.

3) 연료 물성치

여러 물성치들이 가스터빈 연료의 조성과 성능을 특징짓는데 사용된다. 이러한 물성치들은 연료 규격을 표시하며, 작동 파라미터를 정의하는데 사용된다. 주요한 물성치는 다음과 같다.

A. 밀도, 비중

밀도는 연료에 대한 질량/체적으로 단위는 kg/m^3이며, 물의 밀도에 대한 연료의 밀도인 비중으로 무차원화되어 표현되기도 한다. 연료의 밀도는 온도가 증가하면 감소한다.

B. 발열량

발열량은 기계적인 에너지로 전환 가능한 연료의 에너지의 크기를 나타낸다. SI 단위로는 MJ/kg이고 영국단위계에서는 BTU/lb로 표시한다. 발열량은 봄 열량계(Bomb Calorimeter)로 측정되며 다음의 두가지 정의가 이용된다.

- 총 발열량(Gross Calorific Value)

  단위질량의 연료가 25℃의 정적연소실 내에서 연소할 때, 연소 후에 생성된 수증기가 물로 될 때 발생하는 열량으로 HHV(High Heating Value)라고도 한다.

- 순 발열량(Net Calorific Value)

  단위질량의 연료가 1기압의 정압 하에서 연소할 때, 연소 후에 생성된 수증기가 증기 상태로 있을 때 발생하는 열량으로 LHV(Low Heating Value)라고도 한다. 가스터빈 엔진에서는 연소 시 생성되는 물이 증기 상태로 있게 되므로 가스터빈 연료의 에너지 평가시 항상 순 발열량을 시용한다.

C. 휘발성

연료가 증기 상태로 변환되는 정도를 휘발성으로 정의한다. 원유는 하나의 끓는점이 아닌 끓는 영역을 가지고 있으므로 휘발 특성은 변동성이 있다. 이중 낮은 끓는점은 점화 성능과 관계가 있고 높은 끓는점은 증기로 변환되지 않는 척도를 표시한다. 휘발성과 관련되어서 나타나는 물성치로는 증류 특성, 증기압, 플래시 포인트 등이 있다. 증류 특성은 연료 성분에 따른 끓는 영역을 표시한다. 항공기 연료에서 10%, 20% 증류점은 시동시의 휘발성의 척도로 이용되며, 90% 증류점은 증기화되기 어려운 성분의 양을 조정하는 지표로 이용된다. 증기압은 증기가 액체와 평형 상태에 있을 때의 포화증기압을 말하는 것으로 액체 표면에서는 끊임없이 기체가 증발하는데, 밀폐된 용기의 경우 어느 한도에 이르면 증발이 일어나지 않고, 안에 있는 용액은 그 이상 줄어들지 않는다. 그 이유는 같은 시간 동안 증발하는 분자의 수와 액체 속으로 들어오는 기체분자의 수가 같아져서 증발도 액화도 일어나지 않는 것처럼 보이는 동적 평형 상태가 되기 때문이다. 증기압은 RVP(Reid Vapour Pressure)로 표시하며 이것은 용기 내에서 액체에 대한 증기의 부피비가 4가 되는 점에서 측정한 값이다. 군용엔진에서 최소증기압(RVP)은 14kPa으로 규정하며 이것은 엔진 재점화시 충분한 연료증기를 공급하기 위한 것이다. 최대증기압(RVP)은 21kPa로 규정하며 이것은 항공기 연료탱크의 벤트에서 손실되는 연료의 양을 조정하기 위해 이용된다. 플래시포인트(Flash Point)는 대기압 조건일 때 화염 형성이 가능한 증기압에서의 최소온도로 규정된다. 실질적으로 최소의 가연한계온도를 나타내며, 일반적인 방법으로 취급이나 보관시의 화재의 위험이 없는 최대허용가능 온도로 인식된다.

D. 점성

가스터빈 연료에서 점성은 매우 중요한 물성치로서 연료시스템의 유동 특성과 관련이 있으며 연소기의 연료분사기의 분무 성능과 밀접한 관련이 있다. 연료펌프의 작동을 위해 최소 점성치를 규제하며, 최대의 점성은 연료시스템의 압력손실에 의해 규제받으며, 동시에 연료분사 성능에 의해 규제받는다.

E. 저온 유동 특성

고고도상에서 극도의 낮은 대기 온도에 노출된 항공기의 경우 연료를 저장하고 흘려보내는 능력은 치명적인 요소이므로, 연료의 낮은 온도 흐름 특성은 매우 중요하며 유동점(Pour Point), 탁점(Cloud Point), 어는점(Freezing Point)으로 표시된다.

항공기 터빈 연료의 낮은 온도 흐름 특성을 설명하기 위한 최초의 도구는 어는점이다. 어는점은 고체 연료를 가열하여 왁스 결정구조가 녹는 과정 중 생성되는 온도로 정의된다. 항공기 연료의 어는점은 비행의 안전과 밀접한 관련이 있는 중요한 값으로 Jet A-1은 -47℃, JP-4는 -58℃ 정도이다. 유동점은 연료가 액체로서의 유동성을 가지고 있는 최고온도이며, 연료의 어는점보다 3℃ 높은 온도로 정의된다. 탁점은 연료의 온도를 낮출 경우 왁스 결정구조가 나타나기 시작하는 온도로서 유동점보다 높은 온도를 가지며 필터의 막힘 현상과 관계가 있다.

4) 항공기용 연료의 종류

항공기 제트 추진연료들은 두 가지 기본적인 형태로 보통 구분한다. 첫째는 항공용 케로신(Aviation Kerosene)으로 끓는점 범위가 170~270℃에 있으며 상대적으로 높은 플래시포인트를 가진다. 주로 상업용도로 이용되며 Jet A 및 Jet A-1으로 표시된다. 두 번째는 넓게 정제

표 6.1 항공기용 터빈 연료 등급

명 칭	규 격	설 명
JP-1(고갈)	MIL-F-5616	Kerosene, 최초 미국 가스터빈 연료, 어는점 -60 ℃, 원유로부터 수율 한계
JP-2(고갈)	AN-F-34	Kerosene, 수율 증가시키기 위한 시도, 사용된 적이 없음
JP-3(고갈)	MIL-T-5624	Wide-cut, RVP = 7psi
JP-4	MIL-T-5624	Wide-cut, RVP = 2~3psi
JP-5	MIL-T-5624	Kerosene, 최소 flash point가 60℃, 선박에서 사용
JP-6(고갈)	MIL-F-25656	Kerosene, 초음속 B-70을 위해 개발
JP-7	MIL-T-38219	Kerosene, 낮은 휘발성, USAF에서 제한적으로 사용
JP-8	MIL-T-83133	Kerosene, Jet A-1과 본질적으로 유사, 첨가제 추가
JP-9,JP-10	MIL-P-87107	탄화수소 혼합물, 터빈 추력 미사일용 고밀도연료
TS	MIL-T-25524	Kerosene, 열안정성이 좋은 연료로 USAF에서만 사용
JET A	ASTM D 1655	Kerosene, 최대 빙점이 -40℃, 상업용
JET A-1	ASTM D 1655	Kerosene, 최대 빙점이 -47℃, 상업용
JET B	ASTM D 1655	Wide-cut, 본질적으로 JP-4와 같음, 상업용

한 연료(Wide Cut Fuel)로 끓는점이 60~240℃로 상대적으로 그 범위가 넓다. 군용에서 Wide-Cut 연료를 이용하는 이유는 저온 및 고공에서의 재점화 성능이 우수하고 원유에서 많은 양이 생성 가능하기 때문이다. 항공기 연료로 가장 많이 이용되는 연료의 규격은 American Society of Testing and Materials(상업용), United States Air Force(군용), United Kingdom, Ministry of Defense(상업 및 군용) 등이 있다. 항공기용 연료의 다양한 등급은 [표 6.1]에서 정의된 표시들에 의해 제시되어 있다.

5) 이론반응(Stoichiometry)

가스터빈 연료의 화학식은 $C_\alpha H_\beta O_\gamma$ 의 형태로 표시되며, 질소와 황은 존재하지만 전체 이론반응에 미치는 영향이 미미하여 무시하여 취급하는 경우가 많다. 가스터빈 연소에서는 모든 연료를 연소시키기에 충분한 공기가 공급되므로 연료 희박상태가 된다. 전체 반응식은 식 (6.6)과 같이 표현된다.

$$C_\alpha H_\beta O_\gamma + x(O_2 + 3.76N_2) \rightarrow \alpha CO_2 + \frac{\beta}{2} H_2O + \left(x + \frac{\gamma}{2} - \alpha - \frac{\beta}{4}\right) O_2 + 3.76xN_2 \quad (6.6)$$

공기연료비는 식 (6.7)과 같이 표시된다.

$$\frac{a}{f} = \frac{x(MW_{O_2} + 3.76MW_{N_2})}{MW_{C_\alpha H_\beta O_\gamma}} \quad (6.7)$$

이론 공기연료 혼합비는 생성물에서 산소가 모두 연소되는 조건으로부터 식 (6.8)과 같이 표현된다.

$$(a/f)_s = \frac{\left(\alpha + \frac{\beta}{4} - \frac{\gamma}{2}\right)(MW_{O_2} + 3.76MW_{N_2})}{MW_{C_\alpha H_\beta O_\gamma}} \tag{6.8}$$

만약 케로신의 주성분이 데칸(Decane)이라고 하면 화학식은 $C_{10}H_{22}$로 표시되고 분자량은 142.284이며 α 는 10이고 β는 22이다. 이론혼합비는 산소의 분자량이 31.999, 질소의 분자량이 28.013이므로 이론혼합비는 14.96이 된다. 즉 연료 1kg을 완전 연소시키기 위해 14.96 kg의 공기가 필요하다.

당량비(Equivalence Ratio)는 이론 공연비와 실제 연소시의 공연비와의 관계를 나타낸 것으로 편리한 개념으로 이용되며 식 (6.9)로 표시된다. 이때 당량비가 1이면 이론혼합비를 나타내고 당량비가 1보다 적으면 공기가 많아 연료 희박조건이 되며 당량비가 1 이상이면 연료 과농조건이 된다.

$$\Phi = \frac{(a/f)_s}{(a/f)} \tag{6.9}$$

6.6 연소 성능

1) 운용성

연소기는 넓은 범위의 대기조건에서 점화가 가능하여야 한다. 즉 항공기의 경우 극지방에서는 222K 이하의 온도 환경에서와 열대지방에서는 322K 이상의 온도 환경에서 시동이 가능하여야 한다. 재점화가 가능한 연소기 입구의 공기압력은 1/3 atm 이하가 될 수도 있어야 한다. [표 6.2]에 정지시의 고도 점화조건이 예시되어 있다. 또한 점화 후 아이들에서 최대추력까지의 넓은 범위의 정상상태 조건에서 성공적으로 작동이 되어야 한다. [표 6.3]에 보조동력장치로 이용되는 APU 연소기의 시험조건이 제시되어 있으며, 최신의 고성능 엔진에서는 연소기의 작동영역이 점차 증대되고 있는 추세이다.

항공기용 엔진의 경우 정상상태 작동조건들간의 급격한 전환이 필요한 경우가 있다. 즉 엔진은 아이들에서 최대추력까지 수초 안에 가속이 가능하여야 하고, 같은 기울기로 아이들까지 감속이 가능하여야 한다. 이러한 가속 구간에서 연소기 가스온도는 최대치로 상승하게 되고 이때 연소기 라이너의 냉각부하가 최대가 되며, 이 조건에서도 연소기는 안정적으로 작동하여야 한다. 엔진의 감속 시 매우 희박한 공연비 조건에 도달하게 되며 이 경우에도 안정적인 연

표 6.2 고도점화조건

고도(m), (ft)	조건	압력(kPa)	온도(℃)
0 (0)	표준대기	101.3	15.0
	Cold Day	101.3	-51.05
3,048 (10,000)	표준대기	69.7	-4.9
	Cold Day	69.7	-26.1
6,096 (20,000)	표준대기	46.6	-24.6
	Cold Day	46.6	-43.4
9,144 (30,000)	표준대기	30.1	-44.5
	Cold Day	30.1	-63.5

표 6.3 APU 연소기 시험조건, 삼성테크윈㈜ 제공

구 분	전압력 (kPa)	전온도 (K)	공기유량 (kg/s)	연료유량 (kg/h)	출구온도 (K)
점화조건	119~195	285~296	0.13~0.82		
무부하	398.2	482.3	1.00	30.2	789
설계점	397	482.2	0.84	58.1	1120

소가 되도록 설계되어야 한다. 연소기 시스템 설계에서 압축기의 공기를 이용하여 터빈을 냉각할 수 있도록 고려하여야 하고, 고압 압축기에서 블리드 공기를 뽑아 엔진 외부로 공급하는 기능을 수행할 수 있어야 한다. 이때 블리드 공기는 얼음 제거, 승무원실과 객실의 난방 및 액세서리 부품의 구동 등에 사용된다.

2) 성능

연소효율은 연소기 내부에서 연료의 사용 가능한 화학적 에너지가 열 에너지로 얼마나 변환되는가에 대한 퍼센트 비로 표시한다. 비연료소모율(SFC), 엔진 순 추력에 대한 연료소모율 및 총 연료소모율은 모두 연소효율에 비례한다. 현대의 연소기는 대부분의 작동 영역에서 99.9% 이상의 연소효율을 가지며, 아이들 조건에서는 95% 이상의 연소효율을 가진다. 연소기의 두 번째 중요한 성능지표는 압력손실이다. 일반적인 연소기의 압력손실은 연소기 입구 전 압력에 대하여 4~6% 정도의 값을 가진다. 연소기의 압력손실은 균일한 공기흐름분포, 연소기 내부의 연료와 공기의 급격한 혼합 및 연소기와 터빈의 효과적인 냉각에 이용된다. 하지만 낮은 압력손실을 유지하는 것은 엔진 측면에서 매우 중요하다. 즉 압력손실이 1% 증가할 경우 1%의 SFC 증가를 가져오기 때문이다.

마지막으로 중요한 연소기 성능지표는 연소기 출구에서의 온도 분포이다. 연소기 출구의 온도분포는 무차원화된 형태로 식 (6.10)과 같이 표현하며, [그림 6.16]에 일반적인 온도분포 형상이 제시되어 있다. 이때 식 (6.11)에 표시된 패턴 펙터(Pattern Factor)는 연소기 출구면 또는 터빈 입구면에서의 국부적인 최대 온도의 크기를 나타내는 지표로 이용된다. 이것은 정지되어 있는 고압터빈 노즐의 베인이 패턴 펙터에 제시되어 있는 최대온도에서 작동이 가능하도록 설계되어야 함을 의미한다. 한편 고압터빈 로터에 의해 구동되는 터빈 블레이드의 경우 고속으로 회전하므로, 이 경우 터빈 입구면의 고온가스의 원주방향 평균온도에 의해 영향을 받게 되므로 터빈 로터의 설계시 반경평균온도가 주요한 설계변수가 되며, 식 (6.12)에 제시되어 있는 프로파일 펙터(Profile Factor)에 의해 최대 허용치를 규정하게 된다. 완벽한 직선 형태의 연소기 출구 분포는 반드시 필요한 것은 아니며, 온도 분포의 형상은 기계적인 응력이 최대가 되는 터빈 로터의 뿌리 부근에서 상대적으로 낮은 온도값을 가지게 설계한다. 냉각이 어려운 터빈의 끝 단 부근에서도 낮은 온도값을 가지도록 설계한다.

$$\text{연소기 출구 온도분포} = \frac{(T_{loc} - T_{avg})}{(T_{avg} - T_3)} \tag{6.10}$$

$$\text{패턴 펙터} = \frac{(T_{loc,\max} - T_{avg})}{(T_{avg} - T_3)} \tag{6.11}$$

$$\text{프로파일 펙터} = \frac{(T_{rad,\max} - T_{avg})}{(T_{avg} - T_3)} \tag{6.12}$$

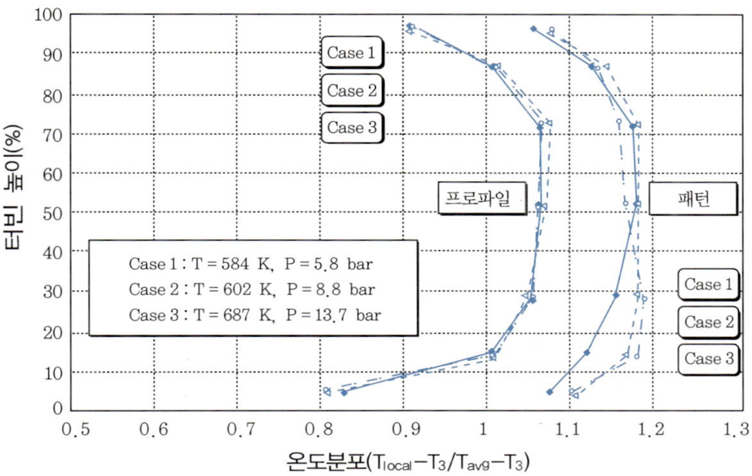

그림 6.16 연소기 출구 온도분포 형상 실험 결과, 삼성테크윈㈜ 제공

3) 형상

현대의 고성능 항공기 엔진은 무게를 줄이기 위해 매우 짧은 길이의 연소기 시스템을 요구하며, 연소기는 조립과 분해가 가능하도록 실질적인 허용오차를 가지고 있도록 설계되어야 한다. 볼트로 조립되는 곳의 허용오차는 공기의 누설량을 고려하여야 하며, 이것은 압력손실 및 접촉면의 불일치로 인하여 발생 가능한 국부적인 열전달을 초래할 수 있다. 냉각 공기공(Cooling Hole)과 희석 공기공(Dilution Hole)의 허용오차는 연소실 내의 공기분포와 터빈 입구의 온도분포에 영향을 줄 수 있다. 유지보수 성능을 고려하기 위해서는 절충설계가 필요하기도 하다. 예를 들면 연료분사기나 점화장치를 분해 조립하기 위해서는 큰 볼트를 사용할 수 있으나 이것은 공기역학적 관점에서 적절하지 않다. 엔진이 천이구간 또는 정상 상태에서 작동할 경우 연소기의 금속온도는 큰 폭으로 변화되며 연소기 지지부, 씰(seal) 그리고 연소기와 연료분사장치 또는 점화장치간의 접촉면에서 서로 다른 열팽창을 하게 된다. 따라서 서로 다른 열팽창을 고려한 기계적인 설계를 반드시 고려하여야 한다.

4) 내구성

현대의 연소기는 수천 시간 이상의 작동과 비행 사이클에서 작동하도록 설계한다. 이러한 내구 성능을 만족하기 위해서는 연소기가 허용 가능한 온도(일반적으로 1150K)를 유지하여야 한다. 이것을 위해 상당한 양의 공기를 냉각에 이용해야 하며 또한 초합금(superalloy)을 연소기 구조물 제작에 이용하고 있다.

5) 배기가스

연소에서 발생하는 유해 배기가스는 일산화탄소(CO), 미연탄화수소(UHC), 질소산화물(NOx)과 매연 등이다. 일산화탄소와 미연탄화수소는 아이들 작동조건에서 불완전연소로 인하여 발생하나, 질소산화물과 매연은 주로 고출력에서 발생된다. 매연의 경우 국부적으로 과농한 연료분사기 근처에서 발생되며, 질소산화물은 이론혼합비 근처의 고온화염 지역에서 주로 발생된다.

6.7 후연기

후연기(Afterburner)는 기본 엔진의 추력을 증가시켜 항공기의 이륙, 상승 및 전투 성능을 향상시키는 장치이다. 일반적으로 추력증가를 위해서는 보다 큰 엔진을 필요로 하나 이것은 엔진의 무게와 전방 면적 그리고 전체 연료소비율을 증가시키는 결과를 초래한다. 후연소(Afterburning)는 엔진의 터빈과 배기노즐 사이에 연료를 공급하여 배기가스 중의 미연산소와 연소반응을 하게 되는 것이며, 상승된 배기가스 온도는 배기노즐 가스 속도를 증가시켜 결과적으로 추력을 상승시키게 된다. 모든 엔진 작동조건에서 원활한 작동을 위하여 후연기는 가변노즐을 채택하고 있다. 후연소가 없을 경우 노즐은 닫혀 있어 최소한의 출구 면적으로 유지되며, 후연소를 할 경우 노즐 면적은 가스의 온도 증가에 따른 체적에 적합하도록 열리게 되어 출구 면적을 확대하게 된다. 이것은 후연기 내의 압력 증가를 방지하는 역할을 하게 되어 엔진의 작동 성능에 영향을 최소화하므로 넓은 엔진 작동 범위에서 후연기의 사용을 가능하게 한다.

후연소는 낮은 바이패스비 엔진에서 바이패스 공기와 터빈에서 나오는 공기를 후연기 전단에서 먼저 혼합시킨 후 후연기에서 분사된 연료가 점화장치에 의해 화염을 형성하고 화염안정화 장치를 지나가면서 안정적인 화염을 유지한다. 또 다른 방법으로는 바이패스부와 터빈부에서 각각의 연료를 분사하여 화염을 생성하는 방법이다. 이 경우 각 부분에서 연료공급을 독립적으로 하여 배기노즐 출구에서의 가스온도를 일치하도록 해야 한다.

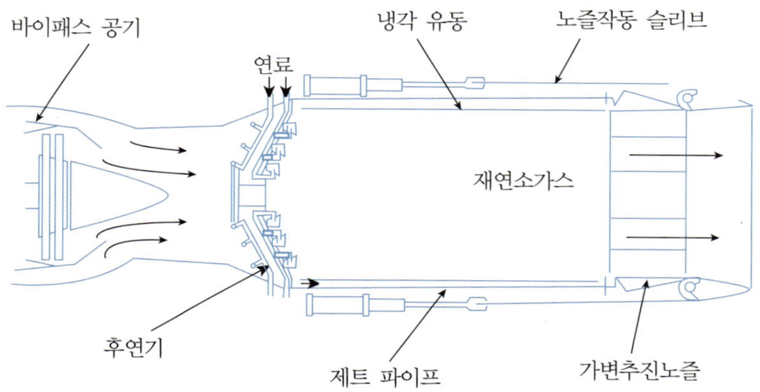

그림 6.17 후연기 개략도

엔진의 터빈 출구에서의 가스는 대략 230~370m/s의 고속으로 분출되며, 안정화된 화염이 유지되기에는 너무 빠른 속도이므로 디퓨저를 이용하여 속도를 감속시켜 후연기의 연소 영역으로 보내게 된다. 케로신 연료의 화염 전파속도는 매우 낮아 불씨는 바로 꺼지게 되므로 베이퍼 거터(Vapour Gutter)와 같은 화염안정화 장치를 후연기 하류에 위치시켜 국부적인 가스 속도를 더욱 감소하며 동시에 난류 에디를 만들어 연소시의 화염안정화를 돕는다. 여러 개의 버너에서 분사된 연료는 화염 영역에 균등하게 분포되며 연소는 점화장치에 의해 촉발되게 된다. 점화는 엔진 연소기의 뜨거운 화염유동에 의해서도 가능하며 이것을 'Hot-Shot' 이라고 부른다. 후연소는 엔진의 주연소실에서의 연소효율보다 훨씬 낮은 값을 가지므로 항상 비 연료 소모량을 증가시키게 되어 짧은 시간 동안 이용할 수 밖에 없는 제한요소가 있게 된다. 그러나 이륙이나 상승시의 시간을 절약하는 효과가 있다.

연습문제

1. 가스터빈에 사용되는 연료의 물성치를 조사하여 비교 평가하라.

2. 가스터빈 연소기 Flame Tube 재질을 조사하여 설명하라.

3. 가스터빈 연소기 연료 분사장치를 조사하여 특성을 설명하라.

4. 가스터빈 연소기 점화장치를 조사하여 특성을 설명하라.

5. 현재 운용되고 있는 헬리콥터 터보샤프트 엔진의 연소기를 조사하여 형상 및 성능을 비교 평가하라.

6. 현재 운용되고 있는 민간항공기 터보팬 엔진의 연소기를 조사하여 형상 및 성능을 비교 평가하라.

7. 현재 운용되고 있는 군용항공기 터보팬 엔진의 연소기 및 후연기를 조사하여 형상 및 성능을 설명하라.

8. 항공기용 가스터빈 연소기를 개발하기 위한 개발 과정을 조사하여 설명하라.

기호 설명

$\dot{m}_l$ liquid mass flow

A_n orifice cross section area

ρ_l liquid density

v discharge ideal velocity

c_D discharge coefficient

$\triangle P_l$ pressure difference to the liquid

n_i total number of drops of diameter $\dot{a}_i$

SMD Sauter mean diameter

T_{loc} Local Temperature

T_{avg} Average Temperature at the Combustor Exit

T_3 Combustor Inlet Temperature

$T_{loc,\max}$ The Highest Local Temperature

$T_{rad,\max}$ Radial Average Maximum Temperature

$(a/f)_s$ Stoichimoetric air Fuel Ratio

MW_j Molecular Weight of Compound j

참고문헌

1. 이동훈, 최성만, 김지희, 박정배 『환형직류연소기의 점화성능에 관한 연구』, 제 11차 유도무기 학술대회 논문집, 국방과학연구소, 2001. pp 381-384
2. 최성만, 전승배, 민성기 『환형 역류연소기 성능특성연구 1』, 제7회 항공기 개발기술 심포지움 논문집, 국방과학연구소, 2000, pp. 548-560
3. 고영성, 한영민, 권철범, 양수석, 이대성, 김명환, 최성만 『보조동력장치용 환형 역류형 연소기 시험』, 한국항공우주학회 춘계학술발표대회 논문집, 공군사관학교, 2000, pp. 508~512
4. A. M. Mellor, *Design of Modern Turbine Combustors,* Academic press, 1990
5. Rolls-Royce, *The Jet Engine*, Rolls-Royce plc, 1986
6. NREC, *The Design and development of gas turbine combustor*, Northern Research and Engineering Corporation, 1980
7. 송규근, 최병철 『연소공학』, 청문각, 2003
8. Stephen R. Turns, *An Introduction to Combustion*, Mcgraw Hill, 2000
9. Eric Goodger and Ray Vere, *Aviation Fuels Technology*, Macmillan Publishers LTD, 1985

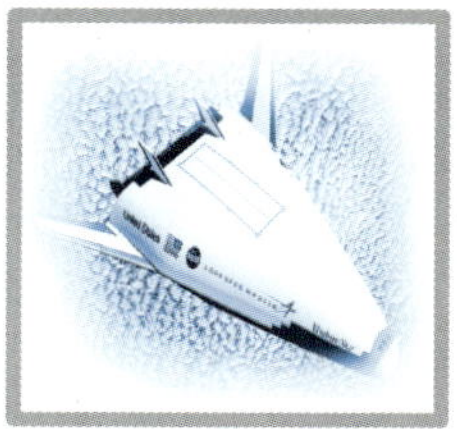

Chapter 07
램제트, 스크램제트 추진기관

7.1 개요

항공 우주용 추진기관은 로켓 추진기관(엔진)과 공기흡입식 추진기관으로 분류될 수 있다. 로켓 추진기관은 산화제와 연료를 비행체에 내장하고 있어 대기의 공기를 사용하지 않으므로 공기가 없는 대기권 밖에서도 작동이 가능하며, 이륙 보조장치 없이 정지 상태에서부터 자체적으로 추력 발생이 가능하다. 그러나 산화제(고체로켓: 추진제 무게의 85% 이상이 산화제)를 탑재해야 하기 때문에 비추력* 이 낮고(고체로켓 추진기관: 240-270s, 액체로켓 추진기관: 350-450s) 비행거리가 증가할수록 몸체 부피가 급격히 커진다는 단점이 있다. 반면에 공기흡입식 추진기관은 대기 공기를 산화제로 사용하기 때문에 운용 고도나 운용 속도의 범위가 제한되어 있으나, 높은 비추력(1000s 이상)을 얻을 수 있다. 로켓 추진기관에 대해서는 3장을 참조하기 바란다.

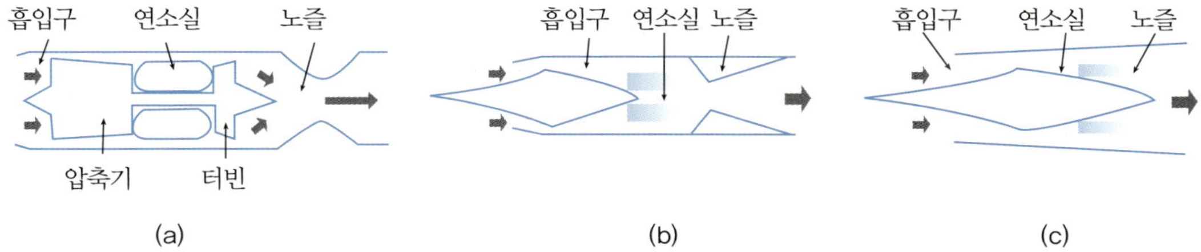

그림 7.1 공기흡입식 추진기관의 개념도 (a)터보제트, (b) 램제트, (c)스크램제트

추진기관의 효율은 연소실의 압력이 높을수록 향상되며, 연소기 내 유속이 낮을 수록 안정된 연소를 도모할 수 있다. 따라서 공기흡입식 추진기관은 대기 공기를 흡입하여 공기에 내재

* 비추력: 추진기관의 성능 효율을 나타내는 것으로, 단위 추진제 소비율당 발생되는 추력(kgf・/(kgf/sec) = sec)

된 산소를 산화제로 사용함으로, 연소기 내에서 적정 압력과 유속이 되도록 조정하는 것이 매우 중요하다. [그림 7.1]은 현재 운용 가능한 공기흡입식 엔진의 구조적 차이를 보여준다. 그림에서 터보제트, 램제트, 스크램제트 순으로 간단한 내부 구조를 갖기 때문에 내부 저항이 줄어듦으로 비행속도가 빠를수록 램제트, 스크램제트가 적합함을 직관적으로 알 수 있다. 터보제트 엔진은 흡입구(inlet)-압축기(compressor)-연소기(combustor)-터빈 (turbine)-노즐(nozzle)로 구성된다. 흡입구는 비행 자세나 비행 속도의 변화에도 적정량의 대기공기를 최소의 압력 손실을 유지하여 엔진으로 공급하는 역할을 한다. 압축기는 유입된 공기의 속도를 감소시키면서 압력을 상승시켜 연소실에 고압 저속의 공기를 제공하여 연소에 적합한 환경을 도모한다. 연소기는 연소실로 유입되는 공기-연료 혼합물을 화학반응(연소)을 일으켜 고온 고압의 연소가스를 생성하며, 발생된 연소가스는 터빈을 회전 구동시키고, 노즐을 통과하면서 고속으로 엔진 밖으로 분출되어 이에 상응하는 반작용으로 추진체를 가속시킨다.

압축기는 공기흡입구 내 전방에 위치하고 있는데, 비행 속도가 저속일 때는 흡입공기의 압축 효율이 매우 높으나, 비행 속도가 초음속 이상으로 고속화되면 압축 효율이 급격히 감소되고, 오히려 대기공기가 흡입구로 들어오는 것을 방해하므로 초고속 비행에는 적합하지 않는 면이 있다. 따라서 터보제트 추진기관은 아음속 비행체의 추진기관으로 주로 사용된다. 일반적으로 비행 속도가 일정 속도(마하 2 이상)가 되면 추진 효율이 급격히 떨어지고, 극한적 열응력에 의해 주요 구성품이 구조적 및 열적으로 견딜 수 없는 부하를 받아 사용이 불가능하다. 이를 극복하기 위한 방법으로 압축기를 이용하지 않고 공기를 압축할 수 있는 새로운 개념의 아이디어가 필요한데, 이에 대한 대안이 바로 램제트 및 스크램제트 엔진이다. [그림 7.1]에서 알 수 있듯이 램제트 엔진(이하 특별히 구분하지 않는다면 스크램제트도 포함하여 지칭함)도 연소실에서 발생되는 고온 고압의 연소가스를 노즐을 통하여 가속시켜 추력을 얻는다는 개념은 터보제트 엔진과 동일하지만, 압축기와 터빈을 사용하지 않는다.

램제트 엔진은 터보제트와 같이 흡입공기를 압축하기 위하여 기계적인 힘(압축기의 구동력)을 사용하지 않고, 공기가 가지고 있는 압축 성질을 이용하여 공기역학적(흡입구의 형상)으로 압축시킨다(공학적 용어로 이를 '램압축'이라 하며, 이러한 연유로 램제트라는 명칭이 붙었다). 램압축은 공기의 유속을 감소시키면 압력이 증가한다는 원리(베르누이 원리 및 공기 압축효과)를 이용한 것이다. 여기서 한 가지 고려될 것은 연소를 원활하게 하기 위하여 일정 압력의 이상이 필요하므로, 램압축을 이용하여 유효 크기 이상의 압력을 얻기 위해서는 흡입공기의 유속이 일정 크기 이상이 되어야 한다. 이러한 이유로 압축기를 사용하지 않고 램압축을 이용하여 연소기에서 원활한 연소가 이루어져야 하는 램제트 엔진은 터보제트 엔진과는 달리 초음속 비행 이상에서만 유효 추력을 발생시킬 수 있다. 따라서 램제트 엔진을 사용하는 비행체는 램제트 엔진의 시동이 가능한 속도까지 가속시켜주는 부스터(로켓 추진기관 등)를 필수적으로 사용해야 한다.

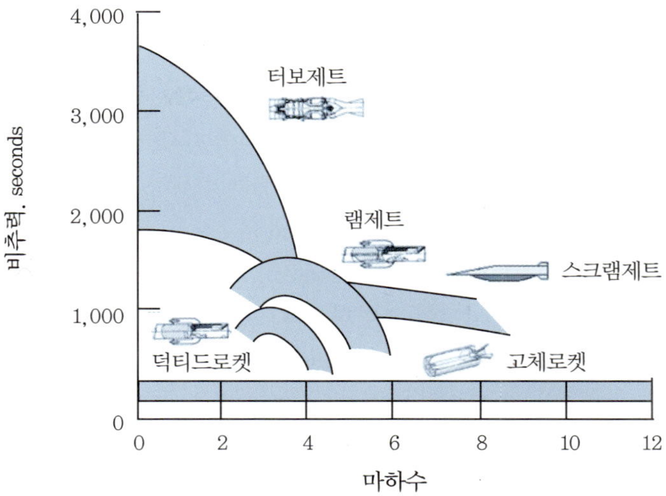

그림 7.2 각종 추진기관의 비추력

램제트 엔진은 압축기와 터빈을 사용하지 않기 때문에 초고속 비행에 적합할 뿐 아니라, 높은 추력/중량비(약 20)를 가지는 장점이 있지만, 반면에 터보제트 엔진에 비하여 연료 소모율이 크다는 단점이 있다. 결과적으로 구조가 간단하고 회전체가 없으므로 제작비용이 저렴할 뿐만 아니라 많은 수정(modification) 없이 유사 고속 추진엔진으로 다양한 적용이 가능하기 때문에 더욱 관심을 끌고 있다. 램제트 엔진도 마하 5 이상(극초음속)이 되면 엔진 내의 공기 역학적 과부하로 인하여 추진효율(흡입공기의 압축효율과 연소기의 연소효율)이 크게 저하되어 그 이상의 속도에서는 사용이 불가능하다. 왜냐하면 램제트 엔진은 연소실에서는 아음속에서 연소되는데, 극초음속에서 아음속으로 감속될 때 공기의 온도는 2000K 이상으로 상승되어서 공기는 해리가 일어날 뿐만 아니라 공기의 온도가 연소에 의한 화염온도에 근접 또는 상회하므로 연소에 의해 화학 에너지를 발생시켜 추진 에너지를 얻겠다는 개념이 무의미하게 된다.

이러한 문제점을 극복해서 마하 5이상의 더 빠른 비행속도를 가진 비행체에 적용하고자 연구/개발되고 있는 공기 흡입식 엔진이 스크램제트(Supersonic Combustion Ramjet) 엔진이다. 램제트 엔진은 아음속에서 연소하는 반면에 스크램제트 엔진은 초음속에서 연소하므로 스크램제트 추진기관이라 명명되었다. 스크램제트 엔진은 연소실에서의 유동 속도가 초음속(마하수 2 이하)이므로 연소가스를 아음속에서 초음속으로 가속시키기 위하여 필요한 기하학적 노즐목이 없으며, 노즐 팽창부만으로 구성된다. [그림 7.2]에서 특정 추진기관이 다른 추진기관보다 우수한 성능을 발휘하는 비행 속도 영역이 있지만, 아음속에서 극초음속까지 전 영역에서 다른 기관보다 공히 우수한 추진기관은 존재하지 않는다. 이는 대기의 공기를 흡입하여 산화제를 사용하는 공기흡입식 추진기관의 특징으로, 비행체의 고도, 속도 및 비행 자세에 따라 엔진으로 흡입되는 공기 특성(유량, 속도, 속도 분포 등)이 매우 크게 변화하고, 공기 특성에 따라 연소 환경과 추진 성능이 크게 영향을 받기 때문이다.

따라서 비행 영역에 따라 성능이 가장 우수한 추진기관을 선별하여 작동시켜 추진력을 얻을 수 있다면 광범위한 비행이 가능할 뿐만 아니라 전 비행경로에서 추진 효율이 매우 향상될 것이다. 이러한 기대로 항공우주 선진국(미국, 프랑스, 러시아, 일본, 중국 등)에서는 하나의 비행체에 여러 형태의 엔진을 통합 운용할 수 있는 추진시스템, 특히 아음속에서 극초음속까지 비행이 가능한 추진 시스템에 대한 연구를 꾸준히 수행하고 있다. 이러한 추진시스템을 복합사이클 추진 시스템(combined cycle propulsion system)이라고 한다. 예를 들면, 터보제트와 램제트의 조합인 터보램제트(turbo-ramjet), 로켓과 램제트를 조합한 로켓램제트(rocket-ramjet), 램제트 및 스크램제트를 조합한 이중 모드 램제트(dual mode ramjet) 및 이중 연소 램제트(dual combustion ramjet) 등이 연구되고 있다.

본 장은, 초보자 또는 공과대학 신입생이 독자의 대상이므로, 위에 나열된 램제트, 스크램제트, 복합사이클 추진기관에 대한 복잡한 이론을 피하고 기초이론과 발전 동향을 중심으로 구성하였다.

7.2 추진 이론

램제트 추진기관에는 고체램제트, 덕티드로켓, 액체램제트 및 스크램제트 추진기관 등이 있

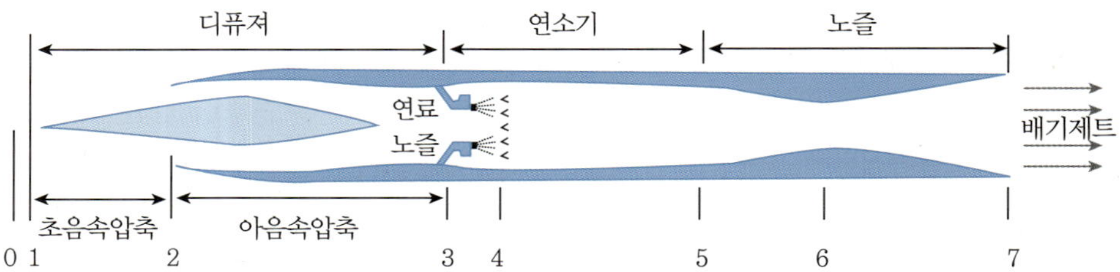

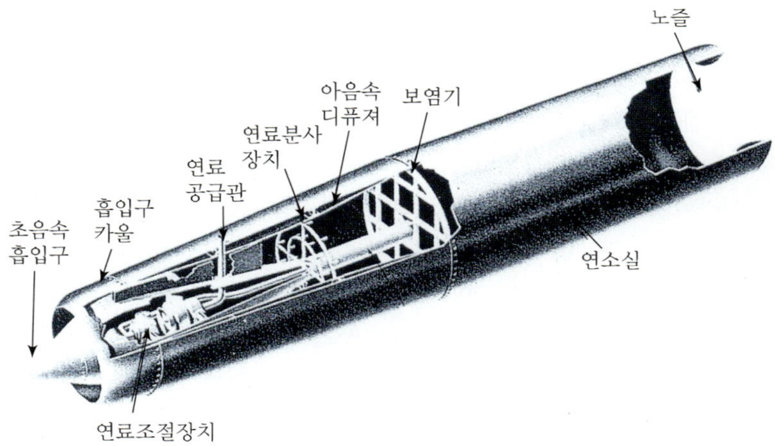

그림 7.3 램제트 개념도

다. 각 추진기관에 따라 사용되는 연료와 연소실에서의 연소 환경이 다르지만 추진 개념이 유사하므로, 액체램제트의 추진이론을 중심으로 램제트 추진 개념을 설명한다.

램제트 엔진은 공기흡입구, 연료분사기, 연소기, 노즐로 구성되어 있다. 공기흡입구는 대기 공기를 엔진으로 유입하여 유속을 줄이고 공기의 압력을 높여(램압축) 연소실로 공급한다. 연료는 연료분사기를 통하여 유입되는 공기 속으로 분사되어 흡입공기와 혼합된 후에 연소기로 공급된다. 공기-연료 혼합물은 연소기 내에서 연소되어 일정 압력(지면 기준으로 약 5기압) 이상으로 상승되고, 승압된 연소가스는 노즐을 통과하면서 가속되어 추력을 발생시킨다. 추력의 크기와 효율은 비행체의 받음각, 흡입구에서의 압력 회복율과 충격파의 거동, 연소기에서의 연소율 및 화염의 동적 거동에 매우 민감하게 영향을 받는다. 따라서 램제트 엔진을 개발하기 위해서는 흡입구에서 노즐까지의 열역학 특성의 변화와 동적 영향을 이해하고 정량화하는 것이 매우 복잡하여, 고도의 지식과 경험이 요구된다. 제트엔진보다 구조적으로 훨씬 간단하지만 내재하고 있는 물리적 현상 변화가 주위 환경에 매우 민감하기 때문에 램제트 엔진이 제트엔진보다 훨씬 뒤늦게 개발된 연유라 할 수 있다.

여기에서는 물리적 현상을 적절하게 가정하여 엔진의 추력을 간단하게 예측하는 방법을 설명한다. 추력은 추진체의 입구와 출구에서의 모멘텀 차이로 표현할 수 있다. 실제로는 비행체가 움직이면서 대기공기가 추진기관으로 유입되나, 상대속도의 개념을 적용하면 비행체를 정지시키고 대기 공기가 비행체의 속도로 흡입구로 유입되는 것으로 간주하여 추진력을 계산할 수 있다.

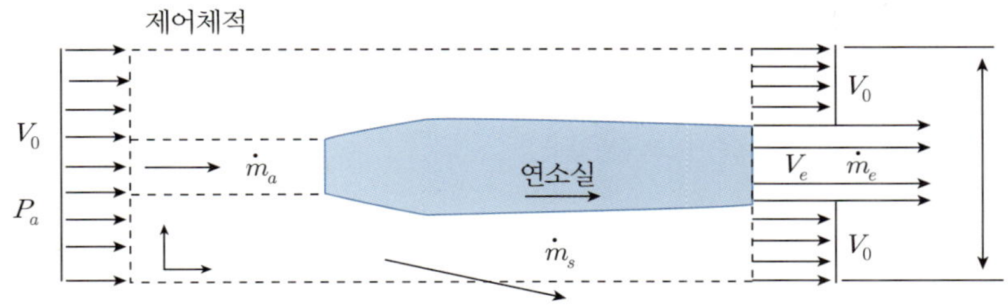

그림 7.4 추력계산을 위한 제어체적

임의의 고도(대기압P_a)에서 비행속도V_0로 비행하는 비행체에 대한 추력을 산출해보자. 상대속도의 개념을 도입하면, 엔진으로 유입되는 공기의 질유량은 $\dot{m}_a = \rho_a V_0 A_i$이며 노즐로 분출되는 배기가스의 질유량은 $\dot{m}_e = \rho_e V_e A_e$로 표현되고 $\dot{m}_e = \dot{m}_a + \dot{m}_f$ 이다. 여기에서 ρ는 밀도, A는 유로의 단면적을 의미하며, 하첨자 a는 공기, f는 연료, i는 흡입구 입구, e는 배기가스(제트) 분출 지점을 의미한다.

제어체적 측면 밖으로 빠져나가는 질량유량 $\dot{m}_s$를 고려하여 질량보존의 식을 제어체적 전체에 적용하면 다음과 같다.

$$\rho_e V_e A_e + \rho_a V_0 (A - A_e) + \dot{m}_s - \dot{m}_f - \rho_a V_0 A = 0 \tag{7.1}$$

다시 정리하면

$$\dot{m}_s = \dot{m}_f + \rho_a V_0 A_e - \rho_e V_e A_e \tag{7.2}$$

$\dot{m}_f = \dot{m}_e - \dot{m}_a = \rho_e V_e A_e - \rho_a V_0 A_i$ 이므로

$$\dot{m}_s = \rho_a V_0 (A_e - A_i) \tag{7.3}$$

모멘텀 보존식을 제어체적에 적용하면 다음과 같다.

$$\sum F = F_R + A_e (P_a - P_e) \tag{7.4}$$

제어체적이 충분히 클 때 측면으로 빠지는 질량유량의 y방향 속도가 아주 작다고 가정하여 y방향 모멘텀을 무시하면 $\dot{m}_s$에 의한 모멘텀은 $\dot{m}_s V_0$이다.

$$\int_{CS} \rho V_x (\vec{V} \cdot \vec{n}) d\vec{A} = \dot{m}_e V_e + \dot{m}_s V_0 + \rho_a V_0 (A - A_e) V_0 - \dot{m}_a V_0 - \rho_a V_0 (A - A_i) V_0 \tag{7.5}$$

위 식에 식 (7.3)을 대입하면

$$\int_{CS} \rho V_x (\vec{V} \cdot \vec{n}) d\vec{A} = \dot{m}_e V_e - \dot{m}_a V_0 \tag{7.6}$$

식 (7.4)는 다음과 같이 표현된다.

$$F_R + A_e (P_a - P_e) = \dot{m}_e V_e - \dot{m}_a V_0 \tag{7.7}$$

$$F = F_R = \dot{m}_e V_e - \dot{m}_a V_0 + A_e (P_e - P_a) \tag{7.8}$$

연료-공기비를 f라 하면 $f = \dot{m}_f / \dot{m}_a$가 되며 식 (7.8)은 다음과 같다.

$$F = F_R = \dot{m}_a [(1+f) V_e - V_0] + A_e (P_e - P_a) \tag{7.9}$$

첫 번째 항을 모멘텀 추력, 두 번째 항을 압력추력이라 하며 일반적으로 압력추력은 모멘텀 추력에 비해 매우 작다. 노즐 끝에서 분출되는 제트의 압력이 대기압과 같도록 노즐을 최적 설계하면 $P_e = P_a$가 된다.

식 (7.9)를 사용하여 임의의 비행속도 V_0에서 추력을 계산하기 위하여 연료의 양과 연소가스의 분출 속도를 알아야 하는데 이는 열역학 사이클 해석을 통하여 알 수 있다. [그림 7.5]는

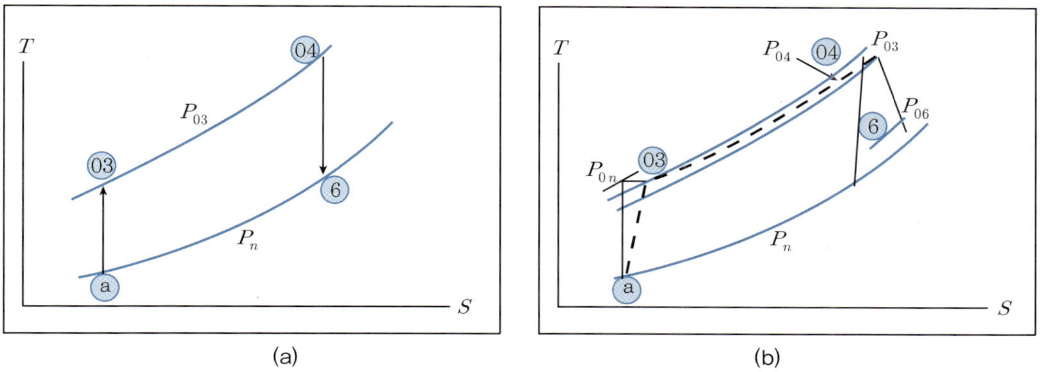

그림 7.5 램제트 엔진의 열역학 사이클 (a)이상 사이클, (b)실제 사이클

램제트 엔진의 이상 열역학 사이클과 실제 열역학 사이클을 보여준다.

엔진 내부에서의 압축/팽창 과정은 가역단열 과정이고, 연소 과정은 일정한 압력에서 일어난다고 가정한다. 이상적 열역학 데이터를 산출한 후에 흡입구에서의 충격파 및 마찰에 의한 압축 손실, 연소실에서의 비완전연소 및 마찰 손실, 노즐에서 발생되는 마찰과 열손실 등을 이상사이클에 보정하면 주입되는 연료의 양에 따른 연소가스의 분출 속도를 계산할 수 있으므로 램제트 엔진의 추력을 알 수 있다. 연소가스의 분출속도 계산 방법을 설명하면 다음과 같다.

실제 사이클에서의 압력 손실, 즉 흡입구에서의 전압력비 r_d , 연소실의 전압력비 r_c와 노즐의 전압력비 r_n는 다음과 같이 정의된다.

$$r_d = \frac{P_{03}}{P_{01}} \qquad r_c = \frac{P_{04}}{P_{03}} \qquad r_n = \frac{P_{06}}{P_{04}} \tag{7.10}$$

그러므로 전체 전압력비는 다음과 같다.

$$\frac{P_{06}}{P_{01}} = r_d \, r_c \, r_n$$

또한 연소실에서의 비열비 변화를 무시하고 엔진 내부에서 일정한 비열비 γ에 대해, 출구 마하수는

$$M_e^2 = \frac{2}{\gamma-1}\left[\left(1+\frac{\gamma-1}{2}M^2\right)\left(\frac{P_{06}}{P_{01}}\frac{P_0}{P_e}\right)^{(\gamma-1)/\gamma} - 1\right]$$

따라서 전압력비를 이용하여 나타내면 다음과 같다.

$$M_e^2 = \frac{2}{\gamma - 1}\left[\left(1 + \frac{\gamma - 1}{2}M^2\right)\left(r_d r_c r_n \frac{P_0}{P_e}\right)^{(\gamma-1)/\gamma} - 1\right] \tag{7.11}$$

엔진으로부터 발생하는 열전달을 무시한다고 가정하면 출구속도는 $V_e = M_e\sqrt{\gamma R T_e}$, 출구 전온도를 이용하여 다음과 같이 표현된다.

$$V_e = M_e\sqrt{\gamma R T_{04} \Big/ \left(1 + \frac{\gamma - 1}{2}M_e^2\right)} \tag{7.12}$$

비가역성은 엔진 전체의 전온도에는 영향을 미치지 않으므로 원하는 최고온도 T_{04}를 얻기 위한 연료-공기비는 다음과 같다.

$$f = \frac{(T_{04}/T_{01}) - 1}{(\eta_b Q_R / c_p T_{01}) - T_{04}/T_{01}} \tag{7.13}$$

여기서 η_b는 연소효율을 나타내며 $\eta_b Q_R$는 실제 연료의 단위 연료당 열량을 나타낸다. 따라서 추력은 식 (7.9), 식 (7.12)와 식 (7.13)에 의해 산출할 수 있다.

[그림 7.6]은 추진시스템 내에서 발생되는 공기 특성(압력, 온도, 속도, 밀도)의 변화를 나타낸다.

엔진 흡입구로 초음속으로 유입되는 공기는 흡입구의 형상에 의하여 충격파가 발생하여 정압력이 상승(램압축)하고 유속은 감소한다. 흡입구의 압력과 연소실의 압력간의 균형을 맞추기 위하여 디퓨저에서 수직 충격파가 발생되고, 초음속의 흡입공기는 수직 충격파를 지나면서 아음속으로 감속된다. 아음속으로 감속된 공기는 연료분사기에 도달하기까지 지속적으로 감속된다. 엔진의 입구에서 연료분사기에 이르는 유로를 초음속 디퓨저와 아음속 디퓨저로 구분할 수 있는데, 엔진 입구에서 수직 충격파까지의 공기유속은 초음속이므로 초음속 디퓨저, 수직 충격파 이후는 아음속이므로 아음속 디퓨저라고 한다([그림 7.3] 참조).

초음속 및 아음속 디퓨저와 연료분사기를 통과하면서 압력이 상승된 공기-연료 혼합물은 연소기에서 연소된다. 연소기에서 노즐 쪽으로 갈수록 압력은 서서히 감소하고 연소에 의해 온도가 가파르게 상승하므로 연소가스는 팽창하게 되고, 노즐을 통하여 더욱 가속된다. 흡입공기 양에 대한 분사된 연료 양이 매우 작으므로(약 1/15 정도) 이를 무시한다면, 분출되는 가스의 속도가 흡입되는 공기의 속도보다 크면 비행체는 가속되고, 분출되는 가스의 속도가 흡입공기의 속도보다 작으면 비행체는 감속된다고 할 수 있다. 이러한 점이 로켓 추진기관과 공기흡입식 추진기관과 다른 점 중의 하나이다. 압축성 유체를 배우지 않은 1학년 공학도에게 다소 어려운 점이 있는데 2~3학년에 열역학 및 압축성 과목에서 자세히 배우게 될 것이다. 기본 개념은 빠르게 유입되는 흡입공기를 압축기 등의 기계적 장치를 사용하지 않고 적절히(압축 손실을 최소화하여) 압축/감속시켜 연료와 혼합한 후 연소실에서 연소된 고온 고압의 연소

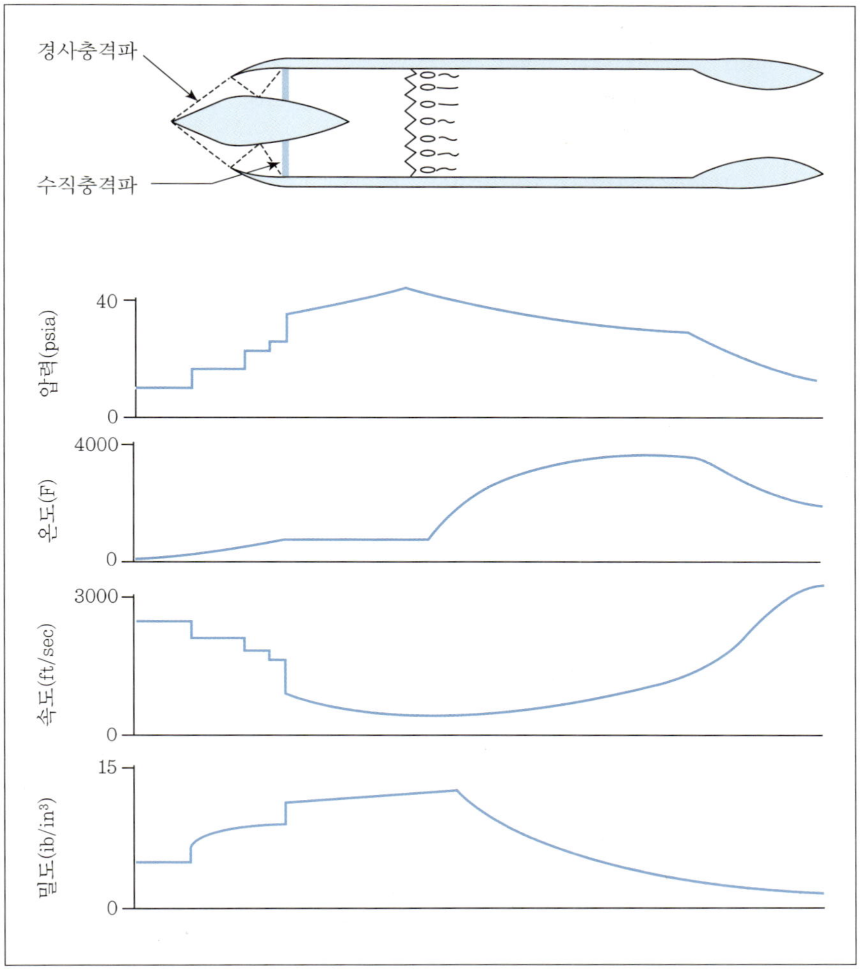

그림 7.6 램제트 추진체 내에서 열역학 특성의 변화

가스를 흡입공기 속도보다 빠르게 분사시켜 추진력을 얻는 추진체가 램제트 및 스크램제트 추진체이다(식 7.9 참조).

7.3 램제트, 스크램제트 및 복합추진기관의 종류

1) 램제트(ramjet)

램제트 추진기관은 초음속 순항 유도탄 등과 같은 군사용에 적합한 추진기관이다. 현대전에서는 항공기와 공격용 유도탄이 고속화되므로 이에 대응하는 방어용 유도탄도 신속 정밀 타격을 위한 초고속화의 요구가 증대된다. 예전에는 비행 고도를 낮게 하여 상대의 레이더 포착에 노출되지 않는 저고도 아음속 순항 유도탄이 효과적이었으나, 인공위성을 이용한 추적 시스템의 고성능화로 저속 순항 유도탄의 입지가 크게 줄어들고 있다. 따라서 상대에 노출되는 시간을 가능한 한 최소화하면서, 목표점에 신속 정확하게 도달할 수 있는 초고속 유도탄이 요구되는 것이다. 램제트 엔진의 효과적인 작동 영역은 고정 흡입구를 사용하는 경우는 비행 마하수가 1.8~3.0 정도이며 가변 흡입구의 경우는 비행 마하수가 5까지도 가능하고, 스크램제트 엔진의 효과적인 작동 영역은 마하수가 5~10 정도이다. 램제트 추진기술은 로켓 추진기술과 터보제트 추진기술에 비하여 실제 비행체에 적용한 시기가 매우 늦다. 램제트 추진에 대한 기본 개념이 프랑스인 Rene Lorin에 의해 1913년에 제안되었으나 50년대 들면서 시제품이 나오기 시작하였다는 것은 그만큼 어려운 기술임을 반영하고 있다. 반면에 어려운 기술임에도 꾸준히 개발하고 있다는 것은 초음속 및 극초음속을 지향하는 미래 항공 기술의 여망에 부합되는 효과적 엔진으로 램제트·스크램제트 추진기관에 대한 기대가 크기 때문이다.

램제트 추진기관의 범주에는 고체 연료를 사용하는 고체램제트 추진기관, 농후연료(fuel rich)인 고체 추진제의 가스를 연료로 사용하는 덕티드로켓, 그리고 액체연료를 사용하는 액체램제트 추진기관이 있으나 최근에는 고체 램제트를 적용하는 경우는 거의 없으며, 추력 조절과 장시간 작동이 용이한 액체 램제트와 고기동에 적합한 덕티드 로켓에 대한 연구가 주류를 이룬다.

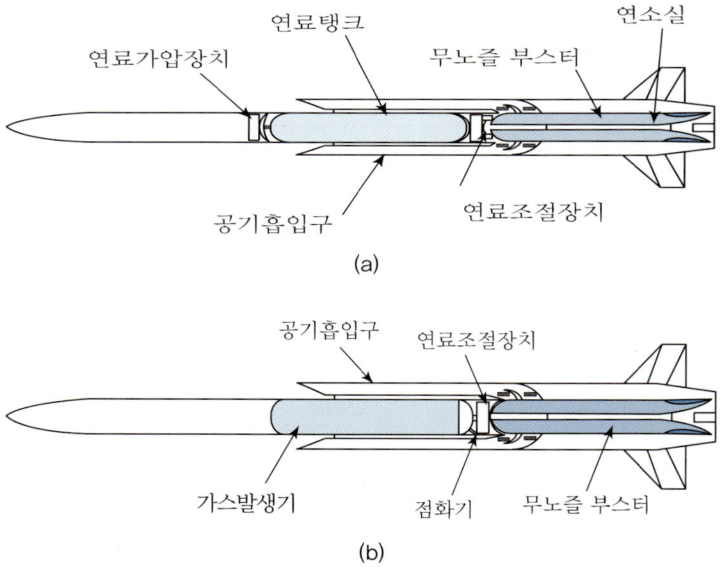

그림 7.7 램제트 유도탄의 개념도 (a) 액체 램제트 (b) 덕티드 로켓

가) 액체 램제트 추진기관

액체 램제트 추진기술을 보유하고 있는 나라는 서방 선진국(미국, 프랑스, 영국, 독일, 러시아 등)은 물론 동남아(일본, 중국, 대만, 인도 등), 중동(이스라엘) 및 아프리카(남아공) 등 여러 나라들이 있다. 이들 나라 중에서 미국, 프랑스, 러시아가 기술을 선도하고 있으며, 50년대의 시제품을 시작으로 최근에는 더욱 안정적이고, 범용적이면서, 고속화에 적합한 램제트 추진기관을 개발하기 위한 연구가 지속되고 있다. 이들 중 미국의 대공유도탄 FASTHAWK와 다용도 정밀타격용 JSSCM, 프랑스의 대함유도탄 ANNG, 러시아의 다용도 유도탄 YAKHONT 등에 사용된 기술이 가장 진보된 것으로, 이에 대해 간략하게 기술한다.

미국의 FASTHAWK

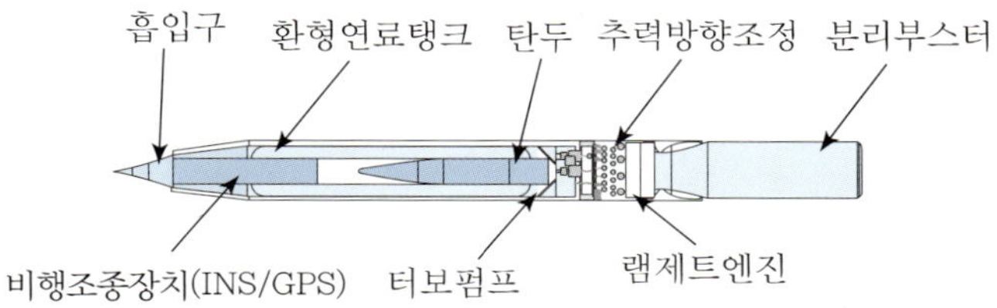

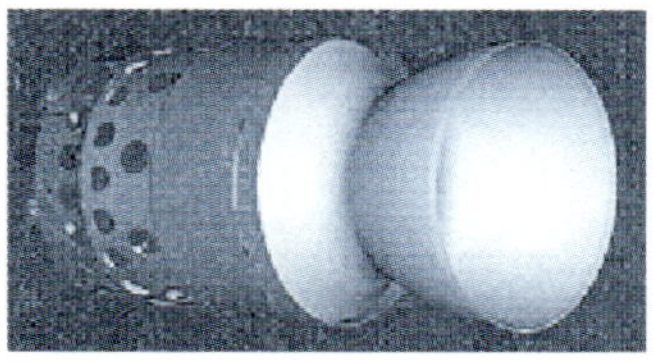

그림 7.8 미국의 FASTHAWK 비행체와 연소기 개략도

FASTHAWK에 사용되는 엔진은 Naval Air Warfare Center에서 지대공 및 공대공 미사일에 적용하기 위한 저비용, 고신뢰도를 가진 초음속 엔진 개발의 일환으로 2005년을 목표로 연구되었던 순항 마하수 4, 항속거리 1260km의 액체 램제트 엔진이다. FASTHAWK는 날개가 없으며, 엔진의 몸체를 틀어(deflecting body) 추력 방향을 조종하는 것이 특이하며 기존 미사일에 비하여 외부 공기에 의한 항력이 매우 작다. 공기 역학적 인젝터(aerogrid fuel injector)는 연소 불안정화 문제가 발생되어 배제시키고, 연소관 벽면에 구멍을 내는 방식(perforated sheet)을 사용하였다. 냉각 장치는 막냉각(air film cooling)으로 연소실은 물론 노즐 내부로 흡입 공기를 지나가게 하여 엔진 전체를 냉각시키도록 하였다. 이는 노즐에서 발생되는 열응력으로 인해 노즐 구조체가 열변형되는 것을 방지하기 위함이다. 이를 위하여 흡입 공기의 6~10%의 공기는 연소실 냉각을 위해, 5%는 노즐 냉각을 위해 사용하여 열차폐 장치 없이도 2330K의 높은 온도에서 장시간 엔진이 작동 가능하도록 하였다. 추력 방향 조종을 위한 몸체의 움직임은 연소 효율, 화염 안정화 및 압력 손실에 아무 영향을 끼치지 않는 것으로 나타났다.

프랑스의 ANNG

프랑스는 1913년 램제트 엔진의 추진 개념을 세계 최초로 고안하여, 여러 단계의 액체 램제

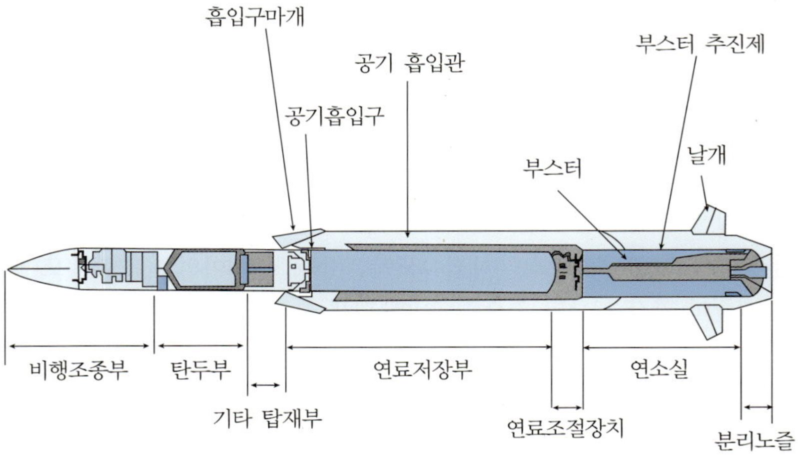

그림 7.9 프랑스의 ANNG 개략도

트 추진기관을 개발하였다. 1986년 비행기 장착용 ASMP의 성공적인 개발은 ASMP-C, ASLP, ANS, ANNG의 개발로 이어졌다.

ANNG 유도탄은 2개의 측면 사각 흡입구를 가지고 있으며 노즐 분리 IRR형 엔진을 장착하고 있고 Exocet 발사대에서 운용될 수 있도록 개발하고 있다([그림 7.9] 참조). 측면 흡입구는 비행 자세와 고도에 대한 영향에 민감하여, 연소실 입구인 흡입구 끝에 두 개의 마름모 형태의 흡입공기 유도판을 설치하여 그 영향을 최소화하였다. 부스터에서 램제트 작동으로의 천이 과정에서 흡입구 방출형 마개, 연소실과 흡입구의 분리판(그림에는 나타나 있지 않음)과 부스터용 노즐이 분리되어야 한다. 연료는 JP-5 또는 JP-10(standard kerosene)을 사용한다. IRR 시스템의 장점은 한 개의 연소관으로 로켓부스터와 램제트의 연소관으로 공동 사용되기 때문에 추진 시스템이 간단하고 부스터에서 램제트로의 작동 천이 과정에서의 분리 시스템도 상대적으로 간단하다. 작동천이를 위한 소요 시간이 짧다는 장점을 지니고 있으나, 작동천이 시 램제트 추진기관의 연소불안정의 발생 가능성이 높다는 단점이 있다.

러시아의 YAKHONT

램제트 엔진을 제일 먼저 그리고 가장 다양하게 유도탄에 적용한 러시아는 램제트 분야에 있어서 가장 진보된 실용기술을 보유하고 있다. 세계 시장을 무대로 개발된 러시아 NPO의 YAKHONT는 다양한 발사 시스템과 다양한 목표물에 적용 가능한 유도 무기 최초의 범용화(즉, 지대공, 지대함, 지대지, 함대공, 함대지, 함대함, 공대지, 공대함, 공대공, 잠대지, 잠대함, 잠대공에 모두 이용 가능)를 목표로 개발하였으며, 순항 마하수 2.5, 비행거리 300km로 발표되었다. 동축형 램제트 엔진에 삽입부스터(inserted booster)를 사용하는 러시아 고유의 모델이다. 삽입부스터의 사용은 부스터를 분리시키는 방식이 고난위도의 기술이지만 램제트 엔진의 작동 측면에서는 매우 다양한 부스팅 방식을 제공한다. 램제트 엔진의 연소관 내면에

그림 7.10 러시아의 YAKHONT 개념도

효과적인 냉각 시스템을 사용할 수 있을 뿐 아니라 ANNG의 경우처럼 인슐레이션에 의한 불안정한 연소 현상도 배제할 수 있고, 화염 안정화 장치와 연료 분사 인젝터의 위치를 다양하게 배치할 수 있다. 또한 가변노즐을 적용하고 있는데 이는 비행 속도와 자세에 따라 노즐목을 가변적으로 움직일 수 있도록 하여 탈 설계점에서 발생할 수 있는 흡입구 불안정 현상(buzz)을 억제할 뿐 아니라 흡입구의 압력 손실을 조절할 수 있다. 이는 YAKHONT의 램제트 추진기관이 복합 다용도로 적용 가능케 할 수 있는 핵심 기술이다.

나) 덕티드로켓

액체 램제트 추진기관의 문제점으로는 액체연료를 사용함에 따라 연료공급 계통(연료공급장치, 배관, 밸브, 연료분사기 등)이 복잡하다는 것과 유도탄의 급격한 가속이나 선회에 따른 고기동에서 화염 유지가 매우 어렵다는 것이다. 또한 램제트 장착 비행체가 고고도에서 발사되는 경우에는 연료가 극히 저온이고 엔진 내부가 저압이므로 근접 전투 상황에서는 성능 저하가 불가피하다. 이러한 문제점을 해결하기 위해 등장한 것이 덕티드 로켓이다. 가스발생기에서 농후연료 고체 추진제를 일차적으로 연소시키고, 연소실에서 공기를 흡입해서 이차연소를 하는 로켓+램제트의 원리라 할 수 있다([그림 7.7] 참조). 일차 연소실에서는 외부에서 유입되는 흡입공기에 상관없이 보염이 되므로, 고고도와 고기동을 요하는 유도탄에도 적용이 가능하다는 장점이 있다. 반면에 가스발생기 내에 일정량의 산화제를 탑재해야 하고, 일차 연소실의 열부하를 극복해야 하므로 장거리 유도탄에는 적합하지 않다.

덕티드로켓을 처음 유도탄에 적용한 나라는 냉전하의 구소련이었다. 1967년 11월 붉은 광장의 군사 퍼레이드에 공개된 SA-6 Gainful 덕티드 유도탄은 당시 그 개발에 관한 정보가 없었으며, 서방측은 이를 액체 램제트를 탑재한 지대공 유도탄으로 간주하였다. 1973년 제4차 중동전쟁에서 이집트 상공을 비행하던 이스라엘 전투기가 여러 차례 요격되고, 조종사로부터 유도탄이 항공기의 선회 성능보다도 우수하고 계속 추격해 와서 도저히 피할 수 없었다는 증언이 나왔다. 그 당시 서방측 전문가로서는 이를 이해할 수 없는 상황이었다. 전쟁 종료 후에 이집트로부터 접수한 SA-6 유도탄의 실물을 조사하고서야 서방 기술자들은 액체 램제트가 아니고 덕티드 로켓임을 알게 되었다.

금속입자를 사용하는 덕티드 로켓은 온도가 3,000K 이상 되는 금속 미립자와 고온의 가스가 공기와 혼합하여 연소하므로 연소가 안정되고, 고열량을 방출하므로 유도탄의 고기동 및 선회운동이 엔진의 연소 불안정과 추력저하에 미치는 영향은 저감된다. 현재는 고체 램제트의 이점은 살리면서 가스 발생량을 조절하는 개념의 유량 제어형 덕티드 로켓(VFDR: Variable Flow Ducted Rocket) 개념이 적용되고 있다. 가스발생기 연소실의 출구에 단순한 개폐식 밸브를 부착하여 유량조절을 구현한다. 즉 밸브의 유로를 작게하면 압력이 증가하고 연소속도가 증가하여 가스 발생량이 증가하고, 밸브의 유로를 크게하면 가스 발생량이 감소하는 원리를 적용하는 것이다.

미국의 덕티드로켓

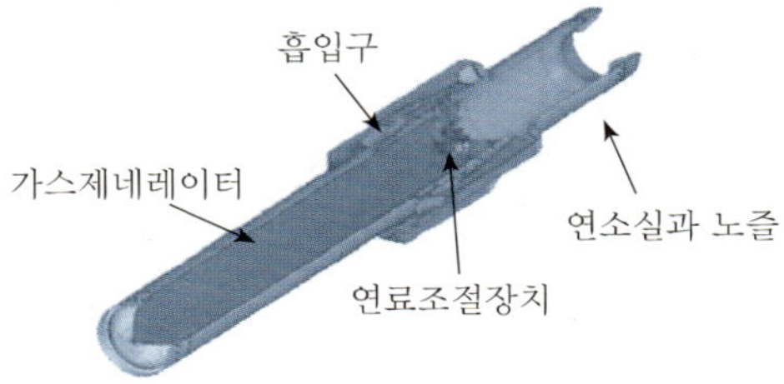

그림 7.11 미국 SSST의 개념도

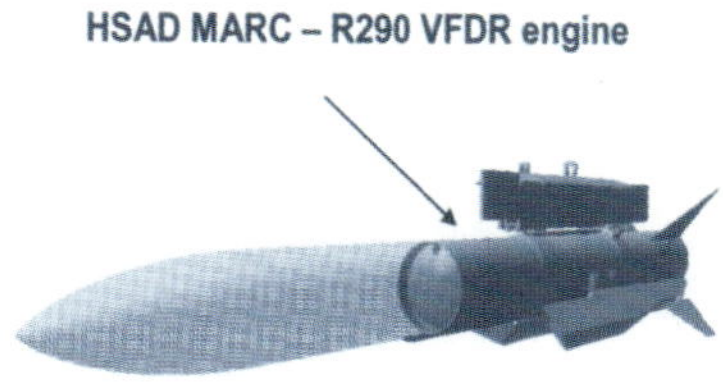

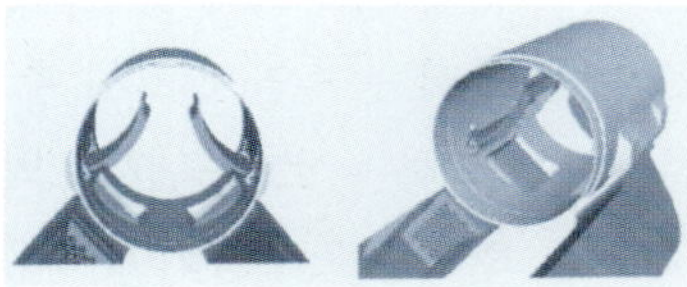

그림 7.12 미국 HSAD의 개념도

미 공군은 2000년에 GQM-163A Coyote(MARC R282)라 불리는 Supersonic Sea Skimming Target(SSST)의 개발(해면 고도에서 비행마하수 2.5 이상, 사거리 100km 이상, [그림 7.11] 참조)에 착수하여 2005년 4월에 비행시험을 하였다. 분리형 부스터를 채택하였고 유량조절은 Goodrich사에서 개발한 선형 전기기계 가압기(Linear Electro-mechanical Actuator)를 사용하였다. 또한 2002년에 High-Speed Anti-radiation Missile Demonstration(HSAD: MARC-R290, [그림 7.12] 참조) 개발(추진기관, 기체와 조종까지 개발)을 착수하였다. SSST와는 달리 HSAD는 IRR이며 HARM의 대채용으로 3.5년 내에 개발을 목표로 2005년에 비행시험을 하였다. 밸브 가압 장치는 SSST와 같이 Goodrich사가 참여하였다. SSST와는 달리 무노즐 부스터

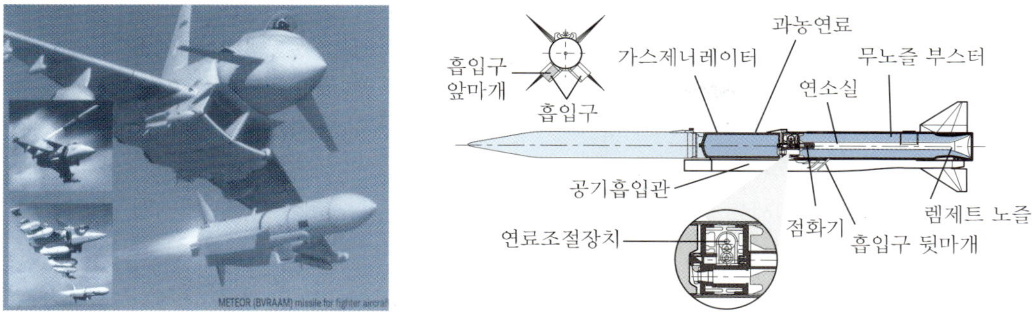

그림 7.13 유럽 Metero(BVRAAM)의 개념도

가 적용되었으며, 램제트 노즐은 실리카 페놀, 연소관은 D6AC 강 단조품, 부스터 그레인은 Reduced Smoke Class 1.3 추진제를 사용하였다. 공기가 연소실로 흡입되는 흡입구의 덮개는 파열형 대신에 개폐형을 사용하고 있다는 점이 특이하다.

유럽의 덕티드로켓

동종의 유도탄을 유럽 전체에서 공통으로 사용하는 유도탄 개발이 계획됨에 따라 프랑스 ROXEL사의 액체 램제트, Bayern-Chemie & Protac사의 유량 제어형 덕티드 로켓, 미 공군이 개발 중인 CSD사의 유량제어형 덕티드 로켓 등이 참여하여 수주 경합을 벌였다. 결과적으로는 Bayern-Chemie&Protac사가 제안한 유량제어형 덕티드 로켓(Meteor)으로 결정이 되었다. Meteor(BVRAAM)는 가스발생기를 사용하고, 2개의 흡입구와 무노즐 부스터에 저연 추진제를 사용한다. 사거리는 100km이고 비행속도는 마하 4.0이며 공대공 및 공대지로도 사용이 가능하다. 가스발생기의 방출 가스량의 조절은 기계적 방식의 레귤레이터 1개를 사용하며, 가스발생기의 추진제는 보론 40%를 함유하고 있다. 가스발생기의 밸브는 기계식과 유압식이 혼합된 형식이며, 공기흡입구 덮개의 재질은 알루미늄으로 기계적인 작동으로 개폐를 하며 연소시 녹아 없어진다.

2) 스크램제트(scramjet)와 복합사이클(combined cycle) 추진기관

가) 스크램제트(scramjet) 추진기관

스크램제트는 램제트와 달리 제한된 항공우주 선진국(미국, 프랑스, 러시아, 호주, 일본, 중국, 인도 등)에서 실용 연구를 하고 있는데, 이는 기술적 난제와 막대한 연구비용이 요구되기 때문이다. 아직 어느 국가도 스크램제트 추진기관을 실제 비행체에 탑재하여 운용하고 있지는 못한다. 지상에서 연소안정 및 연소 효율이 입증된 몇 가지 기본적 연구 형태의 연소기를 제한된 비행시험을 통한 작동 점검이 주류를 이루고 있다. 1960년 Ferri에 의하여 지상에서 자유흐름시험(freejet test)을 통해 초음속 연소의 가능성이 제시된 이후, 1991년 러시아 CIAM

에서 마하수 5.5의 비행시험(실제로 초음속에서 연소되었다는 근거가 미약하여 논란이 있음), 2004년 미국 X-43A의 비행마하수 9.8에서의 초음속 연소 확인에 이르기까지, 기본적 연소시험을 하는데 약 45년이 소요되었다는 것은 그만큼 기술적 난제가 매우 크다는 것을 의미한다.

스크램제트의 개발 역사는 Fry 등에 의하여 잘 정리되었다[1]. 스크램제트는 사용연료(수소 또는 탄화수소)와 흡입구의 형태로 연구 목적과 적용 체계를 연관하여 구분할 수 있다. 수소 연료를 사용하는 스크램제트 연구 프로그램은 항공용 및 우주 재사용 발사체에 적용하기 위한 것이며, 탄화수소 계열의 연료를 사용하는 연구 프로그램은 군사용 유도무기에 적용을 위한 것이다. 수소 연료는 탄화수소에 비하여 단위질량 대비 에너지 함유량이 3배 크고, 흡열 기능이 매우 우수한 반면, 부피가 크고 위험성이 크므로 군용으로 적절하지 않으나 화학 반응속도가 매우 빠르므로 우주 접근 비행체를 위한 연료로 사용된다. 반면에 탄화수소는 수소에 비하여 단위 부피 대비 에너지 함유량이 4배 많고 상대적으로 안전하므로 저속 비행체 및 군용 목적으로 사용된다.

나) 로켓기반 복합사이클 엔진 – RBCC(Rocket Based Combined Cycle)

로켓 추진을 적용하는 기존의 우주비행체는 로켓자체의 무게로 인해 탑재할 수 있는 화물(payload)의 양이 극히 작으며 고비용의 추진체를 재사용하기가 불가능하다. 이러한 단점을 극복하기 위한 방법들이 제시 되었다. 그 중에 하나는 로켓추진체의 무게를 줄이는 것인데 액체로켓 추진의 경우 산소를 대기 중에서 취하게 하면 추진체의 무게를 현저히 줄일 수 있어 이러한 방식의 추진 장치를 장착한 우주비행체는 더 많은 화물을 실을 수 있게 되므로 로켓과 공기유입이 혼합된 형식의 RBCC(Rocket-based Combine Cycle) 추진방식이 제안되었다. 램제트나 스크램제트를 사용하는 추진기관은 정지 상태에서 초음속에 이르기까지 가속시켜주는 장비가 별도로 필요한데 RBCC 추진시스템은 가속을 위해서 로켓엔진을 사용하며 로켓과 램제트의 복합적인 기능을 갖도록 설계되었다(그림 7.14).

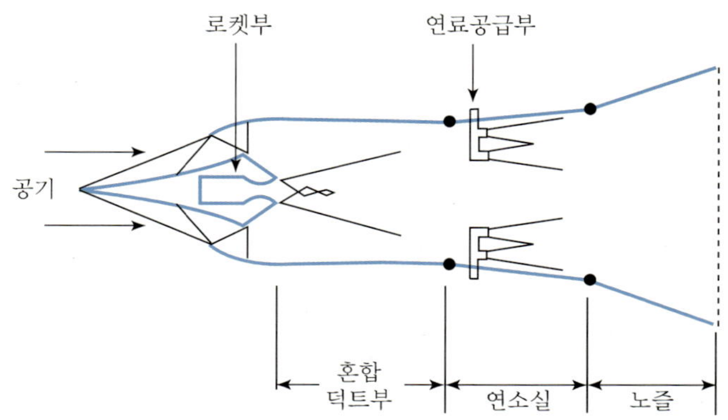

그림 7.14 RBCC(Rocket Based Combined Cycle)의 개념도

RBCC 추진 방법은 고 효율의 제트 항공기술과 강한 출력 및 고고도 운용능력을 갖춘 로켓 엔진의 혼합된 시스템이다. RBCC는 그림 7.14에서처럼 흡입부분, 로켓엔진, 혼합덕트(Mixture duct), 연소기 및 노즐로 이루어져 있다.

RBCC는 다음과 같이 4가지 모드로 작동한다.

- 첫번째 모드는 로켓출력모드로서 이 모드에서는 로켓이 주요 출력의 역할을 하게 되며 우주비행선의 이륙에서부터 마하(Mach) 3.5의 초음속까지 작동한다.
- 두번째 모드는 마하 7까지의 램제트 모드이며 이 모드에서는 로켓엔진이 정지하고 유입되는 공기는 압축기나 터빈등과 같은 기계적인 도움 없이도 램 압축된다.
- 세번째 모드는 마하 12까지의 모드이며 연소가 초음속에서 이뤄지는 스크램제트로 바뀐다.
- 네번째 모드는 마하 12에서부터 15까지의 모드이며 공기유입을 차단하고 로켓만을 재 작동시켜서 우주선을 우주궤도에 진입시킨다.

RBCC는 저비용-고효율 재사용 발사체의 이상적인 추진 엔진이다. 이 엔진은 상승궤도에서 대기 중에 있는 산소의 일부분을 사용하기 때문에 RBCC엔진을 장착한 비행체는 로켓보다 높은 비추력을 낼 수 있다. RBCC엔진은 미래의 발사체 적용에 중요한 역할을 하게 될 것이다.

다) 터빈기반 복합사이클 엔진 – TBCC(Turbine Based Combined Cycle)

오늘날 터빈엔진은 아음속과 초음속 추진용으로 활용되고 있다. 재료와 효율적인 냉각구조 개선이 성공적으로 개발되면 마하 4이상의 초음속 추진성능을 발휘할 수 있을 것이다. 높은 마하수의 유도탄에 소모성 고속 터빈엔진이 사용될 수 있으며 로켓기반 추진 시스템과 비교해 볼 때 추력제어가 가능하여 유동 목표물에 대한 기동성과 반응성이 우수할 것이다. 재사용(reusable) 고속 터빈 엔진기술은 활주로에서 이륙하고 극초음속 비행영역에서는 스크램제트 엔진으로 전환할 수 있는 터빈기반 복합사이클 (TBCC)방식이 개발되고 있다.

TBCC는 회전체, 기밀, 재료의 온도 한계 등이 복합적으로 결합된 특성을 가진 새로운 개념의 엔진으로서 1단 혹은 2단 궤도 발사체에 적용된다. 2단 궤도 발사체는 현재 낮은 추력대 중량비를 가지므로 TBCC추진 시스템이 제안되었다.

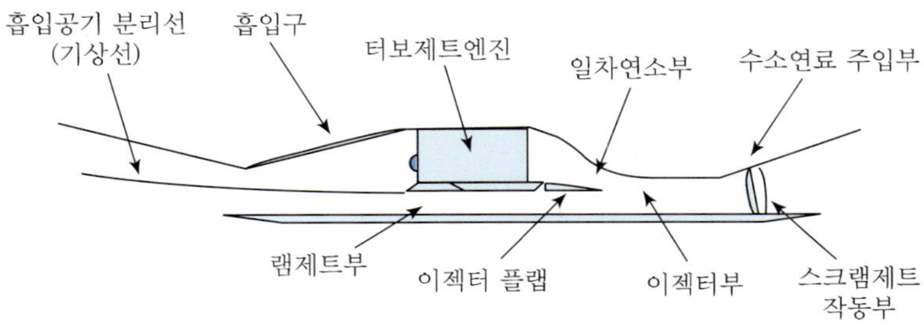

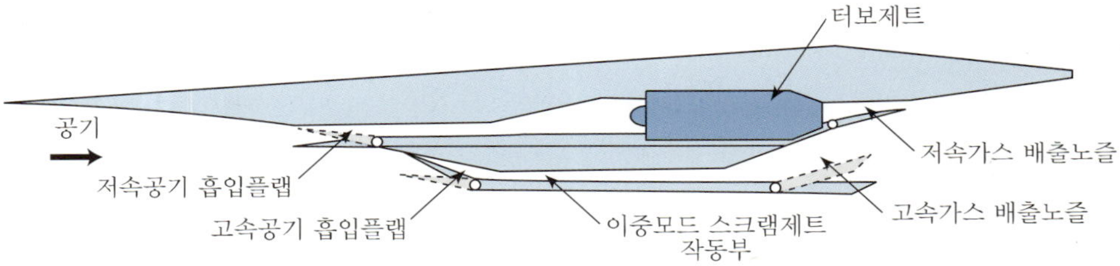

그림 7.15 TBCC의 개략도 [2]

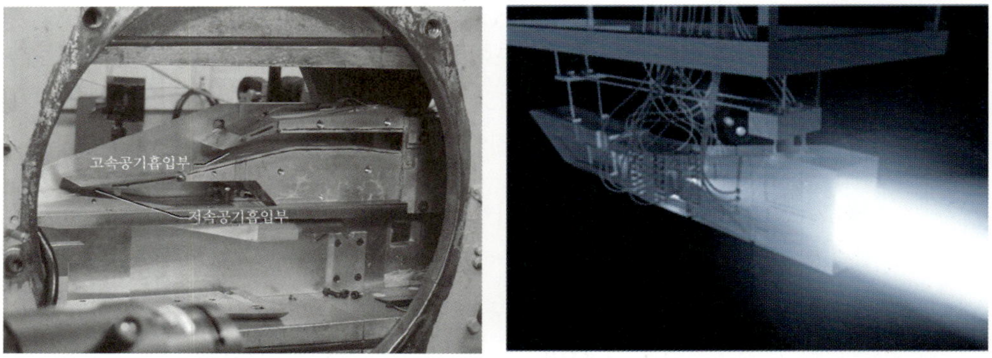

그림 7.16 NASA Langley에 설치된 TBCC Model

TBCC의 추진개념은 [그림 7.15]와 같다. 터보제트 엔진은 이륙부터 마하 3의 속도까지 작동된다. 이륙 후 배출구 플랩이 내려가고, 램제트 공기흡입 덕트가 닫힌다. 수소연료가 노즐 영역으로 들어가고 후기연소기(Afterburner)가 가동된다. 이륙 후 곧 배출구 플랩이 들어 올려지며 램제트 덕트로 통하는 공기의 항력을 감소시킨다. 마하3 근처에서는 터보제트 영역에서 램제트 운용으로의 전환이 완전히 이루어진다. 터보제트 엔진은 낮아진 흡입구 플랩과 높아진 배출구 플랩에 의해 효과적으로 격리된다. TBCC는 RBCC엔진보다 12배나 큰 비추력을 가질 수 있지만 터보제트와 스크램제트를 위한 별도의 유로가 요구되는 반면에 RBCC의 경우에는 하나의 유로로 구성되어 무게와 복잡성을 줄일 수 있는 장점이 있다.

미국의 극초음속 추진기관 개발현황

미국은 다양한 목적에 부합하는 실용적 극초음속 추진기술 개발을 주도하고 있다. 군사용 스크램제트 개발을 위한 HyFly, SED(Scramjet Engine Demonstration), HyTech(Hypersonic Technology) 프로그램, 스크램제트 및 복합엔진에 소요되는 기술개발을 위한 Spaceliner 프로그램, 지상에서 개발된 엔진과 기타 관련 기술을 비행시험을 통하여 실증하기 위한 Hyper-

X(Hypersonic C-plane) 프로그램 등이 있다. HyFly 프로그램은 DARPA(Defense Advanced Research Projects Agency)와 미해군(ONR: Office of Naval Research)에서, SED 프로그램은 DoD(Department of Defense)에서, HyTech 프로그램은 미공군(USAF: US Air Force)에서 개발 주도를 한다. Spaceliner 프로그램은 ASTP(Advanced Space Transportation Program) 또는 NGLT(Next Generation Launch Technology)로도 불리는데 이는 NASA MSFC(Marshal Space Flight Center)가 개발을 주도하였다. 또한 Hyper-X는 NASA LaRC(Langly Research Center)와 DFRC(Dryden Flight Research Center)가 주도한다. 각 기관에서 독립적 연구를 지속하되 미 항공우주국(NASA: National Aeronautic and Space Administration)의 NAI(National Aerospace Initiative)와 국방부 산하의 DoD간의 통합협력기구를 구성하여 초고속(극초음속) 기술을 관리하고 있으며, 다음과 같이 3단계의 극초음속 추진기술의 적용을 계획하고 있다.

1단계: 적시에 표적을 공격할 수 있는 초음속·극초음속 유도탄 개발
2단계: 전세계 어떤 표적에도 접근할 수 있는 극초음속 폭격기 연구
3단계: 적시에 우주로 접근할 수 있는 재사용 발사체 개발

미국의 다양한 스크램제트 엔진 개발 프로그램 중에서 여기에서는 2가지만 소개한다. 가장 가까운 장래에 극초음속 유도탄에 실용 적용이 이루어질 것으로 예상되는 HyFly 프로그램은 신속대응미사일(ARRMD)을 위한 초고속 비행체 개발을 목표로 하고 있다. 운용 범위는 비행 마하수 6.5 이상, 비행거리 1100Km, 고도 27km에서 운용하여, 10분 이내에 목표물에 도달하는 것이다. 항공기, 함정, 잠수함에서 지상 표적이 가능하며 전방 동체는 티타늄 구조물을 사용한다. 이중연소램제트(DCR) 엔진은 JHU/APL(Johns Hopkins University/Applied Physical Laboratory)에서 개발하고 있으며, 지상에서 직접연결식(direct connected type) 실험을 통하여 마하수 3~6에서 수행하고, 자유흐름식(freejet type)에서 마하 6~6.5를 성공적으로 실험하여 2007~2008년에 비행시험을 계획하고 있다. 4년간(2002~2006) 극초음속 비행실험을 위하여 1억 8,600만 달러를 투입하여, 저비용 장거리 극초음속 전술 유도탄 개발(미사일 기당 2십만 달러)을 목표로 한다.

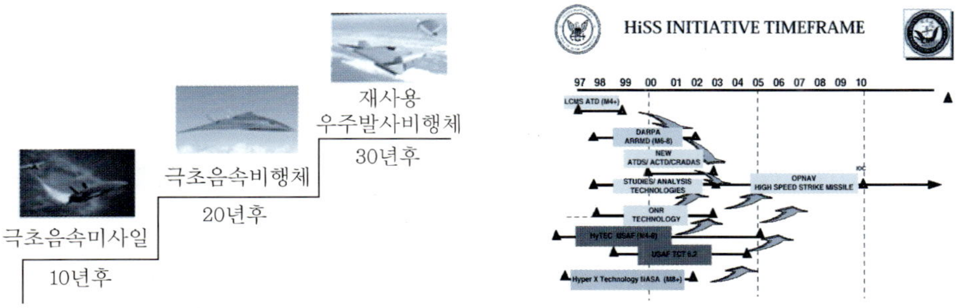

그림 7.17 미국의 극초음속 비행체 개발 계획

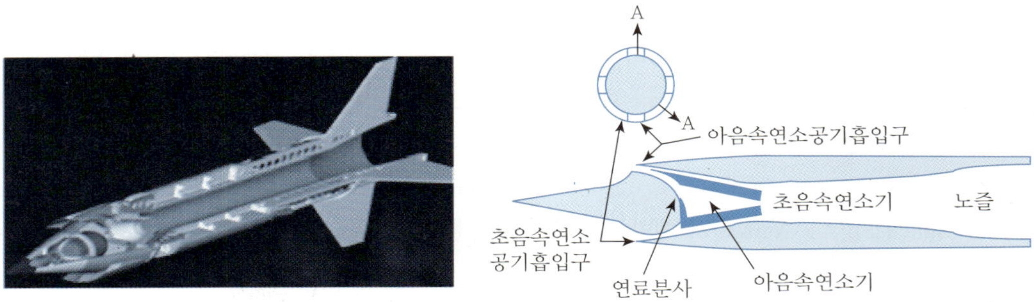

그림 7.18 Hyfly 스크램제트 개략도

X-43A는 작은 극초음속 항공기로 전장 3.7m, 폭 1.5m이며, B-52에서 공중 발사되며(마하 0.49, 고도 5.7km), Pegasus 고체 추진제 부스터가 마하 7, 고도 29km까지 가속시키고 스크램제트 엔진이 약 10초간 작동된다([그림 7.19] 참조). 수소를 연료로 사용하며, 엔진은 구리로 제작되었고 수냉 앞전(water-cooled leading edge) 방식이다. 비행 마하수 7과 10에서 약 10초간 시험하여 순수 추력이 동력원이 될 수 있는지 시연하는 것이 목표이다. 첫 번째 시험은 Pegasus 비행체가 B-52로부터 정상 분리하였으나, Pegasus 로켓 부스터의 롤 진동에 의하여 비행체가 비정상으로 작동하여 스크램제트 시험 자체를 수행하지 못했다. 그러나 두 번째와 세 번째 비행에서는 각각 비행 마하수 7과 9.8에서 스크램제트에 의한 동력 비행에 성공하여 초고속 비행기록의 기네스북에 오르게 되었다.

X-43C는 미 공군의 HyTech 프로그램에 의하여 Pratt & Whitney Rocketdyne (PWR) 사에서 개발되고 있는 X-1 스크램제트 엔진의 비행 시험을 위해 제작될 비행체이다. 지금까지 대부분의 스크램제트 엔진은 빠른 연소속도 때문에 수소를 연료로 사용하고 있지만 HyTech 프로그램에 의하여 개발될 X-1 엔진은 높은 에너지 밀도를 가져 실용적인 등유 계열의 탄화

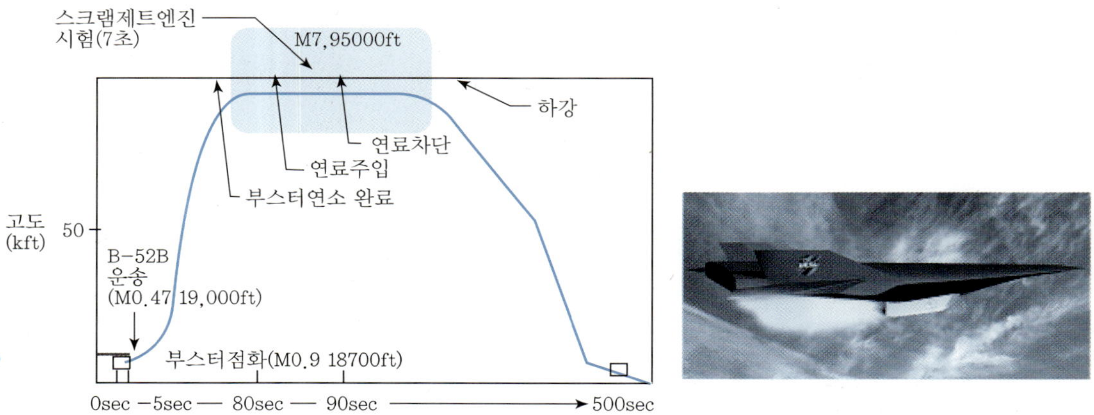

그림 7.19 X-43A 스크램제트 연구 개략도

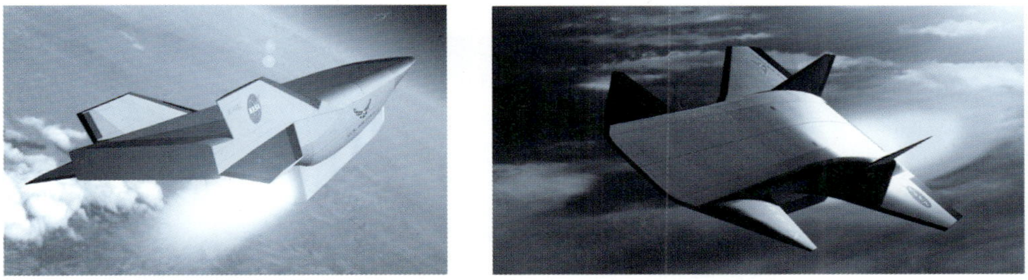

그림 7.20 X-43C (좌) X-43B (우) 의 비행 상상도

수소 연료인 JP-7 을 사용한다. JP-7은 초음속 항공기인 SR-71을 위하여 개발된 연료이다. 한편 X-1 엔진의 냉각을 위하여 연료를 냉매로 사용하며, 흡입된 열은 액체 상태의 장쇄 탄화수소(long-chain hydrocarbon)를 연소하기 쉬운 기체 상태의 단쇄 탄화수소(short-chain hydrocarbon)로 열분해 된다. X-43C 비행 프로그램은 탄화수소 계열의 연료를 사용하여 수소 연료를 사용하는 X-43A 보다 긴 약 5분간의 동력 비행을 하며, 이를 통해 추진 시스템의 성능, 이중모드 램제트/스크램제트 작동 여부 및 보다 넓은 기동비행 등을 시험할 예정이다. 탄화수소를 사용함으로 인해 연소기 길이와 동체의 크기도 다소 증가할 예정이다. X-43C의 비행시험은 X-43A에서 개발된 동체구조, 단분리, 비행관리, 데이터 시스템 등의 개별 하부 시스템들을 많이 사용한다. X-43C는 2008년에 시험비행 할 예정이다.

X-43B는 X-43 계열 중의 세 번째 비행체이며 (X-43C가 먼저 비행 시험) 최초의 재사용

그림 7.21 X-51 스크램제트 기술 실증기

그림 7.22 FALCON 프로그램으로 개발 중인 HTV-3X 재사용 가능 극초음속 항공기

비행체가 될 예정이다. X-43B는 TBCC와 RBCC 기관 중 하나의 복합사이클 추진기관을 탑재할 예정으로서 다른 X-43 기체들과 달리 고체로켓 부스터에 의존하지 않고 극초음속 영역까지 가속한다. X-43B의 비행 시험은 2010년경에 예정되어 있다.

한편 미국은 NASA 주도의 Hyper-X 프로그램 외에도 미공군의 주도하에 미사일 형태의 X-51 스크램제트 기술실증기를 개발하고 있다. X-51의 기체는 Boeing에서 개발하고 있으며, 지상 11km 의 고도에서 B-52 항공기에서 ATACMS 고체로켓 부스터를 이용하여 발사하여 마하 4.5에 도달한 후 PWR 사의 X-1 스크램제트 엔진을 이용하여 마하 7까지 가속할 예정으로써, 2008년에 지상시험을 마치고 2009년에 비행시험이 계획되어 있다.

아울러 미 공군과 DARPA는 2003년 FALCON(Force Application and Launch from CONtinental United States)이라는 극초음속 추진 시스템 개발 프로그램을 시작하였다. 이 프로그램에 의하여 미 공군은 미국 본토로부터 세계 어느 곳이든 2시간 내에 도달하며, 빠른 속도로부터 얻어지는 큰 운동에너지를 이용하여 방호 능력이 우수한 지하 목표물을 공격할 수 있는 능력을 가지게 될 것이다. FALCON 프로그램은 3단계로 나누어 2025년까지 개발 완료할 예정이다. 최근 FALCON 프로그램에 의하여, TBCC 추진기관을 이용하는 재사용 가능 극초음속 항공기 HTV-3X가 2012년 시험 비행 예정으로 언론에 알려진 바 있다.

프랑스의 극초음속 추진기관 개발현황

프랑스의 경우도 미국과 같은 맥락의 스크램제트 엔진을 개발하고 있는데, 군사적 목적의 탄화수소를 사용하는 스크램제트 엔진 개발 프로그램 ESOPE(1973년)과 우주 발사체용 추진체 개발을 위해 수소 연료를 사용하는 스크램제트 엔진 개발 프로그램(WRR(1993~2003), JAPHAR(1997~

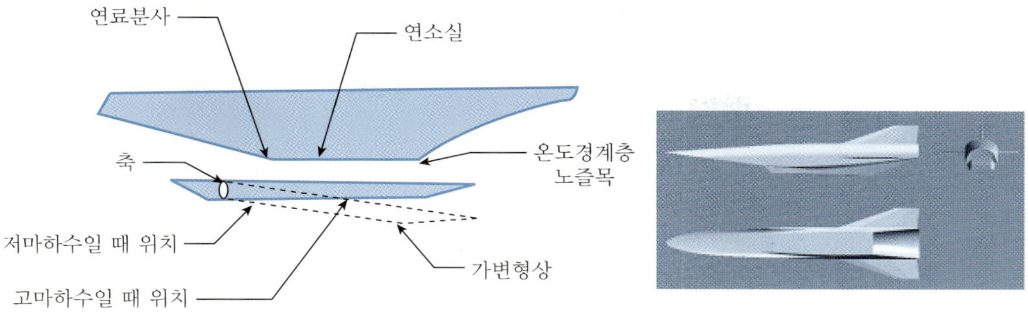

그림 7.23 Promethee(좌) JAPHAR(우) 스크램제트의 개략도

2002), Promethee(1999~2002))을 수행하였고, 최근에는 국제 공동연구를 추진하고 있다. 특히 탄화수소보다는 수소를 사용하는 스크램제트 엔진 개발에 더 많은 노력을 기울이고 있다.

WRR(Wide Range Ramjet)은 프랑스와 러시아의 공동 연구 프로그램이며, 가변식 이중모드 램제트 엔진으로 회전식 카울을 적용하는 Promethee 프로그램과 병진식 카울을 적용하는 PIAF 프로그램이 있다. Promethee(fully variable dual mode) 프로그램은 흡열 탄화수소를 사용하며, MBDA와 ITAM(Institute of Theoretical and Applied Mechanics)의 합작으로 이중모드 램제트 엔진 개발을 목표로 하고 있다. MBDA 및 프랑스정부(ONERA)는 Promethee 프로그램을 통하여 비행 마하수 2~8 유도탄을 개발하여, 재래식 공대지 미사일을 대체하고자 한다. ONERA는 2002년 5월에 비행 마하수 2.0~7.5의 지상연소시험을 하였고, 2009~2012년 사이에 6회 비행시험을 계획하고 있다.

JAPHAR(Joint Airbreathing Propulsion for Hypersonic Application Research) 프로그램은 1980년대에 연구되었던 PREPHA와 독일 Sanger 프로그램의 연구 결과를 바탕으로 비행 마하수 4~8을 목표로, 수소를 사용한 고정 이중모드 램제트 엔진을 독일과 함께 공동 개발하고 있다. 2000~2002년에 비행 마하수 4.9, 5.8, 7.6에 대한 지상연소 시험을 수행하였다. 미국의 Hyper-X 프로그램과 유사하게 스크램제트 엔진의 연구 결과를 비행체에 탑재하여 지상에서의 엔진 성능과 비행에서의 성능을 검증하기 위하여 2003년부터 LEA 프로그램이 추진되었다. 이는 이중모드 램제트를 이용하여 비행 마하수 4~8을 계획하고 있으며, 고정식 이중램제트(JAPHAR 연구 결과의 엔진) 또는 가변식 이중램제트(Promethee/PIAF 연구결과의 엔진) 가운데 하나를 선택하여 2010~2012년 사이에 6회의 비행시험이 계획되어 있으며, 비행체는 비회수형이다.

러시아의 극초음속 추진기관 개발현황

CIAM의 HFL(Hypersonic Flying Laboratory)는 Kholod(SA-5 지대공 미사일에 동축형 스크램엔진을 장착한 비행시험 프로그램)를 통하여 1991년 세계 최초로 극초음속(비행 마하수 5.5)에서 비행시험을 성공적으로 수행하였다. 프랑스와 계속적인 공동연구를 통하여 1992년

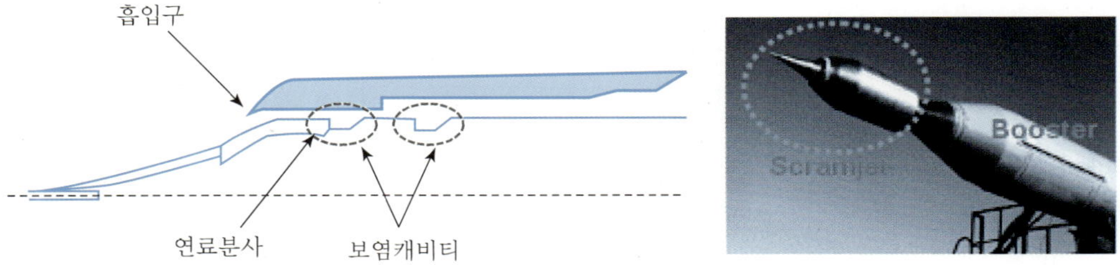

그림 7.24 러시아 Kholod 스크램제트 개략도

11월과 1995년 3월에 비행 마하수 5.35와 5.8에서 시험을 하였으며, 1995년 시험에서는 파워시스템의 고장으로 실패하였다. 네 번째 비행시험은 미 NASA와 공동연구로 램-스크램 이중 모드의 작동을 검증하기 위하여 비행 마하수 3.5~6.4에서 약 77초간의 시험을 수행하였으며, 이를 통해 지상시험과 비행시험간의 성능 데이터의 유사성을 확인하는 매우 큰 성과를 보였다. 그러나 초음속에서의 연소 데이터 불확실성으로 이중 램제트의 비행작동 검증을 위한 추가 시험이 요구되었다. 보염을 위하여 2개의 램프를 설치하였다([그림 7.18] 참조).

AYAKS 프로그램은 러시아에서 제안하여 미 AFRL에서 연구가 지속된 것으로, MHD (Magneto- Hydro dyanamic) 동력을 수소연료 스크램제트 엔진을 위한 압축 과정의 일부분으로 포함하고, WIGs(Weakly Ionized Gases)를 동체 전방에서 발생시킴으로 유입 및 압축비를

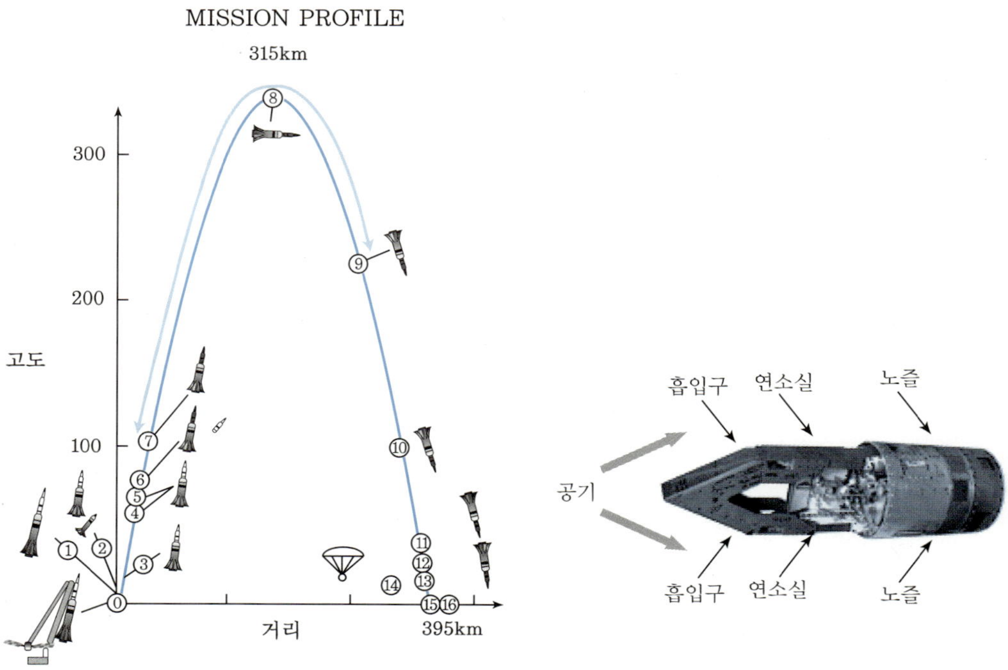

그림 7.25 호주 Hyshot 스크램제트 개략도

증가하고자 하는데, WIGs는 비행체의 단면적을 능동적으로 제어할 수 있으므로 더욱 잠재적 이용 가치가 있다. 러시아는 세계 최초의 극초음속 추진의 선도 역할을 하였으나, 구소련의 붕괴 이후 급격한 경제 침체로 인하여 많은 연구비가 소요되는 스크램제트 엔진 기술개발에 미온적이었다. 그러나 근간에 급속한 경제 회복에 힘입어 극초음속 엔진 개발을 포함한 새로운 항공우주 진흥법의 설립과 추진 계획의 확정으로 새로운 기술 경쟁의 대열에 합류할 것으로 기대된다.

호주의 극초음속 추진기관 개발현황

호주는 퀸즐랜드 대학이 주축이 되어 국제 컨소시엄을 구성하여 Hyshot 프로그램을 수행하고 있다. Hyshot 프로그램은 2단 과학로켓(Terrier-Orion MK70)을 이용하여 고도 약 350km까지 올라간 후 자유낙하로 지상으로 떨어질 때, 고도 23~35km 사이에서 약 5초 동안 초음속 연소를 수행하는 매우 저비용의 비행시험 프로그램이다. 엔진은 2차원의 쐐기형(반각 20도)으로 한쪽 면은 수소연료를 분사하여 연소시켜 연소 데이터를 확보하고, 다른쪽 면은 연료를 분사시키지 않고 비연소의 공력 특성 데이터를 얻는 것을 목표로 한다([그림 7.25] 참조). 그 동안 2001년 1회(실패), 2002년 1회, 2006년 2회(1회 실패)의 실험을 통하여 shock tunnel을 이용한 지상 시험데이터는 비행형 단순 초음속 연소기 설계에 적용 가능함을 보여주었다. 경제적이면서 간결한 시험을 할 수 있다는 장점으로 세계 여러 나라에서 자국에서 연구한 스크램제트 연소기의 실험을 의뢰하고 있다. 실례로 2006년 3월 25일 세 번째 시험은 영국의 엔진, 3월 30일의 네 번째 시험은 일본 엔진 시험을 대행하였다. 4번째 시험에서 발사는 성공적이었으나, 스크램제트 엔진을 덮고 있는 페어링이 벗겨지지 않아 연소시험은 이루어지지 못하였다. 이후 2007년부터는 미국 DARPA와 호주 국방과학기술기구(DSTO)의 지원으로 HyCAUSE 프로그램으로 개편되어 2007년 6월 15일 최초 비행 시험이 마하 10의 속도에서 성공적으로 수행되었다.

일본의 극초음속 추진기관 개발현황

일본은 스크램제트 엔진 그 자체보다도 복합사이클 엔진인 터보램제트엔진 개발 연구를 먼저 착수했다. JAXA(Japan Aerospace Exploration Agency)의 전신인 NAL(National Aerospace Laboratory)가 주도하여 HTPR(Hypersonic Transport Propulsion System Research) 프로그램(일본 주도의 국제공동연구 프로젝트: 미국 UTC와 GE, 영국 RR, 프랑스 Snecma와 계약)을 1989년부터 10년간 수행하였으며, 초음속·극초음속 비행체의 개발 이전에 추진시스템의 기반기술을 확보하는 것이 목적이다.

ATREX(Air-turbo-ramjet with hydrogen expansion turbine) 엔진은 일본의 고유모델이며, 1999년 HYPR 프로그램에 이은 ESPR프로젝트(환경 적합형 차세대 초음속 추진 시스템 기술 연구 프로그램)를 위한 수소 연료를 사용하는 복합사이클 엔진이다. 순항 마하수 2.2인 콩코드 비행기의 실패를 교훈 삼아 저소음, 저Nox, 저CO2의 연구가 이루어졌다. 액체수소연

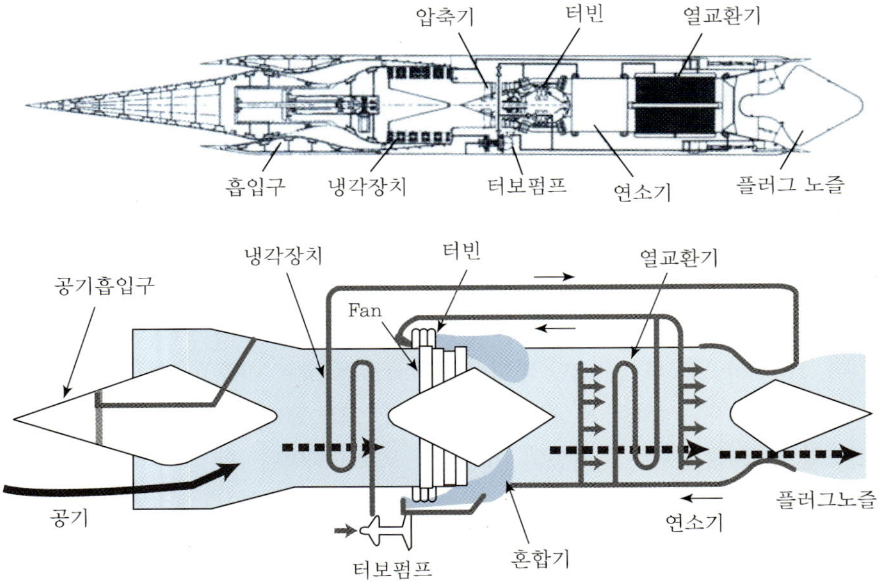

그림 7.26 일본 ATREX 복합엔진 개략도

료를 이용한 Pre-cooler와 공기연료의 mixer를 위해 16개 별모양 lob 형상으로 설계되었으며, 화염안정기의 역할도 하도록 설계되었다. 우주 재사용 발사체의 용도로 연구되고 있는 마하 6의 극초음속 복합엔진이 연구 중에 있다.

연습문제

1. 터보제트, 램제트, 스크램제트의 추진 원리의 공통점과 상이점을 설명하라.

2. 비행체 A의 추진기관은 액체엔진이며. 비행체 B의 엔진은 스크램제트이다. 이때 비행체 동체의 항력은 무시한다. 비행체 A와 비행체 B의 노즐에서 분사되는 배기가스의 속도가 모두 음속과 같다면 각 비행체는 가속하겠는가? 감속하겠는가? 등속인가? 그 이유를 설명하라.

3. 위의 비행체 A와 B의 고도가 상승한다면 추진력은 증가하는가? 감소하는가? 변화가 없는가? 그 이유를 설명하라. 단 공기-연료비는 이상적 혼합비를 유지하고 있다.

4. 위의 비행체 A와 B의 엔진을 이상적으로 설계하면 무한정으로 속도를 빠르게 할 수 있는지 아니면 할 수 없는지 각각에 대하여 설명하라.

5. 램제트와 스크램제트의 노즐 형상의 차이점과 그 이유를 설명하라.

참고문헌

1. Fry, R. S, *A century of Ramjet Propulsion Technology Evolution*, Journal of Propulsion and Power, Vol. 20, No. 1, Jan-Feb, 2004, pp.27-58.
2. Curran, E. T., *Scramjet Engines: The First Forty Years*, Journal of Propulsion and Power, Vol. 17, No. 6, Nov-Dec, 2001, pp. 1138-1148.
3. Waltrup,, P.J., White, M.E., and etc, *History of U.S. Navy ramjet, Scramjet, and Mixed-Cycle Propulsion Development*, AIAA 96-3152, 1996.
4. 원수희, 정인석, 최정열, 『극초음속 스크램제트 엔진 개발의 개관』, 한국추진공학회지, 제9권, 제1호, 2005, pp.67-83.
5. 성홍계, 윤현걸, 『램제트/스크램제트의 기술동향과 소요기술 분석 I. 램제트 엔진(액체 램제트, 덕티드로켓)』, 한국추진공학회지, 제10권 제1호, 2006, pp.72-86.
6. 성홍계, 윤현걸, 『램제트/스크램제트의 기술동향과 소요기술 분석 II. 스크램제트 및 복합엔진』, 한국추진공학회지, 제10권 제2호, 2006, pp.114-127.

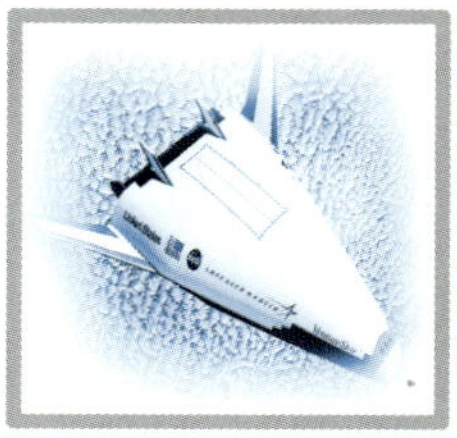

Chapter 08

로켓 추진이론과 비행 성능

8.1 로켓 추진기관 개요

하늘을 날고 싶어 했던 인간의 염원은 공중을 맘껏 날아다니는 새들을 연구하여 결국 비행기를 발명해냈다. 또한 전쟁 중 멀리 있는 적군을 향해 살상용 무기를 날리고자 했던 연구 결과로 더 멀리, 더 빠르게, 더 많은 양의 폭탄을 효율적으로 실어나를 수 있는 로켓을 개발하기에 이르렀다. 이 로켓은 또한 우주를 향한 인류의 꿈을 실어나르는 데도 활용되어 달로, 화성으로 그리고 더 멀리까지 날아가기 위한 추진력을 제공하고 있다. 앞장에서 소개한 바와 같은 공기흡입식 추진기관과는 달리 로켓 추진기관은 고온, 고압의 연소가스를 다량으로 발생시키기 위해 자체몸체 내에 산화제와 연료를 함께 싣고 다닌다. 우리가 일반적으로 알고 있는 로켓 추진기관은 화학 에너지를 사용하는 것들로서 크게 나누어 [그림 8.1]과 같이 고체, 액체, 및 혼합형(Hybrid)의 3가지가 있다.

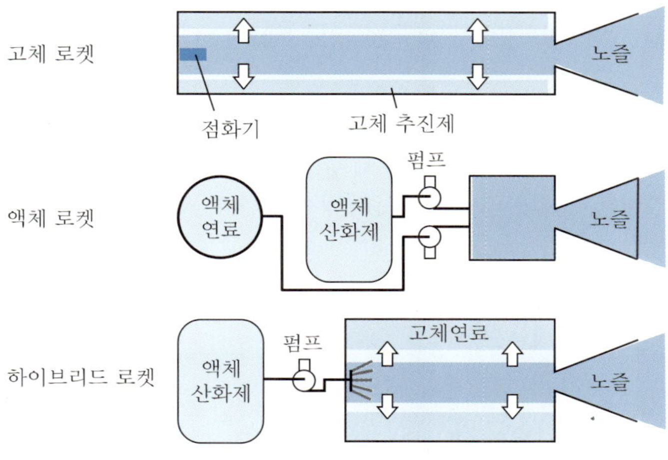

그림 8.1 로켓 추진기관의 개략도

고체 로켓 추진기관은 산화제와 연료가 혼합되어 있는 고체 추진제가 연소실 내에 내장되어 있으며, 구조가 단순하고 신뢰성, 저장성, 즉시 발사성 등이 뛰어나 군사용 미사일의 대부분이 고체 로켓 추진기관을 사용하고 있다. 액체 로켓 추진기관은 산화제 및 연료를 별개의 저장탱크에 저장하였다가 추진제 공급/제어장치에 의해 연소실 내로 분사/연소시켜 추력을 발생한다. 구조가 복잡하나 고체 로켓 추진기관과는 달리 추력량 제어가 용이한 장점을 갖고 있다. 혼합형 로켓 추진기관은 주로 연소실에 내장되어 있는 고체 연료에 별도 저장탱크에 저장된 액체 산화제를 분사시켜 연소하게 하는 방식이다. 액체와 고체 로켓 추진기관의 구조를 혼합한 형태로 취급 안전성이 좋고 환경 친화적인 배기가스를 배출하는 등의 장점이 있는 반면 연소속도가 느려 최근 이를 개선하고자 하는 여러 방식의 연구가 진행 중이다. 혼합형 로켓 추진기관은 액체 로켓 추진기관과 같이 산화제의 유량제어가 가능하기 때문에 추력 중단, 재점화 및 추력제어도 가능하다. 이러한 다양성 때문에 소형 위성발사용 발사체 및 미사일 등에의 적용을 위해 지속적으로 연구 발전되고 있다.

이들 3가지 형태의 화학 로켓 추진기관의 장단점을 정리하면 [표 8.1]과 같다.

표 8.1 화학 로켓 추진기관과 공기흡입식 추진기관의 특징 비교

구 분	고체로켓	액체로켓	하이브리드 로켓	터보제트	램제트
구조	간단	복잡	중간	복잡	비교적 복잡
비추력*(초)	~ 250	~ 400	~ 350	2500~3000	800~1800
추력제어성	불량	양호	양호	양호	액체 rjt: 양호
안전취급성	양호	불량	보통	보통	보통
즉시 발진성	양호	불량	보통	보통	불가능**
장기 저장성	양호	불량	보통	보통	보통
경제성	양호	불량	보통	불량	보통
자력 발진	가능	가능	가능	가능	불가능
비행마하수(M)	$M < 20$ 정도	$M < 20$ 정도	$M < 20$ 정도	$M < 2$ 정도 (보통 아음속)	$1 < M < 5$
출력비행시간	짧음 (~100초 이내)	중간 (~1000초 이내)	짧음 (~100초 이내)	장시간 가능	중간 (~10000초 이내)

* 비추력: 초당 단위질량의 연료를 연소시킬 때 발생하는 추력값

**램제트 엔진 장착 미사일은 즉시 발사를 위해 로켓 부스터의 도움을 받음.

8.2 추진성능 (ref 1, 2)

로켓 추진기관의 성능은 [표 8.1]의 비추력으로 판단할 때 공기흡입식 추진기관에 비해 그리 썩 좋은 것은 아니다. 하지만 공기가 불필요하고 순간 고추력 발생이 가능한 장점 등으로

우주개발 및 군사용 비행체에 필수적으로 활용되고 있다. 이와 같은 성능의 지표인 비추력 I_{sp} 는 다음과 같이 정의한다.

$$I_{sp} = \frac{\text{추력}}{\text{추진제소모율}} = F / \dot{w} \tag{8.1}$$

식 (8.1)의 비추력 값은 이상적인 형태로 실제 설계에 활용되는 값을 구하기 위해서는 로켓의 비행고도, 노즐의 형태 및 출구와 목단면 면적비, 여러 가지 열역학 및 물리적 효율(추진제의 연소효율, 연소가스 유동효율, 및 노즐내면 마찰과 열손실 등)을 고려해야 한다. 이로 인해 실질적 비추력은 –로켓 추진기관의 크기가 너무 작지 않은 경우– 이상적인 값의 92~98% 수준이 된다. 로켓 추진기관의 성능을 말할 때 종종 총역적을 사용한다. 총역적이란 어느 수준의 추력으로 얼마 동안 추력을 발생시켰는가를 적분한 값을 말한다.

$$I_{total} = \int_0^{t_b} F dt \tag{8.2}$$

추력발생 방식이 크게 다르지 않은 경우 총역적이 비슷하면 비행 최고속력과 비행거리가 유사한 결과를 얻는다. 하지만 추력발생 방식이 크게 다르면 총역적이 비슷해도 결과는 유사하지 않게 된다. 일례로 총역적의 반 정도를 일차 발생시킨 후 적절한 시간 후에 나머지 반을 발생시키면(이와 같은 방식을 다중 펄스 로켓 추진이라 한다) 비행거리를 25% 정도까지 더 증가시킬 수 있다. 식 (8.2)를 활용하면 비추력은 다음과 같이 나타낼 수 있다.

$$I_{sp} = I_{total} \ / \ W_p \tag{8.3}$$

로켓 추진기관의 추력 F는 노즐출구로 배출되는 연소가스에 의해 발생된 반작용 힘과 노즐출구면에서의 배출가스압력과 대기압의 차에 의해 발생된 반작용 힘의 합이다.

$$F = \dot{m} u_e + (p_e - p_a) A_e \tag{8.4}$$

동일한 로켓 추진기관에서 추력 F는 대기압이 낮아질수록 증가하고 노즐 출구압력을 작동고도의 대기압과 유사하게 설계할수록 높아진다. 하지만 추력의 크기를 지배적으로 좌우하는 것은 식 (8.4)의 첫 번째 항이며 고고도에서 작동하는 추진기관이나 노즐 출구압력과 대기압이 같아지도록 설계된 추진기관에서는 식 (8.4)의 두 번째 항은 별 의미가 없어진다. 실질적인 설계에서는, 저고도에서 작동하는 로켓 추진기관을 설계할 때, 많은 경우 노즐 출구압력이 대기압과 동일하게 되게 설계하지 못하고 비행체의 외경과 노즐 출구 부분에 있는 부품들의 제한으로 인해 대기압보다 큰 노즐 출구압력을 갖도록 설계되는 것이 보통이다. 동일한 연소가스 배출 유량으로 추력을 더 높이기 위해서는 무엇보다도 배출속도 u_e 를 높일 수 있도록 노즐설계에 유념해야 한다.

$$u_e = \sqrt{\frac{2\gamma R T_c}{\gamma - 1}} \sqrt{1 - (\frac{p_e}{p_c})^{\frac{\gamma-1}{\gamma}}} \tag{8.5}$$

식 (8.5)에서 볼 때, 동일한 추진제를 사용시 노즐 출구압력이 가능한 한 적어지도록, 다시 말해 노즐 출구직경이 가능한 한 커지도록 한다. 하지만 노즐 팽창부 내에 유동박리가 발생하는 것 (이 부분은 8.4항 참조)에 유념하여 설계해야 배출속도를 증가시킬 수 있다.

추진 성능과 관련한 속도를 나타내는 인자로 위의 배출속도 외에 유효배출속도(effective exhaust velocity) c 및 특성속도(characteristic velocity) c^*가 있다. 유효배출속도 c는 다음과 같이 정의한다.

$$F = \dot{m} c \tag{8.6}$$

따라서 식 (8.4)를 사용하여 재정리하면

$$c = u_e + \frac{(p_e - p_a) A_e}{\dot{m}} \tag{8.7}$$

또한, 식 (8.1)을 사용하여 정리하면 c와 I_{sp}의 관계식을 구할 수 있다.

$$c = I_{sp} \times g \tag{8.8}$$

특성속도 c^*는 유효배출속도 c가 노즐의 조건에 따라 변하는 것과는 달리 노즐의 조건에 무관하며 연소실 내 추진제의 연소가스 특성만으로 표현된다. 따라서 어느 추진제의 특성속도값이 크다는 것은 그 추진제의 추력 발생 능력이 좋음을 의미한다. 이를 식으로 나타내면 다음과 같다.

$$c^* = \frac{\sqrt{\gamma R T_c}}{\gamma \sqrt{(\frac{2}{\gamma + 1})^{(\gamma+1)/(\gamma-1)}}} \tag{8.9}$$

연소실 내에서 추진제의 연소효율은 연소가스가 노즐로 배출되기 전에 연소실 내에서 얼마나 충분히 연소할 수 있었는가에 따라 달라진다. [그림 8.2]는 액체 로켓 연소실 내에서의 연소가스가 연소반응할 공간이 얼마나 잘 주어졌나에 따라 특성속도값이 어떻게 변하는지를 보여준다. 연소공간이 더 충분히 주어지게 될수록 [그림 8.2]에서 보는 바와 같이 특성속도값이 이론치에 접근함을 알 수 있다.

여기서 연소실 특성길이 L^*는 연소실의 연소공간 V_c를 노즐 목 단면적 A_t로 나눈 값으로 다음과 같이 정의된다.

$$L^* = V_c / A_t \tag{8.10}$$

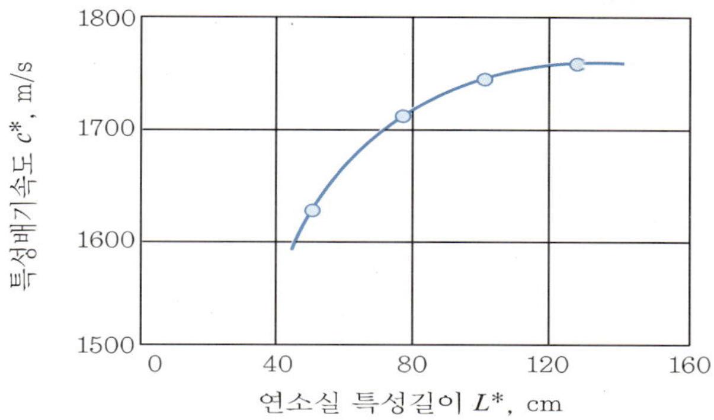

그림 8.2 연소실 특성길이 L^*와 특성속도 c^*의 관계
(N_2O_4/A50, O/F 비=1.9, p_c=1.95Mpa, A_c/A_t=2.0), (ref 3: p.126)

노즐을 통해 배출되는 추진제 연소가스의 유동률을 연소가스 특성치를 활용하여 나타내면 다음과 같다.

$$\dot{m} = A_t p_c \sqrt{\frac{\gamma}{RT_c}} [\frac{2}{\gamma+1}]^{\frac{\gamma+1}{2(\gamma-1)}} \tag{8.11}$$

이를 더 간략히 표현하면

$$\dot{m} = C_D p_c A_t \tag{8.12}$$

여기서 C_D는 질량 유량계수라고 부른다. 즉,

$$C_D = \sqrt{\frac{\gamma}{RT_c}} [\frac{2}{\gamma+1}]^{\frac{\gamma+1}{2(\gamma-1)}} \tag{8.13}$$

식 (8.9)와 식 (8.13)은 상호 역수의 관계이다. 즉,

$$c^* = \frac{1}{C_D} \tag{8.14}$$

식 (8.4)의 추력 F를 식 (8.5)와 식 (8.11)을 사용하여 정리하면 다음과 같다.

$$F = A_t p_c \left\{ [\frac{2\gamma^2}{(\gamma-1)}](\frac{2}{\gamma+1})^{\frac{\gamma+1}{\gamma-1}} [1 - (\frac{p_e}{p_c})^{\frac{\gamma-1}{\gamma}}] \right\}^{1/2} + (p_e - p_a) A_e \tag{8.15}$$

여기서 추력계수 C_F를 다음과 같이 정의하면

$$C_F = \left\{ [\frac{2\gamma^2}{(\gamma-1)}](\frac{2}{\gamma+1})^{\frac{\gamma+1}{\gamma-1}} [1 - (\frac{p_e}{p_c})^{\frac{\gamma-1}{\gamma}}] \right\}^{1/2} + [\frac{p_e}{p_c} - \frac{p_a}{p_c}] \frac{A_e}{A_t} \qquad (8.16)$$

추력 F를 다음과 같이 간단히 표현할 수 있다.

$$F = C_F p_c A_t \qquad (8.17)$$

동일한 추진기관에서 추력 F를 높이려면 C_F값이 커지도록 설계해야 함을 알 수 있다. 식 (8.16)에서 보면 C_F는 노즐 면적비 $\frac{A_e}{A_t}$, 비열비 γ 및 압력비 $\frac{p_e}{p_c}$의 함수이다. 여기서 노즐 면적비는 식 (8.18)과 같이 표현된다.

$$\frac{A_e}{A_t} = \left\{ (\frac{\gamma+1}{2})^{\frac{1}{\gamma-1}} (\frac{p_e}{p_c})^{\frac{1}{\gamma}} \sqrt{\frac{\gamma+1}{\gamma-1}\left[1 - (\frac{p_e}{p_c})^{\frac{\gamma-1}{\gamma}}\right]} \right\}^{-1} \qquad (8.18)$$

즉, C_F는 A_e/A_t를 적절히 조절해야 함을 알 수 있다. 이들의 관계를 그림으로 표현하면 [그림 8.3]과 같다.

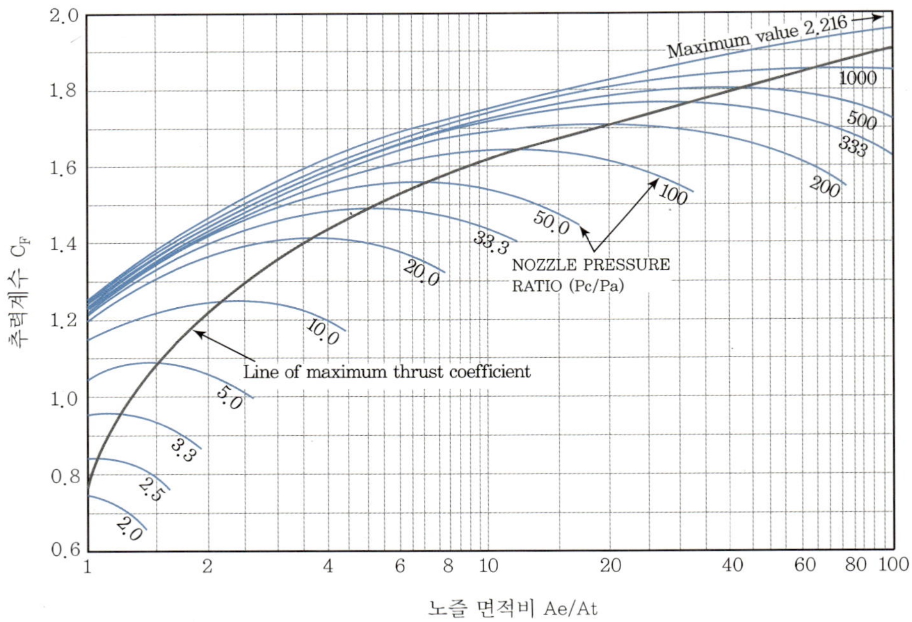

그림 8.3 추력계수와 노즐 면적비의 관계($\gamma = 1.2$) (ref 2: rocket p18)

어떻게 해야 로켓 추진 성능을 높일 수 있는가에 대해 [그림 8.3]을 보면 쉽게 알 수 있다. 연소실 압력이 정해진 가운데 가장 큰 추력계수는 노즐 출구 압력과 대기압이 같도록 노즐 면적비(이와 같은 조건을 최적 노즐 면적비라고 한다)를 선택함으로 얻어진다. 하지만 연소실의 압력을 높이면 더 큰 값의 추력계수를 얻을 수 있다. 여기에는 높은 연소실 압력은 구조물의 무게 상승을 수반함에 유의하여 최적값을 선정해야 함을 염두에 두어야 한다. 노즐 면적비를 최적 면적비 이상으로 키우면 추력계수값은 오히려 낮아진다. 노즐 면적비가 어느 한계값보다 더 커지면 노즐 팽창부 내에 유동박리 현상이 발생하고 추력계수는 지속적으로 낮아진다. 낮아지는 비율이 조금 완만해지긴 하지만 여전히 감소하고 있고 유동박리가 심해지면 비대칭 박리로 인해 비행체의 정상적 안정 비행을 방해한다. 비행 직각 방향으로 흔들리게 하는 힘을 유발하는 비정상 현상이 발생하기 때문에 가능한 한 노즐 유동박리 현상이 발생되지 않는 조건으로 설계하는 것이 바람직하다.

로켓 비행체가 고고도에서 비행하는 것으로 설계할 때에는 고고도에서의 대기압이 지상값보다 낮음을 감안하여 설계한다. 즉, 대기압이 낮다는 것은 압력비 p_c / p_a가 커짐을 의미하기 때문에 비행고도가 높아질수록 추력계수가 커짐을 의미한다. 따라서 비행시 로켓의 연소구간에 해당하는 고도를 고려하여 로켓 작동 중의 전체 성능이 가장 많이 나오도록 하는 고도(대개 중간 고도에 해당)에 맞추어 노즐 면적비를 선정하는 것이 바람직하다. 고고도에서의 로켓 추진 성능을 확인하기 위해서는 지상에서 성능 확인을 위한 지상연소시험시에 고고도 대기압을 모사해낼 수 있는 디퓨저라는 장치를 사용한다. 이 디퓨저는 시험할 로켓 추진기관의 노즐의 뒷부분에 장착된다([그림 8.4] 참조).

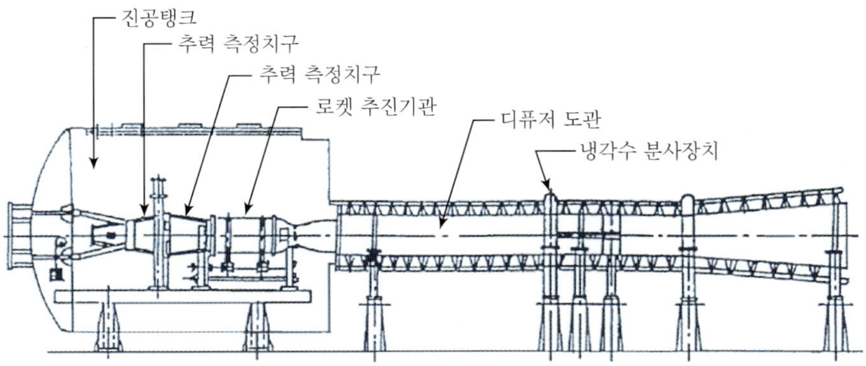

그림 8.4 고고도 시험을 위해 장착된 로켓 모터와 디퓨저 (ref 4)

로켓 추진 성능의 실질적인 값을 얻기 위해서는 로켓 추진기관의 연소시 발생하는 각종 물리적 그리고 화학적 손실에 대해 알아야 할 필요가 있다. 이들은 연소실에서의 추진제 연소에 대한 화학적 에너지 손실과 연소가스가 노즐을 통과할 때 발생하는 물리적 에너지 손실들로 [표 8.2]에 정리하였다. 이와 같은 에너지 손실은 로켓 추진기관의 크기가 작을수록, 연소실 압력이 낮을수록 크며 대략적으로 2~10%의 범위를 갖는다.

표 8.2 로켓 추진기관의 성능손실계수와 그 요인

손실 종류	손실률(%)	요 인
Divergence	1.4	노즐 출구 팽창각에 기인한 축방향 성분의 추력발생 모멘텀이 감소된 손실
Two phase flow	1.7	연소 생성물 내의 연소가스와 고체 및 액체 응집물 간의 유동속도와 온도 등의 차이로 인해 발생한 손실
Finite rate kinetics	0.16	연소실 내에서 연소한 추진제의 화학적 에너지가 열에너지로 바뀌는 데에 필요한 시간을 충분히 갖지 못함에 따른 손실
Heat & boundary layer	0.77	노즐 벽면에로의 열전달과 마찰로 인해 발생한 에너지 손실
Erosion	2.11	노즐목 재료의 삭마로 인해 노즐 면적비가 감소하여 발생한 손실
Submergence	0.49	노즐의 수축부 부분이 연소실 안으로 잠입되어 있음에 기인한 유동 에너지 손실
Incomplete combustion	0.0	연소실 내에서 추진제 연소생성물의 일부가 제대로 연소되기도 전에 노즐로 빠져나감에 따라 발생된 에너지 손실

주기: 위 손실률은 노즐 면적비 14인 어느 특정 고체 로켓 모터의 예로 상대적 비교를 위한 것임.

8.3 성능 변화 인자 (ref 1, 2)

로켓 추진기관의 설계로부터 가능한 한 높은 성능을 얻고자 하면 여러 가지 성능 변화 인자에 대해 알아볼 필요가 있다. 앞의 추진 성능에 대한 여러 식들로부터 어떠한 성능 인자가 어떻게 되어야 더 나은 성능을 얻어낼 수 있는지와 추진기관의 주위 조건에 따라 성능이 어떻게 변하는지를 살펴보자.

맨 먼저 추진 성능을 나타내는 주요 값인 비추력 I_{sp}에 대한 식 (8.19)를 살펴보자.

$$I_{sp} = \sqrt{\frac{2\gamma \overline{R}}{\gamma - 1}}\sqrt{\frac{T_c}{\overline{M}}}\sqrt{1-\left(\frac{p_e}{p_c}\right)^{\frac{\gamma-1}{\gamma}}} \tag{8.19}$$

이를 보면, 비추력은 추진제의 연소가스 온도가 높을수록, 연소가스 분자량은 적을수록 더 높아진다(8.6절 참조).

그러나 $I_{sp} \propto \sqrt{\frac{T_c}{\overline{M}}}$ 인 상황을 보면 이들 두 인자를 별개로 보기보다는 하나로 묶어 연소가스 온도와 분자량의 비가 큰 조건을 찾는 것이 오히려 실질적인 것임을 알 수 있다. 식 (8.19)로만 보면 연소가스 온도가 높을수록 성능이 높아지긴 하지만 실제에서는 연소가스 분자간의 해

리로 인한 에너지 손실, 연소실 냉각, 구조물 제작의 어려움 등의 문제가 발생하기 때문이다. 이 때문에 실질적인 상황에서는 연소가스 온도가 2750K~3500K 이하가 되도록 하고 있다. I_{sp}는 연소가스 분자량이 적을수록 커진다. 실제에서 보면 수소를 연료로 사용하든지 또는 수소 함량 비율이 큰 추진제를 사용하는 것이 성능을 높일 수 있음을 의미한다. 하지만 수소와 같이 극저온에서 액화되어 저장할 수 있는 연료는 그만큼 고도의 기술을 요구한다. 그러므로 분자량이 적을수록, 총 소요 에너지를 공급하기 위해 운반해야 할 연료의 부피가 커지기 때문에 추진기관의 전체적 크기에 미치는 영향을 고려하여 적절한 분자량의 연료(또는 추진제)를 선정해야 한다. 식 (8.19)에서 또 다른 면을 보면 연소가스의 비열비와 압력비 p_e/p_c의 관계이다. 식 (8.18)에서 압력비 p_e/p_c는 노즐 면적비 $A_e\ /\ A_t$와 관계가 있다. 즉, 연소압력이 동일한 조건에서 압력 p_e값을 적게 한다는 것은 노즐 면적비, 다시 말해, 노즐출구 직경을 크게 한다는 것을 의미한다. 식 (8.19)가 $p_e\ =\ p_a$인 조건 하에서 얻어진 것이지만 압력비 $p_e\ /\ p_c$와 비추력 I_{sp}의 관계를 나타냄에 유익한 형태이기에 이를 활용하여 이들의 관계를 도식화하면 [그림 8.5]와 같다.

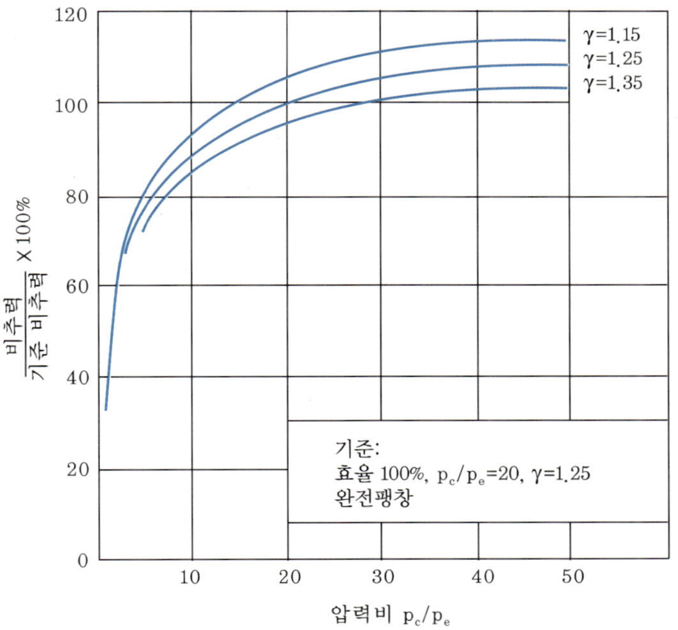

그림 8.5 압력비 p_c/p_e 및 비열비 γ 와 비추력의 상호관계 (ref 2: rocket p.15)

즉 I_{sp}는 노즐 팽창비를 크게 할수록(다시 말해, 연소실 압력이 동일할 때 노즐의 팽창부를 더 길게 확장하여 연소가스의 운동 에너지를 높이고 출구압력은 낮게 할수록), 연소실 압력이 높을수록, 그리고 비열비 값이 적을수록 더 커진다. 실제에 있어서 노즐 팽창비는 여러 가지 설계 제약조건(예: 허용 노즐 외경 상한치, 노즐 출구 주변 구조, 비행고도 등)을 고려해야 하며, 가능한 한 노즐 내에서 유동박리가 일어나지 않도록 설계한다. 연소실 압력은 높을수록 구조설계가 어려워지고 추진기관의 신뢰도를 높이기가 더 어려워지며, 무엇보다도 추진기관 연소실 두께의 증가를 초래한다. 추진기관의 경량화는 비행체 성능과 직결되기 때문에 추진기관 최적설계를 수행할 때 이를 고려하여 어느 연소압력에서 추진기관 전체 구조물의 무게가 가장 적어질 수 있는지를 검토할 필요가 있다.

추진기관의 추력은 식 (8.15)에서 보는 바와 같이 대기압의 영향을 받는다. 로켓이 날아가는 고도에 염두를 두어 출구의 크기를 선정하되 가능한 한 비행체의 직경을 벗어나지 않는 조건에서 노즐 출구 주위 구조물과의 간섭을 피한다. 노즐 출구압력이 작동 고도의 대기압에 가까워지면서 노즐 내에서 유동박리(8.4항 참조)가 일어나지 않게 하거나 일어나도 심하게 일어나 비대칭의 연소가스 플룸이 발생되지 않는 범위에서 가능한 한 낮게 해줄 때 더 높은 성능을 얻을 수 있다.

이 때문에 우주에서 작동하는 자세제어용 액체로켓과 같은 것은 연소실 직경보다 노즐 출구 직경이 훨씬 큰 형태를 갖기도 한다([그림 8.6] 참조).

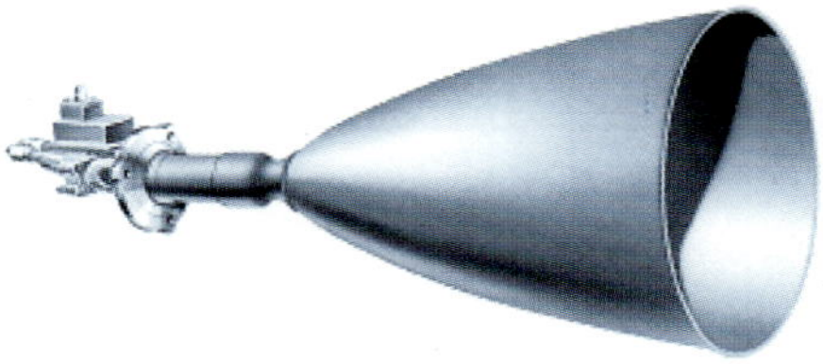

그림 8.6 자세제어용 액체 로켓 Leros 1

성능과 관계있는 인자 중의 하나로 노즐의 형태에 대해 살펴보자([그림 8.7~8.8] 참조).

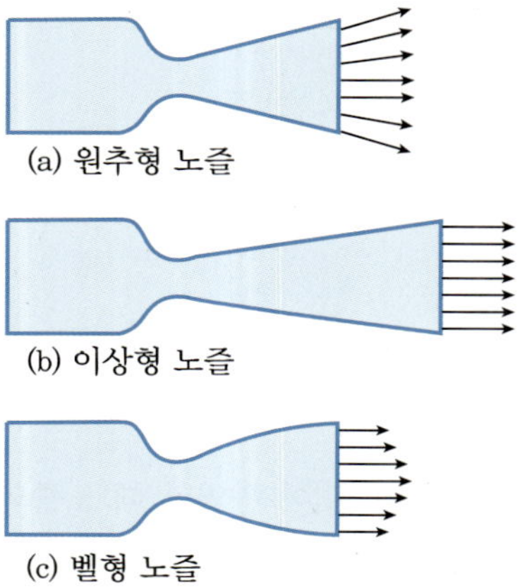

그림 8.7 로켓용 여러 노즐 형태
(ref 5: section 1.3.1)

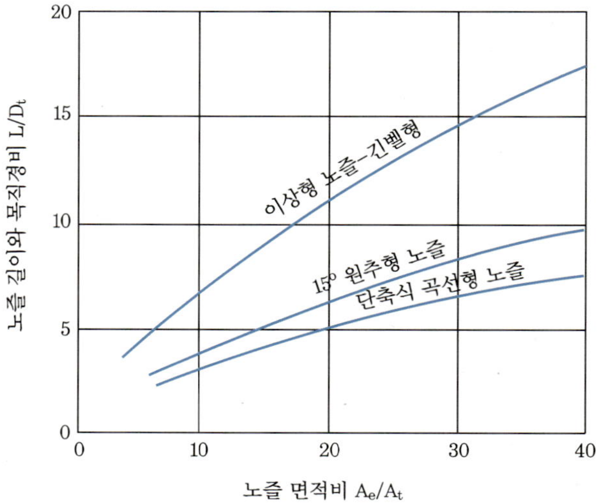

그림 8.8 노즐 면적비와 길이의 관계
(ref 2: rocket p.54)

[그림 8.7]에서 보는 바와 같이 가장 간단한 형태는 a)의 원추형 노즐이다(보통 De-laval nozzle이라고도 부른다). 구조가 간단하여 만들기 쉽고 크기와 팽창각이 크지 않을 경우 성능 면에서도 괜찮다. 하지만 노즐 면적비가 크거나 노즐 목직경이 큰 노즐의 경우에는 길이가 길어질 뿐만 아니라 무게도 상당히 증가하기 때문에 더 이상 바람직하지 못한 형태가 된다. 길이와 무게를 줄이기 위해 팽창부의 팽창각을 크게 하면 성능의 저하를 초래한다. 또한 출구에서의 배기가스의 압력이 대기압보다 적어지는 과팽창을 가져와 팽창부 내에서의 유동가스 박리가 일어날 수도 있다. 이를 보완한 형태가 벨형 노즐이다(보통 contoured nozzle이라고도 부른다). 노즐의 크기가 작을 경우 성능 및 길이 면에서 원추형 노즐에 비해 크게 다르지 않으나 크기가 커짐에 따라 상당한 차이를 가져온다([그림 8.8] 참조). 일례로 노즐 팽창비가 36일 경우 성능면에서는 동일한 가운데 길이가 74% 수준으로 줄어들 수 있다. 이 때문에 벨형 노즐이 많이 쓰이고 있다. 그림에서의 b)는 a)와 c)의 형태가 노즐 출구에서의 팽창각이 여전히 존재함에 따른 축방향 추력손실을 없애고자 노즐 팽창부 내에서 충격파가 발생되지 않도록 하면서 출구에서의 배출가스 분출 방향이 0° 가 되도록 설계한 형태이다. 성능면에서는 가장 이상적으로 좋지만 실제에서는 노즐이 너무 길어 채택할 수 없는 것으로 노즐 형태들 간의 상호 비교를 위해 도식하였다.

로켓의 성능은 또한 추진제의 초기온도에 따라서도 꽤 달라진다. 고체 추진제 로켓 추진기관의 경우 특별히 초기 온도 조절을 하지 않는 한 대기온도 또는 저장고의 저장온도와 같아지게 되기 때문에 고체 추진제의 고유 특성상 초기온도가 높으면 동일한 연소압력에서도 연소속도가 빨라지고 그 반대로 되면 느려진다. 결국 초기온도에 따라 [그림 8.9]와 같이 추력의 높낮이가 달라지면서 연소시간이 짧아지거나 길어진다. 결국 연소실 압력은 20~35% 정도, 연소시간은 20~30% 정도 변한다. 그러나 총역적은 소폭 변화가 있긴 하지만 눈에 띄게 달라지지는 않는다.

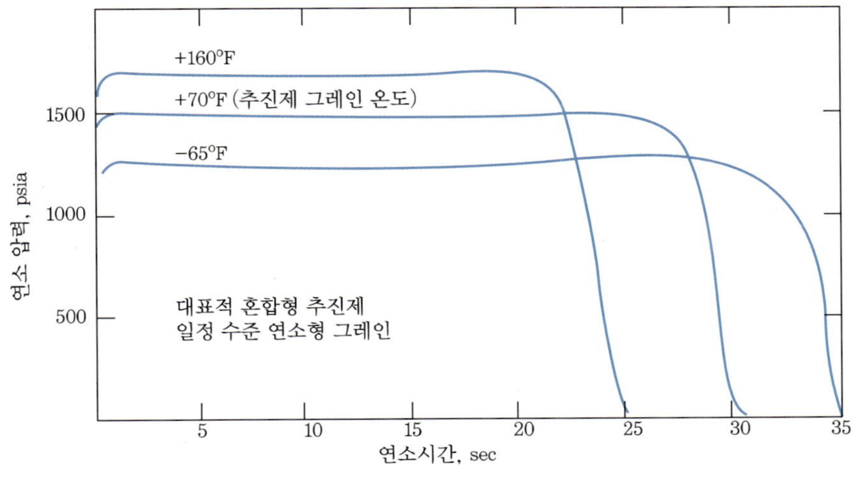

그림 8.9 추진제 초기온도에 따른 성능 변화 예 (ref 1: p.431)

이상의 성능에 미치는 여러 영향인자 이외에도 비행 특수 상황이나 통상적 설계 범위를 벗어난 설계의 결과로 앞의 8.2절에서 설명한 방식과는 다른 양상의 성능 변화가 일어날 수 있다. 즉, 특수 비행상황이라고 함은 비행안정성을 위해 탄체를 팽이 돌리듯 심하게 돌리든지, 비행속력이 극히 큰 극초음속(M〉5 이상) 비행을 할 때의 경우를 말한다. 또한 통상적으로는 추진기관의 길이 대 직경비를 6 이하로 설계하지만 이보다 커질 경우 고체 추진제 그레인 공동 내를 흐르는 가스의 흐름속도가 빨라져 연소속도가 비정상적으로 증가한다. 그 결과로 연소압력이 높아져 추력 양상이 크게 바뀔 수 있다. 고체 로켓의 경우 특히 이제까지 설명한 여러 성능 영향인자들을 잘 이해하는 것이 올바른 성능설계의 지름길이 된다.

8.4 노즐 유동 (ref 1, 2)

로켓 추진기관의 노즐은 추력을 발생시키는 핵심적 요소이다. 두 개의 깔대기를 서로 붙여서 [그림 8.10]과 같은 모양으로 만들어 놓고 왼쪽의 고압부 내를 아음속(M〈1)으로 흐르는 기체를 오른쪽의 저압부 쪽으로 불어낼 때, '고압부의 압력〉〉저압부의 압력' 의 조건에서 단면적이 점점 작아지는 왼쪽 깔대기를 지나며 흐름이 가속되다가 단면적이 가장 작은 곳(이 부분을 '노즐 목' 이라고 부른다)을 지나갈 때에 음속(M=1)으로 흐르고 저압부를 지나갈 때에는 초음속(M〉1)으로 점점 더 가속되어 흐른다. 이와 같이 아음속 유동을 지속적으로 가속시켜 초음속 유동이 되게 하는 형태의 통로를 노즐이라고 부른다.

[그림 8.10]에서 고압부는 로켓 추진기관의 연소실에 연결되어 있고, 저압부는 대기 중으로 연소가스를 내뿜는 노즐 팽창부가 된다.

그림에서 보는 바와 같이 고압부의 가스가 저압부 쪽으로 흘러나갈 때 노즐 목에서의 흐름속도가 음속(M=1)이 되고 노즐 팽창부 내에서도 계속 가속되어 초음속으로 흐르기 위해서는

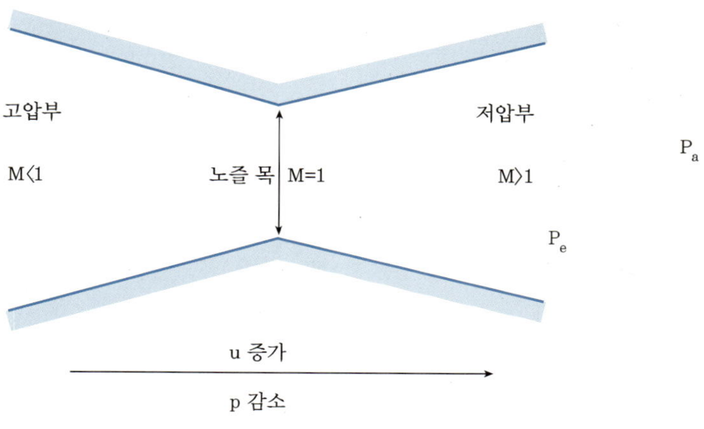

그림 8.10 노즐 유동 개념도

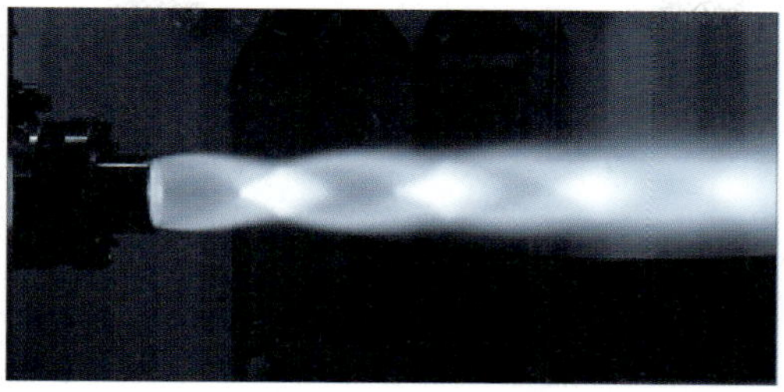

그림 8.11 로켓 노즐 밖에 형성된 배기가스 플룸

노즐 출구압력 p_e가 대기압력 p_a와 같거나 이보다 커야 한다. 이와 같이 노즐 밖으로 분출되는 연소가스가 초음속의 속도를 가지고 있을 때에는 통상적으로 [그림 8.11]과 같은 유동장이 형성된다. 그림에서 보는 바와 같은 형상을 배기가스 플룸(exhaust plume)이라고 부른다.

노즐 팽창부 내외를 흐르는 연소가스는 로켓 연소실 압력 p_0에 대비하여 대기압 p_a가 낮아짐에 따라 다양한 유동장을 형성한다([그림 8.12] 참조).

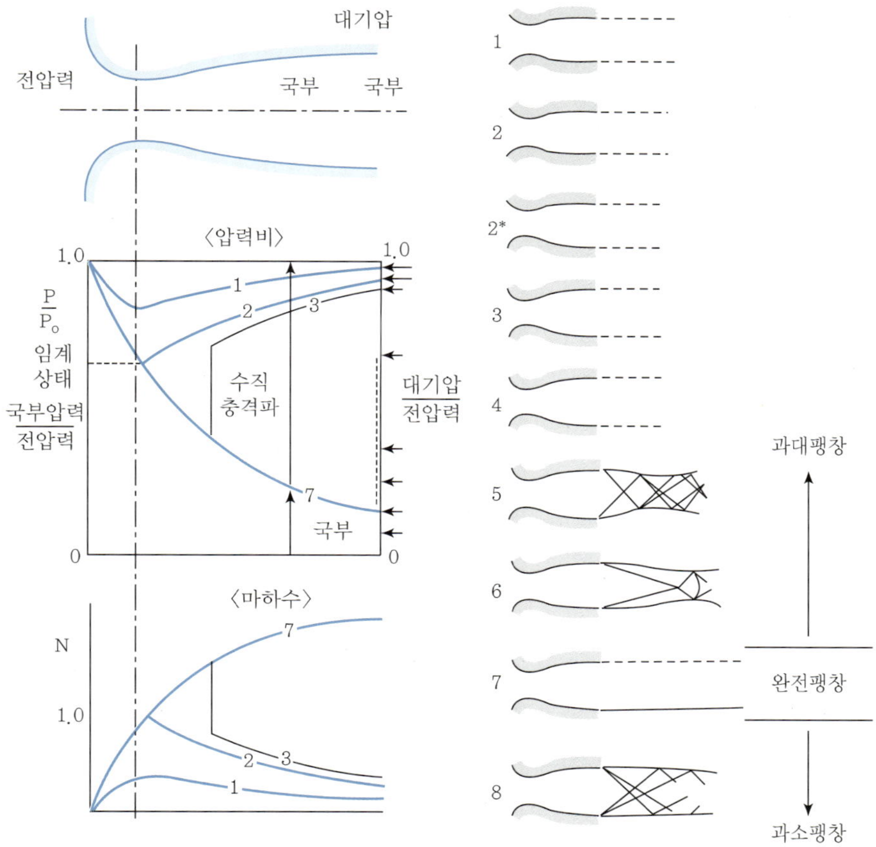

그림 8.12 수축·팽창형 로켓 노즐 내 압력·속도분포 및 플룸 형상 (ref 2: gasdynamics p79)

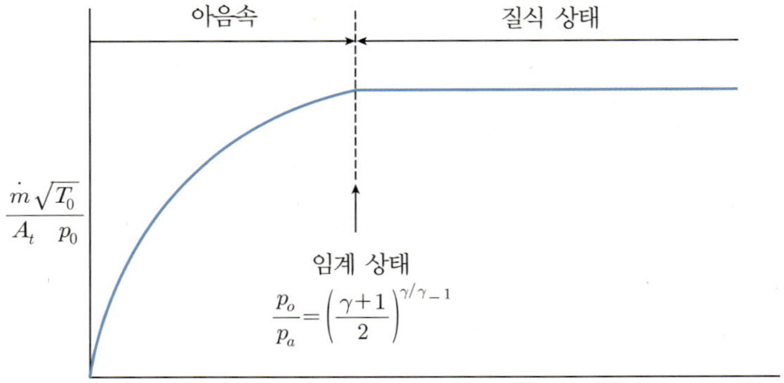

그림 8.13 압력비 p_o/p_a에 따라 노즐을 통과하는 유량변화 (ref 2: gasdynamics p.74)

a) 맨 먼저, 대기압 p_a가 $p_0 > p_a > p_{a2}$의 범위일 때는 통로 내 전체에 가스가 꽉 찬 상태이면서 아음속으로 흐르며 그림과 같은 형상을 보인다. 이때 노즐 목을 통과하는 유량은 [그림 8.13]에 보이는 바와 같이 최대치에 미치지 못한다.

b) 대기압 p_a가 p_{a2}와 같으면 노즐 목에서만 유동속도가 음속이 되는 면을 제외하고는 속도와 형상 측면에서 위 a)와 동일하다. 단, 노즐 목을 통과하는 유량이 최대치에 도달한다.

일차원 등엔트로피 유동을 가정할 때 통로 내를 흐르는 가스의 압력비 p_0/p는 식 (8.20)으로 나타낸다.

$$\frac{p_0}{p} = \left(\frac{T_0}{T}\right)^{\frac{\gamma}{\gamma-1}} = \left[1+\frac{\gamma-1}{2}M^2\right]^{\frac{\gamma}{\gamma-1}} \tag{8.20}$$

노즐 목에서 가스의 흐름속도가 음속이 되면 압력비 p_0/p는 식 (8.21)과 같이 일정한 값을 가지기 때문에 노즐을 통과하는 유량도 식 (8.22)와 같이 일정한 값이 된다.

$$\left[\frac{p_o}{p}\right]_t = \frac{p_0}{p_t} = \left[\frac{\gamma+1}{2}\right]^{\frac{\gamma}{\gamma-1}} \tag{8.21}$$

$$\dot{m} = A_t p_0 \sqrt{\frac{\gamma}{RT_0}} \left[\frac{2}{\gamma+1}\right]^{\frac{(\gamma+1)}{2(\gamma-1)}} \tag{8.22}$$

여기서 한 가지 중요한 것은 대기압 $p_a < p_{a2}$가 되면 노즐 목에서의 가스 흐름속도가 더 이상 바뀌지 않고 항상 음속으로 유지된다는 것이다. 따라서 노즐 목을 흐르는 유량도 일정함과 동시에 최대값이 되며 이러한 경우를 질식상태(choking)라고 표현한다.

c) 대기압이 $p_{a2} > p_a > p_{a7}$와 같은 경우에는 노즐 팽창부 내에서의 가스 흐름이 연속적

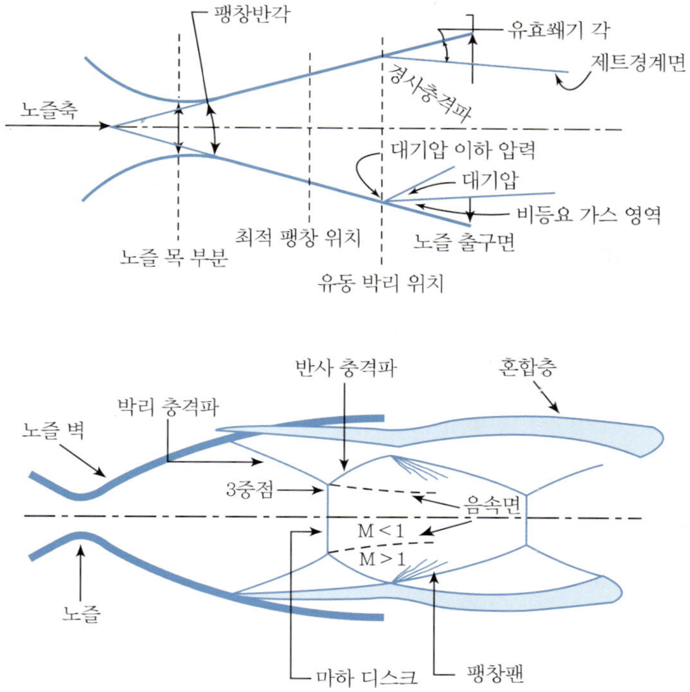

그림 8.14 노즐에서의 유동박리 흐름 개념도 (ref 6: p.320, ref 7: p.6)

이지 못하고 팽창부 내에서 수직 충격파가 발생하면서 흐름에 급격한 변화가 일어난다. 즉, 압력이 급격히 증가하며 속도는 급격히 감소한다. 이 수직 충격파 후의 흐름의 물성은 지금까지 설명한 것과는 반대 방향으로 변한다. 다시 말해 가스가 노즐의 팽창부를 빠져나가면서 압력은 지속적으로 증가하여 노즐 출구에서 대기압과 같아지는 식으로 변한다.(이러한 경우를 과대팽창 노즐이라고 부른다). 이때 대기압이 p_{a2}에서 p_{a7}쪽으로 낮아질수록 충격파는 노즐 출구 쪽으로 이동한다. 이상과 같은 설명은 일차원 유동이라는 가정에서 일어나는 과정으로, 노즐 출구압이 대기압에 비해 한 자리 수의 배수나 소수점 이하 첫 자리 수 수준의 값을 갖도록 설계하는 벨이나 원추형 팽창부를 갖는 실제의 노즐 팽창부에서는 수직 충격파가 아니라 경사 충격파가 발생한다. 나아가 [그림 8.14]와 같이 유동박리가 일어나는 흐름이 형성된다.

d) 실제 노즐 흐름에 있어 노즐 출구압과 대기압의 비가 어느 수준 이하가 되면 유동박리가 일어나고 이 박리 위치 이후의 노즐팽창부 내 유동장이 아주 복잡한 양상을 갖게 된다. Summerfield criterion이라는 기준에 의하면 노즐 팽창 반각이 15도인 원추형 팽창부의 노즐 출구압과 대기압의 비 p_e/p_a가 0.4 수준 이하가 되면 유동박리가 일어나는 것으로 관찰되었다. [그림 8.15]는 노즐 팽창부 내에서 유동박리가 일어난 경우들을 보여준다.

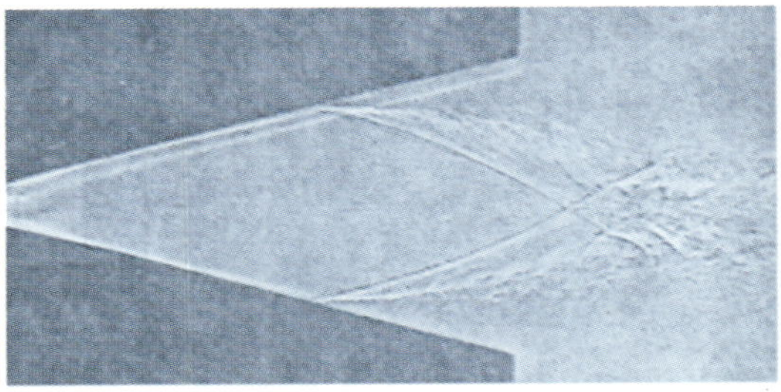

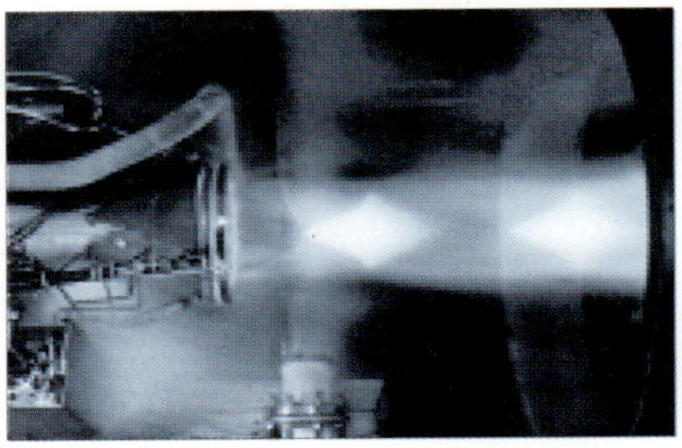

그림 8.15 노즐에서의 유동박리 흐름 시험 (ref 6: p.320, ref 8 p.2)

실제 노즐 흐름에 있어 압력비 p_e/p_a가 ~0.4<p_e/p_a<1.0인 경우에는 노즐 팽창부 내에서 유동박리는 일어나지 않아 유동장 내에 급격한 변화는 없다. [그림 8.16]과 같이 노즐 출구 밖 배기가스 플룸이 다소 오므라드는 모양으로 형성된다.

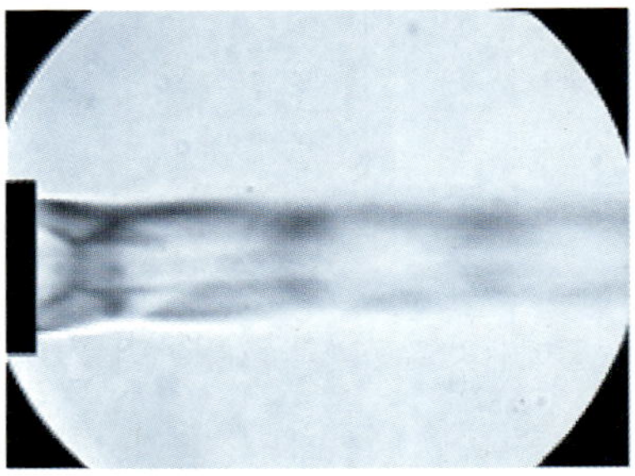

그림 8.16 0.4<p_e/p_a<1.0인 노즐 플룸 : 과대팽창(p_c/p_a=5.5)

e) 대기압이 $p_a=p_{a7}$인 경우에는 [그림 8.17]과 같이 노즐 출구 압력과 대기압이 동일하기 때문에 외기에 의한 압축도 없고 더 이상 팽창도 없어 충격파가 일어나지 않으며 노즐 출구 크기와 동일한 크기의 플룸이 형성된다.

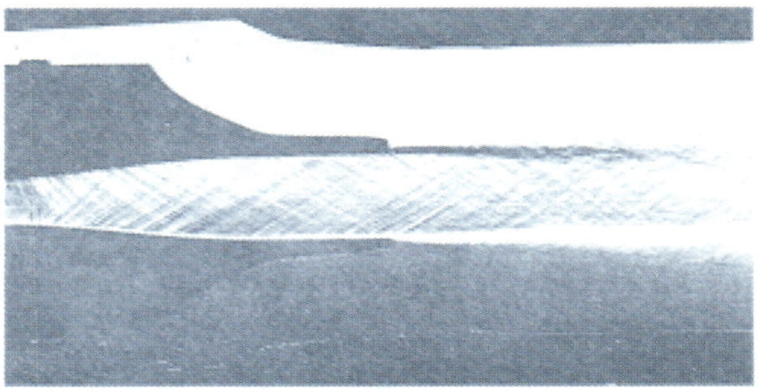

그림 8.17 p_e/p_a=1.0인 노즐 플룸 : M=2 (ref 9: p38)

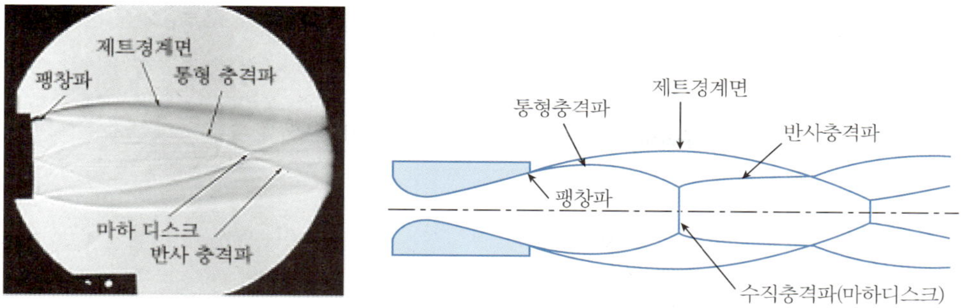

그림 8.18 p_e/p_a>1.0인 노즐 플룸 : 과소팽창 (p_c/p_a = 61)

f) 대기압이 $p_a < p_{a7}$인 경우에는 노즐 출구 밖으로 배출되는 가스의 출구압이 대기압보다 크기 때문에 대기압과 같아질 때까지 팽창이 일어난다. 팽창파가 발생되어 [그림 8.11]에서 보는 바와 같은 형태의 배기가스 플룸이 형성된다. 플룸 내를 보면, 노즐 출구 가장자리에서 발생되는 팽창파들이 모여 통 모양의 충격파(barrel shock)를 형성하고 한곳에 집중되어 서로 부딪혀 반사되면서 반사 충격파(reflected shock)를 형성하고, 제트 경계면과 만나면서 다시 팽창파를 형성하는 유동 형태를 반복하여 만들어 낸다. 이와 같은 반복 형태는 주위 대기와의 부딪힘과 내부 유동의 상호 작용 및 난류화로 인해 반복적 유동장 형성 세력이 약화되면서 없어진다([그림 8.18] 참조).

8.5 연소실/노즐의 내열 및 냉각 (ref 1, 2, 5, 10)

로켓 추진기관의 연소실 내 추진제의 연소로 인해 발생되는 연소가스의 온도는 추진제에 따라 1000~3000℃ 수준에 달하기 때문에 내열 또는 냉각에 크게 신경써야 한다. 고체 추진제 사용 가스 발생기의 경우 1000℃ 수준으로 낮은 온도의 연소가스가 발생되는 경우도 있지만 주로 많이 쓰이는 연소관의 재질인 철의 용융 온도를 훨씬 상회하는 높은 온도의 연소가스가 발생한다. 고체 로켓 추진기관에서는 연소실의 내면을 내열재로 보호하고, 액체 추진기관에는 내열재로 보호하거나 재생냉각이라는 방식의 냉각기법을 사용한다. 연소가스가 빠져나가는 노즐의 내면에도 역시 위와 같은 방식이 적용된다. 특히 연소가스의 단위면적당 열전달률이 가장 큰 노즐목 부분에 대한 내열은 일반 로켓 추진기관들 대부분이 필수적으로 필요로 하는 사항이다([그림 8.19] 참조).

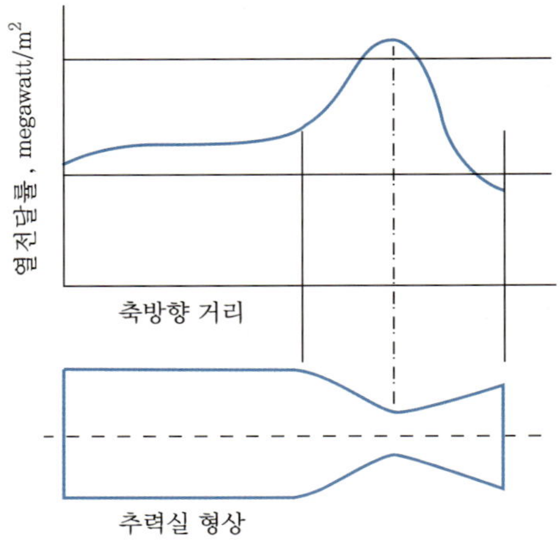

그림 8.19 로켓 모터 내 위치별 열전달률 (ref 2: rocket p.55)

고체 추진기관의 연소실 내열은 추진제의 종류와 추진제 충전방식 및 연소시간에 따라서 달라진다. 연소시간이 아주 짧고 추진제 그레인을 별도로 제작하여 내장시키는 방식에서는 별다른 내열을 하지 않기도 하지만 연소실 내에 추진제 그레인을 주조하여 접착 내장시키는 방식에서는 라이너라는 고무재질의 내열재를 사용한다. 이는 두께 0.5~5mm 정도의 얇은 층으로 연소관 내면에 도포되며 연소실 내면을 고열의 연소가스로부터 보호하는 역할을 한다. 또한 연소실 내면과 추진제 그레인 사이에 있으면서 상호 접착을 확실하게 하고 추진기관의 이동이나 저장 또는 배치 상태에서 겪는 여러 가지 환경 조건으로부터의 열적 그리고 기계적 하중을 이겨내게도 해준다. 고체 추진기관 노즐의 경우도 복기(double base) 추진제와 같이 연소온도가 낮은 추진제를 사용할 때는 별다른 내열을 하지 않고 철 구조물 그대로 사용하기도 한다. 그러나 혼합형(composite) 추진제를 사용할 때에는 일반적으로 노즐 내면을 전체적으로 내열 구조재로 보호시킨다. 연소실 쪽으로는 인히비터(inhibitor)라고 부르는 고무재료 또는 실리카나 카본 계열의 내열재를 사용하고, 노즐 목은 간단히는 그라파이트(graphite)를 사용한다. 연소시간이 길거나 알루미늄을 다량 포함한 추진제를 사용하는 경우에는 실리카나 카본 계열의 내열재를 사용한다. 노즐의 팽창부의 경우는 연소시간이 짧은 경우 보통 철 구조물 그대로 사용하기도 하지만 연소시간이 긴 경우에는 실리카 페놀과 같은 내열재로 보호시킨다. 하이브리드 로켓의 경우도 연소실과 노즐이 고체 로켓과 동일하기 때문에 앞에 설명한 방식이 적용된다.

액체 추진기관은 짧은 연소시간의 경우보다는 긴 연소시간이 필요한 목적으로 활용되므로 연소실 내면을 앞에서와 같은 내열재 보호 방식이 아닌 별도의 방식이 주로 쓰인다. 즉, 연소시간이 그리 길지 않은(수십 초 미만) 경우에는 실리카 계열의 내열재를 사용하기도 하지만 우리가 알고 있는 발사체용 액체 추진기관 같은 것들은 거의 재생냉각(regenarative cooling) 방식을 채택하고 있다. 이는 연소실과 노즐 내벽을 이중으로 하여 그 사이로 액체 추진제를 통과하게 함으로써 연소실과 노즐 내벽으로부터 열을 뽑아냄과 동시에 추진제가 연소실 내부

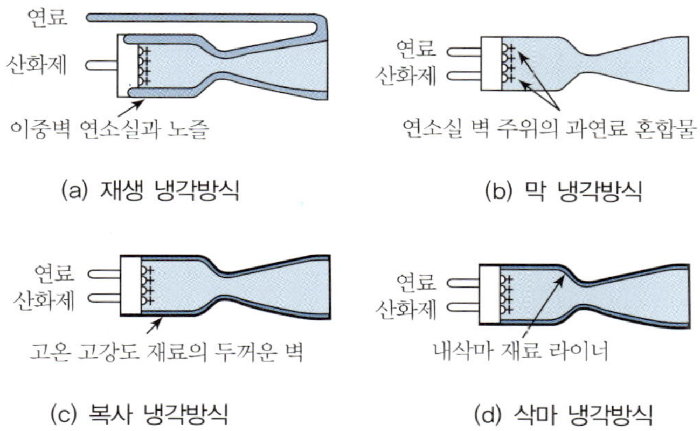

그림 8.20 액체 로켓 엔진 냉각방식 (ref 5: section 1.3.5)

로 주입될 때 기체 상태나 고온의 액체로 만들어 빠른 시간 내에 기화되고 잘 혼합되도록 하는 역할도 겸하게 하는 방식이다. 이외에도 연소실 내벽쪽으로 분사되는 연료와 산화제의 혼합비를 달리하여 연소시 보다 낮은 온도의 연소가스가 발생되게 하여 내벽을 보호하는 막냉각(film cooling) 방식, 로켓 엔진 구조물을 열전도율이 좋은 재료로 만들어 고온의 연소가스로 달궈진 구조물의 벽의 바깥 외부로 열을 방출시킴으로써 냉각효과를 얻는 복사 냉각(radiation cooling) 방식, 그리고 연소실과 노즐 내벽에 내삭마 복합재료를 입혀 고온의 연소가스로 인해 내벽의 삭마가 일어나고 이때 내벽을 달구려는 열이 외부로 방출되게 해버리는 삭마 냉각(ablative cooling) 방식이 있다([그림 8.20] 참조).

8.6 연소와 성능 (ref 1, 10, 11)

우리가 주위에 쉽게 볼 수 있는 일반적인 로켓은 화학로켓이다. 즉, 액체 추진제를 사용하는 액체로켓과 고체 추진제를 사용하는 고체로켓이다. 이들의 연소와 로켓 추진 성능과의 관계를 알아보도록 한다.

최대 연소효율의 관점에서 볼 때, 추진제의 연소는 연소실 안에서 일어나도록 하면서 가능한 한 완전연소가 일어나게 하여 얻어낼 수 있는 가장 최대의 열량이 발생되게 해야 한다. 이를 위해서는 추진제의 화학반응이 어떤 식으로 일어나는지, 어떤 조건에서 연소시켜야 충분한 연소가 일어나는지, 어떻게 해야 안정된 연소가 일어나는지, 특수 환경조건에서는 연소 양상이 어떻게 바뀌는지 등에 대한 연구가 이루어져야 한다.

일반적으로 산화제와 연료를 연소실 내에 분사하여 연소가 일어나게 하는 액체 추진기관의 경우를 먼저 살펴보자. 액체 추진제가 연소실 내로 15~90m/s 정도의 속도로 분사되면 맨 먼저는 아주 작은 알갱이로 분무화되고 이어서 뜨거운 열로 인해 기화되며 연료와 산화제가 서

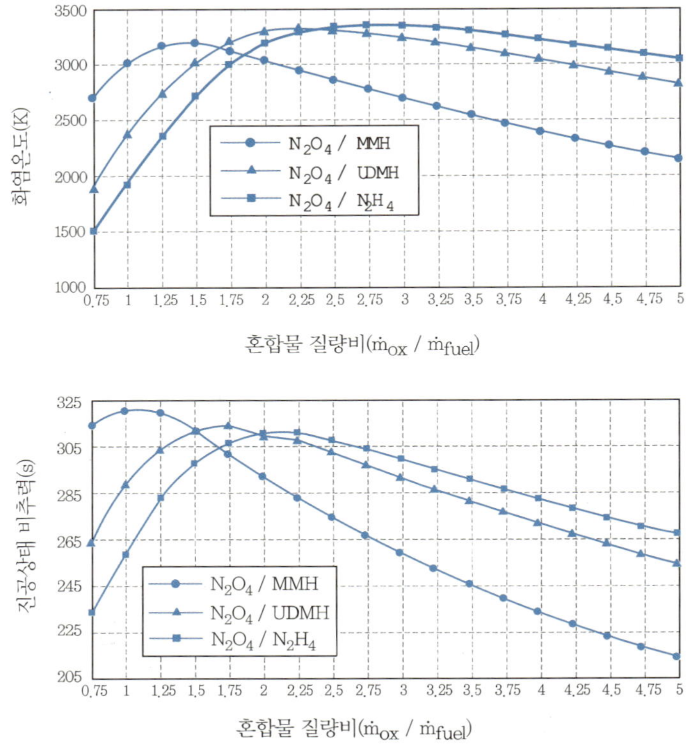

그림 8.21 산화제와 연료 혼합비 대 연소온도의 관계 (ref 10: p.697–698)

로 섞여 화학반응과 함께 연소가 일어난다. 추진제의 종류에 따라 서로 만나기만 하면 연소가 일어나는 자발화형 추진제 조합도 있고 별도로 점화시켜야 연소가 일어나는 조합도 있다. 연소하는 추진제 혼합가스는 크게 팽창하면서 노즐 쪽으로 급격히 빠져나간다. 연소가스가 연소실에 머무르는 시간은 아주 짧아 보통 0.01초 이하이다. 일반적으로 이원 추진제(bipropellant)의 혼합가스가 연소할 때에 3200~55kJ/kg 수준의 발열량이 얻어지며(40 kJ/m^2–sec 수준), 액체 산소를 산화제로 사용할 때, 연소온도가 2700~3400℃ 수준으로 올라간다(인공위성 자세 제어용으로 쓰이는 단일 추진제 추력기와 같은 경우에는 1000℃ 수준의 연소온도가 얻어진다). 추진제 혼합가스의 연소온도는 혼합비에 따라 달라진다. 화학적으로 완전반응이 일어나는 혼합비(stoichiometric ratio)에서 가장 높은 온도가 얻어지지만 성능면에서는 가장 높은 온도가 가장 좋은 성능을 의미하지 않는다. 추진제의 성능을 나타내주는 비추력 또는 배기가스 속도에 대한 식을 보면 이들이 연소가스 온도 T_c와 연소가스 분자량 $\overline{M_c}$의 비, T_c / $\overline{M_c}$를 제곱근한 것에 비례함을 알 수 있다. [그림 8.21]에서 볼 때, 연소가스 온도를 가장 높게 하기보다는 이원 추진제 중 저분자량의 성분 농도를 높게 하여 연소가스 분자량이 작아진 때에, 즉 일반적으로 연료의 양이 더 과다한 과농 혼합비로 할 때 더 높은 성능을 얻어낼 수 있음을 알 수 있다. 실제에 있어서도, 추진제 연소가스 온도를 최대로 하는 것이 최선이 아님을 알 수 있

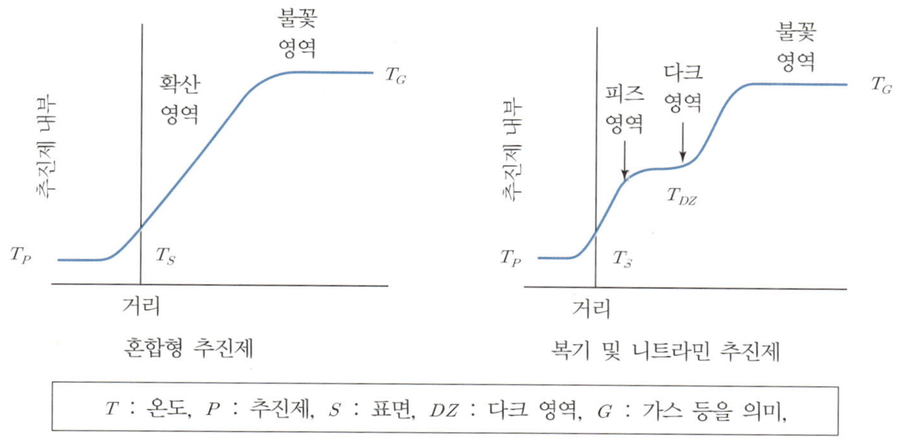

그림 8.22 혼합형 및 복기 추진제 연소시의 연소화염 구조 개념 (ref 11: p.198)

다. 다시 말해, 실제 상황에서는 산화제와 연료 간 100%의 완전연소를 기대하기 어렵다(일반적으로 연소효율은 99% 수준). 연소가스 온도가 높을수록 연소가스의 해리가 일어나 오히려 연소로부터 얻어진 에너지의 일부를 해리에 필요한 에너지로 소모해버려 유효 에너지를 감소시키며 연소실 냉각 측면에서도 더 분리한 조건이 되기 때문이다.

고체 추진기관에 쓰이는 추진제의 연소는 액체 추진기관에서의 연소와 달리 산화제가 연료와 이미 서로 섞여 있는 가운데 상호 반응하여 연소가 일어난다. 이는 연소실 내에 소요 성능 구현에 필요한 형상으로 내장되어 있기 때문에 최상의 성능을 위해서는 여러 가지 면에서 많은 사항들을 고려하여 설계하고 해석해야 한다.

로켓용 고체 추진제는 크게 나누어 주로 복기(double bεse) 추진제와 혼합형(compusite) 추진제가 있다. 복기 추진제는 니트로 글리세린과 니트로 셀룰로우즈가 주 성분으로 연소시 [그림 8.22]에서 보는 바와 같이 여러 층으로 나눠는 형태의 연소층을 갖는다. 반면 혼합형 추진제는 단순한 형태의 연소층 구조를 갖는다.

이러한 층 구조는 압력이 높아질수록 두께가 얇아지고 화염 위로 흐르는 연소가스의 흐름속도가 증가하면 더욱 얇아진다. 따라서 고온의 화염으로부터 추진제 표면 쪽으로의 열전달 효과를 증대시켜, 어느 이상의 흐름 속도에서부터는 추진제 연소속도가 더욱 증가하는 현상이 발생된다. 연소속도 변화율 측면에서 보면, 혼합형 추진제는 압력에 따라 일정하게 변하는 단순한 양상을 띠는 반면, 복기 추진제는 여러 가지 형태의 양상을 갖는다([그림 8.23] 참조).

또한 연소실 내에 내장된 추진제 그레인의 연소 초기 온도에 따라서도 연소속도가 바뀐다. 즉, 로켓 추진기관의 추력 수준과 연소시간이 바뀐다. 다시 말해 고체 추진제의 연소속도는 추진제의 초기 온도가 높을수록 연소속도가 빨라지고, 낮을수록 연소속도가 느려진다.

앞에서 잠깐 설명했듯이 고체 추진기관의 추력 양상은 연소실 내에 내장된 추진제 그레인의 형상으로 맞춘다. 그레인의 형상 설계 시에 주어진 연소실의 공간에 비해 요구하는 에너지 양

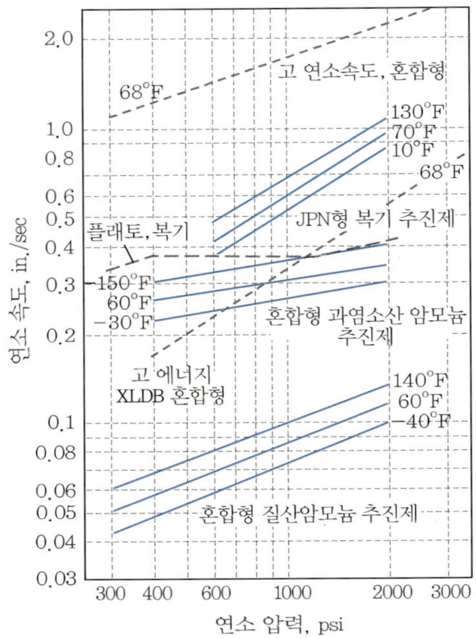

그림 8.23 혼합형과 복기 추진제 연소 속도 vs. 압력 형태 (ref 1: p.429)

또는 추력 형태를 맞추려 많은 양의 추진제를 충전한다. 이때 추진제 내부 공간 단면적 크기가 노즐 목 단면적 크기에 너무 가까워지거나 그레인 직경에 비해 길이가 너무 긴 형태로 설계될 경우 그레인 공간 내를 흐르는 연소가스의 흐름 속도가 노즐 쪽으로 갈수록 빨라진다. 어느 한계를 넘을 경우 연소속도가 정상 상태보다 증가하여 당초 예상했던 것보다 더 많은 양의 연소가스를 발생시킴에 따라 연소압력과 추력 증대를 유발하고 전체적으로 성능 양상이 달라지는 현상이 발생한다. 이와 같은 현상을 침식연소(erosive burning)라고 부르며 특히 연소 초기에 예상 밖의 고압을 발생시킬 수 있는 영향을 주기 때문에 내탄도 설계 및 연소실 구조 설계 시에 유의해야 한다([그림 8.24] 참조).

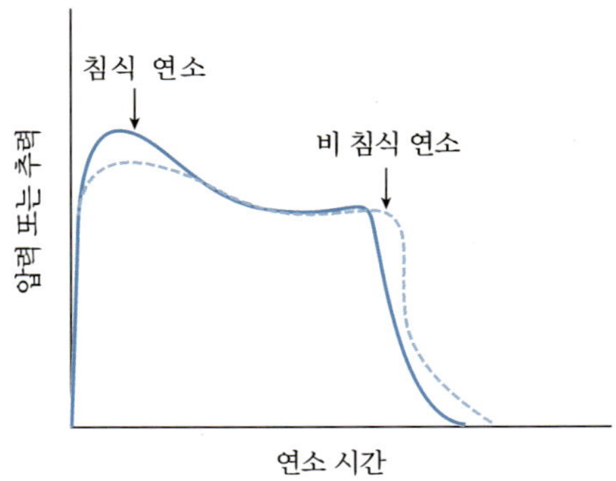

그림 8.24 침식연소가 있을 시의 성능선도 (ref 1: p.434)

고체 추진제의 연소속도 증가가 일어나는 또 다른 경우는 비행체의 비행 안정성을 위해 비행체 길이 방향 축을 중심으로 스핀(spin)을 주거나 고 비행속도로 인해 축 방향 가속도가 아주 클 경우에서도 볼 수 있다. 이러한 현상은 추진제 내에 Al이 있음에 상관없이 관찰되고 있다. 추진제 조성에 따라 서로 다른 양상을 보이고 추진제 그레인 내부 공동(cavity) 형상에서의 연소면이 스핀 가속도 벡터와 이루는 각도가 대략 60~90° 가 될 때 연소속도 증가 현상이 발생한다. 올바른 추진 성능을 얻기 위해서는 이론해석과 실험적 연구를 병행하는 양면적 방법으로 접근할 필요가 있다([그림 8.25] 참조).

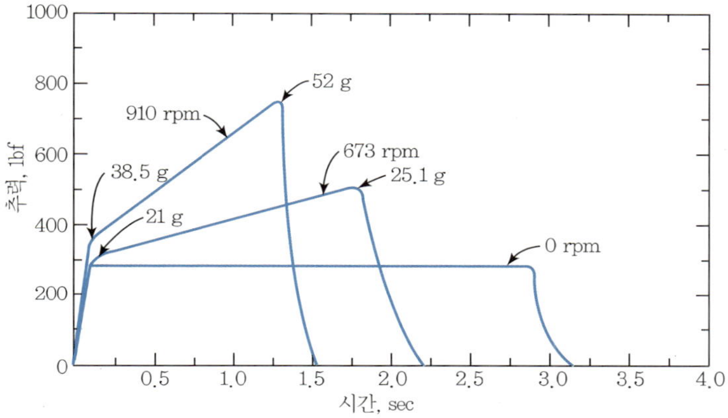

그림 8.25 가속도 영향이 있을 시의 성능선도 (ref 1: p.365)

고체 추진제는 산화제와 연료가 함께 섞여 있는 상황이기 때문에 점화가 일어날 조건이 형성되면 자동적으로 점화되어 연소할 수 있다. 이러한 현상은 그레인의 온도가 대략 250~300 ℃로 가열되었을 때 일어나며 이러한 온도를 추진제의 자발화 온도라고 부른다. 이러한 경우는 로켓 추진기관 주위에서 화재가 일어나거나 국부적 가열을 일으킬 수 있는 작업이 있을 때 볼 수 있다. 또한 이와 함께 주위에서 큰 폭발이 있거나 추진기관 몸체가 총포에 피격되어 추진제 덩어리에 갑작스러운 큰 충격이 주어졌을 때에도 점화되어 폭발적 연소 현상이 발생될 수 있다. 이러한 불상사를 막기 위해 취해진 조치가 추진제의 둔감화이다. 예기치 못한 화재나 충격이 있을 때에도 고체 추진제가 안정하게 연소반응을 일으키는 수준으로 추진제를 둔감화시키는 것이다. 최근의 세계 동향을 볼 때, 이러한 연구를 통해 나름대로의 성과를 거두고 있다.

8.7 연소불안정 (ref 1, 12, 13)

짧은 시간 내에 대량의 에너지를 발생시키는 로켓 추진기관의 연소실 내부에서의 연소는 발생 에너지의 일부가 음향 에너지로 전환됨에 따라, 경우에 따라서는 이의 증폭으로 비정상적 압력 상승이나 압력 진동이 발생하여 연소실의 폭발 또는 시스템의 기능 상실을 야기할 수 있다. 추진제의 연소 에너지 중 극히 일부분(1% 미만)이 음향 에너지로 전환된다. 연소실 내부에서 시스템에 별 영향을 주지 않는 가운데 큰 변화 없이 지속되거나 여러 요인의 영향으로 압력파가 크게 증폭되는 현상, 즉, 연소 불안정 현상이 발생되기도 한다. 압력파의 증폭 양이 정상 상태 압력에 비해 대략 5% 이상이 될 때 추진기관의 기능에 문제를 야기할 수 있다. [그림 8.26]은 연소불안정 현상이 발생된 고체 로켓 추진기관의 압력-시간 선도를 보여주고 있다.

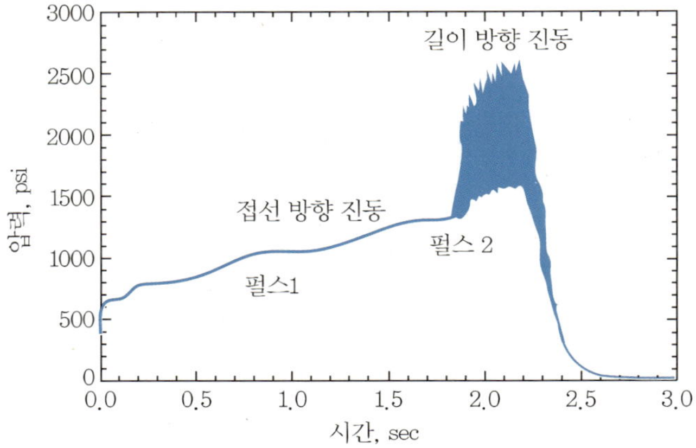

그림 8.26 연소불안정 현상이 있는 압력-시간 선도 (ref 12: p.2)

이와 같은 연소불안정 현상을 막으려면 추진제의 연소 중 필연적으로 발생하는 압력파를 비정상적으로 증폭시키지 않도록 압력파 증폭 요인들을 미리 제거하거나 발생된 압력 교란을 감쇄시켜 줘야 한다. 압력파 증폭 요인들로는 추진제 연소 시의 압력변동, 연소속도 변동, 연소장의 분산 상태 불균일, 연소 생성물 내 입자 크기 및 분포 상태, 연소가스 유동 방향 변환, 구조체의 형상 등이 있다. 연소실 내에 발생되는 압력파는 연소실 내부의 추진제 그레인 형상(고체 추진기관의 경우)이나 연료/산화제 인젝터들의 배치에 따라서 여러 가지 형태로 나타난다. 대표적으로는 길이 방향 압력파와 횡 방향 압력파의 두 가지로 나눌 수 있다. 실질적으로는 길이 방향이라도 여러 종류의 파장으로 나타나고 횡 방향이라도 반경 방향과 접선 방향 및 이들의 복합된 형태의 압력파로 복잡한 형태를 가진다. 길이 방향 압력파의 경우 수백 Hz 수준 이하의 저주파를 가지며 횡 방향 압력파의 경우 수천 Hz 수준의 고주파를 갖는다.

연소불안정 현상은 시스템에 악영향을 미치기 때문에 제거시키거나 억제시켜야 한다. 크게 나눠 3가지 이유를 살펴보면 첫째, 증폭된 압력파로 연소속도가 빨라져 연소실 압력이 비정상적으로 높아져 연소실 파괴압력에 미칠 경우 연소관의 파괴로 폭발을 유발할 수 있다. 둘째로, 비정상적 압력 진동은 비행체 시스템에 진동을 일으켜 특히 유도장치와 같은 전자장비에 오작동을 유발할 수 있다. 셋째로, 비정상적 압력진동은 곧바로 추력진동으로 이어져 비행 궤도 정밀 조종에 영향을 미쳐 비행방향 정밀 유도 조종성을 크게 훼손할 수 있다. 우주왕복선 스페이스 셔틀 부스터의 경우 추력값이 기본적으로 12,900KN 수준의 대용량이 되기 때문에 연소압력 정상치에서 벗어나는 2psi(14KPa)의 압력진동만 발생해도 65000 1bf(290KN) 수준의 추력진동이 유발된다. 유도탄의 경우 정밀 타격 능력이 훼손됨은 물론 시스템의 효용성을 잃게 할 수 있는 것이다.

연소불안정 현상을 제거하는 데에는 상당한 시간과 노력뿐만 아니라 경제적인 손실을 수반한다. 이 때문에 가능한 한 설계 초기 단계에서 이를 배제할 수 있도록 노력해야 한다. 고체추진기관의 경우 이를 위해 추진제 그레인 형상을 조정하거나 추진제 내에 연소시 발생하는 압력파의 교란을 감쇄시킬 수 있는 금속입자를 첨가시키기도 한다.

액체 추진기관의 경우는 고체 추진기관에 비해 구조가 더 복잡하여 연소불안정이 발생할 소지가 많다. 연소실 내에서는 압력, 온도 및 속도의 요동이 항상 일어난다. 이 요동이 추진제 공급 시스템, 추진기관 구조물의 진동, 인젝터로 형성된 유동의 소용돌이, 연소실의 공명 등의 영향으로 적게는 10~200Hz의 저주파로부터 1000Hz 이상의 고주파까지 이르는 여러 형태의 연소불안정 현상이 발생한다. 소음 발생 특징으로 볼 때, 저주파 연소불안정이 일어나면 단속적인 폭폭거리는 소리(chugging)가 나며, 200~1000Hz 정도의 연소불안정 현상에서는 붕붕거리는 소리(buzzing)가 난다. 1000Hz 이상의 고주파 연소불안정 현상시에는 아주 고음의 삐익거리는 소리(screaming)가 난다. 폭폭 소리나는(chugging) 연소불안정은 특히 연소압력이 0.35~2.4MPa 범위의 낮은 값을 가질 때 주로 나타나며, 붕붕 소리나는(buzzing) 연소불안정은 추력범위가 2.2~22KN 정도인 중형 추진기관에서 많이 나타난다. 삐익 소리나는(screaming) 연소불안정은 추진기관을 새롭게 개발하다보면 가장 흔하게 나타나는 것으로 주파수가 증가할수록 그만큼 에너지 수준도 높기 때문에 막상 발생하면 정상압력보다 수배 높아진 연소압력이 발생한다. 또는 연소실 벽면으로의 열전달률이 순간적으로 4~10배까지 증가하여 연소실을 녹임으로 인해 연소불안정 발생 후 1초 이내에 연소실을 파괴시켜버릴 수도 있는 아주 위험한 연소불안정 현상이다. 이러한 연소불안정 현상은 많은 경우 실험적 방법으로 발생 억지기법을 강구하고 있다. 즉, 에너지 발생의 주된 장소인 인젝터 주위에 배플(baffle)을 설치하여 인젝터 면을 홀수 개의 여러 부분으로 나눈다. 또는 인젝터 주위 연소실 벽에 불규칙적으로 구멍이 뚫린 또 다른 내부 벽면(porous liner: acoustic energy absorber)을 설치하여 압력파 에너지 약화를 유도한다. 아니면 인젝터 자체 설계를 근본적으로 바꾸는 방식으로 접근하여 해결하고 있다. 나아가 최근 들어서는 배플과 음향 에너지 흡수기를 함께 사용하기도 한다([그림 8.27]과 [8.28] 참조).

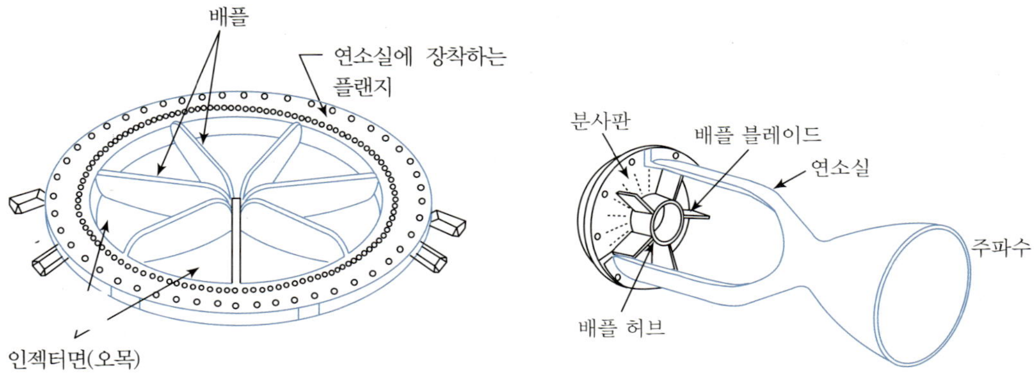

그림 8.27 날개 모양의 배플 (ref 13: p24, ref 3: p440)

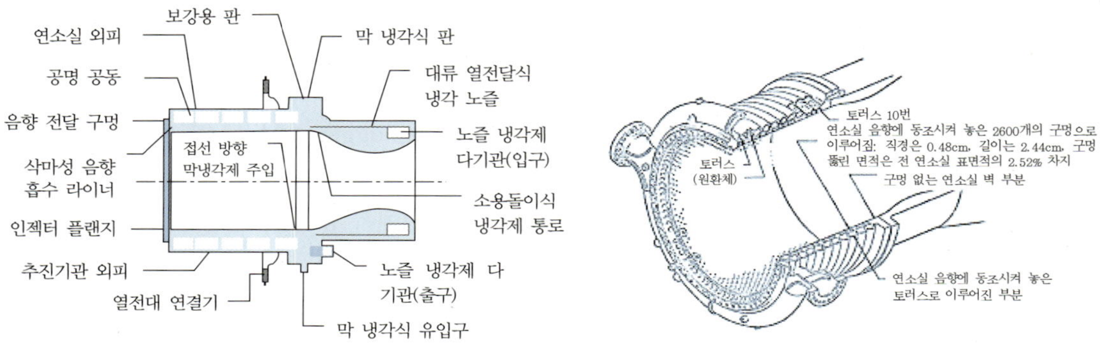

그림 8.28 음향 에너지 흡수기가 부착된 액체 로켓 추진기관 (ref 13: p.51)

8.8 로켓의 비행성능과 다단효과 (10, 14)

많은 양의 폭탄을 멀리에 있는 상대편에 날려 상대를 격파하거나, 지구 밖 우주로까지 날아가고자 했던 인간의 열망은 로켓이 탄생됨으로 실현 가능해졌다. 즉, 로켓으로 비행시킬 때 얻어낼 수 있는 힘과 비행속도가 상당한 것을 알아낸 결과로 군사용 무기개발과 우주여행의 꿈을 이룰 수 있게 되었다. 우리나라에서도 이미 1400년대에 로켓을 이용한 사거리 2km 수준의 대신기전을 개발하여 압록강을 건너오려는 오랑캐를 무찌르는 데에 사용하였으며, 현재는 로켓 엔진을 장착한 우주발사체로 인공위성을 띄우려 하고 있다.

로켓의 비행성능이 단단(single stage)일 때와 다단(multi stage)일 때에 어떻게 서로 달라지는지 알아보자. 로켓은 크게 나누어 구조물, 추진제 및 화물의 세 가지로 구분할 수 있다. 발사 전 총무게를 W_0, 추진제 W_p가 연소완료한 후의 무게를 W_b라고 하면, 공기저항에 의한 항력과 중력을 무시할 때 로켓의 연소종료속도 v_b는 다음과 같이 표현된다.

$$v_b = -c\ln(1-\zeta) \tag{8.23}$$

여기서 ζ는 추진제 무게 W_p와 발사 전 총무게 W_0의 비 $\zeta = W_p/W_0$이다. 이 추진제 무게비는 0.6~0.8의 범위에 있도록 하는 것이 구조적으로 안전하다. 그러나 고성능을 요하는 경우 이 이상의 값이 되도록 설계하기도 한다. 이 값이 크다는 것은 추진제 양이 많아지고 구조물은 더욱 가벼워져야 한다는 것을 의미하며 $\zeta > 0.85$ 이상이 되면 특별히 유의하여 구조적 안전성을 잃지 않도록 해야 한다. 단단 비행체일 경우 ζ값의 실질적 한계치는 약 0.95이다. 이와 같은 한계값을 갖는 이상적인 로켓의 연소종료 속도를 알아보자.

즉, $\zeta = 0.95$이면,

$$v_b = -c\ln(1-0.95) = -c\ln(0.05) = 2.996c \tag{8.24}$$

다시 말해 단단 로켓으로 얻어낼 수 있는 최대 비행속도는 유효배출속도 c의 3배에 가깝다는 것이다. 그런데 $c = I_{sp}\,g$이므로

고체 로켓이면, $c = 250(s) \times 9.8(m/s^2) = 2.45km/s$이며

$$v_b = 3 \times 2.45 = 7.35km/s$$

액체 로켓이면, $c = 350(s) \times 9.8(m/s^2) = 3.43km/s$이며

$$v_b = 3 \times 3.43 = 10.29km/s$$

다시 말해 단단 로켓으로는 추진제의 양을 설계 한계치까지 싣고 가도 대기권 이탈속도인 11.2km/s를 얻어내지 못해 우주여행의 꿈을 이루지 못할 수밖에 없다. 여기에서 그 원인을 찾아보면 바로 ζ값의 한계로 인해 v_b가 유효배출속도 c의 3배를 넘지 못함에 있음을 알 수 있다. 이를 넘어설 수 있는 방안이 바로 추진제 연소종료 후 불필요한 부분을 떼어내버려 비행체의 무게를 줄이는 것이다. 즉 로켓 비행체를 단단(single stage)이 아닌 다단(multi stage)으로 하면 전체적 크기도 줄이고 무게도 줄여 효율적으로 대기권 이탈 속도를 얻어낼 수 있게 된다! 앞에서와 마찬가지로 항력과 중력의 영향이 추력의 크기에 비해 미미하기 때문에 이를 무시하고 다단 로켓 비행체의 연소종료 속도를 구해보자. 로켓의 단수가 전체 N개일 때 이들 각각의 단으로부터 얻어지는 속도값을 더하면 된다. 즉,

$$v_b = v_1 + v_2 + v_3 + \cdots + v_n \qquad (8.25)$$
$$= c_1 \ln(1/MR_1) + c_2 \ln(1/MR_2) + c_3 \ln(1/MR_3) + \cdots$$

여기서 MR은 각 단의 연소 전후 무게비이다. ($MR = 1 - \zeta = W_b / W_0$)

N개 각 단의 비추력과 무게비가 모두 서로 동일하다고 하면 N개 단의 로켓이 연소종료한 시점의 최종 비행속도는 식 (8.26)과 같이 표현된다.

$$v_f = nc \ln(1/MR) \qquad (8.26)$$

식 (8.26)을 좀더 구체적인 변수들로 나타내 단 수가 증가함에 따라 최종 비행속도가 어떻게 바뀌는지 비교해보자. 이를 위해 하중비 λ와 구조계수 ε을 다음과 같이 정의한다.

하중비(payload ratio) : (W_{PL} = 하중무게, W_S = 구조물무게)

$$\lambda \equiv \frac{W_{PL}}{W_0 - W_{PL}} = \frac{W_{PL}}{W_0 + W_s} \qquad (8.27)$$

구조계수(structural coefficient) :

$$\varepsilon \equiv \frac{W_s}{W_s + W_p} = \frac{W_b - W_{PL}}{W_0 - W_{PL}} \qquad (8.28)$$

이들 식 (8.27)과 식 (8.28)을 사용하면 중량비 MR은 식 (8.29)와 같다.

$$MR = \frac{\varepsilon + \lambda}{1 + \lambda} \qquad (8.29)$$

N개 단으로 이루어진 로켓 비행체에서 각 단의 하중비와 구조계수를 각 단의 값들이 서로 동일하게 하면 하중비 λ와 최종 비행속도 v_f를 다음과 같이 표현할 수 있다.

$$\lambda = \frac{1}{\varphi^{1/n} - 1}$$

여기서 $\varphi = W_{01} / W_{PL}$이고, W_{01}은 다단 로켓의 발사전 총무게이다. 또한 이를 활용하여,

$$v_f = nc \ln\left(\frac{\varphi^{1/n}}{\varepsilon(\varphi^{1/n} - 1) + 1}\right) \qquad (8.30)$$

일례로 ε = 0.1이고 화물의 무게 W_{PL} = 500 kg이며 발사 전 총무게 W_{01} = 8000kg인 경우에 대해 단 수를 늘여가며 최종 비행속도를 비교해보면 [표 8.3]과 같다.

표 8.3 단 수에 따른 최종 비행속도 비교 (W_{PL} = 500 kg, W_{01} = 8000 kg, I_{SP} = 250 sec)

N	1	2	3	4	5	6
v_f (m/s)	4548.0	5507.2	5753.3	5858.8	5915.0	5953.8
v_f / v_1	1.0	1.210	1.265	1.288	1.30	1.309

주기: 유효배기속도 $C = I_{SP} \cdot g$이며 비추력 $I_{sp} = 250$sec라고 하면 c = 2450m/s가 된다.

[표 8.3]에서 볼 때, 단 수가 4 이상이면 3단 이하에서의 비행속도 증가율에 비해 속도증가율이 급격히 둔화된다. 이 때문에 실제에서도 보통 4단 이상의 로켓을 만들지 않는다.

8.9 맺음말

로켓 추진기관의 활용성은 현대에 와서 눈부시게 높아졌다. 군사용 무기에는 물론이고 우리의 우주로 향한 꿈을 이룸에도 널리 쓰이고 있을 뿐만 아니라 향후 더욱 유용하게 사용하기 위해 지금도 지속적으로 연구 개발되고 있다. 고체로켓이나 액체로켓 자체로서는 기술력이 상당히 성숙되어 있는 단계에 이르렀기 때문에 이들의 기능을 다양화하고 고성능의 효율을 발휘하며 작동 안전성 확보로 보다 높은 신뢰도를 가진다. 나아가 로켓만이 아닌 타 추진기관과의 통합형 개발에 관심을 갖고 기술 발전이 이루어지고 있다. 몇 가지 예를 들어보자.

고체로켓에서는 원래 한 덩어리로 되어 있는 추진제 그레인을 적절히 배분하여 두 덩어리 이상으로 만들어 에너지를 분산시킴으로써 비행시에 공기저항을 이겨내는데 소모하는 에너지를 줄여 비행거리 연장 효과를 얻는다. 또는 노즐 목 가까이에 핀틀(pintle)을 들락날락시켜 연소압력을 조절하여 추력량을 변경함으로써 갖고 있는 총 에너지를 효율적으로 활용하여 비행거리 연장 효과를 얻어내는 기술도 개발되고 있다.

액체 로켓에서도 최근 핀틀형 인젝터를 활용하여 연소실 냉각효과와 연소불안정 제거효과를 얻는 기법이 개발되었고, 산화제나 연료를 노즐 부위로부터 연소실 내면 위쪽으로 연소가스보다 저온의 가스를 스핀을 주어 분사시켜 냉각효과를 얻는 방식으로 구조를 간단하게 한다. 뿐만 아니라 전체 크기를 줄이고 제작비를 절감해내는 효과까지 거두는 기술이 개발되고 있다. 또한 한편에서는 gel 형태의 연료를 사용함으로써 추력조절과 안전성을 함께 얻는 로켓 기술도 개발되고 있다.

이와 같은 기술적 한계를 극복하는 과정에서 최근 눈에 띄는 것이 극소형화 기술이다. 로켓에서도 초소형 비행체에 쓰일 추진기관으로 MEMS(micro-electro mechanical system) 기술을 활용한 극소형 로켓 추력기들이 연구되고 있다. 주먹만한 크기의 인공위성을 우주에서 자세 변경하거나 발진시키는 데에 활용하든지 자그마한 곤충 크기의 로봇 비행체를 날리는 능력을 발휘할 수 있는 꿈같은 기술들이 속속 연구되고 있다. 이 장에서 다룬 내용에 더 나아가 보다 넓고 깊은 지식의 습득에 더욱 많은 사람들이 관심을 가질 수 있기를 기대한다.

연습문제

1. 고체로켓과 액체로켓의 장단점에 대해 설명하라.

2. 로켓의 추력을 높이기 위한 추진제의 가장 중요한 인자와 주요 설계변수에 대해 설명하라.

3. 비추력을 높이기 위한 추진제 특성인자와 노즐 설계 형태에 대해 설명하라.

4. 대기압이 연소압력과 거의 유사하다가 차츰 적어질 때의 노즐 유동 특성에 대해 설명하라.

5. 로켓 엔진과 노즐의 냉각 이유와 방법에 대해 설명하라.

6. 액체 로켓 추진제의 혼합비에 따른 연소인자 변화와 고체 추진제 종류별 연소 특성에 대해 설명하라.

7. 고체 로켓과 액체 로켓에서의 연소불안정 현상 방지 기법에 대해 설명하라.

8. 우주 로켓 발사체가 단단(single stage)일 때의 한계와 다단효과에 대해 설명하라.

■ 기호 설명

A	단면적, m^2
c	유효 배출속도, m/sec
c^*	특성 속도, m/sec
C_D	질량 유량계수
C_F	추력계수
F	추력, N
g	중력 가속도, m/sec^2
I_{sp}	비추력, sec
I_{total}	총 역적, N-sec
L^*	연소실 특성 길이, m
M	마하 수
$\dot{m}$	질량 유동률, kgm/sec
$\overline{M}$	분자량, kgm/kgm-mol
N, n	로켓의 단 수
p	국소 압력, Pa 또는 N/m^2
R	기체 상수, J/kg-K
$\overline{R}$	일반 기체 상수, 8314.3 J/kg mol-K
T	온도, K
u	속도, m/sec
V	체적, m^3
v	로켓의 연소종료속도, m/sec
W	무게, N
$\dot{w}$	중량 유동률, N/sec
ε	구조계수
γ	비열비(C_p / C_v)
φ	무게비($\varphi = W_{01} / W_{PL}$)
λ	하중비
ζ	무게비($\zeta = W_p / W_0$)

아래 첨자

a	대기 조건
b	연소 완료 조건
c	연소실 값
e	노즐 출구 조건
f	최종 조건
F	추력
0	정체 또는 초기 조건
p	추진제
PL	하중 또는 화물(payload)
s	구조물
t	노즐 목 조건

참고문헌

1. Sutton, G. P., *Rocket Propulsion Elements*, 7th ed., John Wiley & Sons Inc., 2001.
2. Bray, D., *Guided weapons Technology Course Missile Propulsion, Lecture notes*, www.rmcs.cranfield.ac.uk/aeroxtra, Cranfield University, 2007.
3. 윤웅섭, 김영수, 『로켓공학』, 경문사, 2004.
4. Sankaran, S., Satyanarayana, T. N. V., et al, *CFD Analysis for simulated Altitude Testing of Rocket Motors*, Canadian Aeronautics and Space Journal, Vol 48, No. 2, June, 2002, pp.153-162.
5. Simmons, F. S., Chap. 1 *Rocket Engines in Rocket Exhaust Plume Phenomenology*, 2006.
6. Summerfield, M., Foster, C. R., and Swan, W. C., *Flow Separation in Overexpanded Supersonic Exhaust Nozzles*, Jet Propulsion, Vol 24, September-October, 1954, pp.319-321.
7. Verma, S. B., and Ciezki, H. K., *Unsteady Nature of Flow Separation inside a Thrust Optimized Parabolic Nozzle*, AIAA2003-1139, 41st Aerospace Science Meeting and Exhibit, Reno, Nevada, January 6-9, 2003.
8. Hagemann, G., Terhardt, M., et al, *Flow Separation and Side-loads in Rocket Nozzles*, TP 2000-156, 4th International Symposium on Liquid Space Propulsion, Lampoldshausen(Germany), March 13-15, 2000.
9. JSME, Nakayama, Y. and Woods, W. A., *A Visualized Flow*, Pergamon press, 1990.
10. Humble, R. W., Henry, G. N. and Larson, W. J., *Space Propulsion Analysis and Design*, McGraw-Hill, 1995.
11. 노만균, 『고체 추진제』, 대우학술총서 119, 민음사, 1998.
12. Blomshield, F. S., *Historical Perspective of Combustion Instability in Motors : Case Studies*, AIAA2001-3875, AIAA/ASME/SAE/ASEE 37th Joint Propulsion Conference, Salt Lake City, Utah, July 8-11, 2001.
13. NASA, *Liquid Rocket Engine Combustion Stabilization Devices*, NASA SP-8113, 1974.
14. 홍용식, 『인공위성과 우주발사체』, 청문각, 1985.

Chapter 09

액체로켓

9.1 액체로켓의 역사와 구조

1) 액체로켓의 태동

역사상 최초의 로켓은 1232년 중국에서 사용된 비화창이라고 하는 일종의 사거리가 연장된 화살로서 화약을 추진제로 사용하는 일종의 고체 추진제 로켓이다. 따라서 고체 추진제 로켓은 약 800여 년의 긴 역사를 가지고 있지만 구조적으로 좀더 복잡한 액체로켓은 이보다는 훨씬 더 짧은 역사를 가지고 있다.

로켓에 의한 우주비행의 원리는 1898년 러시아의 K. E. 치올코프스키(Konstanty Ciołkowski, 1857~1935) 박사가 그의 논문 <로켓에 의한 우주 공간의 탐구>를 통해 로켓엔진을 사용하여 우주 공간의 비행이 가능하다는 근거를 제시하였다. 그는 또한 우주공간을 비행하기 위해서는

그림 9.1 K.E. 치올코프스키(1857~1935)

그림 9.2 로버트 H. 고다드 박사 (1882~1945)

액체추진 기관이 유리하다라고 밝혔으나 실제 로켓은 만들지 않고 주로 이론적인 연구에 치중했다.

최초의 액체로켓은 로켓의 아버지라는 별명을 가지고 있는 미국의 고다드 박사(Robert H. Goddard, 1882~1945)에 의해 만들어졌다. 그는 1900년부터 로켓의 연구를 시작하였고 1916년에는 고체추진제를 사용하는 시험기를 만들어 비행에 성공하기도 했다. 최초의 액체로켓은 비공식적으로 1925년 12월에 약 2.7초간 비행한 5.5kg의 액체로켓이라는 설도 있지만 1926년 3월 16일 매사추세스 주에서 약 2.5초간 작동한 것이 정설로 받아들여지고 있다. 1937년 3월에는 길이 4.6m 무게 39kg의 로켓을 만들어 2590m까지 상승시켰다. 그러나 불행히도 당시에는 액체로켓에 대한 이해도가 낮았기 때문에 많은 사람들이 1903년 라이트 형제에 의해 발명된 비행기와 구별을 하지 못하였고 실제로 고다드 박사는 실험 당시, 경찰로부터 불이익을 당하기도 했다고 전해진다. 또한 그가 1920년 <극고도에 도달하는 방법>*이란 논문을 발표했을 때에는 <뉴욕 타임스>지로부터 혹평을 받았으며, 많은 사람들이 우주공간에서는 추진력을 얻을 수 없을 것이라고 생각했다.

훗날 1969년 7월 17일, 세 명의 우주인을 태운 새턴 5 로켓이 케이프 케네디 우주센터에서 발사가 되었고 같은 날 <뉴욕 타임스>는 1920년에 기재했던 사설에 대하여 깊이 사과하였다. 고다드 박사가 타계한 지 약 24년 만이며 인류 최초로 달에 발을 딛기 사흘 전의 일이었다.

그림 8.3 고다드 박사와 최초의 액체로켓

* A Method of Reaching Extreme Altitudes, Smithsonian Miscellaneous Collection, Vol.. 71, No.2, 1919; condensations in Scientific American Monthly, February 1920 and Nature August 26, 1920

고다드 박사와 비슷한 시기에 유럽, 독일에서는 H. 오베르트를 중심으로 하는 한 청년단체가 우주 비행을 목표로 하는 동호회를 조직했다. 훗날 이 조직의 일원이었던 W. 폰 브라운은 최초의 대륙간 탄도인 V-2 로켓을 제작하게 된다.

V-2 로켓은 당시로서는 매우 정교한 관성항법장치와 액체연료를 사용하는 아주 획기적인 로켓이었으며 이 로켓은 종전 후 미국과 소련의 우주경쟁의 근간이 되었다. V-2라는 이름은 요셉 괴벨스(Joseph Goebbels)의해 명명되었으며 Vegeltungswaffe의 머릿글자를 딴 것으로 독일어로는 복수병기 혹은 보복병기라는 의미를 갖고 있다. V-2 로켓에는 [그림 9.4]와 같이 최상부에 탄두, 그 밑으로는 관성항법장치와 연료탱크, 엔진이 자리하고 있다. V-2 로켓에 사용된 엔진은 알코올과 액체산소를 추진제로 사용하고 있으며 터보펌프 방식으로 구동된다. 터빈을 가동시키기 위해서는 과산화수소(Hydrogen peroxide H_2O_2)를 과망간산칼륨(Potassium permanganate, $KMnO_4$)에 촉매반응시켜 발생되는 증기를 사용했다. 알코올 연료탱크는 무게를 줄이기 위하여 알루미늄으로 제작되었으나 당시의 독일에서는 알루미늄을 구하기가 어려웠기 때문에 재료 수급에 많은 어려움이 있었다고 한다.

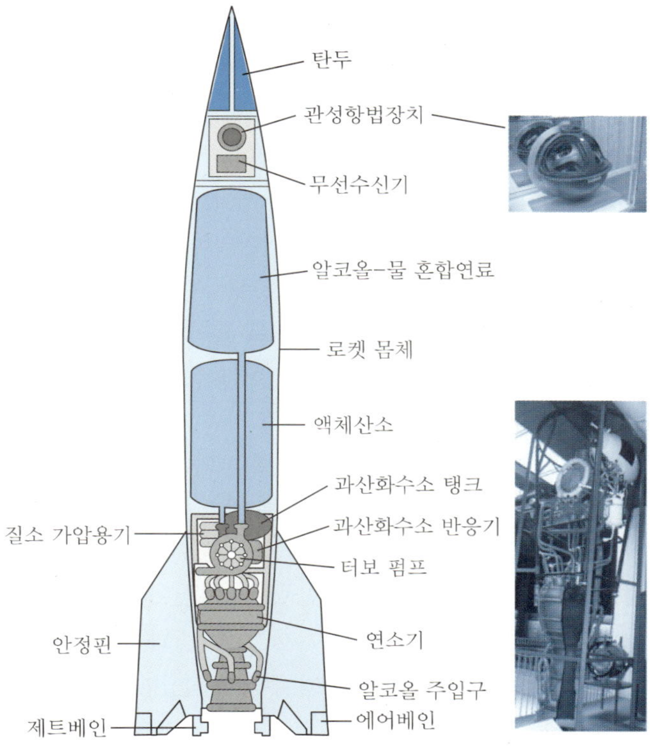

그림 9.4 V-2 로켓의 구조

그림 9.5 S. 코롤예프(1907~1966)

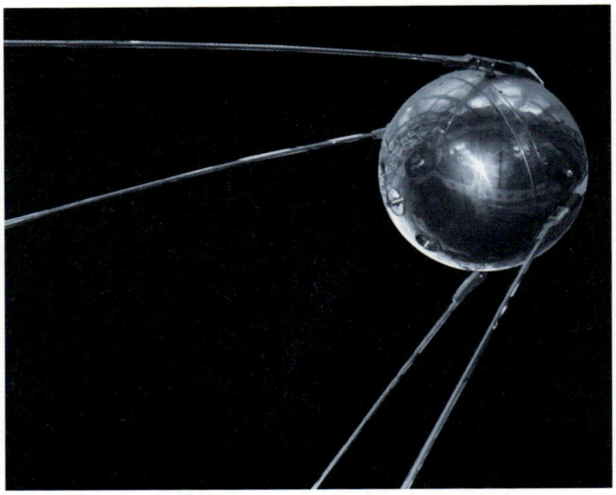

그림 9.6 스프트니크 1호

연소실의 온도는 약 2250K로 재생냉각을 사용하여 냉각시키며 약 1000kg의 탄두를 장착하고 사정거리 300km 이내의 목표물을 공격할 수 있다. 그러나 정확도를 나타내는 척도인 CEP (Circular Error Probable)*가 약 17km로 병기로서의 직접적인 역할은 기대하기 힘들었다.

2) 액체로켓의 발전–우주경쟁 (Space Race)

2차 세계대전이 끝난 뒤 V–2 계획에 참여했던 많은 과학자가 미국과 소련으로 끌려가게 된다. 바르바로사 작전이 실패로 끝난 독일은 전쟁이 장기화될 것을 예상하고 각 전선에 산재해 있는 과학자, 연구원들의 리스트를 작성하여 관리하게 되는데 이 리스트를 오센버그 리스트(Osenberg List)라고 한다. 이 오센버그 리스트는 전쟁이 끝나갈 무렵인 1945년 3월 폴란드의 한 연구원에 의해 화장실에서 변기에서 미쳐 흘러가지 못한 일부분이 발견된다. 당시 독일로 진군 중이던 미군은 이 리스트를 입수하고 이를 통하여 폰 브라운 박사를 첫 페이지로 하는 블랙리스트를 작성했다.

이 리스트는 곧 최우선 긴급사안으로 미국의 펜타곤에 전달되었고 소련보다 한 발 앞서 많은 과학자와 연구원에게 전범으로서의 과거를 말소시키고 미국의 시민권을 부여해 미국으로 데리고가게 된다. 이 그룹에는 원자폭탄 개발에 커다란 역할을 한 하이젠버그 박사(Dr. Werner Heisenberg), V–2 로켓개발의 주역인 폰 브라운 박사 등이 포함되어 있다.

소련 역시 페네문데(Peenemnde)에서 V–2 로켓개발과 관련된 많은 연구원들을 소련으로 데리고 갔는데, 훗날 이들은 소련 로켓개발의 주역이 되었다. 종전 후 소련과 미국은 강대국으로

* CEP : 포나 미사일의 정확도를 나타내는 척도로 여기서 V–2 로켓의 CEP가 17km라는 것은 발사된 V–2 로켓의 50%가 이 반경 내로 떨어진다는 것을 의미한다.

서의 위상을 확고히 하기 위하여 우주개발에 주력하게 되었는데, 이에 첫발을 먼저 내디딘 곳은 소련이었다. 미국의 로켓개발의 주역이 폰 브라운 박사라고 한다면 소련에는 코롤예프 박사(Sergei Korolyov, 1907~1966)가 소련 로켓개발의 중추를 담당하였다. 코롤예프 박사는 R-7 로켓의 수석 디자이너로 이 로켓을 사용하여 인류 최초의 인공위성인 스프트니크 1호를 성공적으로 발사하였다. 스프트니크 1호는 1957년 10월 4일에 발사되었으며 러시아어로 '동반자' 라는 의미를 가지고 있다. 이 위성의 질량은 약 83.6kg이고 경사각 65.2도, 근지점 228km, 원지점 946km의 타원형 궤도를 96.2분 주기로 공전하는 매우 원시적인 인공위성이었다. 그러나 인간이 만든 물체가 지구 주위를 회전한다는 사건은 모든 세계에 커다란 뉴스거리가 되었고, 특히 전후 모든 면에서 기술적인 우위를 확신하던 미국은 큰 충격에 빠지게 되었다.

스프트니크 1호의 성공에 놀란 미국은 아이젠하워 대통령의 특별 지시로 나사(NASA: National Aeronautics and Space Administraion)를 비롯한 많은 기관을 창설* 하였고 우주개발에 많은 노력을 기울였지만 이미 소련에게 선수를 빼앗긴 상태였다. 소련은 스프트니크 1호의 성공 이후 계속해서 약 한 달 후인 1957년 11월 3일에 라이카(Laika)라는 이름의 개 한 마리와 우주선, 자외선 측정 장치를 탑재한 스프트니크 2호의 발사에 성공하였고 계속해서 보스토크 발사체를 사용하여 인류 최초로 유리 가가린이 우주비행사가 되어 우주에 다녀오게 되었다. 이에 따라 소련은 우주개발에 있어서 여러 분야에서 '최초' 라는 명예를 보유하게 되었다.

스프트니크 1호의 발사 성공 약 4개월 뒤인 1985년 1월 미국 최초의 인공위성인 익스플로러 1호가 발사되었다. 이 위성은 질량이 14.2kg으로 스프트니크 1호보다도 훨씬 작은 것이었다. 결과적으로 이 발사의 성공으로 미국 역시 본격적으로 우주경쟁에 뛰어들게 되었고 점차 소련과의 경쟁에서 우위를 확보하게 되었다. 아폴로 계획이 성공적으로 끝나게 되어 최초로 우주인이 달에 발자취를 남기면서 미국의 우위는 점점 더 견고하게 되었으며, 레이건 행정부 이후 소비에트 연방이 붕괴되면서 미국은 우주개발에 절대적인 우위를 확보할 수 있게 되었다.

3) 상업용 발사체 시대-발사체의 다극화 시대

미국과 소련의 우주경쟁이 미국의 승리로 끝난 뒤 과연 그 막대한 자금을 동원하여 우주경쟁에서 승리한 결과가 과연 무엇인가 하는 자성의 목소리가 나오게 되었다. 이러한 자성의 목소리는 우주개발의 방향에 많은 영향을 주게 되어 우주개발을 하되 최대한 경제적인 이점을 살리기 위한 노력이 경주되었다. 이러한 일환으로 첫 번째로 눈을 돌린 것이 발사비용의 절감이었다. 우주왕복선 이전의 발사체는 모두 일회용으로 발사를 하고 난 뒤에는 모두 소멸하거나 추락하는 소모성이었다. 만일 발사체를 일회용이 아닌 여러 번 사용할 수 있다고 한다면 발사비용을 절감할 수 있을 것이다. 이에 따라 발사체를 재사용하는 방안이 여러 각도로 검토되었으며 그 결과 발사체 전체를 재사용하는 것보다는 핵심 부품인 엔진을 재사용하는 것이 첫 번째 목표가 되었다.

---

* NASA는 1915년에 설립된 NACA(National Advisory Committee for Aeronautics)를 1958년에 개편하여 창설하였다.

우주왕복선, 스페이스 셔틀은 이러한 목표로 개발이 된 재사용 가능 발사체이다. 스페이스 셔틀에 사용되는 대부분의 장비는 재사용이 가능하지만 '재사용 가능=발사비용 절감' 이라는 공식이 성립한 것은 아니었다. 첫 번째 이유가 스페이스 셔틀은 유인 우주선이기 때문에 기체의 신뢰도가 다른 로켓에 비해 높아야만 했고 이는 곧 개발과 생산비용의 증대라는 결과로 나타났다. 또 하나는 비록 재사용이 가능하다고는 하나 한 번 발사 후에 다음 발사까지 유지, 보수 비용이 많이 들어 경제적인 측면에서만 본다면 일회용 발사체에 비하여 그리 많은 장점을 가지지 못하였다.

소비에트 연방이 붕괴되고 나서 러시아 역시 부란이라는 우주왕복선을 개발했지만 개발자금의 부족으로 실용화시키지는 못하였다. 부란은 미국은 콜롬비아호와 거의 동시대에 개발이 이루어졌으나 1988년 무인 비행으로 지구 주위를 선회한 뒤 무사히 착륙한 것이 전부이다. 현재 부란은 모스크바 근교에서 관광용으로 일반에게 공개되고 있다.

이렇게 미국과 러시아, 양극 체제의 우주개발에 뛰어든 또 다른 국가는 유럽연합(ESA: European Space Agency)이다. 유럽에서 사용된 아리안 로켓은 상업용으로 커다란 성공을 거두었고 현재 발사체 사업에 선두주자가 되었다. 또한 러시아로부터 독립한 여러 국가 중 우크라이나는 미국과 합작으로 시런치(Sea Launch)라는 해상에서 발사체를 쏘아올리는 독특한 발사체 시스템을 운영하고 있다. 나아가 중국, 일본, 이스라엘, 브라질, 인도 역시 계속해서 발사체를 개발하고 있다.

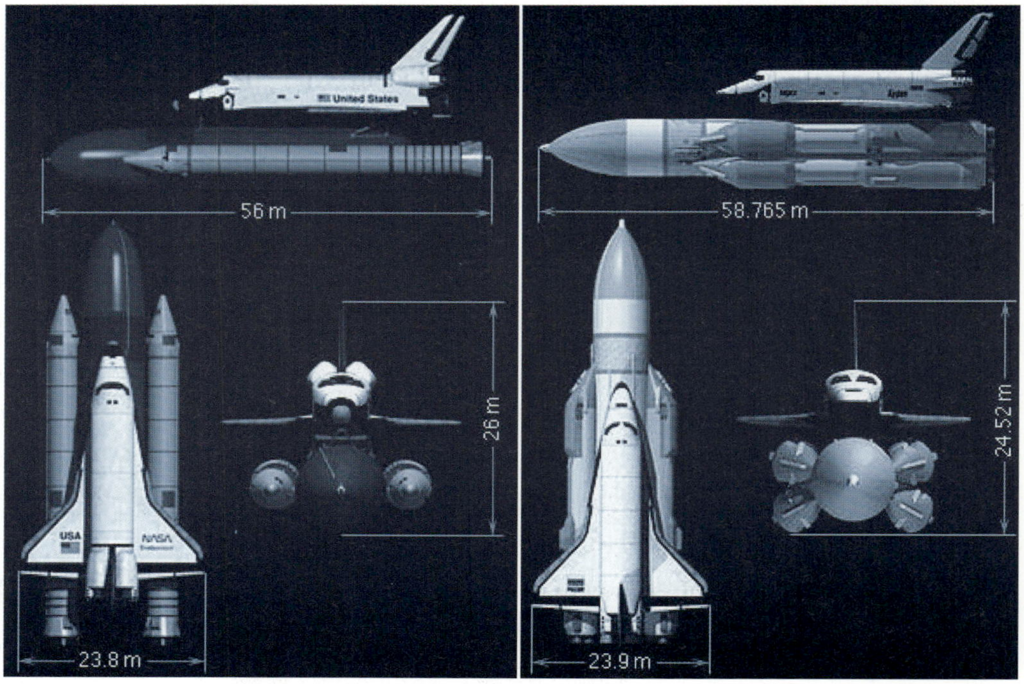

그림 9.7 스페이스 셔틀과 부란의 외관 비교

4) 액체로켓의 구조

액체로켓의 구조는 현대식 로켓이라 하더라도 [그림 9.4]의 V-2 로켓과 큰 차이가 없다. 현대식 로켓은 일반적으로 다단으로 구성되어 있으며 각 단마다 복잡한 구조를 지니고 있지만 전체적으로 본다면 크게 선체, 유도장치 혹은 항법장치, 추진제 저장탱크, 엔진 등으로 구성되어 있다.

[그림 9.8]은 미국의 타이탄 로켓과 러시아의 프로톤 로켓의 구조를 보여주고 있는데 기본적으로 V-2 로켓의 구조를 그대로 답습하고 있는 것을 알 수 있다. 최상부에 페이로드와 유도장비 등을 탑재하고 그 아래 커다란 추진제 탱크와 엔진을 장착하고 있다. 넓은 의미에서 로켓엔진은 추진제 탱크와 연소실 가압장치를 비롯한 부대 장비를 모두 포함하고 있지만 편의상 추진제 탱크와 부대설비는 공급계로, 연소실을 비롯한 추력을 내기 위한 장치는 엔진시스템으로 구분하기도 한다.

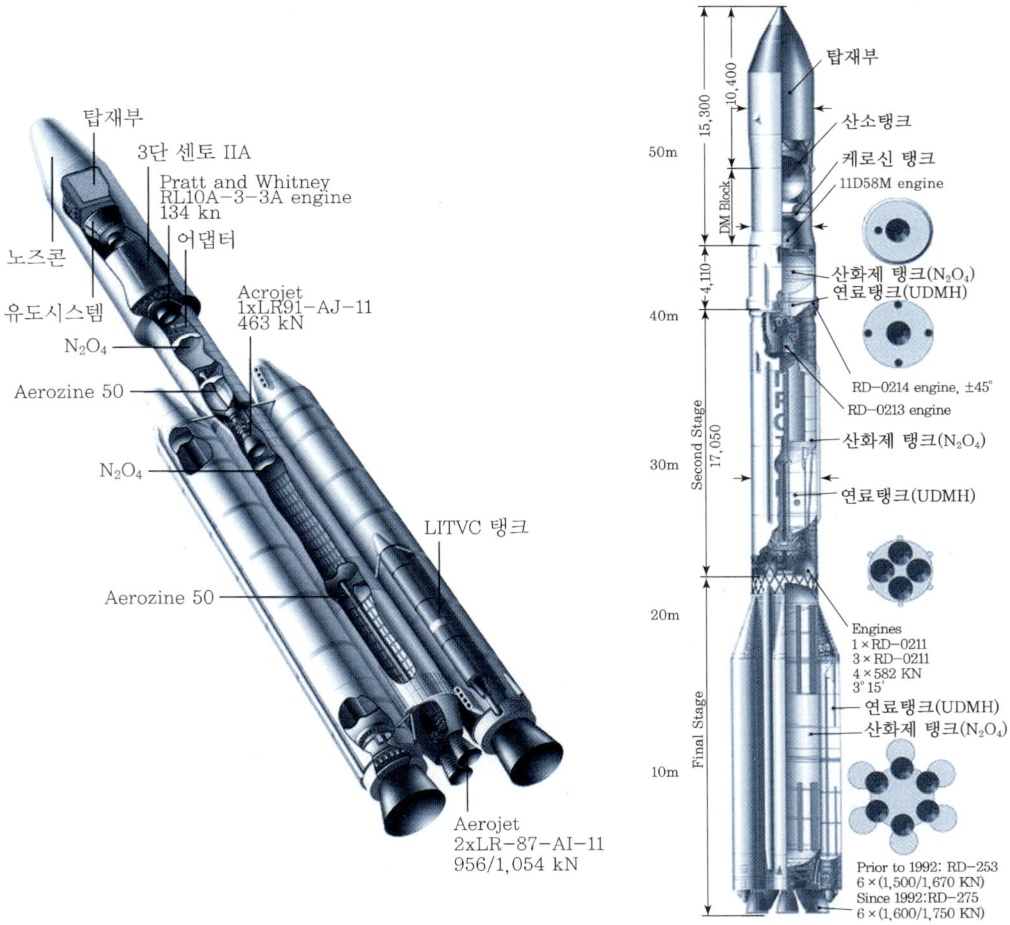

그림 9.8 타이탄 로켓과 프로톤 로켓의 구조 (S. Umansky, 2003)

9.2 액체추진제와 엔진 싸이클

1) 액체추진제의 종류

로켓엔진의 특징 중 하나가 화학반응을 일으키기 위한 산화제와 연료를 모두 탑재하고 있다는 점이다. 이 둘을 한꺼번에 지칭하여 추진제라는 용어를 사용한다. 추진제는 일반적으로 하나의 종류만 사용하는 단일추진제, 산화제와 연료 두 가지로 구분이 되는 이원추진제, 세 종류를 사용하는 삼원추진제가 있으나 대부분 연료와 산화제를 각각 하나씩 사용하는 이원추진제가 많이 사용된다.

또한 추진제는 로켓에 탑재되는 상태에 따라서 저장성(storable) 추진제와 극저온(cryogenic) 추진제로 분류되기도 하며 점화를 일으키는 방법에 따라서 화학반응에 의해 자연적으로 점화되는 자연점화(hypergolic) 추진제로 구분되기도 한다. 보통 자연점화 방식의 추진제는 두 가지 이상의 물질을 섞음으로 자연점화가 되기 때문에 보통 이원추진제이면서 상온 상태에서 저장이 가능한 저장성 추진제인 경우가 많다. 자연점화 추진제는 연료와 산화제가 만나면 곧바로 화학반응을 일으키기 때문에 특별한 점화장치가 필요 없어 엔진의 구조가 그렇지 않은 엔진보다 단순해질 수 있다. 자연점화가 아닌 추진제는 당연히 시동시 점화를 시켜주기 위한 별도의 장치가 필요하다.

자연점화 엔진이 모두 이원추진제만을 사용하는 것은 아니다. 보다 단순한 구조인 단일추진제에는 하이드라진(hydrazine, NH_2NH_2)이나 과산화수소(H_2O_2)가 있으며 주로 촉매를 사용해 화학반응을 일으켜 추력을 얻는다. 보통 단일추진제로 얻어지는 추력은 이원추진제에 비해 작기 때문에 로켓의 주엔진보다는 주로 로켓이나 인공위성의 제어용으로 많이 사용된다. 단일추진제는 이밖에도 산화에틸렌(에틸렌옥사이드, C_2H_4O)이나 니트로메탄(CH_3NO_2)등을 사용하기도 한다.

[그림 9.9]는 과산화수소를 사용한 간단한 추력기의 구조와 반응식을 나타낸 것이다. 그림과 같이 분사기를 통과한 과산화수소가 촉매베드를 지나면서 화학반응이 일어나고 이때 발생

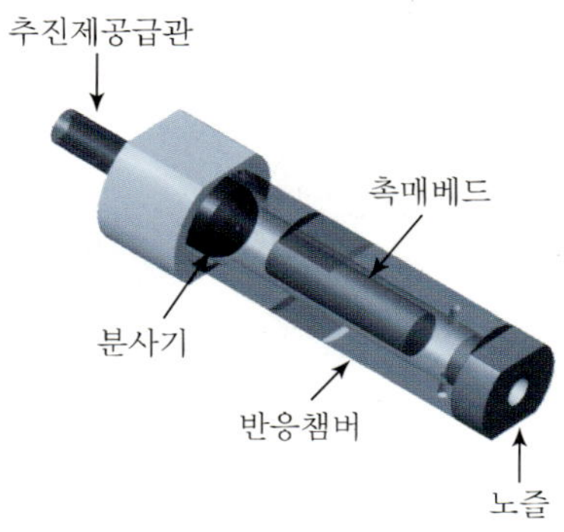

그림 9.9 과산화수소 추력기 구조, KAIST 항공우주학과

표 9.1 저장성 추진제의 종류와 특성

추진제	하이드라진	과산화수소	사산화질소	UDMH	Kerosene (RP-1)
화학식	HN_2HN_2	H_2O_2	N_2O_4	$(CH_3)_2NNH_2$	$C_{12}H_{24}$
종류	연료, 단일추진제	산화제, 단일추진제	산화제	연료	연료
분자량	32	34	92	60	
녹는점 K	275	272	261	2155	
끓는점 K	383.65	424.15	294	336	
밀도 kg/m^3	1,010	1,460	1,440	789	820
취급 위험도	유독, 가연성	가연성	유독	유독	가연성
사용 가능 재료	Al, 스테인레스강, 테프론, Kel-F	Al, 스테인레스강, 테프론, Kel-F	Al합금, 스테인레스강, Ni합금, 테프론	Al, 스테인레스강, 테프론, kel-F	Al, 강, Ni합금, Cu, 테프론, Kel-F

한 에너지는 식 (9.1)과 같이 나타난다.

$$H_2O_2(l) \rightarrow H_2O(g) + \frac{1}{2}O_2(g) + 2884.47\ kJ/kg \tag{9.1}$$

현재 액체로켓 엔진에 가장 많이 사용되고 있는 것은 이원추진제이다. 산화제로는 과산화수소(H_2O_2), 액체산소(LOx), 질산(HNO_3), 사산화질소(N_2O_4), 액체불소(LF), 삼불화염소(ClF_3) 등

표 9.2 극저온 추진제의 종류와 특성

추진제	액체불소	액체수소	액체산소	액화메탄	액화프로판
화학식	F_2	H_2	O_2	CH_4	$CH_3CH_2CH_3$
종류	산화제	연료	산화제	연료	연료
분자량	38	2	32	16	44
녹는점 K	54	14	55	89	85
끓는점 K	85	20.45	90	109	231
임계압 MPa	5.6	1.3	5.1	4.6	4.3
임계온도 K	153	249	154	190	370
밀도 kg/m^3	1,510	71	1,140	420	580
취급 위험도	맹독, 가연성	가연성	양호	가연성	가연성
사용 가능 재료	Al, 스테인레스강, Ni합금, 청동	스테인레스강, Ni 합금, Al합금 Kel-F	Al, 스테인레스강, Ni합금, Cu, 테프론, Kel-F	Al, 강, NI합금, Cu, 테프론, kel-F	Al, 강, Ni합금, Cu, 테프론, Kel-F

이 있으며 연료로는 액체수소(LH2), 하이드라진, 암모니아나 탄화수소 계열의 케로신, 메탄, 프로판 등이 있다. 이 가운데 액체산소나 액체 수소 등은 극저온 추진제로 분류되며, 케로신, 사산화질소, 비대칭 메틸하이드라진(UDMH) 등은 저장성 추진제이다. [표 9.1]은 저장성 추진제의 물성치를 정리한 것이다.

극저온 추진제는 일반적으로 상온에서 기체인 물질을 끓는점 아래로 냉각하여 액체 상태로 만든 뒤 엔진에 사용되는 추진제이다. 극저온 추진제는 대표적으로 액체수소와 액체산소 등이 있다. [표 9.2]는 극저온추진제의 물성을 정리한 것이다.

저장성 추진제는 상온에서 그 형태(상, phase)를 유지하기 때문에 발사체 발사 이전이라도 내부에 미리 충전을 시켜둘 수 있지만 극저온 추진제는 추진제 탱크 내부에서 말 그대로 극저온을 유지하고 있어야 하기 때문에 발사 직전에 탱크에 충전을 한다.

2) 엔진 싸이클

액체로켓의 엔진 싸이클이란 추진제를 연소실로 공급하는 형태를 일컫는 말로 (1)절에 소개된 추진제의 종류와 당시의 기술 수준에 따라 여러 가지 형태가 개발되었다. 엔진 싸이클은 먼저 터보펌프의 유무로 가압식과 터보펌프식으로 분류할 수 있다. 또한 가압식 엔진과 터보펌프식 엔진은 그 구조와 특성에 따라 세분화된다.

가압식 엔진

가압식 엔진은 액체로켓 엔진 중에서 가장 단순한 형태로 고압가스를 사용하여 추진제 탱크를 가압하고 이 압력으로 추진제를 연소실까지 공급하는 방식이다. 가압식 엔진 역시 추진제 탱크를 공급하는 방법에 따라 다시 세분화될 수 있다. 가장 단순한 구조는 역시 [그림 9.10]과 같이 가압탱크를 사용하여 추진제 탱크를 가압하는 방법이고 이보다는 조금 더 복잡한 구조로 가압탱크 대신에 고체 혹은 액체연료를 사용하여 고압의 가스를 발생시켜 추진제 탱크를 가압하는 방법이 있다.

고압탱크를 이용하여 가압을 하는 경우에는 가압용 가스는 분자량이 작고, 저장 상태에서 밀도가 높아야 한다. 가스의 분자량이 작으면 동일 압력에 대하여 가스 자체의 무게가 감소하며 저장 상태에서 밀도가 높다면 가압탱크의 크기가 줄어들어 그만큼의 무게를 절감할 수 있다. 또한 가압가스는 액체 상태로 저장되어 있는 추진제와 반응을 하지 않거나 추진제로 용해되지 않아야 한다. 이에 따라 주로 불활성 기체인 헬륨이 가압 가스로 많이 사용된다. 반면에 이와는 전혀 다른 개념으로 소량의 가스를 추진제 내부 탱크에 있는 추진제와 반응시켜 반응이 일어난 가스로 추진체 탱크를 가압하는 방식 역시 가능하다.

가압식 엔진의 가장 큰 장점은 그 구조가 단순하다는 것이고 이 때문에 소형 엔진에 많이 사용하고 있다. 그러나 보다 큰 추력을 발생시키는 대용량 엔진에 사용하기 위해서는 가압탱크의 용량과 가압하는 압력을 증가시켜야 하기 때문에 가압탱크의 무게가 늘어나게 되며 추진

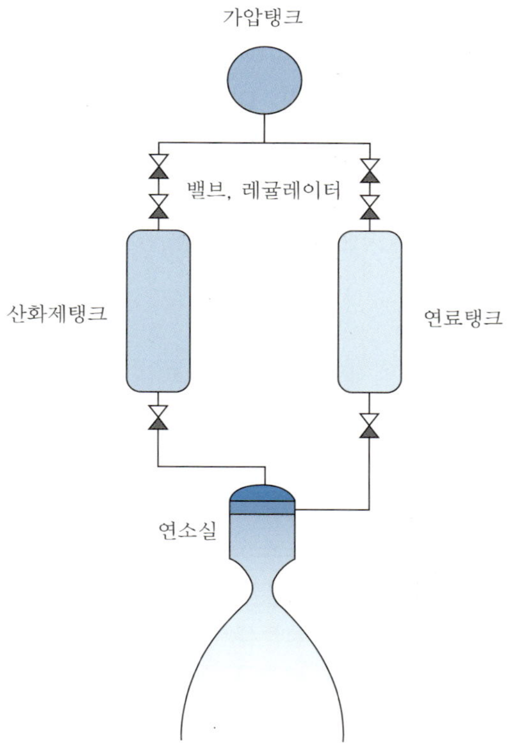

그림 9.10 가압식 엔진

제 탱크 역시 높은 압력에 견딜 수 있도록 충분한 강도를 지녀야 한다. 그러므로 전체적인 엔진의 무게가 증가하게 되는 단점이 있다. 따라서 가압식 엔진은 큰 추력을 내야 하는 1단에는 거의 사용되지 않으며 무게와 추력의 비를 고려하여 상단 엔진에 주로 사용된다. 가압식 엔진의 대표적인 예는 한국항공우주연구원에서 개발된 KSR-III 엔진과 유럽의 Astruim에서 개발

그림 9.11 KSR-III 엔진, 연소 시험을 위해 시험대에 장착되어 있는 상태이다.

그림 9.12 Aestus 엔진, 상단에 사용되는 엔진이므로 높은 팽창비를 가지고 있다.

되어 Ariane 5에 사용되는 Aestus* 엔진이 있다.

이 엔진은 [그림 9.11]과 [9.12]에 나타나 있으며 노즐 목과 노즐의 크기에 많은 차이를 보이고 있는 것을 알 수 있다. 먼저 KSR-III 엔진은 1단용이면서 동시에 노즐의 냉각 방식으로 삭마 방식**을 채택했기 때문에 목의 두께가 두꺼우며 노즐의 크기가 그리 크지 않은 것을 알 수 있다. 또한 Aestus 엔진은 재생 냉각의 냉각 방식을 채택하였고 대기의 밀도가 희박한 상층에서 작동을 하는 엔진이므로 노즐목에 비해 노즐의 크기가 상대적으로 매우 크다.

터보펌프 방식 엔진

현재 사용되는 대부분의 액체로켓 엔진은 터보펌프 방식의 엔진이라 해도 과언이 아닐 만큼 널리 사용되는 방식이다. 터보펌프 방식의 엔진은 터빈을 구동시키는 가스를 그대로 방출하는 개방형(open cycle) 엔진과 이 가스를 연소실로 보내 다시 재연소시키는 폐쇄형(closed cycle) 엔진으로 구분된다. 개방형 엔진은 다시 터빈구동용 가스를 생성하는 방법에 따라서 가스발생기 방식, 연소가스 분리방식(combustion tap-off cycle), 냉매 구동방식(coolant breed cycle) 등이 있으며 폐쇄형 엔진으로는 예연소기(preburner)를 장착하고 있는 예연소방식(preburner cycle)과 냉매 구동방식과 유사한 팽창형(expander cycle)이 있다.

초창기 터보펌프 방식의 엔진은 미국이나 구소련이나 모두 케로신과 액체산소를 사용하는 개방형 가스발생기 방식의 엔진을 많이 사용했다. 대표적인 예가 아폴로 계획에 커다란 역할을 담당한 F1 엔진으로 이는 러시아의 RD-170 이전까지 가장 큰 엔진이며 지금까지도 개방형 엔진으로는 최대 추력을 가지고 있다. [그림 9.13]은 F1 엔진과 간단한 규격이다.

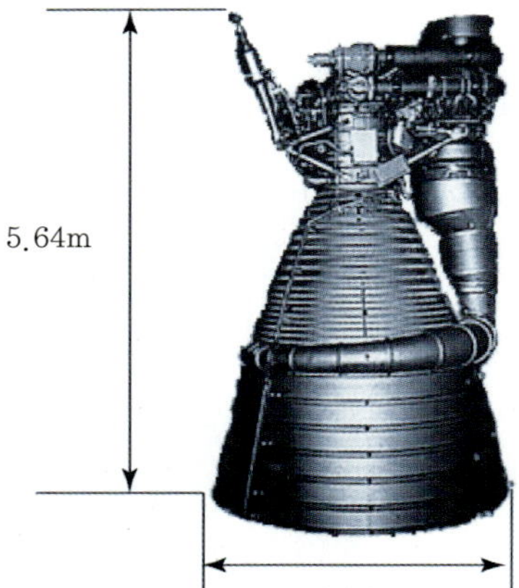

그림 9.13 F-1 엔진 외관

추력	6747 kN (sea level) 7740 kN (vacuum)
비추력	265 sec (sea level) 304 sec (vacuum)
엔진무게(dry)	8391 kg
연소실 압력	70 bar
연소시간	150 sec
확장비	94.07
혼합비	2.27 ± 2%

* Astrium사에서는 최근 터보펌프 방식의 Aestus를 개발 중이다.
** 연소실과 노즐 냉각 방식의 하나. 9.6에 설명

개방형 엔진은 터보펌프 방식으로는 비교적 단순한 구조이며 그 구성도는 다음과 같다. [그림 9.13]에 나타난 개방형 가스발생기 엔진은 [그림 9.12]의 F-1 엔진과는 조금 다른 모습을 보이고 있다. [그림 9.13]의 엔진에서는 터빈 배기가스가 별도의 노즐을 통해 배출되지만 F-1 엔진은 별도의 노즐 없이 주연소기의 노즐목 후단을 통해 배출된다. 미국에서 제작된 대부분의 개방형 엔진이 F-1과 같은 방식을 채택하고 있다.

터보펌프 방식의 엔진은 공통적으로 추진제의 일부를 터빈 구동에 사용한다. 또한 개방형이라는 이름의 유래는 터빈 구동에 사용된 추진제가 연소실에서 재사용되지 않고 그대로 밖으로 배출되기 때문이다. [그림 9.14]는 개방형 엔진 중 케로신과 액체 산소를 사용하는 가스발생기형 엔진의 도해이며, 탱크에서 나온 추진제는 각각 가스발생기와 연소기로 분기한다. 이 가운데 가스발생기로 유입된 추진제는 매우 낮은 온도인 약 900K~1400K로 연소되며 이렇게 연소된 가스는 터빈을 구동시킨 뒤 다시 외부로 방출된다.

가스발생기 방식과 다른 연소가스 분리 방식과 냉매구동 방식은 터빈을 구동시키기 위하여 별도의 연소장치를 사용하지 않고 연소실의 에너지를 이용하여 터빈을 구동시킨다. 먼저 연소가스 분리방식은 연소실에서 연소된 가스의 일부를 연료로 희석하여 온도를 낮춘 후 이 가스를 사용하여 터빈을 구동시키는 방식이다. 이러한 방식을 사용하는 대표적인 엔진으로는 J-2S가 있다. J-2S 엔진은 새턴 5의 상단에 사용된 엔진인 J-2 엔진을 개조한 것으로 가스발생기 엔진을 연소가스 분리형으로 수정한 사례이다. 또한 냉매구동형 엔진은 연소기의 열교환기를 지나 기화된 연료의 일부를 사용하여 터빈을 구동시키는 방법이다. 앞서 설명한 바와 같이 이 두 가지 방법은 가스발생기 방식에 비하여 구조가 간단하고 연소가 오로지 주 연소실

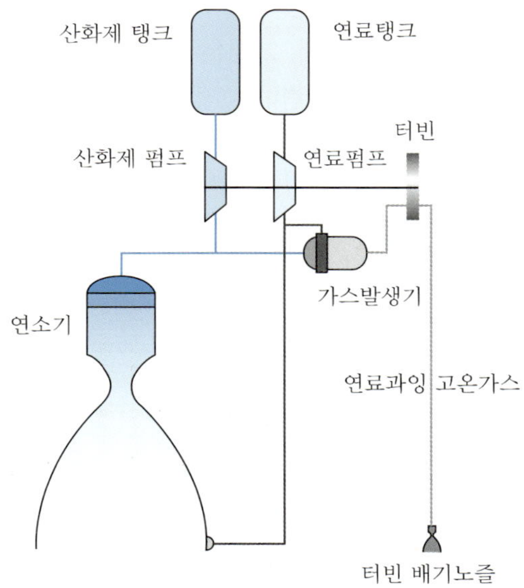

그림 9.14 개방형 가스발생기형 엔진 싸이클

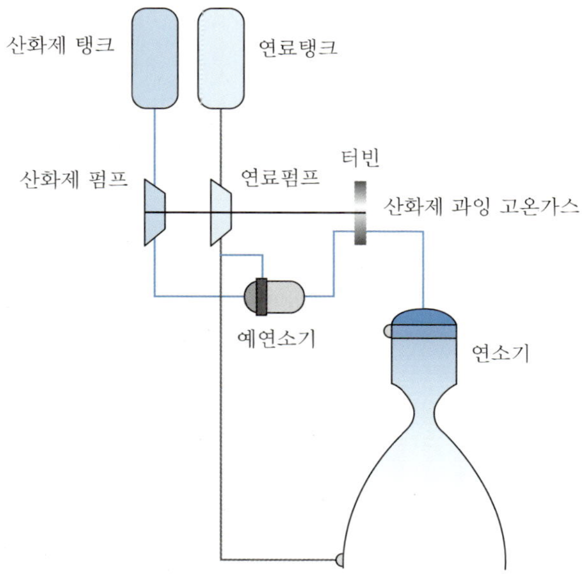

그림 9.15 예연소 방식 엔진 싸이클 (케로신, 액체산소)

에서만 일어나므로 시동시퀀스를 결정하기에 편리하다는 장점이 있다.

개방형 싸이클은 다른 터보펌프 방식의 엔진에 비해 구조가 단순하지만 연소기의 압력을 높이기가 어렵고 터빈 구동에 사용된 추진제는 그대로 버려지게 되어 비효율적인 구조가 된다. 따라서 고성능 엔진에서는 거의 사용되지 않고 있다.

개방형 싸이클과는 반대로 폐쇄형 방식의 엔진은 터빈을 지난 가스를 다시 연소실로 보내 연소시키기 때문에 낭비되는 추진제가 없어서 폐쇄형 방식이라고 부른다. 폐쇄형 방식에는 예연소기를 사용하는 이단연소 방식과 개방형의 냉매구동형과 유사한 팽창형(expender cycle)이 있다. 폐쇄형 방식의 엔진은 개방형 방식의 엔진보다 고성능을 낼 수 있기 때문에 현재 가장 많이 사용되고 있는 형태 중의 하나이다. 폐쇄형 방식 중 이단연소 방식의 엔진은 러시아권과 미국에서 각각 독자적인 기술을 발전시켜 개발을 진행시켜나갔다. 러시아권에서는 계속해서 케로신과 액체산소를, 미국에서는 액체수소와 액체산소를 사용하는 엔진을 개발하게 되었다. 물론 저장성 추진제를 사용하는 엔진 역시 계속 개발을 해왔으나 이러한 엔진은 주로 군사적 목적으로 사용되었다.

연료로서 케로신을 사용하여 예연소 방식의 엔진을 구성하는 경우에는 가스발생기형 엔진과는 달리 예연소기에 유입되어 연소되는 과정이 산화제 과잉 반응으로 일어난다. 연료 과잉반응으로 고온의 가스를 생성하게 되면 케로신의 연소 특성으로 인하여 많은 그을음(soot)이 생성된다. 이러한 그을음을 포함한 가스가 터빈을 지나 밖으로 배출된다면 큰 문제는 없겠지만 이를 다시 연소기로 보내게 된다면 연소기에 장착된 매우 정밀한 부품 중의 하나인 연료분사기에 좋지 않은 영향을 미친다. 따라서 이를 방지하기 위하여 연료 과잉 반응이 아닌 산화제 과잉 조건으로 화학반응을 일으켜 보다 깨끗한 가스를 발생시킨다. 그리고 이 가스를 사용하여 터빈을 구동하고 터빈을 지난 가스는 다시 연소기로 유입시켜 본격적인 연소가 시작되도록 한다.

이러한 메커니즘을 사용하기에는 하나의 커다란 어려움이 있는데, 그것은 산화제 과잉 고온가스와 금속이 접촉을 하게 되면 금속 역시 훌륭한 연료가 되어버린다는 점이다. 예연소실을 지난 가스가 터보펌프나 배관과 접촉을 하게 되면 급격한 산화반응이 일어나 엔진이 순식간에

그림 9.16 RD-170과 RD-180

녹아버리는 현상이 발생한다. 이를 방지하기 위해서는 열과 산화반응에 대한 내구성이 강한 소재를 사용하여야 하고, 금속에서 산화반응이 일어나지 않도록 예연소실에서 발생되는 가스의 온도를 낮추어야 하며 동시에 금속면을 보호하기 위하여 가스와 금속 사이에 특수 코팅을 적용한다. 산화제 과잉 반응을 사용하는 예연소 방식의 엔진으로 대표적인 것은 러시아의 RD-170, RD-171, RD-180 등을 들 수 있으며 이 엔진들은 현존 최고의 엔진 중 하나로 인정받고 있다.

RD-170은 현존하는 엔진 중 가장 커다란 추력을 내는 엔진으로 진공추력이 무려 7903kN에 이른다. 이는 F-1 엔진의 7740kN보다 크며 SSME의 2278kN보다 약 3~4배 가량 큰 것이다. RD-180은 RD-170에서 파생된 엔진으로 하나의 터보펌프에 4개의 연소기를 갖는 RD-170을 기초로 터보펌프를 새로 설계하고 연소기의 수를 2개로 줄인 엔진이다.

산화제 과잉 고온가스라는 장벽에 부딪힌 미국에서는 다른 연료를 사용하는 것으로 이를 해결했다. 케로신 대신에 액체수소를 사용한다면 연료과잉 가스라 하더라도 그을음(soot)이 발생하지 않기 때문에 이 가스를 직접 연소기로 보내는 것이 가능하다. 그러나 이 경우에도 또 다른 어려움이 생긴다. [그림 9.15]와 같이 하나의 터빈에 두 펌프가 동축으로 연결되어 있는 경우에는 기계적 특성으로 인하여 펌프로 펌핑할 수 있는 연료와 산화제의 용량 차이가 그리 크지 않다. 그러나 연료로 액체수소를 사용하는 경우에는 연소실에서 필요한 산화제와 추진제 양이 두 추진제의 밀도 차이와 적정 혼합비로 인하여 많은 차이가 있어야 한다.

실제로 케로신을 연료로 한다면 산화제와 연료의 비율이 약 2.4에서 2.6 정도지만 액체수소가 연료로 사용할 경우에는 그 비율이 약 6 정도가 된다. 이를 해결하기 위해서 펌프 내부에 기어를 사용하여 펌프의 회전수를 조정하는 방법이 있지만 이는 터보펌프의 구조가 복잡해지고 신뢰성이 떨어진다는 단점이 있다. 그러므로 주로 각각의 추진제에 적합한 터보펌프를 각각 사용하는 엔진이 많다. [그림 9.17]은 액체산소와 수소를 사용하는 예연소 방식의 엔진으로

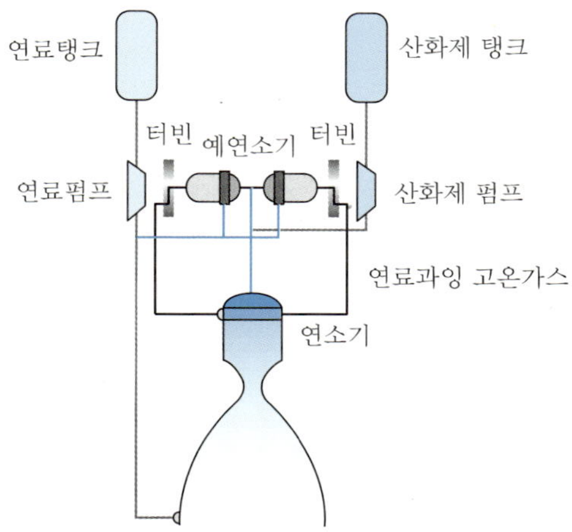

그림 9.17 예연소 방식 엔진 (액체산소, 액체수소)

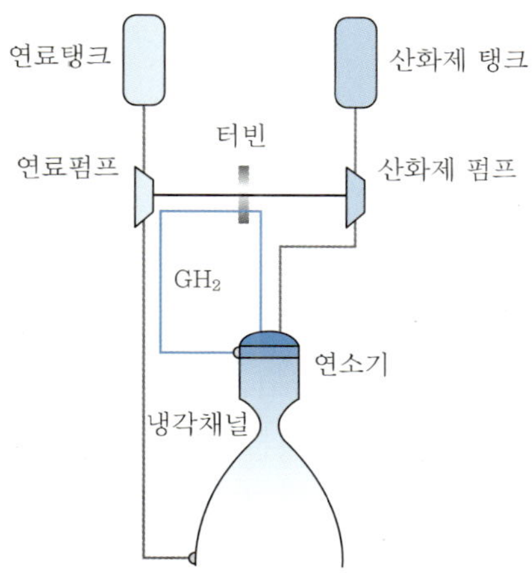

그림 9.18 팽창형 싸이클 엔진

2기의 터보펌프가 사용되는 것을 알 수 있으며 대표적인 예로 스페이스 셔틀에 사용되는 SSME(Space Shuttle Main Engine)나 일본의 LE-7을 들 수 있다.

가스발생기 방식이나 예연소 방식 모두 추진제의 일부분을 연소시켜 이 가스를 사용하여 터빈을 구동시킨다는 공통점이 있다. 이와는 반면에 팽창형 엔진은 터빈을 구동시키기 위한 매체로 연소가스를 사용하지 않고 노즐과 연소실의 열교환기를 지나 기화/팽창된 연료를 사용하여 터빈을 구동시키는 독특한 체계이다. 이는 개방형 엔진의 냉매구동형(coolant bleed cycle)과 유사하지만 터빈을 지난 가스가 노즐 후단 쪽으로 유입되어 버려지는 것과는 달리 다시 연소실로 보내져 연소를 한다는 점에서 차이가 있다. [그림 9.18]과 같은 팽창형 엔진은 주로 액체수소나 액체메탄 등과 같이 쉽게 기화할 수 있는 물질을 연료로 사용한다. 이런 방식의 대표적인 엔진으로는 미국의 RL-10이 있다. [그림 9.19]는 RL-10의 개량형인 RL-10B-2형으로 상단 엔진에 주로 사용된다. 그림에 엔진 주위로 보이는 커울링은 확장 노즐로서 단 분리 후 전개된다.

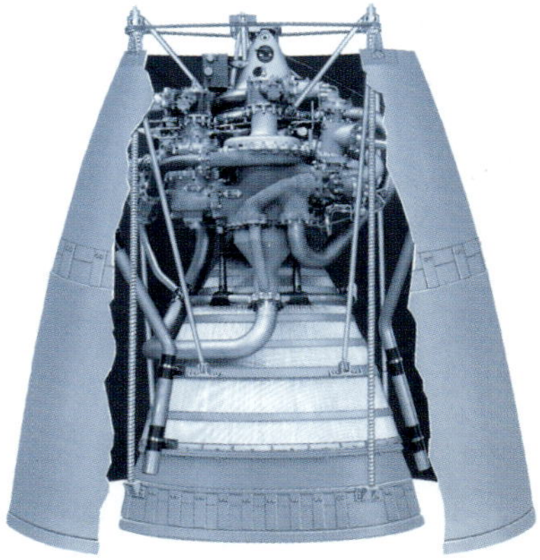

그림 9.19 RL-10B-2 로켓엔진

9.3 액체로켓 엔진의 구조

1) 연소기

연소기는 추진제를 연소시켜 엔진의 추력을 얻는 장치이다. 보통 연소기는 연소가 일어나는 연소실과 벨(bell)형의 초음속 노즐로 구성되어 있다. [그림 9.20]은 추진제로서 케로신과 액체산소를 사용하는 재생냉각 타입 엔진의 연소기이다.

연소실은 기본적으로 연료와 산화제가 가지고 있는 엔탈피를 온도와 압력으로 변환시키는 장치이며 이 고온 고압의 가스는 노즐을 통해서 추력을 발생시킨다. 일반적으로 로켓엔진의 성능과 연소실의 압력에는 밀접한 관계가 있으며 실제로 로켓엔진이 발달함에 따라 연소실의

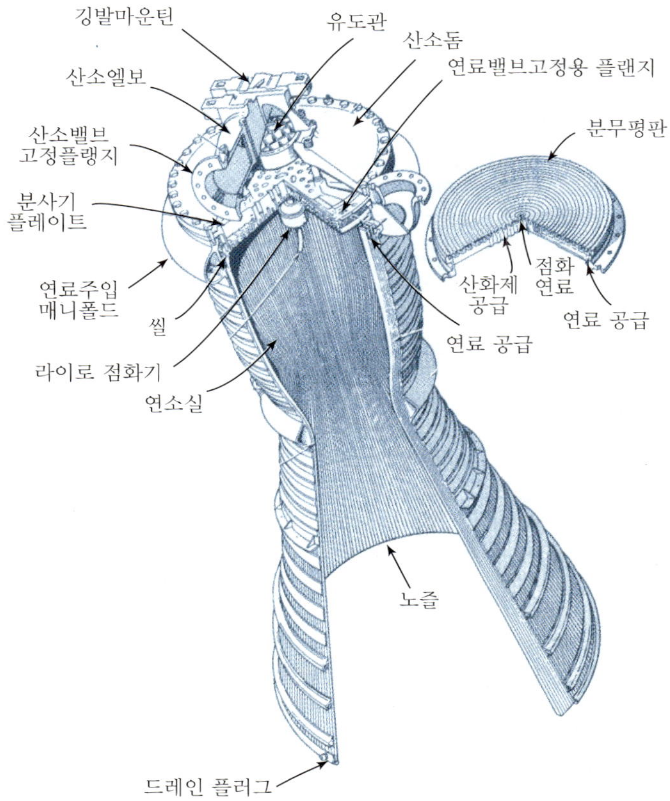

그림 9.20 연소기 어셈블리. 토르(Thor) 로켓에 사용되는 엔진으로 케로신과 액체산소를 추진제로 사용한다(Sutton, 1992. Courtesy of Rocketdyne).

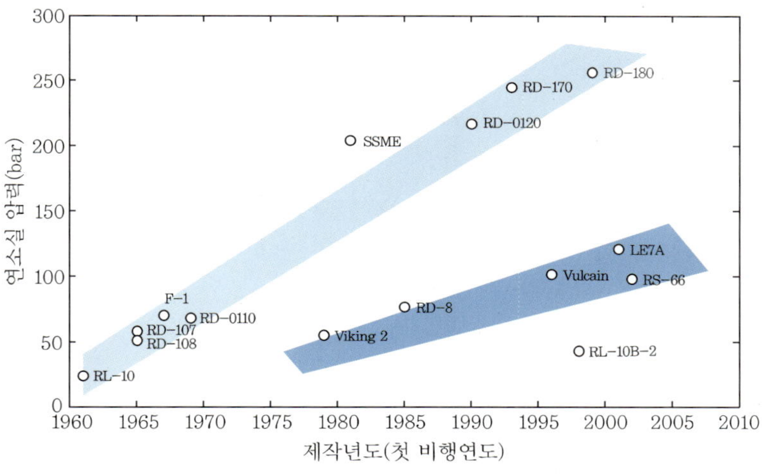

그림 9.21 제작년도에 따른 액체로켓 엔진의 연소실 압력 증가 추세

압력이 증가하는 경향을 보인다.

[그림 9.21]을 보면 일반적으로 시간이 지나면서 연소실의 압력이 증가하는 것으로 나타난다. 한 가지 흥미 있는 사실은 위의 그림만으로 판단해볼 때 크게 두 가지 추세가 나타나는 것을 알 수 있다. 첫 번째가 위쪽에 자리하고 있는 붉은 상자로 표시한 그룹인데, 이는 우주개발 초기부터 지금까지 미국과 러시아에서 경쟁적으로 개발을 한 고성능 엔진들이다. 또 하나가 푸른색 계통으로 표시한 엔진들인데, 이는 우주개발의 후발주자인 유럽, 일본의 엔진과 미국, 러시아의 저비용 엔진 혹은 과거 엔진의 개조한 엔진들이 이 그룹에 속한다.

그러나 한 가지 간과해서는 안 될 사실은 연소실의 압력이 낮다고 낮은 수준의 엔진 혹은 낮은 연소압에도 불구하고 저 성능 엔진이라고 단정할 수는 없다는 것이다. 사실상 현재 유럽에서 사용하고 있는 Vulcain 엔진은 여느 엔진과 비교하여도 뒤지지 않는 훌륭한 엔진이며, 일본에서 제작한 LE-7 역시 훌륭한 엔진으로 평가받고 있다.

그림에서 보면 러시아는 꾸준히 연소실의 압력을 높여 엔진의 고성능화를 추구하였다. 또한 현재 최고의 기술 수준이라고 평가받고 있는 RD-180은 고성능화를 추구하면서도 RD-170에 기반을 두어 보다 경제적으로 개발한 엔진이다. 반면에 미국에서는 SSME 이후로 기술 수준보다는 경제적인 관점을 중요하게 여겨 SSME보다는 낮은 수준이지만 보다 값싸게 개발, 제작할 수 있는 RS-68 엔진을 최근 개발하였다.

연소실의 압력은 이렇듯 시대의 기술력과 요구받는 조건에 따라 결정이 된다. 물론 연소실을 설계할 때에는 이보다 많은 인자가 반영된다. 연소실 설계 인자 중 중요한 것 중의 하나가

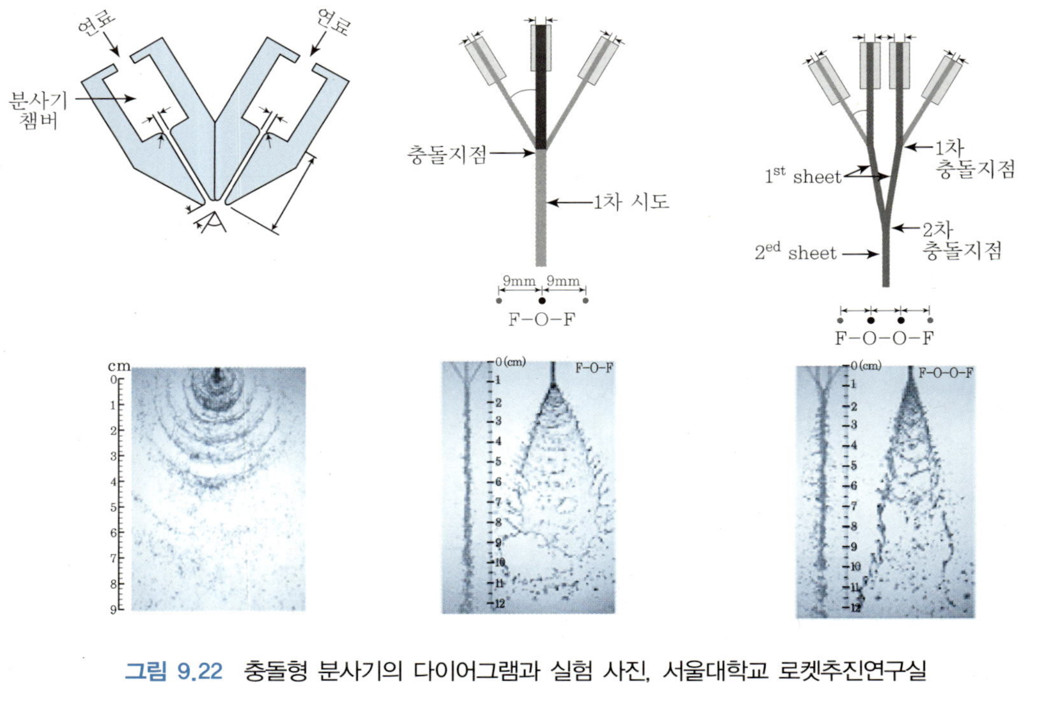

그림 9.22 충돌형 분사기의 다이어그램과 실험 사진, 서울대학교 로켓추진연구실

분사기이다. 분사기는 추진제를 미립화시켜 연소실로 공급하는 장치로 산화제와 연료를 연소실로 분사시키는 동시에 두 추진제를 충돌시켜 혼합하는 역할을 한다. 따라서 연소실의 효율과 연소 안정성에 아주 중요한 요소로 작용을 하게 된다.

[그림 9.22]는 충돌형 분사기(impinging injector)를 보여준다. 왼쪽부터 like-like 분사기, F-O-F 분사기, F-O-O-F 분사기라 불린다. Like-like 분사기는 동질의 추진제를 충돌시키는 분사기이며, 그 밖의 분사기 이름에 등장하는 F는 연료를, O는 산화제를 일컫는 말이다. 이 분사기들의 특징은 두 개 이상의 노즐에서 제트 스트림(jet stream) 형태로 나오는 추진제가 서로 충돌하여 섞이면서 미립자화 하는 방식이다. 이러한 방식은 구조가 간단하여 제작이 용이하다는 장점이 있지만 액체엔진 개발에 있어서 큰 난점 중의 하나인 연소 불안정성에 민감하다는 단점이 있다.

위에 설명한 충돌형 분사기와는 다른 구조로 동축 와류형 분사기(co-axial swirl injector)가 있으며 이는 [그림 9.21]에 그 구조가 나타나 있다.

두 개의 제트스트림을 만들어 서로 충돌시키는 충돌형 분사기와는 달리 동축 와류형 분사기는 추진제를 원주 방향의 홀에 유입시켜 분사기 내부에서 회전운동을 일으키고 유체가 회전하면서 분무되는 원리를 갖는다. 따라서 분사되는 유체는 [그림 9.23]과 같이 원추형의 형태로 분무가 되어 미립화된다. [그림 9.23]에 있는 실험 사진은 각각 내부의 분사기와 외부의 분사기에서 분사되는 유체와 이 둘이 동시에 분사되었을 때의 현상을 보여준다. 동축 와류형 분사기는 또한 내부 분사기와 외부 분사기 끝단의 차를 조절하여 두 유체가 충돌하는 지점을 조절할 수 있다. 이 길이를 리세스(recess)라고 하며 이 리세스를 변화시켜 분무각을 조절할 수 있으며 극단적으로 크게 만들면 분사기 내부에서 혼합이 일어나게 할 수도 있다. 이러한 형태의 분사기의 특징으로는 연소 불안정성에서 커다란 장점이 있지만 구조가 복잡하여 제작이 어렵고 제작비가 높다는 단점도 있다.

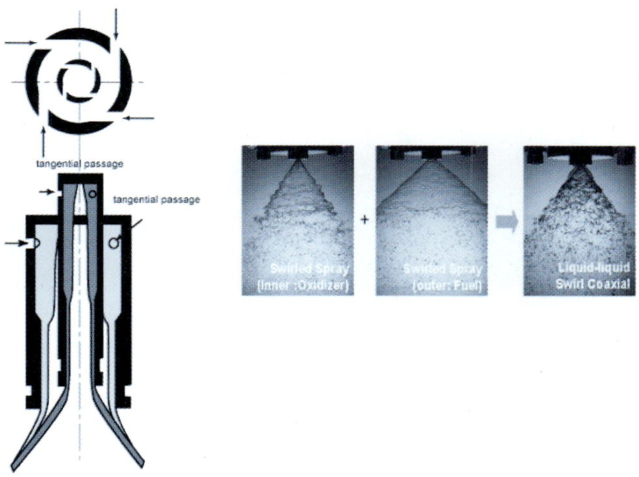

그림 9.23 동축 와류형 분사기의 다이어그램과 실험 사진, 한국항공우주 연구소, 서울대학교 로켓추진연구실

연소실과 노즐은 고온, 고압의 가스와 접촉하는 부위이기 때문에 대부분의 경우에는 연소실과 노즐의 벽면을 적절한 온도까지 냉각시켜 주어야 한다. 물론 특별히 냉각을 하지 않는 경우도 있으며 이러한 비냉각 방법의 대표적인 경우로 삭마방식(ablative)이 있다. 이 방법은 벽면이 열을 받으면 열로 인하여 깎여나가는 방식으로 비교적 단순한 엔진에 사용된다. 이 방식의 대표적인 엔진으로는 국내에서 개발한 KSR-III 엔진과 최근 미국에서 저가형 엔진으로 개발한 RS-68 등이 있다.

삭마 방식이 아닌 대부분의 연소기에는 한 가지 이상의 냉각 방식을 적용하는 것이 일반적이다. 냉각 방법으로는 벽면으로부터 연소실과 노즐 안쪽으로 연료의 일부를 흘려 일종의 열차폐 막을 형성하는 막냉각식 방법과 벽 바깥쪽으로 연료가 흐를 수 있는 유로를 구성하여 이 유로를 따라서 흐르는 연료가 내부의 온도를 흡수하여 벽의 온도를 낮추는 재생냉각 방법, 그리고 특별히 냉각 장치를 사용하지 않는다는 점에서 비냉각형 엔진과 유사한 복사냉각 방식이 있다.

고성능 엔진은 거의 대부분이 재생냉각 방식의 냉각 방법을 채택하고 있다. 재생냉각이란 단어는 연소실에 연료를 공급하기 이전의 낮은 온도의 연료를 연소실과 노즐의 벽면을 따라 흐르게 하여 벽면과 열교환이 이루어진 후 높아진 온도의 연료를 연소실로 주입시켜 연소를 시키기 때문에 열손실이 없다는 의미에서 생겨난 말이다. 이러한 방법은 연료의 온도가 낮은 액체수소 방식의 엔진에 적합하다.

케로신은 액체수소보다는 온도가 높기 때문에 벽면을 냉각하기 위해 보다 많은 양의 연료가 필요하다. 그러나 연소실에서 연소되는 추진제의 혼합비를 적절히 유지하기 위해서는 일정량 이상의 연료를 사용할 수 없는 경우가 있으며 이때에 모자라는 부분은 막냉각을 통해 충당하기도 한다. 복사냉각 방식은 주로 온도가 1470K 미만일 경우에 사용하며 가스발생기 싸이클 엔진의 가스발생기와 노즐 확장부나 스커트 등에 많이 사용한다.

[그림 9.24]는 엔진 노즐의 냉각을 위한 재생냉각 채널이다. 좌측의 사진은 내벽을 가공하는 모습이며 우측의 사진은 내벽 채널의 단면도에 외벽을 붙인 형상이다.

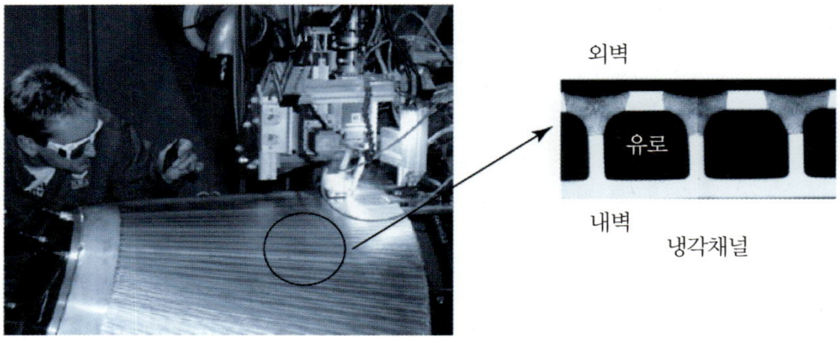

그림 9.24 재생냉각 채널. 재생냉각 채널은 내벽과 외벽을 따로 제작하여 둘을 붙이는 방법으로 제작된다(T. Damgaard, L Johansson and R. Ryden, 2003).

연소실에서 생성된 고온고압의 가스는 노즐을 통하여 효율적인 추력이 얻어진다. 로켓에 사용되는 노즐은 대부분 연소실의 가스를 일정 부분까지 압축시켜 속도를 음속까지 높인 뒤에 다시 팽창시켜 초음속으로 만들어 더욱 속도를 높이는 수축-팽창(convergent-divergent) 노즐을 많이 사용한다. 이러한 노즐의 형태 중 단면적이 가장 작은 부분을 노즐목이라고 하며, 뒷부분의 출구를 노즐출구라고 한다. 연소실의 압력은 일정하기 때문에 이 가스가 노즐목을 통해 빠져나갈 때 노즐목의 면적이 줄어들면 노즐목을 통과하는 가스의 속도가 점점 더 빨라진다. 그러나 이 속도는 음속을 넘을 수 없기 때문에 어느 한계 이상으로는 빨라지지 않는다. 이 상태를 chocking 상태라고 하며 노즐목의 크기는 이때를 기준으로 결정된다.

노즐목에서 속도가 한계 이상으로 빨라지지 않은 현상을 설명하기 위해서는 압축성 유체와 열역학 현상을 자세히 이해해야 하지만 이를 간단히 설명을 하면 다음과 같다. 연소실에서 생성되는 고압의 가스는 출구인 노즐목을 통해서 밖으로 배출된다. 노즐목의 출구 면적과 연소실의 면적이 같다면 속도의 변화 없이 같은 속도로 노즐목을 통과할 것이고, 노즐목의 면적이 작아지면 노즐목을 통과하는 가스의 속도가 점점 빨라지게 된다. 이때의 속도는 연소실과 노즐목 반대편의 압력으로 결정이 된다. 즉 노즐목의 크기가 줄어들어 출구쪽의 압력이 낮아지면 연소실에서는 압력의 차이를 느끼고 점점 더 많은 양의 가스를 내보낸다. 그러나 노즐목에서의 속도가 음속에 다다르면 바깥쪽의 노즐목 후단의 상태를 전달하는 신호와 실제로 유동의 속도가 같아져 압력이 더 낮아졌다는 신호가 연소실로 전달되지 못한다. 따라서 연소실에서는 계속 같은 양의 유체만을 내보내게 되어 노즐목에서 더 이상 속도가 빨라지지 못한다.

일단 유체가 음속 가까이 도달하게 되면 이때는 비압축성이 아닌 압축성 유체의 성격을 띠게 되어 일반 비압축성 유체와는 다른 성격을 지니게 된다. 특히 유체의 속도가 음속을 넘어서게 되면 비압축성 유체와는 완전히 반대되는 성향이 나타난다. 유로가 팽창하면 속도가 증가하게 되는데 이는 초음속유동의 특징이기도 하다. [그림 9.25]는 노즐 내부에서 유체속도와

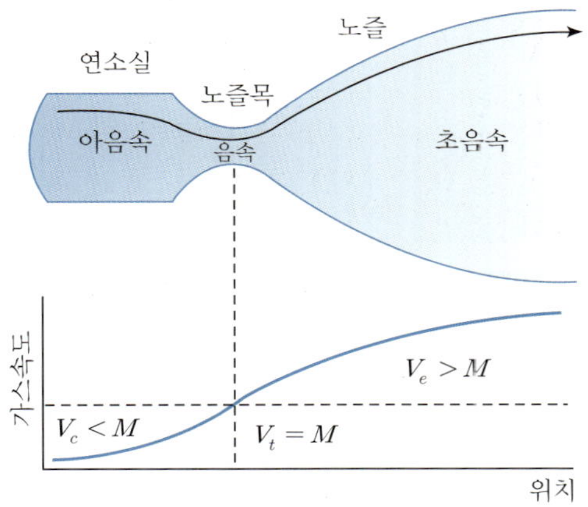

그림 9.25 연소기 내부의 속도 분포. V는 속도, 첨자 c, t, e는 각각 연소실, 노즐목, 노즐출구를 나타내며 연소실 내부의 화살표는 연소실에서 노즐 출구로 유체가 흐르는 방향이다.

흐름을 나타낸 것이다.

노즐의 형상은 목적에 따라 반구형, 원추형, 벨형, 플러그형, 에어로스파이크형 등이 있으며 이 중에서 벨형이 널리 사용된다. 벨형의 노즐 형상을 결정하는 방법으로는 특성곡선방법(characteristics method)이 있으나 이는 방법이 복잡하므로 곡면을 2차 혹은 3차 방정식으로 근사해서 사용하는 방법을 많이 채택하고 있다. 노즐을 설계할 때는 노즐목을 지난 가스를 충분히 팽창시켜 가급적 속도를 증가시키는 한편 너무 많이 팽창시켜 중간에 노즐벽과 가스가 분리되거나 노즐 내부에서 충격파가 생기지 않도록 주의해야 한다.

에어로스파이크형 노즐은 최근에 활발히 연구가 진행되고 있는 노즐이다. 이는 플러그형 노즐과 유사하나 플러그형 노즐의 뾰족한 부분을 제거하고 그 중앙에 저속 가스를 흘려보낸다는 것이 차이점이다. 에어로스파이크형 노즐의 장점은 넓은 범위의 고도에서 스스로 최적된다는 것이다. 노즐의 출구 면적은 가변형이 아닌 이상 어떤 특정한 외부 압력에 대해서 최적화 될 수밖에 없지만 에어로스파이크형 노즐은 특성상 주변의 압력에 따라 배출되는 가스의 단면적이 스스로 변화하기 때문에 넓은 범위의 주변 압력에 적절하게 대응할 수 있다. 따라서 이 노즐은 때때로 고도보상노즐(altitude compensating nozzle)이라고 불리기도 한다. 이러한 노즐은 1단형 발사체(SSTO: single stage to orbit)에 적용하기에 최적이며 X-33 프로그램의 일환으로 XR2200 엔진에 적용되었다. X-33 프로그램이 취소된 이후에도 California State University, Long Beach(CSULB) 그리고 Garvey Spacecraft Corporation의 합작으로 원형 방식의 에어로스파이크 노즐 방식의 엔진을 제작하여 비행시험을 마치기도 했다. 에어로스파이크 엔진의 장점으로는 그 크기가 벨타입에 비해 작고, 고도에 따라 어느 정도 스스로 적응을 하는 형태이기 때문에 성능면에서 이점이 있다. 그러나 스파이크 부분에 많은 열부하가 걸려 냉각이 용의하지 못하고 제작이 어려우며 실제 비행 경험이 없다는 단점 역시 지니고 있다. [그림 9.26]은 XR2200의 테스트 사진이다.

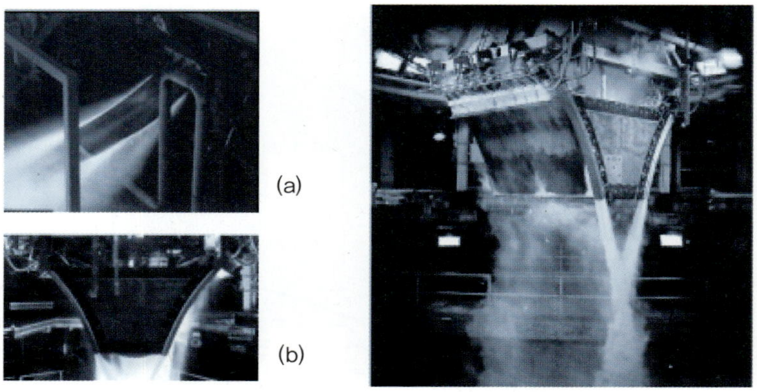

(a) (b) (c)

그림 9.26 RX2200 엔진, (a)위 (b)측면 (c)쿼터뷰

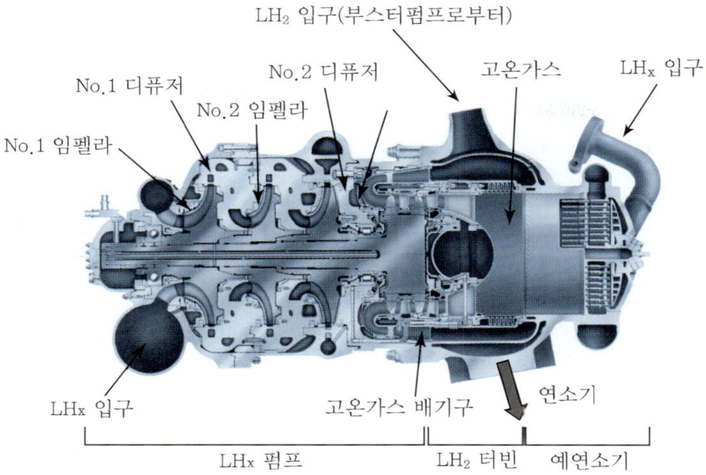

그림 9.27 SSME의 액체수소용 터보펌프와 예연소기

2) 터보펌프

터보펌프는 액체로켓 엔진 내부에서 압력을 발생시켜 이 압력을 통해 추진제를 연소실로 공급하는 기관이다. 그리고 말 그대로 고압의 가스를 이용해 터빈을 회전시켜 동력을 얻는 터보기기이며 이렇게 얻어진 동력을 산화제펌프와 연료펌프에 공급하여 각 펌프가 추진제를 펌핑할 수 있도록 한다. 펌프에 의해 압력이 전달된 추진제는 각 공급라인을 통해 연소기로 들어가게 되는데 이는 마치 심장이 혈액을 인체의 구석구석까지 공급하는 것과 비교할 수 있다고 하여 액체로켓의 심장이라고도 불린다.

엔진의 요구 사항과 추진제가 선정이 되면 먼저 펌프에 대한 규격을 도출하고 이 펌프를 구동할 수 있도록 터빈의 규격이 결정된다. 그러나 터빈의 정격 회전수에서 정격출력을 도출하기 위해서는 터빈을 구동하는 가스의 온도나 압력을 변화시킬 필요가 있기 때문에 이러한 디자인 루프는 몇 번을 반복하는 것이 보통이다.

앞 절에서 설명한 것처럼 케로신과 액체산소와 같이 연료와 산화제의 밀도가 비슷할 경우에는 산화제펌프와 연료펌프의 회전수가 비슷하기 때문에 터빈 하나와 산화제펌프 연료펌프를 같은 축으로 연결해서 사용할 수 있다. 그러나 밀도의 차이가 액체산소와 수소처럼 매우 클 경우에는 작은 밀도의 추진제 펌프(액체수소)가 다른 쪽보다 빠른 속도로 회전해야 하기 때문에 각각의 펌프를 따로 구동시켜주는 방법이 많이 사용된다. 이런 방식은 현재 액체수소와 액체산소를 사용하는 대부분의 엔진에 구현되고 있다(SSME, LE-7, Vulcain). [그림 9.27]은 SSME의 액체수소용 예연소기와 터보펌프를 나타낸다. 이 그림에서 볼 수 있듯이 예연소기를 지난 과연료 가스는 터빈을 구동시킨 뒤 연소실로 들어가는 것을 알 수 있다.

터빈

터빈은 펌프가 필요한 구동력을 얻는 장치로 원하는 회전수에서 원하는 토크와 파워를 발생시킬 수 있어야 한다. 로켓엔진에 사용되는 터빈은 크게 두 가지로 충동형 터빈과 반동형 터빈이 있다. [그림 9.28]에 두 터빈의 특징이 나타나 있다. 충동형 터빈은 터빈을 구동시키는 가스가 노즐을 통해 터빈 블레이드의 일부와 충돌하여 구동력을 발생시키는 구조이다. 반동형 터빈은 구동력을 생성시키는 블레이드 전단에 고정된 블레이드를 설치하여 가스가 첫 번째 고정된 블레이드를 통과하여 후단에 있는 블레이드에 비교적 고르게 에너지를 전달하는 구조이다.

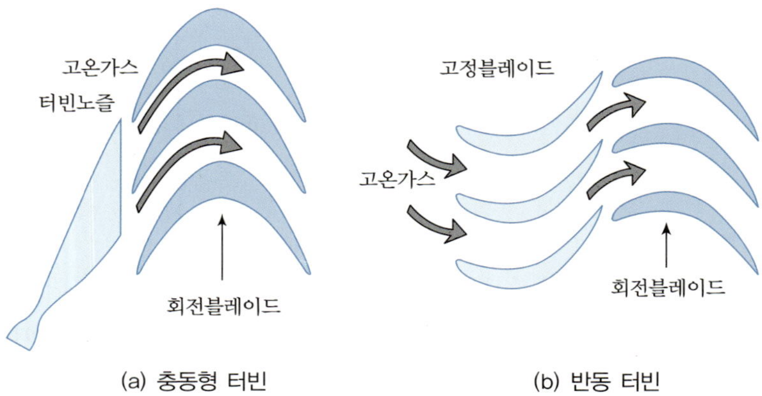

그림 9.28 충동형 터빈과 반동형 터빈 구조

터빈은 터빈블레이드를 구동시키는 가스의 온도가 높을수록, 블레이드 전단과 후단의 압력 차이가 클수록 같은 유량에 비하여 높은 파워를 낼 수 있으나 재질의 한계로 인하여 이를 마냥 올릴 수는 없다. 또한 터빈의 회전수를 올리면 터빈의 효율이 올라가 보다 높은 파워를 낼 수 있지만 현재 로켓엔진에 사용되는 터빈의 대부분이 원심터빈(centrifugal pump)이므로 터빈이 원심력을 견딜 수 있는 한계를 지니게 된다. 결국 터빈의 설계 역시 다른 기기와 마찬가지로 재질과 무게, 효율, 요구 성능 등을 모두 종합적으로 고려하여 이루어지게 된다.

[그림 9.26]은 LE-7과 LE-5의 산화제 터보펌프를 보여준다. LE-7과 LE-5는 모두 수소를 연료로 하고 있기 때문에 터보펌프가 연료와 산화제에 각각 마련되어 있다. 각 터보펌프는 터빈과 펌프가 같은 축으로 연결되어 있으며 그림에서 LE-7에는 터빈디스크가 한 개, LE-5에는 두 개가 있는 것을 알 수 있다.

터빈 블레이드는 터빈디스크에 방사형으로 장착되어 있는 일종의 날개이며 날개 끝을 감싸고 있는 림은 슈라우드라고 불린다([그림 9.29] 참조).

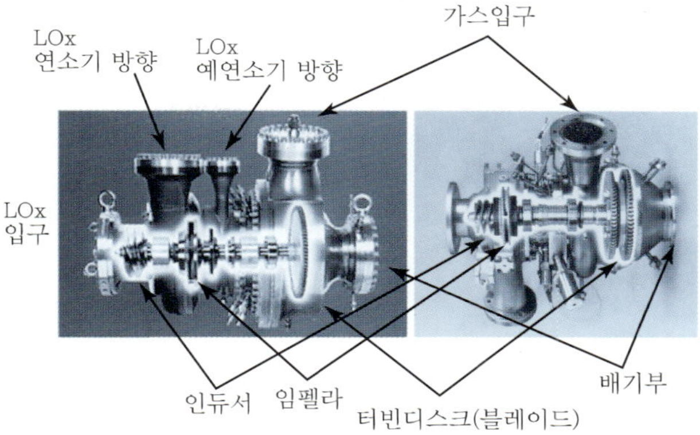

(a) LE-7 LOx 터보펌프 (b) LE-5 LOx 터보펌프

그림 9.29 LE-7과 LE-5의 LOx 터보펌프

반면에 vinci에서 사용하는 터빈에는 이러한 슈라우드가 존재하지 않는다. 슈라우드가 터빈 블레이드에 장착되어 있으면 터빈 효율이 올라가지만 제작이 어렵고 제작비가 많이 든다는 단점도 있다.

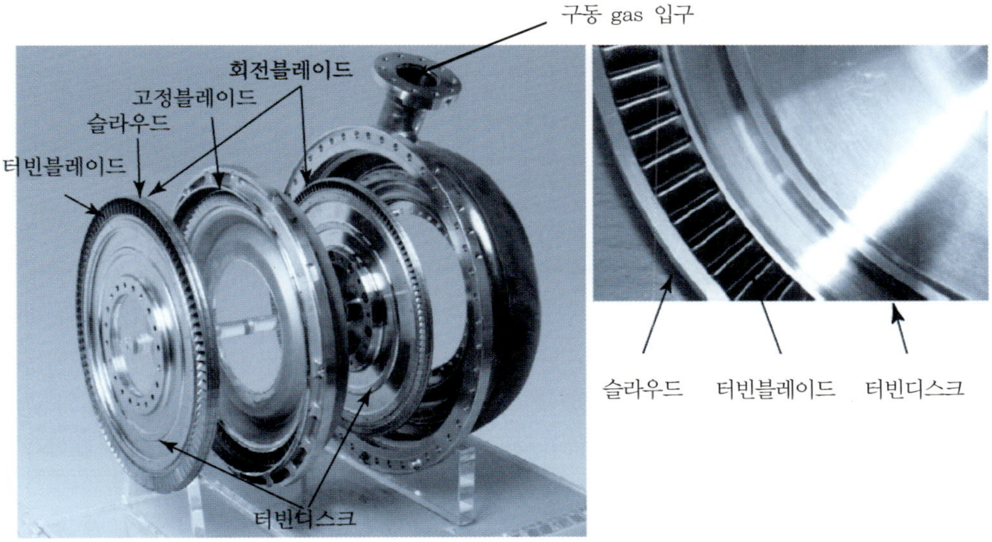

그림 9.30 Vulcain LOx turbine (Volvo Aero)

그림 9.31 Vinci turbine disk와 blade. 슈라우드(Shroud)가 없는 것을 확인할 수 있다(Volvo Aero).

펌프

터보펌프에서 동력을 발생시키는 것은 터빈이지만 실제로 추진제에 압력을 가하여 연소실에 추진제를 공급하는 것은 펌프이다. 로켓엔진에는 주로 원심펌프가 많이 사용되지만 연료의 특성에 따라서 축류형 펌프가 사용되는 경우도 있다. 축류형 펌프는 회전수가 높아야 하는 저밀도 연료, 즉 수소를 사용하는 곳에 적합하다. 펌프는 엔진의 요구 사항에 적합하도록 충분한 유량과 압력을 제공하여야 한다. 펌프에 요구되는 압력은 연소실의 압력, 밸브나 각 공급라인에서 발생하는 압력강하, 분사기에 걸리는 압력 등을 모두 고려하여야 한다.

펌프는 내부에서 압력이 급격히 증가되기 때문에 언제나 공동화(cavitation)의 위험을 가지고 있다. 펌프 내부에서 공동화가 발생하게 되면 임펠라에 좋지 않은 영향을 미치게 되어 최악의 경우에는 펌프의 파손까지 불러올 수 있다. 공동화를 방지하기 위해서는 펌프 내의 모든 구간에서 포화증기압보다 압력이 높아야 한다. 이러한 조건은 흔히 유효흡입양정(NPSH: Net Positive Suction Head)을 사용하여 표현이 되며 유효흡입양정은 펌프가 발생시키는 펌프 입구압과 포화증기압의 차이이다. 펌프에 요구되는 유효흡입양정은 공동화 현상을 방지하기 위한 최소한의 유효흡입양정이며, 펌프가 제공하는 유효흡입양정은 언제나 요구되는 유효흡입양정보다 커야 한다. 펌프가 발생시키는 유효흡입양정은 식 (9.2)에 나타난 바와 같이 탱크의 압력과 탱크와 펌프와 높이의 차이에서 오는 압력을 더한 것에서 저항값과 포화증기압을 뺀 것으로 정리가 된다.

$$NPSH_{available} = H_{\mathrm{tank}} + H_{elevation} - H_{friction} - H_{vapor} \tag{9.2}$$

[그림 9.32]에는 식 (9.2)의에 표현된 압력들이 정의되어 있다.

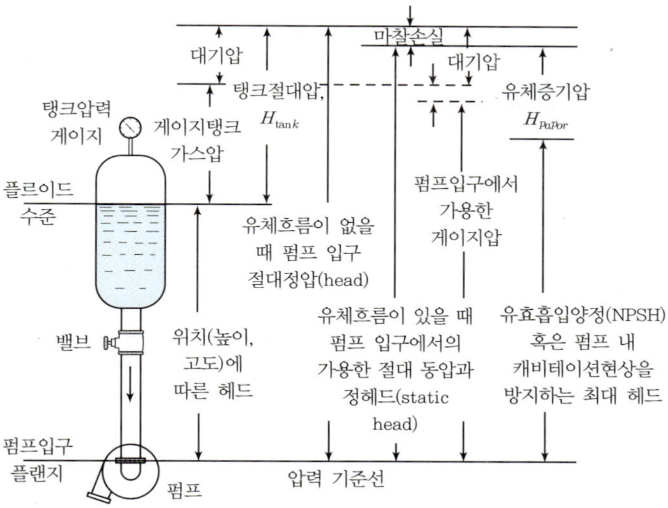

그림 9.32 펌프 양정의 용어 정의 (Sutton, 1992)

탱크의 압력을 크게 높이지 않고 터보펌프의 무게를 줄일 수 있는 방법 중의 하나는 인듀서를 사용하는 것이다. 인듀서는 스파이럴 형태로 임펠러와 같은 축으로 연결되어 회전을 하게 된다. 이로 인해 임펠러 이전에 약 2~10% 정도 양정을 상승시켜 임펠러 전단에 공동화 현상이 일어나는 것을 방지시켜준다.

9.4 미래 액체로켓의 발전 전망

미래의 일을 예측한다는 것은 쉬운 일이 아니지만 현재 선진국에서 연구하고 있는 내용을 살펴보면 어느 정도 추론할 수 있다. 앞에서 설명한 것처럼 냉전시대의 우주경쟁은 상대방보다 우위를 점하기 위하여 경제적인 관점보다는 기술과 업적을 중심으로 경쟁을 해왔다. 그러나 대략 1980년 이후부터 경제적인 관점이 보다 중요시되면서 우주경쟁에도 시장원리가 도입되었다. 그 결과 보다 저렴한 방법으로 우주를 이용하는 방법이 연구되어왔고 이러한 경향은 앞으로도 계속되리라 생각된다. 재사용 로켓으로 스페이스 셔틀은 기술적인 측면에서는 큰 성공을 거두었지만 경제적인 관점에서 본다면 겨우 합격점 정도라고 판단되며 이는 미국에서 다시 일회용 발사체를 사용하기 시작한 것으로도 어느 정도 증명이 된다. 그러나 재사용 로켓에 관한 연구는 스페이스 셔틀 이후로도 활발하게 진행되어 한때 나사에서 X-33, X-34, X-37 등 여러 프로젝트를 진행시키기도 했다. 현재는 연구비의 문제로 인하여 X-37 프로젝트를 제외하고는 대부분이 중단되었지만 재사용 로켓의 연구는 민간에까지도 확대되기에 이르렀다.

X-33은 에이로스파이크 엔진에서도 간단하게 설명했지만 1단만을 사용하여 우주를 여행하

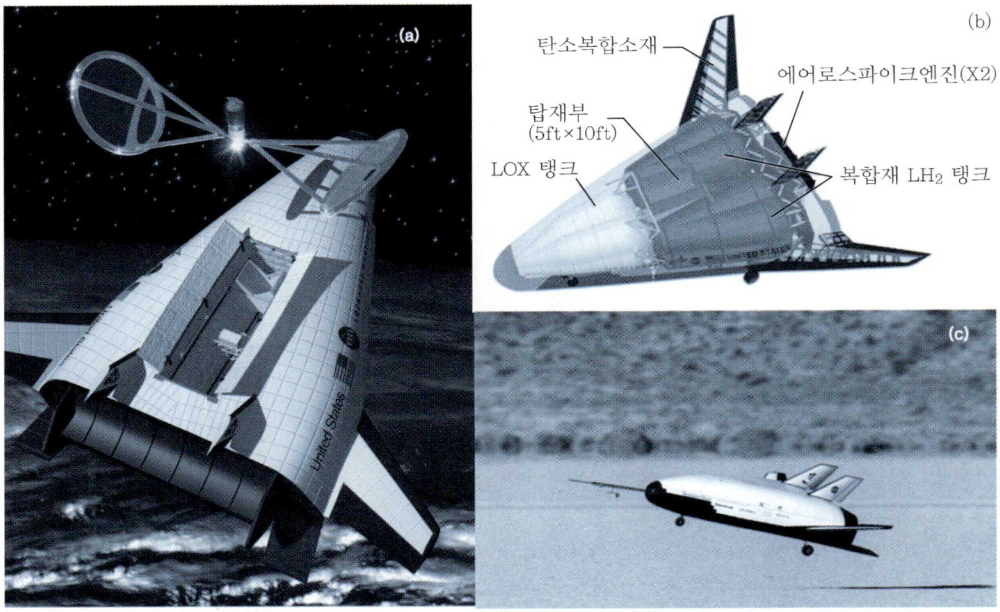

그림 9.34 X-33. (a)우주에서 임무를 수행 중인 X-33의 상상도. 상상도에서도 에어로스파이크 엔진의 모습을 확인할 수 있다. (b)X-33의 구조, (c)착륙 직전의 스케일 모델

고 돌아오는 1단발사체이다. 두 개의 J-2S 리니어 에어로스파이크 엔진을 사용하며 추진제로는 액체산소와 수소를 사용한다. 프로젝트의 중단에 따라 활공모델만이 제작되었다.

X-33은 1단으로만 구성되어 있기 때문에 버려지는 부분이 하나도 없는 로켓이다. X-33의 특징으로는 리프팅바디 시스템 형상과 에어로스파이크 엔진 그리고 금속 열 차폐시스템을 꼽을 수 있다. 이 프로젝트는 1996년에 시작되어 2001년에 중단이 되었으며 중단되기 전까지 주관사인 록히드마틴에서는 약 3억5천6백만 달러의 연구비를 투자했다.

또 하나 비운의 프로젝트 중의 하나인 X-34는 재사용 가능 로켓이라는 점에서는 X-33과 유사하나 공중발사체라는 점을 상기한다면 오히려 페가수스 시스템과 유사하다고 할 수 있다. X-34는 파스트락 엔진을 사용하여 액체산소와 케로신을 추진제로 사용하며 페이로드를 궤도에 진입시키기 위하여 파운드당 당시 1만 달러 정도 소요되는 것을 1천 달러로 줄이는 것을 목표로 진행된 프로젝트이다. 이 프로젝트 역시 1996년에 시작되었으며 개발 위험도(risk)가 커짐에 따라 X-33과 같이 계획이 취소되었다.

이러한 계획들은 비록 취소가 되었지만 우주 왕복이 가능한 X-41과 X-42 계획이 현재 진행 중이다. 이 계획들은 아직 대중에게 공개되지는 않았지만 X-33, X-34 계획에서 획득한 기술의 일부가 사용되었을 것이 당연할 것이다.

러시아에서도 재사용 로켓이나 공중발사를 통해 발사비용을 절감하고자 노력하고 있다. 대표적인 예로 발사체의 보조로켓을 재사용하는 바이칼(Baikal)이나 공중 발사가 가능한 버락

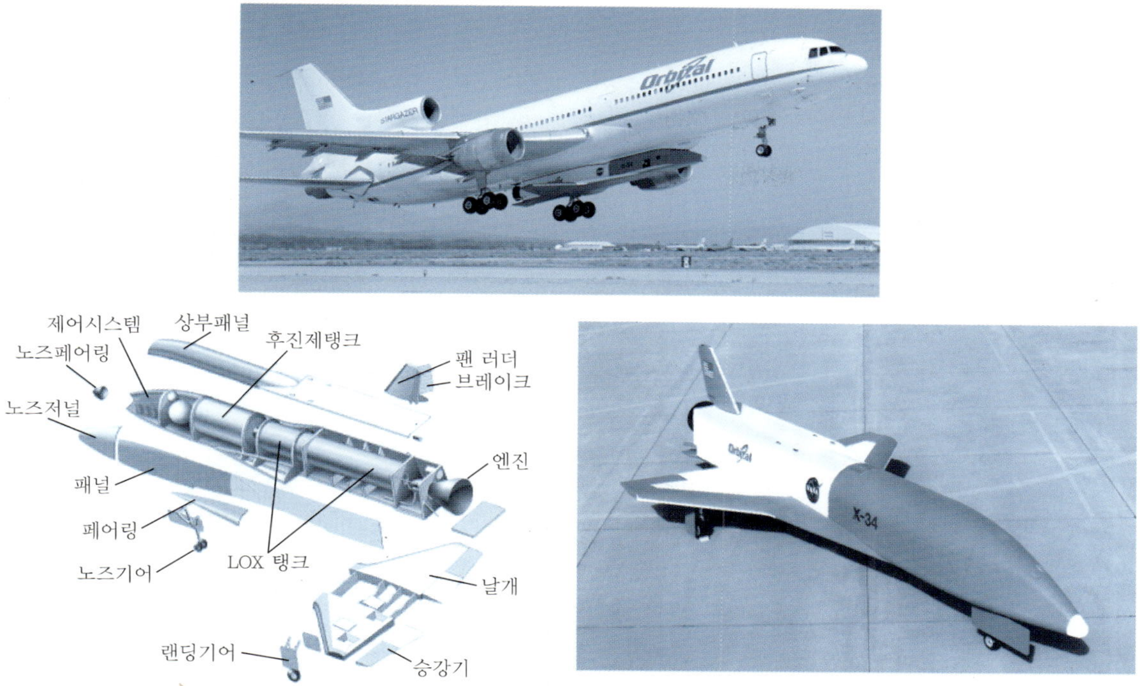

그림 9.35 X-34는 공중발사 로켓으로 상단의 사진은 모선인 오비탈의 L-1011에 도킹되어 시험 비행 중의 사진이다.

(Burlak) 등이 그것이다. 바이칼은 앙가라의 부스터로 사용할 계획이 있으며 아리안의 부스터로 사용할 것으로 제안되기도 하였다. [그림 9.36]은 러시아의 후르시니체프사의 바이칼 부스터를 보여주고 있다. 바이칼 부스터는 케로신과 액체산소를 사용하는 RD-191 엔진을 장착하고 있으며 임무의 성격에 따라 여러 대 혹은 한 대의 부스터만을 사용하여 페이로드를 궤도에 진입시키는 것이 가능하다. 발사 전에는 날개를 접고 분리 후에 날개를 전개하여 착륙하는 방식이다.

또한 러시아에서도 버락(Burlak)이라는 공중발사 로켓을 연구하고 있는데 2단형이라는 것이 그 특징이다. 버락로켓([그림 9.57] 참조)은 Tu-160SK(Blackjack)에 실려서 이륙 장소로부터 최대 11,000km를 비행하여 고도 약 10~13.5km에서 공중 발사되는 로켓이다. 이 로켓은 2단으로 구성되어있으며 1단과 2단에는 각각 RD-0244와 RD-0242를 개량한 R0.201과 R0.202를 사용하여 1100kg의 페이로드를 약 200km 상공에 올려 놓을 수 있는 능력을 가질 것으로 기대된다.

이상에서와 같이 미래의 액체로켓은 재래식 로켓을 개량하거나 새로운 개념을 도입하여 보다 저렴한 비용으로 페이로드를 궤도상에 올릴 수 있을 것으로 기대된다.

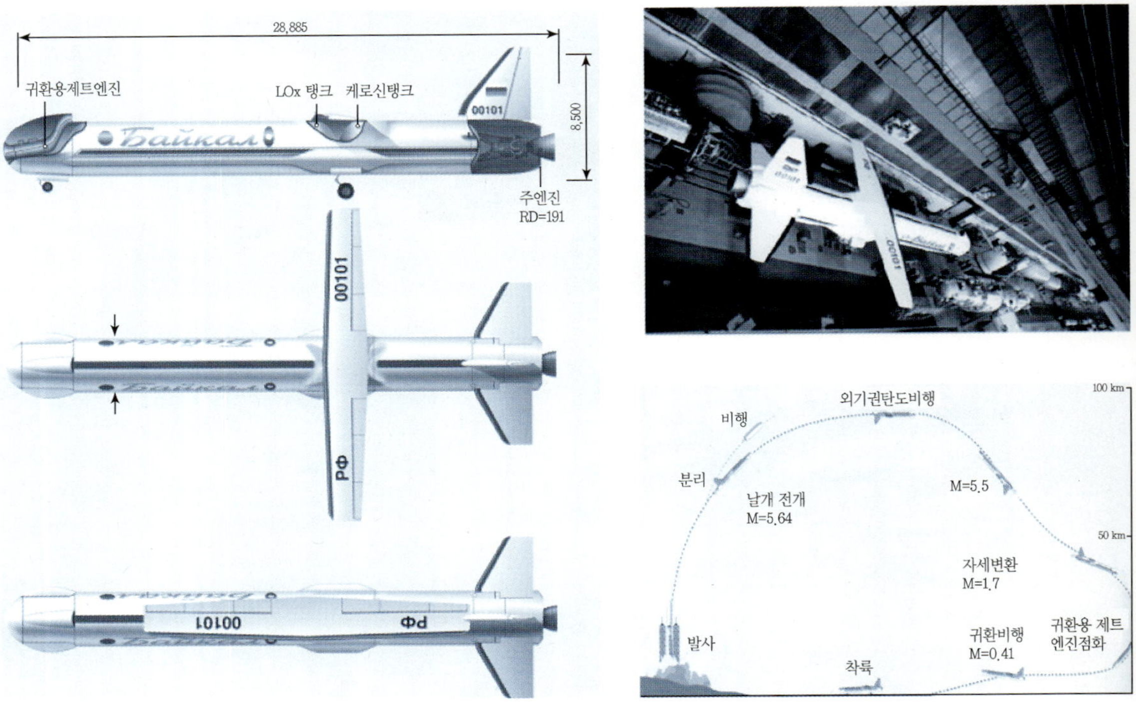

그림 9.36 바이칼 부스터. 바이칼 부스터의 전체적인 형상과 주날개가 스윙 형식으로 접힐 수 있는 것을 알 수 있다. 오른쪽의 그림은 제작 중인 바이칼 부스터와 발사 후 다시

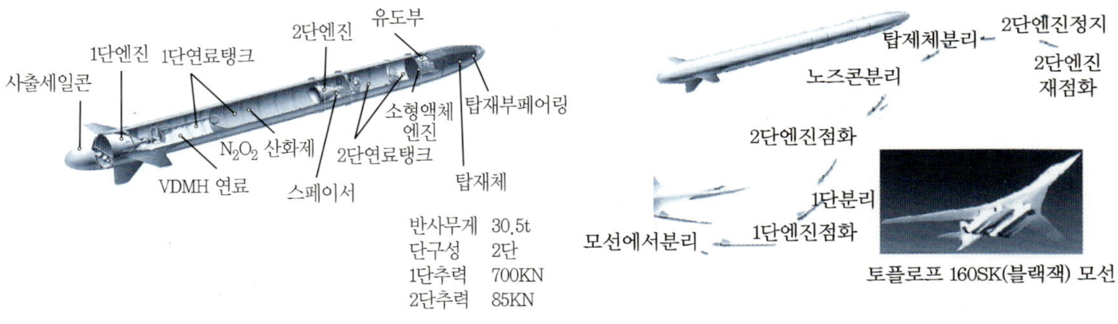

그림 9.37 버락(Burlak) 공중발사 로켓

연습문제

1. 액체로켓 엔진이 우주비행에 적합한 이유를 설명하라.

2. 액체로켓 엔진을 추진제 공급 방법에 따라 분류하고 각각의 장단점을 열거하라.

3. 스페이스 셔틀의 성공적 발사 이후에 미국에서는 SSME보다 저성능의 엔진을 개발하였는데 그 원인은 무엇인가?

4. RD-180과 SSME를 비교 설명하라.

5. 추진제의 연료로서 액체수소와 케로신이 많이 사용된다. 각각의 장단점은 무엇인가?

6. 민간용 로켓으로는 극저온 추진제가 사용되며, 군수용으로는 저장성 추진제가 사용되는 이유는 무엇인가?

7. X-33에 에어로스파이크 노즐이 사용된 이유는 무엇인가?

8. 연소실의 압력이 증가하면 전체적인 엔진 성능이 향상된다. 연소실의 압력과 터보펌프의 양정과의 관계를 설명하라.

9. 연소실의 냉각 방식의 종류와 장단점을 설명하라.

10. 일반적으로 터보펌프 방식의 엔진이 높은 성능을 내지만 상단부 엔진에는 터보펌프 방식보다 가압식이 더 적합한 경우도 있다. 이유가 무엇인가?

11. 2단 엔진의 경우에 1단에는 케로신 엔진을 사용하고 2단에는 수소엔진을 사용했을 경우 둘 다 케로신 엔진을 사용했을 때와 비교하여 장단점을 열거하라.

참고문헌

1. http://www.jsc.nasa.gov
2. Robert H. Goddard, *Smithsonian Miscellaneous Collections*, Vol.71,No.2,1919; condensations in Scientific American Monthly,February 1920, and Nature August 26, 1920
3. http://commons.wikimedia.org
4. 木村 俊哉, 高橋 政浩, 若松 義男, 『宇宙航空研究開發機構研究開發報告』, JAXA Research and Development Report, JAXA RR-04-010, 2004.
5. http://www.snecma.com
6. Semyon P. Umansky, *Launch Vehicles Launch Sites*, Moscow, 2003.
7. George P. Sutton, *Rocket Propulsion Elements*, 6th Edition, JohnWiley&Sons. Inc., 1992,pp.240-364.
8. 木村 逸郎, 『ロケット　工學』, 윤웅섭, 김영수, 『로켓공학』, 경문사, 2004.
9. B. David Goracke and Daniel J. H. Levack, *Cycles for Earth-to-Orbit Propulsion*, Journals of Propulsion and Power, Vol.14, No. 5, 1998.
10. http://en.wikipedia.org/wiki/F-1_(rocket_engine)
11. http://rpl.snu.ac.kr/
12. Vladimir Bazarov, Vigor Yang and Puneesh Puri, *Design and Dynamics of Jet and Swirl Injectors*, Liquid Rocket Thrust Chambers: Aspects of Modeling, Analysis, andDesign, Progress in Astronautics and Aeronautics, vol. 200, 2004. pp. 19-102.
13. Lucien Vingert, Pierre Gicquel, Michel Ledoux, Isabelle Care, Michael Micci and Michael Glogowski, *Atomization in Coaxial-Jet injectors*, Liquid Rocket Thrust Chambers: Aspects of Modeling, Analysis, andDesign, Progress in Astronautics and Aeronautics, vol. 200, 2004. pp. 105-136.
14. Ronald W. Humble, Gary N. Henry and Wiley J. Larson, *Space Propulsion analysis and Design*, McGraw-Hill Companies, Inc. New York, 1995.
15. David Conley, Norman Y. Lee, Peter L. Portanova and Byron K. Wood, *Evolved Expendable Launch Vehicle System: RS-68 Main Engine Development*, 53rd International Astronautical Congress The World Space Congress, Huston, Texas, 2002.
16. B. K. wood, *Propulsion for the 21stCentury-Rs-68*, 38th Joint Liquid Propulsion conference, Indianapolis, Indiana, 2002.
17. T. Damgaard, L. Johansson and R. Ryden, *Laser Welded Sandwich Nozzle*

Extension for the RL60 Engine, 39th AIAA/ASME/SAE/ASEE Joint Propulsion Conference, Huntsville, Alabama, 2003.

18. Dieter K. Huzel and David H. Huang, *Modern Engineering for Design of Liquid-Propellant Rocket Engines*, Progress in Astronautics and Aeronautics, Vol. 147, AIAA, 1992
19. James E. A. John, *Gas Dynamics*, 2nd Ed, Prentice-Hall, Jew Jersey, , 1984.
20. http://www.hq.nasa.gov/office/pao/History/x-33/project.htm
21. K.Holmedahl, *Analysis and Testing of the Vulcain 2 LOx Turbine Blades for Prediction of High Cycle Fatique Life*, AIAA/ASME/SAE/ASEE Joint Propulsion Conference and Exhibit, 36th, Huntsville, AL, 2000.
22. S. Trollheden, B. Bergenlid, U. Palmanas, and S. Brodin, *Turbopump Turbines Developed by Volvo*, 40th AIAA/ASME/SAE/ASEE Joint Propulsion Conference and Exhibit, Fort Lauderdale, Florida, 2004.
23. S. Brodin, J. Steen, I. Ljungkrona, N. Edin, and B. Laumert, *Vinci. Engine Development Testing, a Summary of Turbine Testing Results*, AIAA/ASME/SAE/ ASEE 41st Joint Propulsion Conference, Tucson, Arizona, 2005.
24. http://www.volvo.com/NR/rdonlyres/29F19ACA-3742-4905-A651-9837535F0676/0/LOX Turbine2005.pdf
25. Chang-Ho Choi, Jun-Gu Noh, Jin-Sun Kim, Soon Sam Hong and Jinhan Kim, *Effects of a Bearing Strut on the Performance of a Turbopump Inducer*, AIAA/ASME/SAE/ASEE 41st Joint Propulsion Conference, Tucson, Arizona, 2005.
26. http://www.space.com/missionlaunches/missions/x33_cancel_010301.html
27. http://www1.dfrc.nasa.gov/Gallery/Photo/X-33/index.html
28. http://en.wikipedia.org/wiki/Lockheed_Martin_X-33
29. http://www.khrunichev.ru/khrunichev/upload/images/autoref/fotoalboum/sec04.pdf

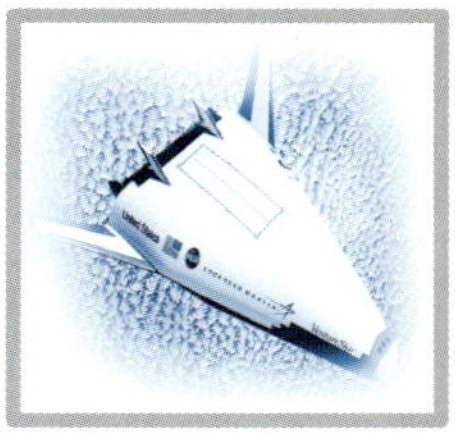

Chapter 10

고체 로켓

10.1 개 요

추진기관은 비행체 또는 유도탄에 추진력을 제공하는 장치로서, 목표하는 지점까지 안전하게 비행하는데 요구되는 에너지를 공급하는 역할을 수행한다.

일반적으로 추진기관의 경우 크게 분류하면, 로켓 추진(rocket propulsion)과 공기흡입 추진(air breathing propulsion)으로 구분되며, 로켓 추진의 경우 사용하는 연료에 따라 화학연료를 사용하는 경우와 핵이나 전기, 태양 등의 비화학 연료를 사용하는 경우로 분류할 수 있다. [그림 10.1]에 제시된 바와 같이 화학연료를 사용하는 로켓은 고체연료와 액체연료 및 하이브리드(hybrid)연료를 사용하는 로켓으로 구분되며, 자체에 연료와 산화제를 포함하고 있기 때문에 산소가 없는 우주공간에서도 작동이 가능하다. 제10장에서 다루게 될 고체 추진 로

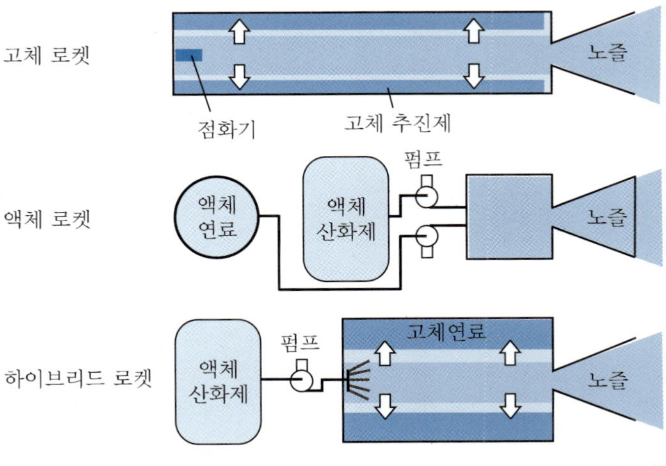

그림 10.1 화학연료에 따른 로켓 종류

켓의 경우 주로 유도탄용 추진기관, 발사체용 부스터(booster)와 서스테이너(sustainer) 로켓, 가스발생기(gas generator) 등에 적용되고 있다. 특히 고체 추진 로켓은 '고체 로켓 모터(SRM: solid rocket motor)' 또는 '로켓 모터' 라고도 불린다.

표 10.1 추진 로켓의 특성

구 분	고체 로켓	액체 로켓	하이브리드 로켓
구조	간단	복잡	다소 복잡
비추력, sec	~ 250	~ 400	~ 300
안전 취급성	○	×	○
즉시 발사성	○	×	×
장기 저장성	○	×	△
추력 제어성	×	○	○

[표 10.1]에 제시된 바와 같이 고체 추진 로켓은 구조가 비교적 간단하고 취급상의 안전성과 장기 저장성이 우수하다. 특히 단시간 내에 대용량의 추력 발생이 가능하고, 즉시 발사성이 뛰어난 장점을 가지고 있다. 그러나 장시간(보통 100초 이상) 연소가 소요되거나 추력 수준의 조절 등에는 한계가 있으며, 추력조절을 위해서는 별도의 장치가 설치되어야 한다.

[그림 10.2]는 고체 추진 로켓의 부품구성도를 보이고 있다. 추진제, 라이너 및 인슐레이션(insulation)을 담고 있는 연소관을 총칭하여 충전체(propellant loaded assembly)라고 하며, 노즐 구조체와 내열재를 포함하는 노즐 조립체(nozzle assembly) 및 점화장치로 대별된다. 경우에 따라서는 노즐 조립체 전방 부위에 어댑터 조립체(adapter assembly), 토출관 조립체(blast tube assembly) 등이 설치되기도 한다. 특히 노즐 조립체에는 사용 조건에 따라 추력 방향 조종(TVC: thrust vector control) 장치를 설치하기도 한다. [그림 10.3]에 고체 추진 로켓의 부품별 분류체계(WBS: work breakdown structure)를 제시하고 있다.

제10장에서는 고체 추진 로켓의 기본 이론과 각 구성 부품의 기초 이론 및 설계에 대한 내용을 다루고 있다.

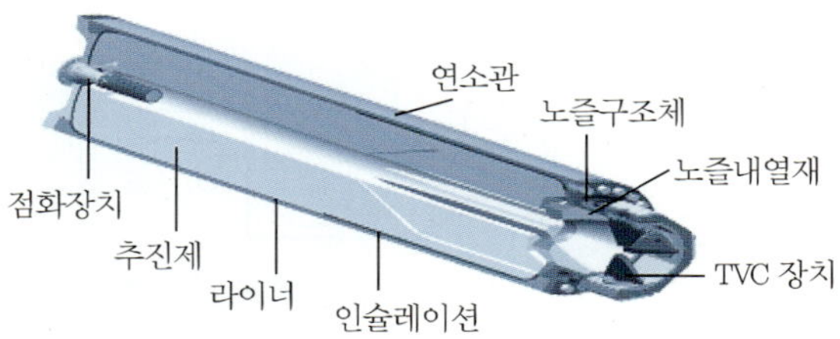

그림 10.2 고체 추진 로켓의 부품 구성도

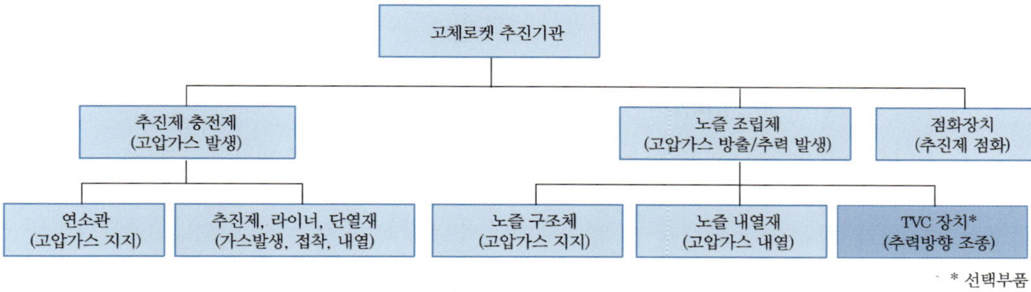

그림 10.3 고체 추진 로켓의 WBS

10.2 고체 추진 로켓의 내탄도 및 성능

일반적으로 추진로켓은 연료와 산화제의 연소에 의하여 생성된 화학적인 에너지를 어떤 형태의 배출구(노즐)를 통하여 내보내면서 기계적인 에너지(추력)로 바꾸어주는 장치로 뉴톤(Newton)의 작용–반작용의 법칙으로 추진력이 발생한다.

보통 외탄도(external ballistics)라 함은 무유도(unguided)로 비행하는 탄 자체의 운동에 대한 것을 추력, 중력 및 항력으로서 기술한다. 반면 내탄도(internal ballistics)는 추진기관 연소실 내의 고체 추진제의 연소 현상 및 그 과정을 역학적인 수식을 통하여 기술하는 것으로 주로 압력과 추력 등 추진기관 자체의 성능을 예측하고 분석하는 것이다. 이를 위하여 추진제의 종류를 선정하고, 요구되는 추력 양상에 따라서 추진제 그레인(grain)의 형상을 결정한다. 또한 이에 대한 구조해석을 수행하고 추진제의 연소에 따른 압력과 추력 등의 연소 성능을 산출하는 일련의 작업을 하게 된다.

1) 내탄도 설계

고체 추진 로켓의 추력–시간 선도는 비행체의 임무에 따라 다양한 형태로 주어지며, 이는 연소실 내에서 충전되는 추진제 그레인 형상에 따라 크게 좌우된다. 그레인 형상 설계는 시스템 전체에 염두를 두고 이뤄지는 작업으로 성능뿐만 아니라 추진제, 비행체 크기 제한, 환경 조건, 추진기관 수명 등이 고려되어 설계되어야 한다. 비행체의 사거리나 적재 화물량의 관점에서 최대효율을 얻기 위해서는 로켓의 각 부품 설계와 상호 연계하여 설계되어야 최적화를 이룰 수 있다. 추력–시간 선도 양상은 임무에 따라 단순 추력형과 이중 추력형으로 크게 나눠지며, 사용되는 추진제의 경우는 필요에 따라 한 가지 이상이 사용되기도 한다. 또한 그레인 설계 결과 길이 대 직경비가 클 경우나 매우 큰 스핀(spin) 또는 큰 종가속도가 주어지는 로켓의 경우에는 침식연소(erosive burning)가 발생된다. 이때 매우 높은 압력 상승을 유발하므로 설계에 각별한 주의가 요구된다.

또한 고온 연소시험에 특히 심하게 나타나는 연소불안정 현상은 그레인 형상이나 추진제 종류에 따라 여러 형태로 나타날 수 있으며, 연소 도중 예상치 않은 갑작스런 고주파 압력진동으로 연소관의 파열이나 전자장비의 기능 상실 등을 초래할 수도 있다. 연소불안정 현상이 발생시에는 추진제 성분 조정, 그레인 형상 수정 또는 압력파 감쇄용 부품을 그레인 내부 공동에 설치하는 방법 등이 있다.

[그림 10.4]는 그레인 단면 형상에 따른 추력-시간 선도 양상을 제시하고 있다. 요구되는 임무에 따라 일정추력 유지형(constant or neutral), 점진적 증가형(progressive), 점진적 감소형(regressive) 및 이중 추력형(dual thrust) 등으로 구별된다. 또한 그레인 형상은 [그림 10.5]에 제시된 바와 같이 다양한 종류가 있으며, 그 추력은 연소 표면적에 비례하며, 연소실 압력, 추진제 종류 및 연소실 내부 형상에 따라 변한다.

다음은 내탄도 성능 변수들을 정의하기 위한 기본 가정 사항들이다.

연소에 의한 생성물은 균질의 가스이고 완전기체 법칙을 따르며, 연소 생성물의 비열비는 온도의 영향을 받지 않으며 일정하다. 또한 유동 방향은 노즐의 주축 방향과 동일하며, 단면에서 동일한 유동 특성(압력, 온도, 밀도, 속도 등)을 갖는 1차원 유동이다. 그리고 마찰 및 경계층 손실은 무시하며, 로켓의 벽면을 통한 열전달은 없다. 노즐을 빠져나가기 전에 완전연소가 이루어져서 노즐 내부에서는 조성의 변화가 없으며, 노즐 내 유동은 시간에 대한 정상상태 과정이며, 충격파나 불연속면의 발생없이 균일하게 팽창한다.

그레인 설계는 앞에서 기술한 내용을 토대로 시스템 요구조건에 부합되도록 여러 번 반복 과정을 통하여 설계가 확정된다.

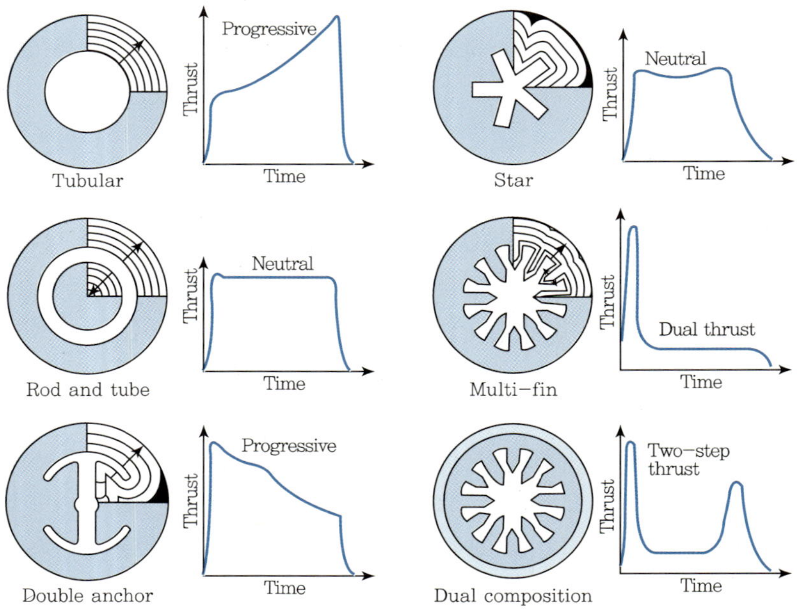

그림 10.4 여러 종류의 추진제 그레인 단면 형상 및 추력-시간 선도 (Ref.1)

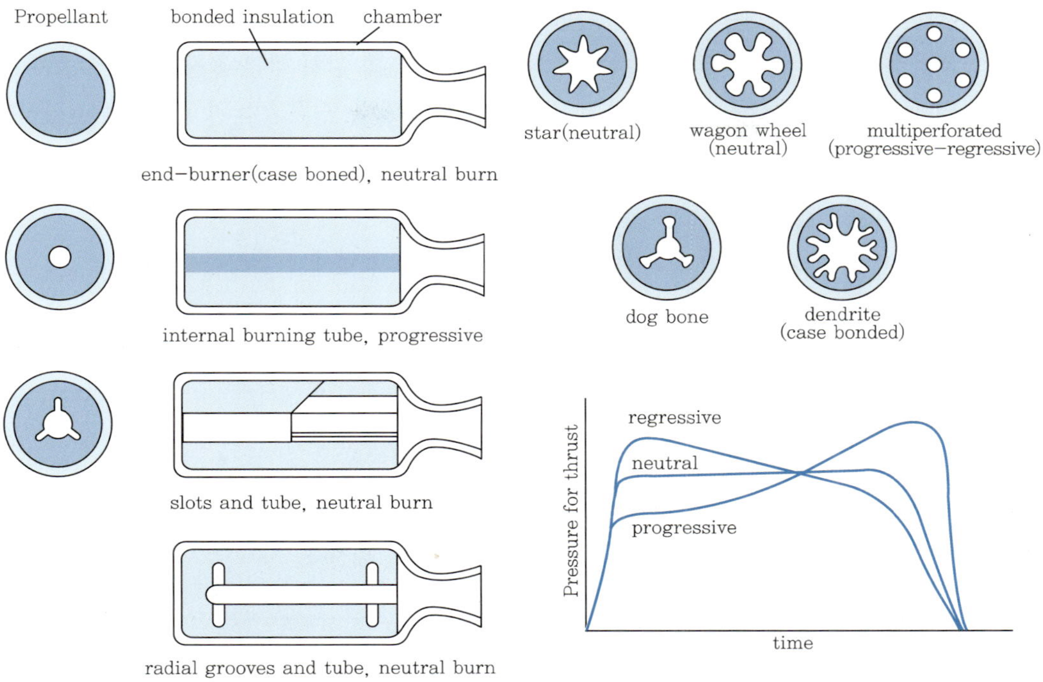

그림 10.5 여러 종류의 추진제 그레인 형상 (Ref.1,4)

다음은 내탄도 설계에 관련되는 주요한 변수들에 대한 정의 및 계산 방법을 나타내고 있다. 또한 설계 변수들을 순차적으로 계산하여 그레인 설계에 필요한 변수들을 도출한다.

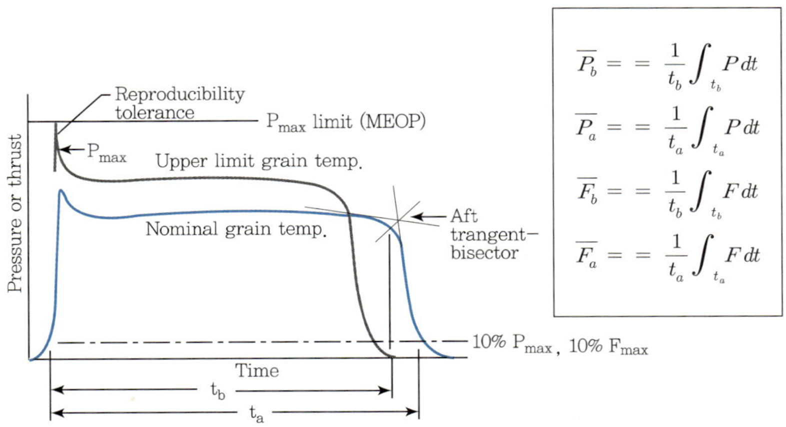

그림 10.6 내탄도 성능변수 정의 (Ref.2)

- 연소시간 또는 웹(web) 연소시간(t_b)

  웹 두께는 추진제 연소 면이 진행하여 연소관 내면에 도달하는 최소 거리를 뜻하는 것으로,

[그림 10.6]에 제시된 압력-시간 또는 추력-시간 선도에서 웹까지 연소 완료되는 점까지의 시간 간격이다. 보통 압력-시간 선도의 평탄한 부분과 강하 부분에 접선을 긋고, 이 두 접선의 교각을 이등분하는 다른 직선을 그어 이 직선이 압력-시간 선도와 교차하는 점까지의 시간으로 정의한다.

- 총 연소시간(t_a)

[그림 10.6]에 제시된 압력-시간 또는 추력-시간 선도에서 최대압력의 10% 유지 도달까지의 시간으로 정의된다. 경우에 따라서는 추진제 연소면 전체가 연소되기 시작하여(연소실 내부 압력 약 100psia) 연소 후반 노즐이 초킹(choking) 조건을 벗어나는 시점(연소실 내부 압력 약 30psia)까지의 간격으로도 정의한다.

- **노즐 팽창비(ε)**

노즐 팽창비는 출구단면적(Ae)과 노즐목 단면적(At)의 비로 정의된다. 설계하고자 하는 운용압력과 노즐출구 조건(압력, 마하수 등)에 따라 정해진다.

$$\varepsilon = \frac{A_e}{A_t} = \left\{ \left(\frac{\gamma+1}{2}\right)^{\frac{1}{\gamma-1}} \left(\frac{P_e}{P_c}\right)^{\frac{1}{\gamma}} \sqrt{\frac{\gamma+1}{\gamma-1}\left[1-\left(\frac{P_e}{P_c}\right)^{\frac{\gamma-1}{\gamma}}\right]} \right\}^{-1} \tag{10.1}$$

- **추력 계수 (C_F)**

추력계수는 로켓모터의 추력에 대한 유용한 무차원량의 척도이다. 초킹된 축소-확대(converge -diverge) 초음속 노즐에서 이상적인 추력계수 C_F^0는 식 (10.2)에 의해 계산할 수 있다.

$$C_F^o = \sqrt{\frac{2\gamma^2}{\gamma-1}\left(\frac{2}{\gamma+1}\right)^{\frac{\gamma+1}{\gamma-1}}\left[1-\left(\frac{P_e}{P_c}\right)^{\frac{\gamma-1}{\gamma}}\right]} + \left(\frac{P_e-P_a}{P_c}\right)\varepsilon \tag{10.2}$$

진공 상태에서 이상적인 추력 계수, $C_{F,vac}^0$ ($P_a = 0$)는 단지 ε와 γ의 함수이다.

실제 추력계수는 노즐에서의 손실이 고려되어야 하며, 노즐의 발산 손실, 이상(two-phase) 유동 손실 및 벽면의 마찰에 따른 경계층 손실 등이 포함된다.

실제 추력계수 C_F를 $C_{F,vac}^0$ 함수로 나타내면 식 (10.3)과 같다.

$$C_F = \lambda\eta_F\left(C_{F,var}^o - \frac{P_e}{P_c}\varepsilon\right) + \left(\frac{P_e-P_a}{P_c}\right)\varepsilon \tag{10.3}$$

여기서, $\lambda = \frac{1}{2}(1+\cos\alpha)$, α는 노즐 확산부 반각 (10.4)

• 추력 (F)

손실이 고려된 추력(F)은 식 (10.5)와 같이 정의된다.

$$F = \lambda \cdot \eta_F (P_c A_t C^o_{F,var} - P_e A_e) + (P_e - P_a) A_e = P_c A_t C_F \tag{10.5}$$

• 총 역적(total impulse, I_t)

총 연소시간 동안의 추력-시간 선도의 전 면적으로 정의된다.

$$I_t = \int F dt = I_{sp} \int \dot{w}\, dt = I_{sp} W_p \tag{10.6}$$

• 노즐목 단면적(At)

성능 요구조건으로 주어지는 추력 F에 의해 식 (10.7)로 계산한다.

$$A_t = \frac{F}{C_F \cdot P_c} \tag{10.7}$$

• 노즐 출구 단면적(A_e)

식 (10.1)에서 구해진 노즐 팽창비(ε) 값과 식 (10.7)에서 구한 노즐목 단면적(A_t)에 의해 식 (10.8)에 의해 구한다.

$$A_e = \varepsilon \cdot A_t \tag{10.8}$$

• 연소 속도(burning rate, r_b)

연소 속도(r_b)는 침식연소가 없을 경우 아래의 Saint-Robert의 실험식 (10.9)를 사용한다.

$$r_b = a \cdot P_c^n \tag{10.9}$$

• 웹 분율(web fraction, w_f)

웹과 그레인 외부반경 비로 정의되는 웹 분율(w_f)은 식 (10.10)과 같이 표현되며, 그레인의 형상을 정하는 인자가 된다.

$$w_f = \frac{2t_w}{D_g} = \frac{2r_b \cdot t_b}{D_g} \tag{10.10}$$

• 비추력(specific impulse, I_{sp})

추력을 편의상 배출되는 연소가스의 평균속도, 즉 유효 배기속도(effective exhaust velocity)로 표기하여 다음과 같은 관계로 표현할 수 있으며, 이는 추진기관의 연소 성능을 나타내는 중요한 요소가 된다.

$$F = \dot{m}c \tag{10.11}$$

$$c = \frac{F}{\dot{m}} = u_e + \frac{(p_e - p_a)A_e}{\dot{m}} = I_{sp} \tag{10.12}$$

유효 배기속도는 결국 추진제가 연소하여 발휘하는 에너지의 효율인 비추력으로 표현된다. 비추력은 소비되는 추진제의 단위 질량당 발생되는 임펄스 또는 운동량 변화량의 척도로서, 로켓모터의 추력 대비 질량 유량률로 정의된다. 비추력은 식 (10.13)과 같이 표현된다.

$$I_{sp} = \frac{F}{\dot{m}} = \frac{C_F P_c A_t}{C_D P_c A_t} = \frac{C_F}{C_D} \Rightarrow \frac{F}{\dot{m} g_c} = \frac{F}{\dot{w}} \tag{10.13}$$

- **체적 충전율**(volumetric loading fraction , V_l)

  체적 충전율 (V_l)은 식 (10.14)와 같이 정의된다.

$$V_l = \frac{V_p}{V_a} \tag{10.14}$$

- **특성속도**(c^*)

  특성속도는 식 (10.15)와 같이 표현된다.

$$c^* = \frac{P_c A_t}{\dot{m}} = \frac{g_c}{C_D} = \left[\frac{\gamma}{R_g T_c}\left(\frac{2}{\gamma+1}\right)^{\frac{\gamma+1}{\gamma-1}}\right]^{-1/2} \tag{10.15}$$

특성속도 또는 유출계수(C_D)는 연소실 내의 압력 및 노즐의 면적비율, 압력비율 등과 같은 노즐의 특성들과 무관하게 추진제가 갖는 고유 특성요소로 연소 에너지를 뜻한다.

2) 내탄도 해석 및 예측

주어진 성능 요구조건에 부합되는 내탄도 최적설계와 더불어 설계된 로켓 모터가 겪는 여러 유동상황을 실제 상황에 가깝게 알아낼 수 있느냐 하는 것이 중요한 사항이다. 연소 초기 특성, 연소불안정, 유동가스 거동 및 그레인의 연소 특성과 노즐을 통해 분출되는 연소 가스에 의한 추력 발생 그리고 연소말기 압력강하 등 제반 관련 현상을 가능한 정확하게 해석하고 예측하는 것이 중요하다. 이를 통해 로켓 추진기관의 안정성을 확보할 수 있게 된다. 이를 위해서 화학적, 열역학적 관계식에 근거한 이론적 성능에 축소형 로켓 모터의 연소시험에 의해 획득된 자료와 더불어 실기형 로켓모터의 연소시험 자료를 종합하여 실제 성능을 예측한다.

3) 추진제의 구조 안정성 해석 및 수명 평가

추진제 그레인은 저장 및 연소시에 구조적 안전도가 확보되어야 하며, 사용기간 중 노화가 심하고 교체 및 보수가 어렵기 때문에 추진기관 신뢰도와 수명에 직결되는 가장 중요한 요소 중의 하나이다. 고체 추진제는 딱딱한 산화제와 고분자 물질인 바인더가 결합되어 점탄성 특성을 나타내며 그 구성 방정식은 가장 간단한 형태로서 식 (10.16)과 같은 선형 점탄성 구성 방정식으로 나타낼 수 있다.

$$\sigma = \int_0^t E(t-\xi)\dot{\varepsilon}(\xi)d\xi = \int_0^t \left(E_\infty + \sum_{i=1}^{n} E_t e^{-(t-\xi)/\tau_i} \right) \dot{\varepsilon}(\xi)d\xi \qquad (10.16)$$

실제 추진제의 응력-변형률 거동은 [그림 10.7]과 같이 비선형 거동과 부피팽창(volume dilatation) 거동을 나타내므로 실제 추진제 구조 해석에는 식 (10.16)보다 복잡한 비선형 거동을 모사할 수 있는 점탄성 방정식이 개발되어 적용되고 있다. 또한 추진제 재료의 물성은 온도 및 작용 변형률 속도에 의하여 그 변화가 크므로 이에 따른 물성의 종합시험 및 해석이 이루어져야 한다.

추진제 그레인 구조 설계 및 해석은 수명기간 동안 예상되는 지속적인 하중(온도, 압력, 가속도, 진동 하중 등)에 대한 안전성을 확인하는 과정이다. 이를 위해서는 추진기관에 가해지는 하중을 정립한 후 추진제와 라이너, 인슐레이션 등의 물리적 특성을 구하여 응력해석을 수행하고 기계적 물성과 비교하여 안전율을 계산하는 과정을 거치게 된다. 이를 도표화하여 [그림 10.8]에 제시하였다.

연소관에 접착된 그레인의 경우 작용하는 대표적인 하중은 추진제와 연소관의 열팽창 계수와 모듈러스의 차이에 의하여 발생하는 응력과 연소시 연소관 내 압력에 의하여 발생하는 응력이 있다. 이러한 작용응력에 의하여 안전율이 부족할 경우 추진기관에는 그레인 내면의 응력 집중부에서의 균열 발생, 추진제와 라이너 접착부의 접착 분리 등이 발생할 수 있다. 이런 상황에서는 연소 중에 압력이 설계치 이상으로 급상승하거나, 연소관 내면이 고온 고압가스에

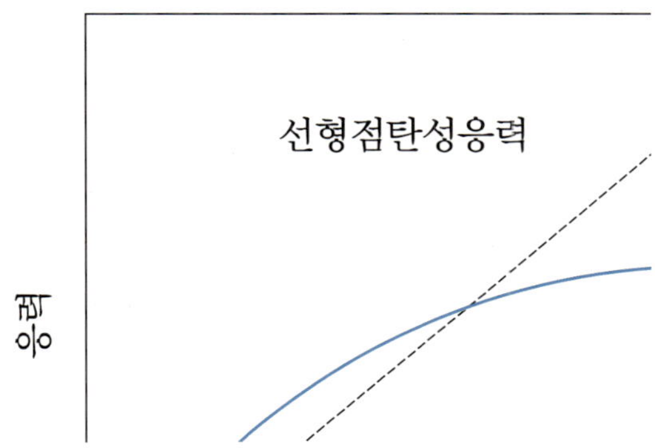

그림 10.7 추진제의 응력-변형률 및 부피팽창 거동

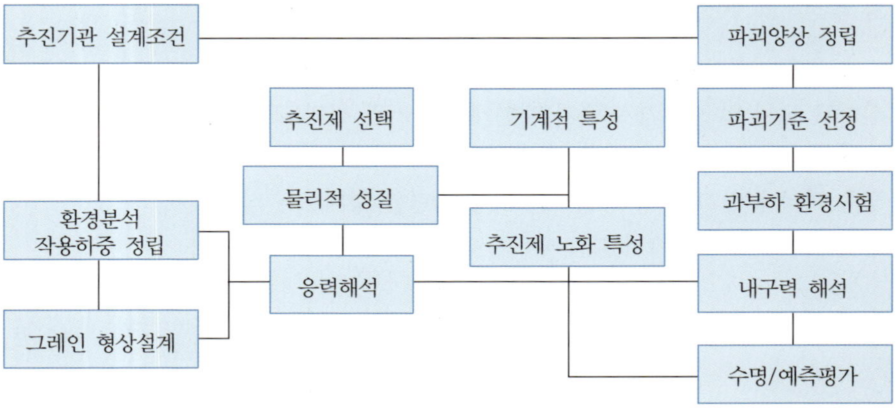

그림 10.8 추진제 구조해석 과정 (Ref.3)

노출되므로 추진기관이 폭발하거나, 성능을 발휘하지 못하게 된다. 안전도 평가에 적용되는 일반적인 파괴 기준으로는 최대 주응력, 주변형률 이론 등이 있다.

또한 추진제는 저장기간에 따른 물성의 노화가 발생하는데 노화는 화학적 노화와 기계적 손상으로 구분된다. 화학적 노화는 온도와 시간간의 반응속도 관계에 대한 Arrhenius 형태의 반응속도식을 적용하여 예측하고 있으며, 기계적 손상은 Minor 식이 적용된다. 추진제 그레인의 수명을 예측하기 위하여 물성의 노화를 직접 측정하거나 예측하는 실험 및 수치해석적 기법들이 개발되고 있으며, 센서 등을 이용한 건전성 평가기법(health monitoring)도 적용이 증가하고 있다.

10.3 고체연료 추진제, 라이너 및 인슐레이션

비행체를 원하는 지점까지 이동시키는데 필요한 에너지원인 추진제는 연료성분과 산화제 성분이 적절히 구성되어 있으며, 점화가 되면 자발적으로 계속 연소하는 성질을 가지고 있다. 추진제는 비추력 성능, 연소 속도 및 기계적 특성 등이 만족되도록 조성을 선정하여야 한다.

1) 고체연료 추진제

고체 추진제는 복기 추진제(DB: double base propellant)와 혼합형 추진제(composite propellant)로 크게 구별되는데, 복기 추진제는 니트로셀룰로즈(NC: nitrocellulose)와 니트로글리세린(NG: nitroglycerine)을 주성분으로 하며, 연소가스의 연기가 없어 발사지점 및 비행궤적 은닉이 용이한 반면 비추력이 낮은 단점을 가지고 있다. 혼합형 추진제는 고분자 물질인 바인더(binder:추진제 원료들을 서로 묶어주는 역할)에 고체 산화제와 연료, 첨가제 등을 혼합

표 10.2 혼합형 고체추진제의 구성 성분

구성 성분			기 능	물 질 명
바인더	폴리머	프리폴리머	연료, 기계적 특성 향상	CTPB, HTPB, PEG, PCP, HTPE, GAP 등
		경화제	고체 분말과 바인딩	Epoxide, IPDI, DDI, HDI, N-100 등
	가소제		기계적 특성 향상, 점도 강하	DOZ, DOA, IDP, DOS, BTTN, TMETN 등
	경화촉매		경화반응 속도 조절	TPB, MA, MgO, FeAA, T-12 등
산화제	산화제(고체 분말)		산소 공급, 연소 특성 조절	AP, RDX, HMX, HNIW, AN 등
첨가제	금속연료		추력 및 밀도 증가	Aluminum, Boron
	연소안정제		불안정연소 방지	ZrC, Graphite, Al_2O_3
	연소촉매		연소속도 조절	Fe_2O_3, Cr_2O_3, Catocene
	착색제		점화 특성 개선	Carbon Black
	산화방지제		노화 특성 향상	AO 2246, Protech, MNA, 2-NDPA
	결합제		기계적 특성 개선	HX-752, TEPANOL, BHEGA, NPBA

하여 제조한다. 바인더로는 HTPB(hydroxyl terminated polybutadiene)가 주로 쓰이고 있으며 복기 추진제보다 큰 비추력을 갖고 있다. 또한 추진제 성분 중 알루미늄이 없는 형태의 희연(reduced smoke) 추진제, RDX(cyclotrimethylene trinitramine)나 HMX(cyclotrimethylene tetranitramine) 등의 산화제를 사용하는 저연(minimum smoke) 추진제 등으로 구분된다.

[표 10.2]는 혼합형 고체 추진제의 구성 성분을 제시하고 있다. 일반적으로 가장 많은 함량을 차지하는 성분은 산화제이며, 이들을 결합해주기 위하여 사용되는 바인더 및 각종 첨가제들로 이루어져 있다.

고체연료 추진제의 명칭을 주요 분야별로 분류하면 다음과 같다(Ref. 3).

- 바인더의 종류에 따른 명칭

바인더의 구성 성분은 프리폴리머, 경화제, 가소제 및 경화 촉매 등이 있지만 추진제의 이름으로 불릴 때는 주로 프리폴리머의 이름으로 대신한다. 현재 가장 널리 사용되고 있는 혼합형 추진제는 HTPB 추진제이며, 고에너지 추진제로는 PEG(polyethylene glycol) 추진제, PCP(polycaprolactone polyol) 추진제, GAP(glycidyl azide polymer) 추진제 및 PGN (propylglycidyl nitrate) 추진제 등이 있다.

- 배기가스에 따른 명칭

일반적으로 높은 추력을 필요로 하는 위성 운반용 추진기관이나 전술 유도탄용 추진 로켓에는 비추력과 밀도를 높이기 위해 금속연료가 많이 함유된 고추력 추진제를 사용하고 있다. 이러한 추진제의 연소시에는 많은 양의 금속 산화물이 배출되기 때문에 배기가스가 매우 짙은 색을 나타낸다(이것을 1차 연기라 한다). 또한 혼합형 HTPB 추진제의 경우 주로 사용되는 산화제는 AP(ammonium perchlorate)인데, AP가 연소된 후 발생되는 염화수소 기체는 공기 중의 수증기를 액화시키는 작용을 하여 운무와 같은 연기(이것을 2차 연기라 한다)를 만든다. 추진제의 연료에서 금속성분을 배제시키면 1차 연기는 발생하지 않는다. AP를 주 산화제로 사용하더라도 대기의 온도가 높고 습도가 낮으면 2차 연기가 발생되지 않으므로 이러한 추진제를 희연 추진제라 부른다.

한편 복기 추진제의 경우 대기온도가 매우 낮을 경우에만 자체 연소로 발생되는 수증기의 응축으로 인한 연기뿐이므로 대부분 무연(smokeless) 추진제라고 말한다. 혼합형 추진제의 경우 소량의 AP 산화제(무게 함량 20% 이하)를 사용하여 소량의 2차 연기만 생성되는 경우를 저연 추진제라고 말한다.

- 제조공정에 따른 명칭

혼합형 고체추진제의 경우에는 각 원료들을 정해진 조성과 혼합 공정에 따라 대부분 주조(cast)식으로 원하는 그레인 형상으로 제조한다. [그림 10.9]는 혼합형 고체 추진제 제조 공정을 보여주고 있다. 복기 추진제 계열의 경우에는 압출(extrude)식과 주조식으로 제조하며, 혼합 공정에 용매를 사용하는 경우와 사용하지 않는 공정으로 분류되지만 제조 공정에 사용된 용매는 최종 제품이 완성되기 전에 모두 제거해야 한다.

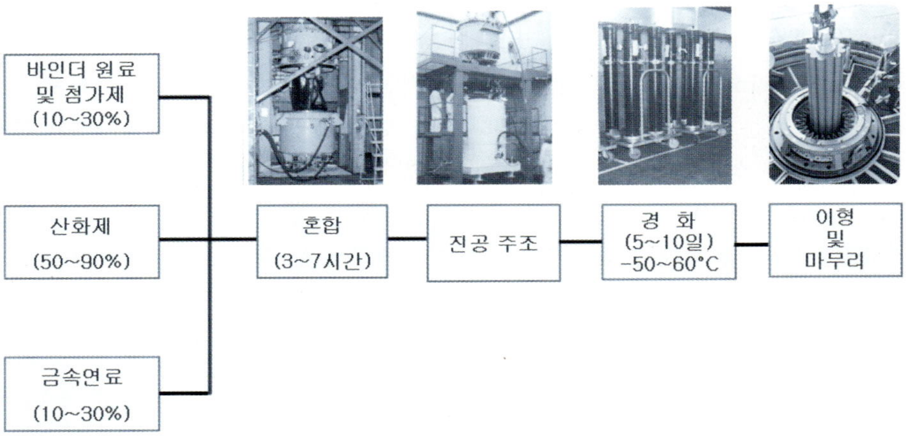

그림 10.9 혼합형 고체 추진제의 제조 공정

- 주 성분에 따른 명칭

주 성분의 개수에 따라 단기(single base:NC), 복기(double base:NC+NG), 삼기(triple base:NC+NG+NQ) 및 다기(multi base)로 분류한다. 복기형 추진제에 혼합형 추진제의 산화제나 금속연료를 첨가하여 복기 추진제의 성능을 향상시킨 추진제를 CMDB(composite modified double base)라 한다. 복기 추진제의 약점인 기계적 물성값을 향상시키기 위해 가교 결합이 가능한 고분자 물질을 첨가한 추진제를 EMCDB(elastomer modified, cast double base)로 정의하고 있다. 나이트라민(nitramine, RDX나 HMX)과 고에너지 가소제를 사용한 XLDB (crosslinked double base) 또는 NEPE(nitrate ester polyether) 추진제는 복기 추진제의 연소 메커니즘과 동일하여 붙여진 추진제 명칭으로서 고성능의 저연(minimum smoke) 혼합형 고체 추진제이다.

[표 10.3]은 이상에서 설명한 다양한 추진제 종류에 따른 특성을 나타내고 있다.

표 10.3 고체 추진 로켓용 추진제 종류에 따른 일반적인 특성 (Ref.1,4)

추진제	금속함유 무게 %	밀도 $\times 10^3 kg/m^3$	화염온도 K	I_{sp}, s	연소속도 mm/s	압력지수 n
DB	0	1.605	2,533	220-230	11.43	0.30
DB/AP/Al	20-21	1.799	3,866	260-265	19.81	0.40
DB/AP-HMX/Al	20	1.799	3,978	265-270	13.97	0.49
XLDB/AP	0	1.855	3,622	269	8.89	0.50
HMX/Al	20	1.689	2,811	230-240	11.43	0.38
PVC/AP	0	1.772	3,366	260-265	11.43	0.35
PVC/AP/Al	21	1.716	2,866	230-240	8.89	0.43
PS/AP	0	1.716	3,033	240-250	7.87	0.33
PS/AP/Al	16-20	1.772	3,255-3,589	260-265	6.86	0.15
PU/AP/Al	19	1.855	3,622	269	15.24	0.50
PBAN/AP/Al	16	1.772	3,478	260-263	13.97	0.33
CTPB/AP/Al	15-17	1.772	3,366-3,478	260-265	11.43	0.40
HTPB/AP/Al	4-17	1.855	3,366-3,478	260-265	10.16	0.40
PBAA/AP/Al	14	1.772	3,255-3,589	260-265	8.13	0.35

Al : aluminum
AP : ammonium perchlorate
CTPB : carboxy-terminated polybutadiene
HTPB : hydroxy-terminated polybutadiene
HMX : cyclotetramethylene tetranitramine
XLDB : cross-linked double base
PBAA : polybutadiene-acrylic acid polymer
PBAN : polybutadiene-acrylic acid acrylonitrite
DB : double base
PS : polysulfide
PU : polyurethane
PVC : polyvinyl chloride

표 10.4]는 고체 추진제를 선정하는데 요구되는 각종 고려 사항을 나타내고 있으며, [그림 10.10]은 추진제 및 라이너의 개발 과정을 제시하고 있다.

표 10.4 고체 추진제 선정시 고려 사항 (Ref.3)

성능 (performance)	■ 비 추력(specific impulse) ■ 밀도(density) ■ 연소효율(combustion efficiency) ■ 노즐 효율(nozzle efficiency)
내탄도 특성 (internal ballistics)	■ 연소속도 및 압력지수(burning rate & pressure exponent) ■ 온도 민감계수(temperature sensitivity) ■ 연소안정성(combustion instability) ■ 침식연소(erosive burning)
기계적 성질 (mechanical properties)	■ 인장강도(tensile properties) ■ 노화 특성(aging properties) ■ 수명(service life) ■ 환경특성(environment properties); 온도, 습도, 오존 등
공정 특성 (process)	■ 혼합 공정; 혼합시간/온도(mix time & temperature) 및 주입 순서 ■ 경화 반응(cure reaction); 경화 온도 및 시간(cure temperature & time) ■ 유동 특성(fluidity); Pot-Life, 점도(viscosity)
안정성 (hazard)	■ 열분해특성(thermal properties); DSC, TGA 등 ■ 안전도(safety); 정전기, 충격, 마찰 민감도, 자연발화온도 등 ■ 독성(toxicity) ■ 둔감 특성; 탄자충격, 완속가열, 급속가열, 파편충격 등
기타	■ 배기화염 특성(plume technology); 화염 성분 및 온도

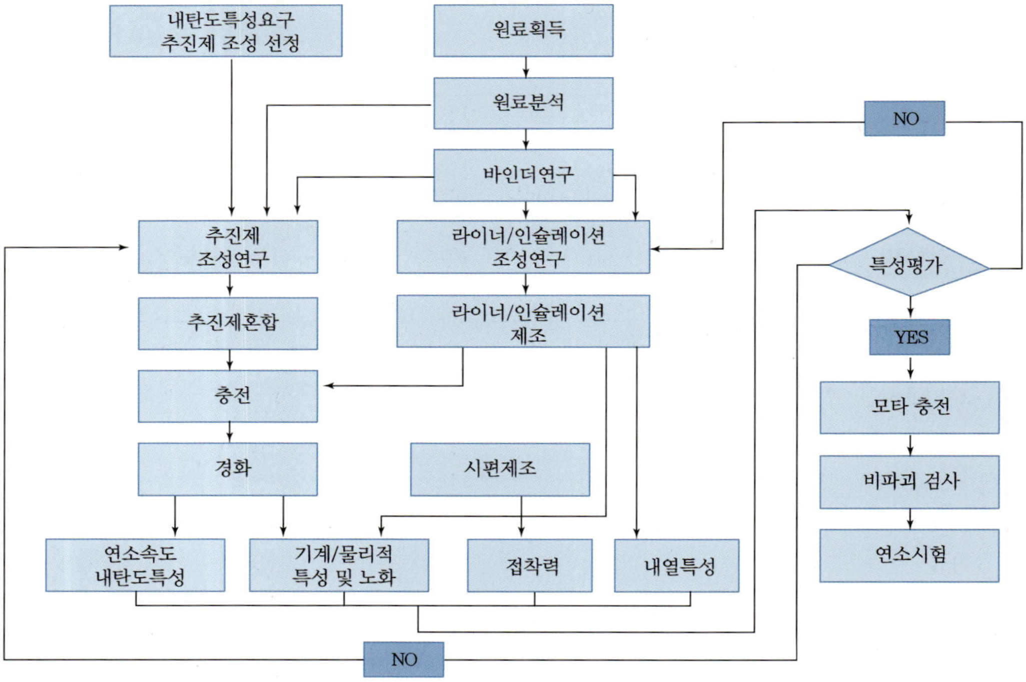

그림 10.10 추진제 및 라이너 개발 과정

2) 라이너(liner)

라이너는 일반적으로 케이스 접착(case-bonded) 추진제 그레인을 가진 추진기관에서 추진제와 연소관 혹은 추진제와 인슐레이션 사이에 설치되는 고무상의 얇은 층을 말한다. 라이너의 주요 역할은 다음과 같다.

- 추진제 그레인의 바깥쪽 표면의 연소를 방지한다.
- 연소관이나 인슐레이션과 추진제 사이의 접착력을 증진시킨다.
- 추진기관의 이동 또는 보관 중의 열적 혹은 기계적 응력을 견딜 수 있게 한다.

라이너의 조성은 일반적으로 추진제와의 접착력이 우수해야 하기 때문에 추진제의 바인더와 동일한 바인더를 적용하는 것이 보통이다. 충전제로는 실리카(silica)나 카본 블랙(carbon black) 또는 금속 산화물을 적용하여 추진제와의 접착력을 증진시키기 위한 접착 첨가제를 사용하는 경우가 많다.

3) 인슐레이션(insulation)

추진기관에서 인슐레이션은 노즐 내부에 설치하는 노즐 내열 인슐레이션과 추진제와 연소관 사이에 설치되어 추진제 연소시 고온, 고압의 추진제 연소가스로부터 연소관을 보호하는 내부 인슐레이션 두 종류가 있다. 여기서는 추진제 내부 인슐레이션을 말한다. 인슐레이션 기능은 라이너와 유사하며, 주로 고무 재질이 사용된다. 사용되는 재료의 종류로는 NBR(nitrile butadiene rubber), SBR(styrene butadiene rubber), EPDM(ethylene propylene 야둔 monomer), 실리콘 고무(silicone rubber) 등이 있으며, 이러한 고무에 내열성을 증강시키기 위해 실리카, calcium oxalate, ammonium sulfate, Kevlar, 실리카 섬유 등이 충전제로 사용되기도 한다. 이 중 EPDM계 인슐레이션은 밀도가 낮고, 내 노화성이 우수하기 때문에 가장 널리 사용되고 있다.

[그림 10.11]은 연소관 케이스에 인슐레이션과 라이너, 추진제의 설치 형상을 개략적으로 보여주고 있다.

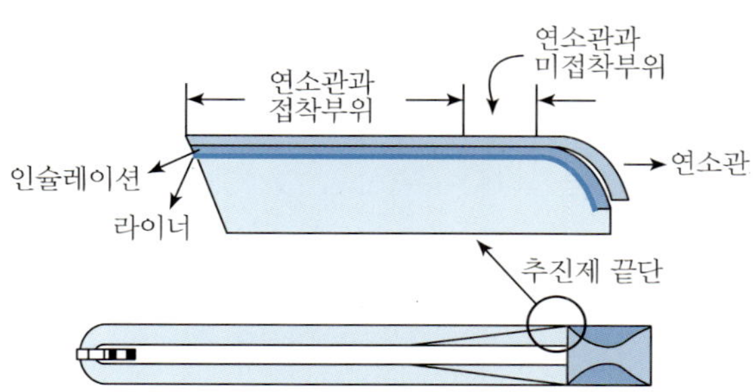

그림 10.11 고체 로켓 추진기관에서 추진제, 라이너 및 인슐레이션 구조 (Ref.4)

10.4 고체추진 로켓 구조체

추진제를 충전하고 있는 연소관은 압력 구조체(pressurized structure)로 분류된다. 내부적으로는 보통 약 100기압 정도의 압력과 약 2,500~3,500K의 고온가스에 의한 하중을 받을 뿐만 아니라 비행시의 공력 가열, 비행 방향 변경에 따른 굽힘 하중, 축 하중, 좌굴 하중 및 진동 등 다양한 복합 하중을 받게 된다. 또한 사용 목적에 따라 다음과 같은 환경적인 조건을 고려하여 설계하여야 한다.

- 온도: 내부 가열, 공력 가열 또는 열 응력 및 변형율
- 부식: 습기/화학, 갈바닉(galvanic), 응력 부식 또는 수소 취성
- 우주환경 조건: 진공, 복사, 유성체

내・외부에서 작용하는 이러한 복합 하중에 견디기 위해서는 구조설계 및 해석 기술과 아울러 제작 공정 기술이 확보되어야 한다. 특히 주어진 공간에서 추진제는 되도록 많이 충전시키고 구조체 무게는 최소화시켜야 한다.

연소관의 재료선정 조건으로는 임계작동 온도에서 최대예상 작동 압력(MEOP: maximum expected operating pressure)과 공력하중에 견디는 비강도(specific strength: 재료 강도와 재료 무게의 비율)가 크고 강성이 높은 재료를 사용한다. 이러한 조건을 만족하기 위해 고강도 강이 많이 사용되며, 경량화를 위해 알루미늄 합금강이 사용되기도 한다. 특히 1950년대 이후 본격적으로 복합재료를 사용하기도 하며, 최근에는 둔감 기능이 첨가된 연소관이 요구되는 추세이다. 연소관 내부는 추진제 연소에 따른 고온과 고압을 견디기 위해 특별한 인슐레이션(insulation)을 사용하기도 한다.

[표 10.5]와 [표 10.6]은 각각 고체 로켓 구조체의 연소관에 적용 가능한 금속 재료와 복합섬유 재료의 기계적 특성치를 제시하고 있다.

표 10.5 고체추진 로켓 구조체에 사용 가능 재료(금속재료, 상온 특성) (Ref.5)

재료 구분	재료명	항복강도 (Mpa)	인장강도 (Mpa)	탄성계수 ($\times 10^3$ Mpa)	신율 (%)	밀도 ($\times 10^3$ kg/m^3)	Poisson' s ratio	열처리
합금강 (alloy steel)	4130	1,172	1,380	206	20	7.85	0.3	Q/T
	4330V,4335V	1,410	1,620	206	12	7.85	0.3	Q/T
	D6aC	1,720	1,960	206	7.5	7.83	0.3	Q/T
	300M	1,670	1,990	194	10	7.85	0.3	Q/T
	HP-9N$_i$-4Co-0.2 HP-9N$_i$-4Co-0.3	1,210 1,310	1,310 1,520	198 196	10 10	7.75 7.75	0.3 0.3	Q/T
	maraging 200 250 300	1,380 1,650 1,930	1,450 1,730 2,030	186 186 186	10 8 8	8.0 8.0 8.0	0.3 0.3 0.3	sol.& age
티타늄 합금	Ti-6Al-4V	860	965	116	6	4.62	0.32	sol.& age
알루미늄 합금	Al 2024 Al 6061 Al 7075	330 270 500	470 310 568	73 70 71	19 17 11	2.77 2.71 2.77	0.33 0.33 0.33	sol.& age

표 10.6 섬유 재료의 기계적 특성(상온 특성)

구분	재료명	인장강도 (Mpa)	인장탄성계수 (Gpa)	밀도 ($\times 10^3$kg/m^3)	비강도 (Mpa/(kg/m^3))	극한변형율	제작회사
glass fibers	E-glass	3448	72	2.54	1.358	0.04	*Owens-Cor*
	S-2 glass	4830	87	2.49	1.940	0.057	*Owens-Cor*
	AS4	4278	228	1.79	2.390	0.0187	*Hexcel*
	IM7	5175	276	1.78	2.907	0.0178	*Hexcel*
PAN-based carbon fibers	IM9	6072	290	1.8	3.373	0.018	*Hexcel*
	T-300	3750	231	1.76	2.131	0.014	*Cytec*
	T-650/35	4280	255	1.77	2.418	0.017	*Cytec*
	T-800S	5880	294	1.8	3.267		*Toray*
	T-1000G	6370	294	1.8	3.539		*Toray*
polymeric fibers	Kevlar 29 aramid	3620	83	1.44	2.514	0.044	*Dupont*
	Kevlar 49 aramid	3792	131	1.44	2.633	0.023	*·Dupont*

1) 금속재 연소관

[그림 10.12]는 용접 공정으로 제작된 일반적인 고체추진 로켓 모터 연소관을 보여주고 있다. 실린더 부위 및 앞마개, 뒷마개, 전 · 후 스커트 등으로 분류할 수 있다. 연소관의 전방 및 후방 부위는 각각 점화장치와 노즐이 체결되며, 체결부는 형상 및 작동 압력 등을 고려하여 다양한 체결 방법이 적용될 수 있으며, 특히 기밀 유지를 위해서는 보통 오링이 사용된다.

연소관 설계는 내탄도 성능 특성, 외부 형상 제한조건, 연소관에 작용하는 각종 하중 조건 및 다른 시스템과의 연관성을 고려한 모든 제반 설계요구 조건에 부합되도록 설계가 되어야 한다. 또 비강도가 크도록 설계해야 하며, 제작성, 경제성 등을 고려한 설계가 수행되어야 한다. 다음은 설계 용어에 대한 정의를 제시하고 있다(Ref. 5).

- **한계 하중(limit load)** : 하중에 영향을 끼치는 모든 환경적, 물리적 변수들을 포함한 연소관에 가해질 수 있는 서비스 하중 또는 서비스 압력(수압시험 압력 등)의 최대 규정치 또는 최대 이론 계산치를 말한다.
- **설계 안전계수(design safety factor or factor of safety)** : 예기치 못한 설계에 따른 돌발적 사고를 방지하기 위해 설계시 고려되는 1보다 더 큰 임의의 배수를 말한다. 제작상 품질 수준 및 하중 분포 조건 등에 따라 차이가 있다. 일반적으로 금속재 연소관 설계에 적용되는 무인 운송체의 경우 항복강도에 대해서 1.1~1.25, 인장강도에 대해 1.25~1.5 정도를 적용하며, 유인 운송체의 경우는 무인의 경우에 비해 약간 큰 값을 적용한다.

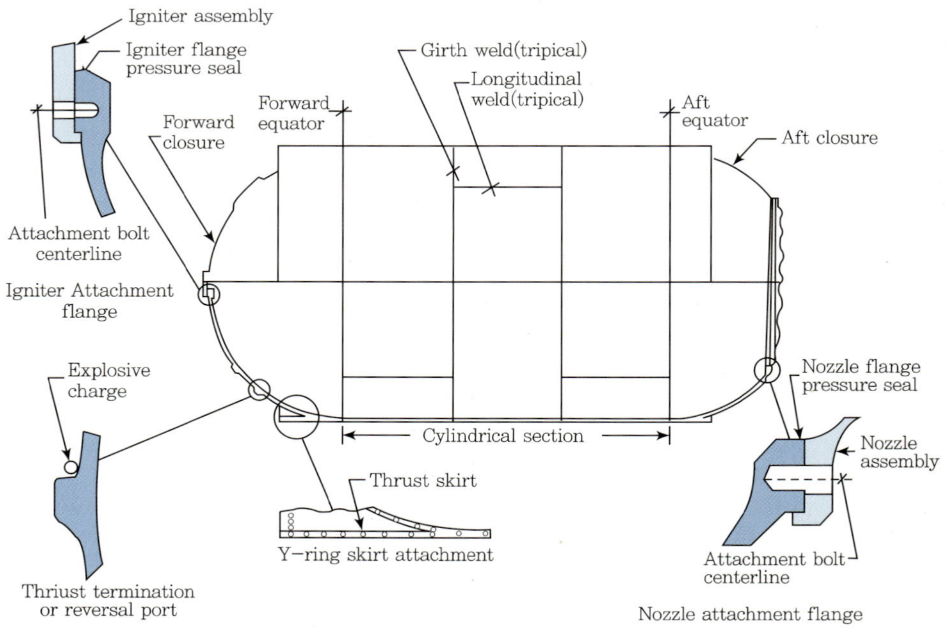

그림 10.12 일반적인 고체 추진 로켓 연소관 (Ref.4)

- **설계 하중(design load or ultimate load)** : 한계 하중에 설계 안전계수를 곱한 값을 말한다.
- **설계 응력(design stress)** : 설계 하중 또는 설계 하중들의 조합에 따라 구조물의 어느 부위 요소에서 발생하는 가장 높은 응력을 말한다.
- **허용 하중(allowable load) 또는 허용 응력(allowable stress)** : 만일 조금이라도 허용 하중(또는 응력)을 초과하면 파손(failure)을 유발하는 하중 또는 응력을 말한다. 임계 하중 또는 응력이라고도 하며, 일반적으로 재료의 고유한 특성치로서 인장(또는 항복) 강도, 좌굴 강도를 말한다.
- **안전 여유(margin of safety)** : 허용 하중(또는 응력)이 설계 하중(또는 응력)을 어느 정도 초과하는지의 백분율을 말한다. 즉 [허용 하중(또는 응력)/설계 하중(또는 응력)] - 1

실린더 부위의 설계는 일반적으로 선형 탄성이론의 가정하에서 설계한다. 연결부위의 불연속 응력, 용접 불연속 등에 의한 어긋남(mismatch) 응력이 생기는 부위는 불연속 굽힘 및 전단 하중 등을 고려해야 한다. 균일 두께의 얇은 실린더는 박판 셸(thin shell)의 막응력(membrane stress) 이론에 따라 원주방향 응력(hoop stress)은 식 (10.17)과 같이 표현된다.

$$\sigma_h = \frac{P_d D_i}{2t} \tag{10.17}$$

한편 연소관의 앞마개 또는 뒷마개는 시스템 요구조건으로 형상, 자체 무게, 추진제 무게 등을 고려하여 선정하며 설계식은 주로 ASME boiler and pressure vessel code(Ref. 6)에 따른다. 주로 많이 채택되는 형상으로는 토리구형(torispherical), 반구형(hemispherical), 타원형(ellipsoidal) 등을 들 수 있다. 토리구형의 경우 구면과 실린더의 연결 부위에 응력집중과 자오선 방향의 형태가 변하는 것을 방지하기 위해 너클(knuckle) 부분을 추가한 형태 Rk/Rs ≥0.06이 되도록 설계한다. [그림 10.13]의 (a)에 제시된 토리구형의 두께 계산식은 식 (10.18)과 같다.

$$t = \frac{P_d \cdot R_s \cdot K_t}{2\sigma_a \cdot \eta - 0.2P_d} \tag{10.18}$$

여기서

$$K_t = \frac{1}{4}(3 + \sqrt{\frac{R_s}{R_k}}) \tag{10.19}$$

[그림 10.13]의 (b)에 제시된 반구형의 경우 두께 계산식은 식 (10.20)과 같다.

$$t = \frac{P_d \cdot D_i}{4\sigma_a \cdot \eta - 0.4P_d} \tag{10.20}$$

[그림 10.13]의 (c)에 제시된 타원형의 경우 두께 계산식은 식 (10.21)과 같다.

$$t = \frac{P_d \cdot D_i \cdot K_e}{2\sigma_a \cdot \eta - 0.2P_d} \tag{10.21}$$

여기서

$$K_e = \frac{1}{6}\left[2 + \left(\frac{D_i}{2h}\right)^2\right] \tag{10.22}$$

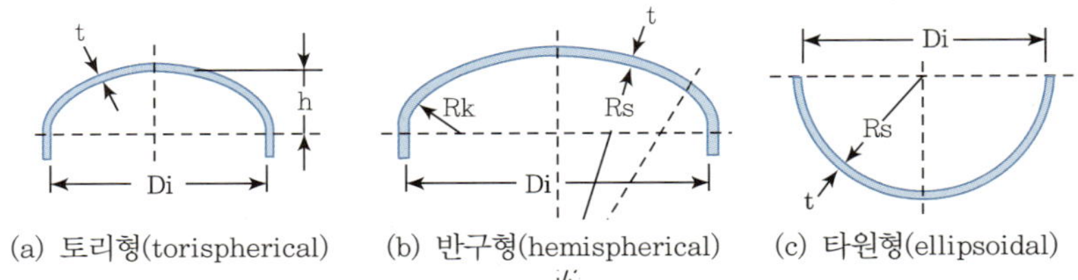

그림 10.13 앞마개 대표 형상

연소관과 노즐 또는 토출관, 어댑터, 점화기 등의 부품과 체결되는 조립부 설계는 시스템 요구조건 및 연소관 자체 형상 등에 따라 조립 체결부를 설계해야 하며, [그림 10.14]에 다양한 체결부 형상을 보여주고 있다.

[그림 10.15]는 볼트를 사용하여 연소관과 토출관 체결 부위의 상세 설계 형상을 보여주고 있다. 그림에서 플랜지 부위의 립(lip)과 오링 설치를 확인할 수 있다.

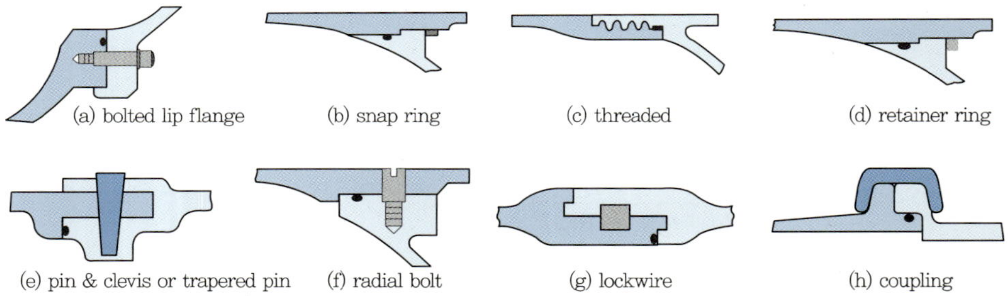

그림 10.14 체결부 형상 (Ref.5)

그림 10.15 연소관 및 노즐 체결부 상세 형상 (Ref.7)

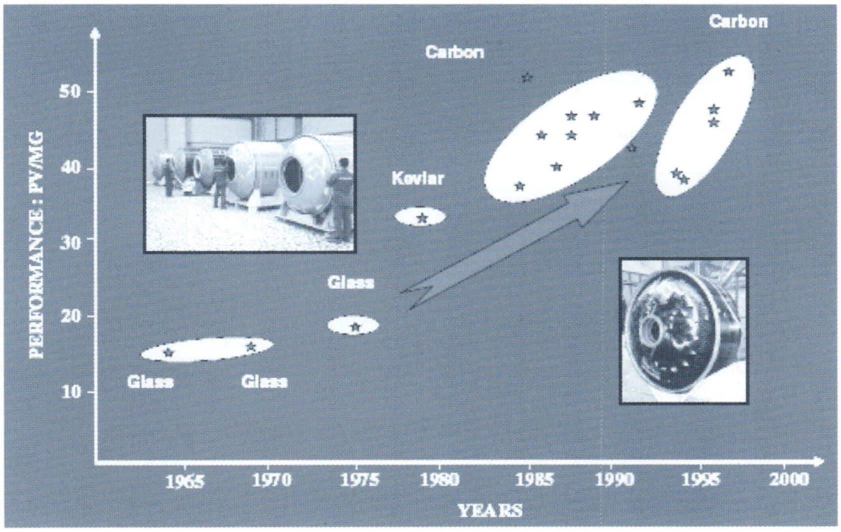

그림 10.16 섬유의 재료 특성과 탄소섬유 개발 현황 (Ref.10)

2) 복합재 연소관

복합재 연소관은 복합재가 기존 금속 소재에 비해 경량화를 이룰 수 있다는 장점으로 인해 선진국에서는 1950년대부터 연구 개발되어왔다. 복합재 연소관은 형상이 축 대칭이고 원통형임으로 인해 주로 필라멘트 와인딩(filament winding) 공법으로 제작되고 있다. 복합재 연소관은 비강도가 크고 내부식성이 우수하다. 특히 인장하중이 작용하는 압력 구조체에 매우 유리한 반면에 내열성과 내 충격성에 대한 안정성과 신뢰도에 대한 연구는 계속 요구되고 있는 실정이다. 복합재 연소관에 적용되는 소재는 섬유의 개발에 따라 꾸준히 변화되어 왔으며, 60년대까지는 유리(glass) 섬유, 70년대에는 아라미드(aramid) 섬유, 80년대 이후에는 고강도 탄소(carbon) 섬유가 주로 사용되고 있다(Ref.8). [그림 10.16]에서 보듯이 복합소재는 일반 금속에 비해 비강도와 비강성(specific stiffness)이 매우 우수하며, 특히 탄소 섬유는 월등히 우수한 결과를 보여주고 있다 이러한 이유로 1980년대 이후로는 주로 고성능 탄소 섬유로 개발이 진행되어 왔다.

[그림 10.17]은 복합재 연소관의 제조 공정을 나타내고 있다. 금속재 연소관과는 달리 섬유를 와인딩하기 위한 맨드렐(mandrel)을 필요로 한다. 이때 맨드렐은 연소관 목적에 따라 적용 소재를 금속재 또는 물 용해 모래, 석고 등이 쓰이며, 특수한 목적으로는 고온에서 녹는 금속 소재가 적용되기도 한다. 그리고 복합소재의 종류에 따라 습식 와인딩(wet winding)과 건식 와인딩(pre preg winding) 공법으로 구분되며, 와인딩 방법에 따라서는 헬리컬 와인딩(helical winding)과 폴라 와인딩(polar winding) 방법으로 나눈다. 이러한 맨드렐과 와인딩 공법 선정은 연소관의 형상과 사용 목적에 따라 결정된다. [그림 10.18]은 건식 필라멘트 와인딩 공법으로 제작 중인 복합재 연소관을 보여주고 있다.

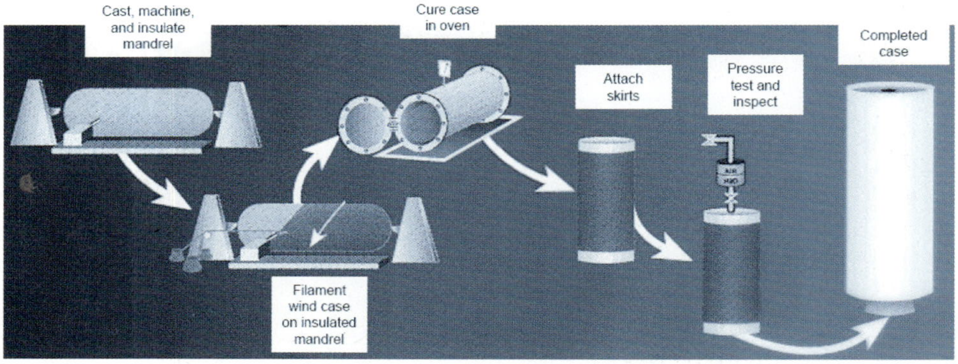

그림 10.17 복합재 연소관 제작공정 (Ref.11)

그림 10.18 건식 필라멘트 와인딩 공정 (Ref.10)

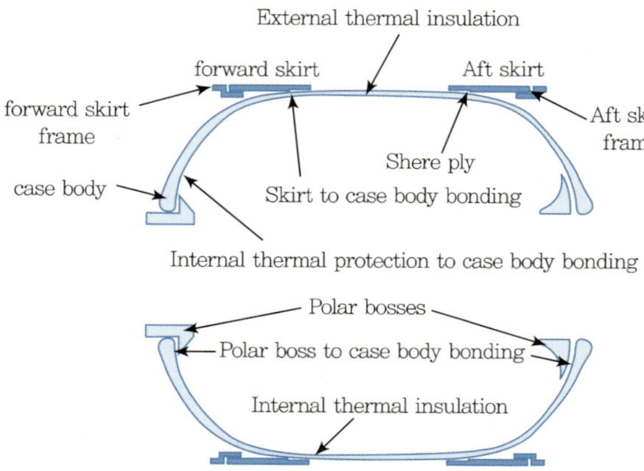

그림 10.19 복합재 연소관 구조 개략도 (Ref.10)

[그림 10.19]는 복합재 연소관의 부품 별 개략도를 보여주며, 그림에서 스커트(skirt)부는 비행체의 다른 구성 부품과 체결 지점으로 주로 압축하중과 굽힘하중 등의 복합하중이 작용하므로 설계시 주의를 요하는 부위이다. 복합재 연소관은 내압에 의한 하중을 섬유가 대부분 담당하게 되어 섬유의 선정은 매우 중요한 변수가 된다. 섬유의 강도와 강성은 초기 유리섬유에서 현재의 고강도, 고물성용 탄소섬유에 이르기까지 크게 발전되어 오고 있으며, 현재는 강도가 1,000ksi급 이상의 탄소섬유가 생산되고 있어 제품의 경량화에 큰 기여를 하고 있다.

복합재 연소관의 경우 섬유강도 전이율(fiber strength translation ratio)과 구조물 크기 영향(size effect)을 고려한 안전설계가 주요한 변수이다. 여기서 섬유강도 전이율은 복합재 구조물에 섬유를 적용하였을 때 섬유강도가 초기 섬유 제작 때의 강도값을 그대로 유지하지 못하고 상당량의 강도 손실이 발생하는 현상으로, 이러한 섬유 강도 전이율은 사용 소재의 특성일 수 있고 적용 구조물의 형상에 따른 작업성에 의해서도 좌우되기도 한다. 일반적으로 탄소섬유는 일반 에폭시(epoxy) 수지에 함침된 경우 강도 전이율은 약 75~95%, 유리섬유는 85~95% 정도, Kevlar 섬유는 사용 수지의 종류에 따라 65~73% 정도이다. Kevlar 섬유는 섬유 표면에 이형처리를 하여 섬유 강도를 증가시키는 방법으로 강도 전이율을 약 86%까지 증가시킬 수 있다는 보고가 있다(Ref.9). 또한 구조물의 크기 변화에 기인하는 섬유의 강도 저하는, 작은 크기(예 직경: 146mm, 두께: 1.27mm)에서 큰 크기(직경: 2,286mm, 두께: 25.4mm)의 압력 구조체로 갈 때 Kevlar 섬유는 20~30%, 유리섬유는 15~20%, 흑연(graphite) 섬유는 10% 이내로 강도저하가 발생된다. 이러한 크기 변화 영향은 구조물의 크기 증가에 따른 와인딩 시간 증가, 부적절한 섬유 장력 및 불균일 장력, 이송 장치, 경화 주기 및 섬유의 손상 등에 기인된다.

복합재 설계 안전계수는 부위별로 다소 차이가 있지만 일반적으로 인장 강도에 대해서 1.4~1.5 정도를 추천하고 있다. 연소관 원통부 설계 적용 이론으로는 '네팅(netting) 이론'과 '적층 셸(laminate shell) 이론'을 들 수 있으며, 전자는 멤브레인(membrane) 하중을 섬유에 의해서만 지탱하고 수지는 하중을 분담치 못한다는 이론으로 수지관련 물성치는 무시하는 이론이다. 반면 후자의 이론은 netting 이론에서 무시된 수지 관련 물성을 고려한 것으로 주어진 하중에서의 평면내의 응력 상태를 이용하여 적층 수와 두께를 다시 결정하게 된다. 이와 같이 두께를 재결정하는 이유는 수지 파손으로 인한 누수 현상이나, 화염 노출 등 긴급 파괴를 예측하기 위한 것과 수지 파손으로 인한 연소관 변형 변화를 정확히 예측하기 위함이다. 그리고 복합재 구조물의 정확한 거동 예측을 하기 위해 유한요소해석(finite element analysis)이 주로 사용되며, 최근 들어 복합재 연소관의 구조 신뢰도를 정확히 예측하기 위해 재료 물성과 형상의 변동성을 해석 변수로 이용한 통계적 응력 해석이 이루어지고 있다.

10.5 고체추진 로켓 노즐 및 내열

노즐은 연소실에서 생성된 고온 고압의 연소가스를 팽창시켜 아음속에서 초음속으로 가속시켜 외부로 배출함으로써 이의 반작용으로 추력을 얻게 되는 역할을 한다. 비행체 추력의 약 65~75 %는 노즐 목까지의 아음속 영역의 가속에 의해 발생하고, 나머지는 초음속 영역의 팽창 과정에서 발생한다. 노즐 설계의 목적은 제한된 외면 모양, 무게 및 비용조건에서 비행거리 및 패이로드(payload)를 최대화할 수 있도록 배기가스의 팽창을 조정하는 일이다. 이러한 요소들의 상관성 때문에 노즐 설계는 크게 공기역학적 설계와 열 설계 및 구조 설계 분야로 구분되며, 최적 조건이 도출될 때까지 반복적인 과정을 거쳐서 설계가 수행된다. 여기서 공기역학적 설계란 요구 추력을 제공할 수 있는 노즐목의 입구, 노즐목 및 노즐 출구 내면의 형상을 설계하는 분야이다. 열 설계는 내열재(thermal liner), 단열재(insulator) 및 노즐목 재료 선정과 더불어 열 전달 해석을 통하여 두께 등 형상을 결정하는 것이다. 구조체 설계 단계에서는 열 부품을 지지하고, 예측되는 하중에 안전하도록 열 및 구조 설계를 수행하는 분야이다(Ref.12).

특히 최근에는 알루미늄 함량을 증가시켜 배기 가스온도가 3,500K 이상이 되는 고성능 추진제가 일반적으로 적용되고 있으므로 고온에 의한 열적 문제가 심각하게 대두되고 있다. 따라서 이에 견디는 신뢰도 높은 노즐 설계 및 재료 개발이 요구되고 있다.

1) 노즐의 공기역학적 설계

노즐의 공기역학적 설계는 연소가스의 화학적 에너지를 최대한 운동 에너지로 변환시키기 위하여 배기가스에 노출된 노즐 표면의 형상을 설계하는 것이다. 전형적인 축소-확대형 노즐은 [그림 10.20]과 같이 입구부(entrance section), 노즐목(nozzle throat), 출구부(exit section)의 세 부위로 나누어 설계를 수행한다. 기본적인 설계 기준은 노즐을 통하여 연소가스의 흐름이 매끄럽고 균일하게 가속되도록 하여 유동 손실을 최소화하여 에너지를 최대한 이용할 수 있도록 하는 것이다.

노즐 입구부는 그 형상에 따라 [그림 10.21]의 (a)와 같이 콘(cone) 모양의 외삽(external)형 모양이거나, [그림 10.21]의 (b)와 같이 내삽(submerged)형 모양이다. 특히 추진기관의 전체 길이를 가능한 줄이고자 할 경우에는 노즐의 수축부를 연소관 내부로 밀어넣는 형태의 내삽형 노즐을 사용한다. 경우에 따라서는 [그림 10.21]의 (c)와 같이 노즐 외부에 구동장치 또는 열전지 등의 부품 설치 공간이 필요할 경우가 있다. 이 경우에는 어댑터, 토출관(BT: blast tube)을 포함하는 노즐을 설치하기도 한다.

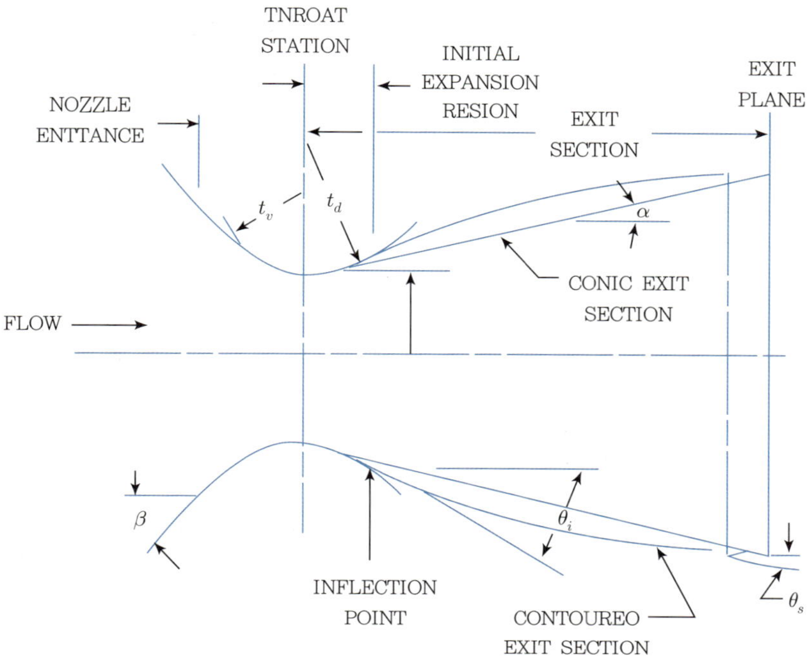

θ_i = INITIAL EXPANSION ANGLE	D_t = TNRGAT DIANETER
α = EXPANSION NALF ANGLE	v_t = TNRGAT RADIUS
β = CONVERCENT NALF ANGLE	t_v = UPSTREAN VALL RADIUS
θ_s = EXIT EXPANSION ANGLE	t_d = DOWNSTREAN VALL RADIUS

그림 10.20 전형적인 축소-확대 노즐 (Ref.13)

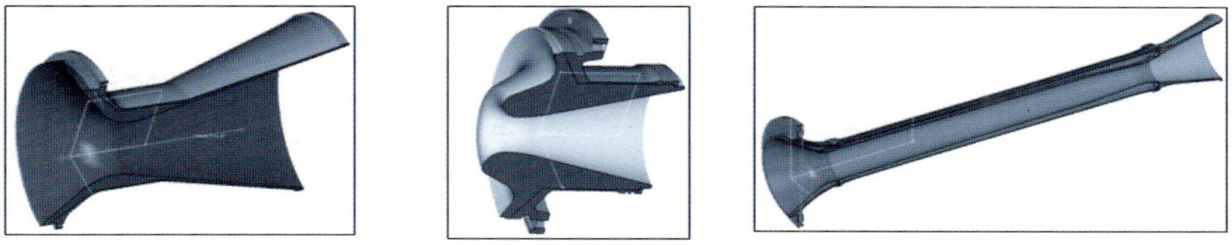

(a) 외삽 노즐　　(b) 내삽 노즐　　(c) 어댑터 및 토출관을 설치한 외삽노즐

그림 10.21 여러 종류의 노즐 형상(Ref.7)

노즐목 부위의 곡선은 원활한 유동이 형성되기 위해 연속성이 중요하다. 일반적으로 노즐 입구부와 출구부 반경은 노즐목 반경의 1~2배 정도로 설계한다.

노즐 출구부는 형상에 따라 원추형(conical) 출구 형상과 곡선형(contour) 출구 형상으로 분류할 수 있다([그림 10.20] 참조). 이 중 어느 것을 적용할 것인가는 성능, 무게 및 제작비 등에 따라 좌우된다. 곡선형 출구 형상은 같은 추력계수에 대하여 노즐 출구 길이를 줄일 수 있으며, 유동 손실 감소로 인하여 0.5~1.0% 정도의 성능 증가를 기대할 수 있다. 그러나 출구 전방부에서의 삭마량 증가로 인해 내열재 두께가 증가하며, 이로 인한 무게 증가를 고려해야 하고, 초기에 금형 및 제작비 등의 증가 요인이 발생한다.

2) 노즐의 열 설계

노즐 열 설계의 가장 중요한 목적은 공기역학적 설계에 의한 노즐 내부 형상을 연소시간 동안 최대한 유지하고 구조체의 온도를 허용 수준 이하로 제한하는 것이다. 이를 위하여 내열재는 노즐 내면의 고온 고압가스 유동에 직접 노출되어 노즐의 내부 형상을 되도록이면 그대로 유지시키는 역할을 한다. 또 단열재는 내열재의 뒷면에 위치하여 노즐 구조체의 과잉온도 상승을 방지하기 위한 역할을 한다. 그러나 단일 종류의 두께로 내열재와 단열재 역할을 하는 경우가 많으며, 어떤 경우에는 내열재가 구조체 역할까지도 수행할 수 있도록 설계하는 경우도 있다. 노즐목은 면적 변화를 최소화하기 위하여 특별히 내삭마성이 우수한 내열재를 사용한다. 노즐 내열재는 일반적으로 추진제 연소가스와의 화학반응에 의한 재료 손실, 즉 삭마(ablation)에 의해 내부 형상이 변화한다. 그러나 로켓의 성능을 높이기 위해 다량의 알루미늄 분말을 함유한 고추력 추진제가 적용되는 경우에는 추진제 연소 과정에서 산화알루미늄(Al_2O_3)입자가 생성되며, 노즐 내부에서 이상(two phase)유동이 야기되어 내열재와의 입자 충돌로 인한 침식(erosion)이 중요한 요소가 되기도 한다. 따라서 노즐 열 설계에 있어서 내열성, 단열성, 경량화 등을 고려한 재료 선정과 재료 특성 연구는 매우 중요하다.

노즐의 열 설계 순서는 우선 내삭마 및 내침식성에 중점을 두어 노즐목 및 내열재를 설계한 후 열 확산(thermal diffusivity) 계수가 낮은 성질에 중점을 두어 단열재를 설계하는 것이 일반적이다. 노즐목 부위의 삭마 및 침식 문제는 연소기간 중에 노즐목 면적이 점차 증가되어 연소가스 압력을 저하시켜 추력에 지대한 영향을 미치게 된다. 그러므로 설계 제한 조건으로서 노즐목 부위의 단면적 변화는 약 10 % 이내로 제한시키는 것이 일반적이다. 널리 적용되고 있는 노즐목 재료로는 다결정 흑연(poly-crystalline graphite), 열분해 흑연(pyrolytic graphite), 텅스텐, 몰리브덴 등과 같은 내열 금속(refractory metals), 보강 플라스틱(reinforced plastics)/페놀(phenolic), 탄소/탄소 복합재료(carbon/carbon composites) 등을 사용한다.

다결정 흑연은 비교적 낮은 강도 때문에 두께를 두껍게 하거나 또는 구조적으로 잘 지지해 주어야 한다. 흑연은 취성이 큰 편이며 열 응력에 약하기 때문에 노즐에서 다결정 흑연의 실패는 연소 초기에 표면이 뜨겁고 배면이 아주 차가울 때 발생한다. 그리고 큰 열팽창계수도 설계에서 유의해야 한다. 즉, 이웃하는 재료와 적절한 팽창 갭(gap)을 두어야 하며 그 갭은 낮은 온도에서 녹을 수 있는 재료로 채워두어야 한다.

열분해 흑연은 밀도가 매우 높고(2.2g/cm^3) 내삭마성이 우수하며 기저 부위에 탄소가스를 침적시킨 고가의 흑연이다. 층층이 침적한 결과 다결정 흑연과는 판이한 비등방성의 재료이다. 열분해 흑연은 보통 와셔(washer) 형태로 적용되며, 한 와셔의 두께는 9.5mm 이하로 하는 것이 일반적이다. 그리고 열팽창계수가 크기 때문에 팽창 갭을 신중하게 결정하여야 하며

부적절한 팽창 갭은 노즐 실패의 원인이 될 수 있다. 또한 배면의 단열과 구조적 지지를 고려하여야 한다. 와셔 형태의 열분해 흑연 설계에서는 다결정 흑연 또는 페놀계의 백업링을 와셔 팩의 길이만큼 설치하고, 다결정 흑연 또는 탄소/탄소링을 그 와셔 팩의 전방과 후방에 설치하는 것이 보통이다. 백업 링은 와셔 팩을 구조적으로 균일하게 지지해주고 전방, 후방 및 백업 링은 와셔 팩의 온도를 떨어뜨리는 열씽크(heat sink) 기능을 담당한다.

탄소/탄소 복합재는 근래에 매우 각광을 받는 소재이다. 탄소/탄소 복합재는 다결정 흑연에 버금가는 내삭마성을 가지면서도 강도가 보다 크고, 열적, 기계적 충격에 잘 견디는 성질을 가진다. 탄소/탄소 복합재는 열팽창계수가 매우 적어 열팽창에 의한 내부 열 응력을 줄일 수 있고 또한 무게를 줄일 수 있어 노즐 효율을 향상시킬 수 있다. 이는 탄소/탄소 복합재가 훌륭한 내열재이면서 동시에 훌륭한 구조재 역할도 수행하기 때문이다. 탄소/탄소 복합재는 밀도가 클수록 내삭마성 및 강도 등의 성질이 우수하므로 밀도를 증대시키는 것이 큰 과제이다. 밀도에 따라 제조 가격에서도 큰 차이를 보이며 대체로 밀도가 1.8g/cm^3 정도이면 노즐목 재료로 훌륭하게 적용될 수 있다.

노즐 내열재료로 노즐목 부위를 제외한 나머지 부위는 주로 고온용 수지인 페놀수지를 함침한 복합재, 즉 탄소/페놀릭(carbon/phenolic), 규소/페놀릭(silica/phenolic), 흑연/페놀릭(graphite/phenolic) 등을 적용한다. 페놀 수지는 강화재와 함께 노즐 내열재로 광범위하게 사용되어 왔으며, 강화 플라스틱은 테이프 랩핑(tape-wraping), 레이업(layup), 다이몰딩(die molding) 등의 공법으로 제작된다. 흑연/페놀릭은 탄소/페놀릭에 비해 내삭마성이 우수하고 층간분리(delamination)를 일으키는 경향이 적으며, 열적으로 다소 안정하다. 반면에 탄소/페놀릭은 가격이 1/4 ~ 1/3 정도로 싸고 다소 강하며 열확산계수가 현저하게 낮다. 규소/페놀릭은 탄소/페놀릭보다 가격이 저렴하며, 삭마가 심하지 않는 노즐 부위에 내열재로 주로 사용된다.

단열재료로는 유리/페놀릭, 규소/페놀릭, 석면강화/페놀릭 또는 에폭시가 주로 사용되며, 함침된 고무 탄성체(filled elastomer)가 사용되기도 한다. 단열재는 탄소/페놀릭 또는 흑연/페놀릭보다 상대적으로 가격이 싸고 열전도도가 낮은 장점을 가지고 있다. 단열재는 다이몰딩이 광범위하게 사용되지만, 다이몰딩과 레이업과의 선택 기준은 순전히 경제성에 있으며, 때로는 강도적인 측면에서 테이프 랩핑 공정이 더 바람직할 경우도 있다.

노즐의 경우 열 반응 현상은 [그림 10.22]에 나타난 바와 같이 많은 열전달 관련 인자, 즉 대류, 복사, 입자 침적 등이 상호 복합적으로 작용하며, 또 내열재는 연소가스에 노출되면 표면 반응 및 내부 열 분해 반응 등이 동시에 일어나는 매우 복잡한 현상이 수반된다. 따라서 내열 및 단열재료의 두께는 삭마 두께에 안전 여유 두께, 숯층 두께, 노즐 구조의 온도를 낮추기 위한 충분한 열화 되지 않은(virgin) 두께 등을 고려하여 내열재와 단열재 두께를 결정한다. 내열재의 삭마 두께는 유사 노즐의 연소시험 결과를 활용하여 예측할 수 있으며, 한 예는 식 (10.23)과 같다.

$$\text{삭마율} = \text{삭마율(측정치)} \times \left(\frac{P_c}{P_{cm}}\right)^{0.8} \left(\frac{D_{tm}}{D_t}\right)^{0.2} \tag{10.23}$$

여기서, P_c, D_t : 설계할 로켓의 내압과 노즐목 직경
P_{cm}, D_{tm} : 측정된 로켓의 내압과 노즐목 직경

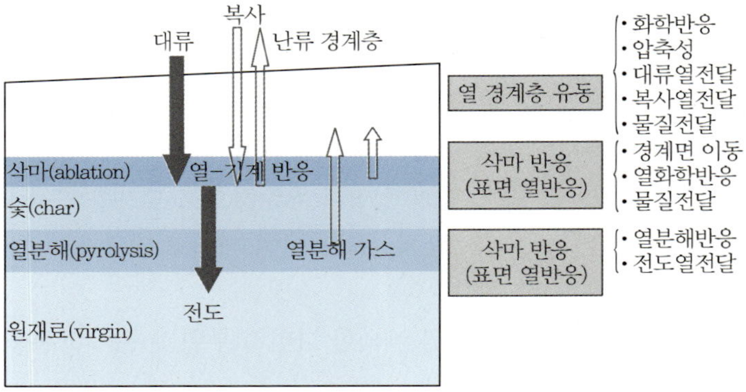

그림 10.22 노즐 내열재의 열 반응 현상

3) 노즐의 구조 설계

노즐의 구조 설계는 내열재 및 단열재 부품들을 지지하고 노즐 하중을 받아주는 구조체의 형상 설계, 추력조종이 요구될 때의 노즐 가동부의 기계적 부품 설계 등이 포함된다. 노즐 구조는 크게 내부의 압력하중과 외부의 공력하중, 관성하중 및 진동하중 등을 포함하는 비행하중을 받으며, 추력방향 조종이 요구되는 경우에는 국부적인 반작용하중도 고려하여야 한다. 노즐 구조의 일반적인 설계 요구 조건으로는 강도 제한 조건, 변위 조건, 구조 안정성 및 경제성 조건을 고려하여 설계한다.

노즐 구조체 재료로는 강 합금, 알루미늄 합금, 티타늄 합금이 주로 사용되며, 작동온도가 매우 높을 경우에는 텅스텐, 몰리브덴, 콜럼비움(columbium) 등의 재료가 적용되기도 한다.

10.6 점화장치

점화장치는 고체 추진 로켓 점화에 필요한 에너지를 안전하게 공급하는 장치이다. 고체 추진 로켓의 점화는 외부 에너지원으로부터 입력신호가 착화기에 전달되면 열 에너지로 변환되어 점화기가 점화되며, 점화기에서 방출된 화염이 추진제 그레인 표면에 전달되어 화염이 추진제 전 표면으로 확산되면서 연소가 이루어진다.

일반적으로 점화장치는 외부 에너지를 열 에너지로 변환시키는 착화기(initiator), 우발 점화 방지를 위한 점화 안전장치(S&A device: safety and arming device), 추진제 점화에 필요한 주 에너지를 공급해주는 점화기(igniter)로 구성된다. 점화장치는 크게 분류하면 여화약 점화제로 중·소형 추진기관을 점화시키는 파이로테크닉(pyrotechnic)형과 추진제 점화제로 대형 추진기관을 점화시키는 파이로전(pyrogen)형으로 구분할 수 있다(Ref.14).

1) 점화기

고체 추진기관을 점화시키는 점화장치는 [그림 10.23]의 (a) 및 (b)에 나타낸 바와 같이 각각 파이로테크닉과 파이로전 점화기로 구분된다. 파이로테크닉 점화기는 펠렛(pellet) 형태의 화약 점화제, 점화제 용기(basket), 점화제를 기폭시키는 착화기(initiator), 어댑터(adapter) 및 오링 등으로 구성되며 흔히 중·소형 추진기관 점화에 사용된다. 파이로전 점화기는 자체가 일종의 작은 추진기관(micro motor)으로서 주로 대형 추진기관의 점화에 사용되며 충격 없이 비교적 긴 시간 안정되게 점화 에너지를 추진기관에 공급할 수 있기 때문에 파이로테크닉형에 비해 재현성이 좋다. 반면 가격이 비싸고, 크며, 무거운 단점도 있다. 파이로전 점화기는 착화기, 점화지연 시간 단축 및 점화 신뢰성 증진을 위해 사용하는 증속 장약(booster charge), 추진제인 점화제로 화약 계열(explosive train)을 형성하며 구조물은 케이스, 노즐, 어댑터, 가스켓 등 추진기관을 축소한 형태로 구성된다.

케이스는 내부 압력 및 추진제의 연소 온도에 견디도록 외부에 레진 접착 유리섬유(resin-bonded glass fiber)와 같은 단열 물질이 입혀진 금속 재료를 사용하거나, 무게 감량이 중요할 경우에는 탄소 필라멘트 적층 케이스(carbon-filament wound case)가 사용되기도 한다. 이때에는 추진기관 연소 중에 케이스가 파괴되어 추진기관 내부에 손상을 유발하지 않도록 설계 제작하여야 한다. 파이로전 점화기의 노즐은 탄소, 그라파이트 또는 실리카 페놀과 같은 내열재로 노즐목을 만들어 노즐이 삭마되지 않도록 보호해야 하며, 노즐은 점화기 가운데에 하나만 만들어주어 화염을 중앙으로 분사시키는 축방향 노즐(axial nozzle)을 사용한다. 추진기관이 클 경우에는 노즐을 경사지게 만들어 에너지 전달을 효과적으로 하는 경사형 노즐(canted nozzle)을 사용하기도 한다. 경사형 노즐의 경우에는 대부분 노즐을 다수개로 만

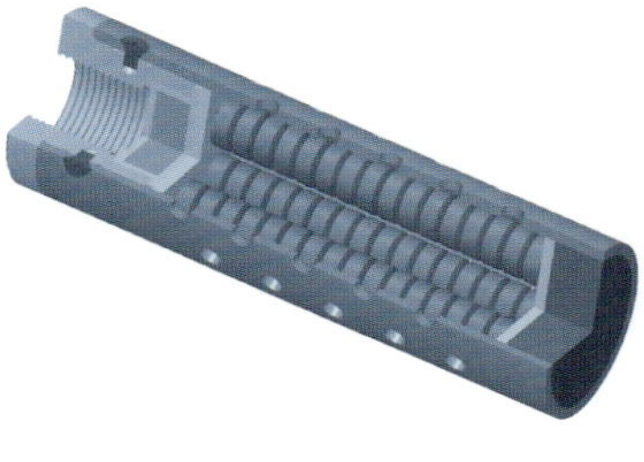

(a) 파이로테크닉 점화기

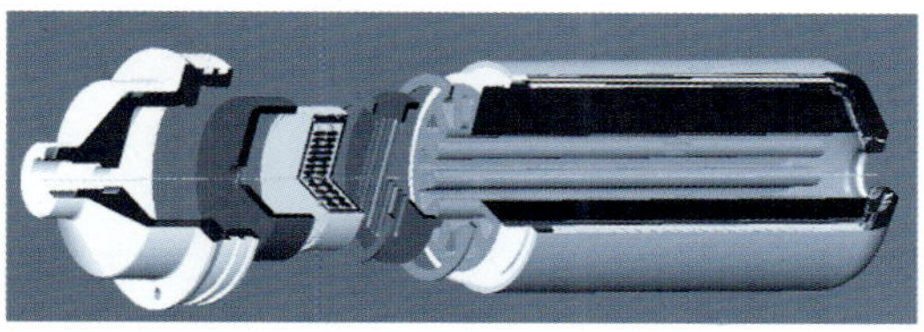

(b) 파이로젠 점화기

그림 10.23 점화기

들어 점화 에너지가 대칭적으로 고르게 퍼져나가게 한다. 경사형 노즐을 사용하면 에너지가 동시에 여러 곳으로 퍼지기 때문에 동시 점화성이 좋아질 뿐 아니라 초기 점화가 단일 노즐일 경우보다는 훨씬 점화기 가까운 쪽에서 시작되므로 점화 지연(ignition delay)이 줄어들게 된다. 노즐의 수량과 경사 각도는 추진기관의 내부 구조와 특성에 따라 결정된다.

2) 착화기

착화기는 외부 입력 에너지를 받아 열 에너지를 발생시키는 일종의 에너지 변환 장치이다. [그림 10.24]에 나타낸 바와 같이 착화기는 외부의 전기 에너지를 착화기로 전달하는 접촉 핀, 전달된 전기 에너지를 열에너지로 변환하는 발열선(bridgewire), 발열선의 열을 받아 기폭되는 기폭화약, 고온 고압의 에너지를 발생하는 주장약, 접촉 핀을 지지하는 스페이서(spacer) 및 외부 몸체 등으로 이루어져 있다.

발열선은 접촉 핀의 끝 단에 점 용접(spot welding)하여 제작되며, 전류가 공급되면 열이 발생하게 된다. 발열선의 재질과 치수는 착화기의 용도에 따라 열 특성을 고려하여 설계한다. 발열선으로부터 열 에너지가 전달되어 반응을 일으키는 기폭약은 열에 민감한 고에너지 화약으로, 일정 온도에 도달하면 기폭되어 주장약을 점화시킨다. 이 착화기는 운용 도중에 우발적으로 작동하게 되면 막대한 재산 피해나 인명의 손실이 초래될 수 있기 때문에 매우 높은 안전성을 필요로 한다. 최근까지 많이 사용되는 착화기는 28 V 이하의 전원을 에너지원으로 사용하는 저전압용 전기식이다. 신호가 입력되면 열이 발생되는 니크롬선, 백금선 등과 같은 발열선을 사용하는 HWI(hot wire initiator)와 반도체를 이용하는 SCB(semiconductor bridge)가 있다. 전기 에너지는 쉽게 얻을 수 있으며 저장, 증폭 및 스위칭 등의 조작이 용이할 뿐만 아니라 속도가 상당히 빠르고, 신뢰성이 높으며, 수명이 긴 장점을 가지고 있다. 그러나 고주파(radio frequency), 표류전압(stray voltage), 정전기, 낙뢰 등에 민감하여 우발 점화될 가능성이 많기 때문에 안전에 대한 별도의 대책을 마련해야 하는 단점도 있다.

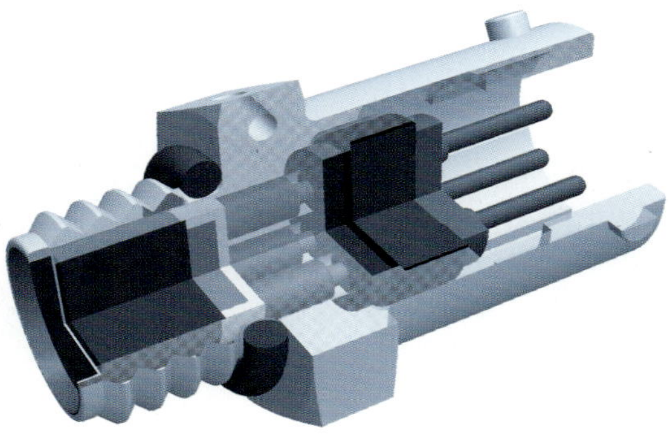

그림 10.24 발열선형 착화기

3) 점화 안전장치

점화 안전장치는 일반적으로 특수한 조건에서만 추진기관이 점화되도록 하고 유도탄 또는 발사체를 보관하거나 운송 중에 우발 점화되는 것을 방지하는 기능을 가지고 있다. 일반적으로 점화 안전장치는 그 구성 요소에 의해 기계식(mechanical), 전기기계식(electro-mechanical), 전자식(electronic), 레이저식(laser) 등으로 구분하고, 그 기능에 따라 AFD(arm fire device), SAU(safe arm unit), ISD(ignition safety device) 등으로 구분하기도 한다. AFD는 장치 내에 대부분 착화기를 포함하고 있으며 장전기능과 기폭기능을 수행하는 반면에, SAU는 착화기를 포함하지 않고 착화기에 기폭 신호를 공급하도록 되어 있는 장치이다. 또한 ISD는 일반적인 통칭으로 사용되고 있다.

일반적인 추진기관의 점화 방식은 전기식 착화기를 이용하여 점화기를 연소시키고 점화기가 순차적으로 추진기관에 점화 에너지를 제공하는 형태이다. 대부분의 경우 착화기에 적용되는 화약은 점화기에 적용되는 것보다 민감한 화약이므로 근래의 추진기관 점화장치 설계에 기본이 되는 안전규정인 MIL-STD-1901(Ref.15)에 의하면 착화기와 점화기 사이에 기구적인 장벽을 두는 것을 추천하고 있다. 위의 규정을 만족하는 점화 안전장치로는 발사 직전에 사용자가 안전 핸들을 손으로 돌려 착화기와 점화기 사이의 유로를 개방해주는 장전 기능이 있고 이후에 착화기에 전류를 공급하여 착화기를 기폭시키는 장치가 있다. 이와 같은 수동식 점화 안전장치는 안전 손잡이가 항상 유도탄 외부에서 접근이 가능한 시스템에만 적용할 수 있고, 발사관이 있는 시스템에는 사용이 불가능하다. 솔레노이드 구동형 전기기계식 점화 안전장치는 기존의 사용자가 수행하던 장전 행위를 전기적 신호를 이용하여 로터리 솔레노이드를 구동시킴으로써 대신할 수 있다는 장점으로 인하여 장입 유도탄용 추진기관 점화 안전장치로 사용하고 있다.

[그림 10.25]는 대표적인 전기기계식 점화 안전장치를 보여주고 있다.

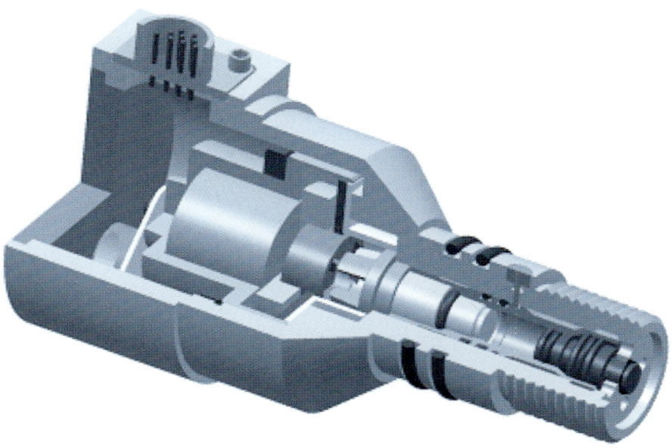

그림 10.25 전기기계식 점화 안전장치

10.7 추력방향 조종장치

로켓 추진 작동 중에 비행체의 비행궤도와 자세 제어가 요구될 경우가 있으며, 특히 유도탄의 경우에는 기동력의 향상과 전방위 감시가 요구되고 있다. 추력방향 조종장치(TVC: thrust vector control)는 발생하는 추력을 외부의 별도 장치에 의하여 크기와 방향을 조종하는 장치로 비행체의 피치(pitch), 요(yaw), 롤(roll) 운동 제어가 가능하며, 위의 요구 조건을 만족할 수 있다.

TVC 장치는 [그림 10.26]에 나타낸 바와 같이 크게는 고정노즐과 가동노즐에 설치하는 방법이 있다. 고정노즐의 경우에는 노즐에서 분사되는 연소가스의 흐름을 조종하기 위한 기계식 편향판 방법과 2차 분사에 의한 방식이 있으며, 여기에도 [그림 10.26]에 나타낸 바와 같이 다양한 종류가 있다. 또한 가동노즐의 경우에는 유연 씰, 볼&소켓 및 짐발(gimbal 또는 hinge) 방식이 있다. [그림 10.27]은 TVC 장치의 종류별 개략적인 구조도를 나타내고 있다.

TVC 장치 중 가장 많이 쓰이는 제트 베인 방식은 유선형의 베인을 노즐 후반부에 장착하여 추력의 방향 및 크기를 조종하는 장치이다. 이때 가장 중요한 사항은 수천도(약 3,000K)에 이르는 화염과 연소가스에 의한 동압을 연소시간 동안 지탱해주는 재료의 개발과 초고온 열의 흐름을 효과적으로 차폐하여 주위로 전달되지 않도록 하는 것이다. 베인의 재료로는 보통 텅스텐류의 합금(보통 CIT: copper infiltrated tungsten) 또는 고밀도 C/SiC 복합재가 사용된다. 제트 베인은 롤(roll) 제어가 가능하고 응답 속도가 빠른 장점이 있는 반면에 작동시간에 제한을 받으며, 추력 손실(2~5%)이 발생하는 등의 단점이 있지만, 대부분의 전술 유도탄의 경우에 가장 널리 적용되고 있는 시스템 중의 하나이다. 한편 유연 씰 또는 베어링(flexible seal or bearing) 방식은 주로 중·대형 추진기관에 사용된다. 이것은 추력 손실이 적고 무게와 부피가 작은 장점이 있으나 구동 토크가 커서 유압식 구동장치가 필요하다. 볼&소켓(ball & socket) 방식은 추력 손실과 구동 토크가 적고 설치 공간도 작으며 큰 회전각을 보이지만 마찰 토크 제어와 밀봉에 어려움이 있다. 2차 분사방식은 고압 유체를 노즐 확산부에 분사시킴으로써 경사 충격파(oblique shock)를 발생시키는 방식으로, 액체 및 고체추진 로켓에 사용 가능하며, 주로 대형 발사체 또는 장시간 작동 유도탄 추진 로켓에 사용되고 있다.

[표 10.6]은 TVC 종류별 특징을 요약 정리하였다.

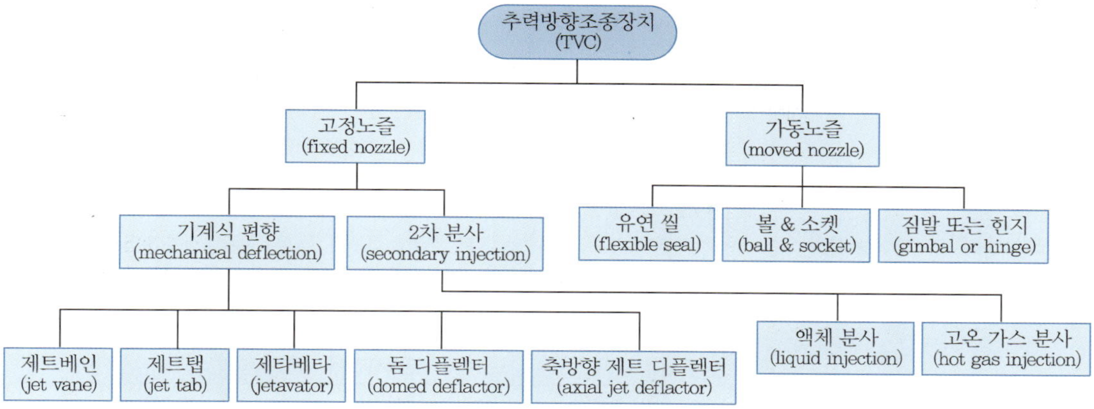

그림 10.26 TVC 장치 분류

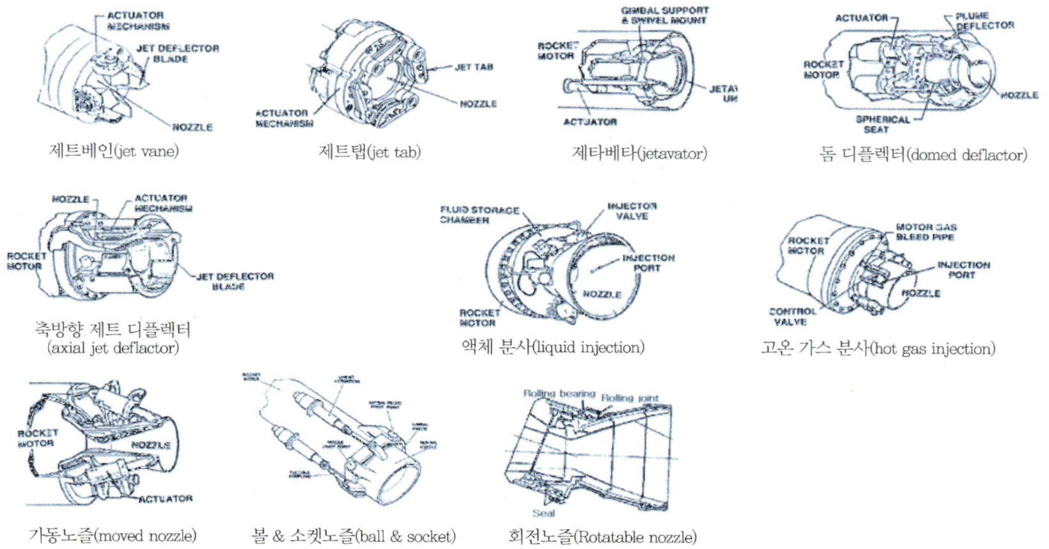

그림 10.27 TVC 장치의 종류별 개략 형상 (Ref.18,19)

표 10.6 TVC 장치 종류별 특징

TVC 종류	액체/고체 적용	편향 각도	장 점	단 점	비 고
제트 베인 (jet vane)	고체/액체	±15 °	-적은 구동토크 -빠른 응답 특성 -피치, 요, 롤 제어	-큰 추력손실(2-5%) -내삭마성 내열재 요구 -낮은 가스온도에 적합	-입증된 기술 (50년 이상) -지대공(S300,Barak,MICA) -함대공(Seasparrow)

			-적은 설치공간 -적은 무게 증가	-짧은 연소시간에 적합	-함대잠(VLASROC)
제트 탭 (jet tab)	고체	±20°	-적은 구동토크 -빠른 응답 특성 -측추력이 탭면적에 비례 -비작동시 추력손실 없음 -적은 설치공간	-작동시 큰 추력 손실 -큰 설치공간 -내삭마성 내열재 필요 -낮은 가스온도에 적합 -짧은 연소시간에 적합	-함대공(Seawolf) -대전차(Milan) -순항(Tomahawk)
제타베타 (jetavator)	고체	±30°	-적은 구동토크 -적은 무게 증가 -측추력이 회전각에 비례	-큰 추력손실 -큰 설치공간 -화염보호막 필요 -낮은 가스온도에 적합 -짧은 연소시간에 적합	-대전차(Swingfire) -지대지(Polaris A1 1단)
돔 디플렉터 (domed deflector)	고체	±18°	-적은 추력손실	-밀봉의 어려움 -큰 구동토크	
축방향 제트 디플렉터 (axial jet deflector)	고체	±7°	-적은 추력손실 -적은 구동토크	-무게 증가 -관성력 증가	
유연 씰 (flexible seal) 또는 유연 베어링 (flexible bearing)	고체	±15°	-적은 추력손실 -적은 무게 증가 -깊은 내삽노즐 -빠른 응답 특성 -밀봉 효과 큼	-큰 구동토크(저온) -체결부 열 보호 필요 -고무의 노화 -접착기술의 어려움 -작동시 피봇점의 변화 -노즐의 정렬 어려움	-롤 제어 : 2개 이상 노즐 -장거리 지대지 -인공위성 발사체 -중거리 지대공(ASTER) -장거리 함대공(SM3)
볼 & 소켓 (ball & socket)	고체	±25°	-적은 추력손실 -적은 구동토크 -적은 설치공간 -큰 추력편향각	-높은 관성력 -마찰토크의 가변성 -밀봉의 어려움 -롤 방지 장치 필요	-위성발사체(Saturn 5) -Tomahawk BST
짐발 또는 힌지 (gimble or hinge) 또는 회전 노즐 (rotatable nozzle)	액체/ (고체)	±25°	-적은 추력손실 -적은 구동토크 -작동시간 제한없음 -큰 추력 편향각	-큰 베어링 필요 -편향각보다 큰 회전각	-함대공(SM2 Block4)
액체 분사 (liquid injection)	고체/액체	±5°	-추력 증가 -빠른 응답성 -적용성 용이 -발사전 점검 용이 -재사용 용이	-미세 조종 불가 -무게 증가 -독성 액체 사용 -저장탱크, 가압장치 -정비보수 필요	-60년대 개발/적용 -지대지(Minuteman III) -잠대지(Polaris A3) -위성발사체(Titan III)
고온가스 분사 (hot gas injection)	고체	±10°	-적은 추력손실 -적은 구동토크 -빠른 응답성 -발사전 점검 용이 -액체 분사보다 가벼움	-미세 조종 불가 -고온가스밸브(HGV),배관 -HGV의 내열재료 난이성 -추력손실 보상 위한 추진제	-HGV 개발로 적용 가능해짐 -지대지(SS-24) -잠대지(SS-N-20)

연습문제

1. 고체 추진 로켓이 아래의 추진제를 사용하여 운용압력이 100기압으로 일정 압력 및 추력 유지형 연소 양상이다. 1기압의 대기 하에서 총역적은 40kN·sec, 비추력은 230sec, 연소시간은 5sec, 그리고 연소가스의 노즐 출구속도가 마하 3일 때 다음을 구하라.
   단, 추진제 특성 : 연소속도 : 10mm/s@100atm, n=0.4, 밀도 : 1700kg/m^3, 비열비 : 1.2, 분자량: 26g/mol, 화염온도 : 3,000K
   (1) 추진제 양, (2) 출구 압력, (3) 노즐 면적비,
   (4) 평균 연소면적, (5) 노즐목 내경

2. 혼합형 추진제의 바인더 중 CTPB와 HTPB 추진제에 대해서 각각의 특성과 장·단점을 비교 설명하라.

3. 다음의 주어진 요구조건에서 연소관 구조체를 설계하라.
   - 연소관 재료 : maraging 250
   - 최대 예상 작동압력(P_{MEOP}) : 15MPa
   - 연소관 외경 : 0.3m
   - 연소관 길이 : 2.0m
   - 점화기 조립부 내경 : 0.1m
   - 노즐 조립부 내경 : 0.25m
   - 전방 및 후방 마개 형상 : torispherical

4. 로켓 노즐의 공기역학적 형상 설계와 내열 설계를 수행할 때 주요 고려사항은 무엇이며, 특히 내삭마성이 요구되는 노즐목 내열재로는 어떤 소재가 적용되는가? 이에 대한 장·단점을 간단히 설명하라.

5. 점화장치를 구성하는 부품의 기능에 대하여 간단히 설명하라.

6. 추력방향 조종장치(thrust vector control) 중 제트 베인 방식과 유연 씰 또는 베어링(flexible seal or bearing) 방식에 사용될 수 있는 재료의 종류와 특징에 대해 설명하라.

기호설명

a	압력 계수 (coefficient of pressure)
A_b	추진제 연소 표면적 (area of propellant burning surface), m^2
A_t	노즐목 면적 (flow area at nozzle throat), m^2
A_e	노즐 출구 면적 (flow area at nozzle exit plane), m^2
c	유효 배기가스 속도 (effective exhaust velocity), m/s
c^*	특성 배기가스 속도 (characteristic exhaust velocity), m/s
C_D	유출 계수 (discharge coefficient), kg/(N·s)
C_F	노즐 추력계수 (nozzle thrust coefficient)
C_F^o	이상 추력계수 (ideal thrust coefficient)
D_g	그레인 외경 (outside diameter of grain), m
D_i	연소관 내경 (inside diameter of case), m
D_t	노즐목 직경 (nozzle throat diameter), m
D_{tm}	측정된 노즐목 직경 (measured nozzle throat diameter), m
E	탄성계수 (elastic modulus), N/m^2
E_t	응력완화모듈러스의 계수(coefficients of relaxation moduls)
E_∞	평형 모듈러스(equilibrium modulus)
F	추력 (thrust), N
$\overline{F}$	평균 추력 (average thrust), N
g_c	중력가속도 (gravitational acceleration), m/s^2
h	타원형 앞마개 내부 깊이 (inside depth of the ellipsoidal dome), m
I_{sp}	추진제 비추력 (propellant specific impulse), N·s/kg or m/s
I_t	총역적 (total impulse), N·s
K_e	타원형 앞마개 계산 계수 (a factor in the formulas for ellipsoidal dome)
K_t	토리구형 앞마개 계산 계수 (a factor in the formulas for torispherical dome)
$\dot{m}$	질량유량 (mass flow rate), kg/s

n 압력 지수 (pressure exponent)

P_a 주변 압력 (ambient barometric pressure), MPa

P_c 연소실 압력 (chamber pressure), MPa

P_{cm} 측정된 연소실 압력 (measured chamber pressure), MPa

P_d 설계 압력 (design pressure), MPa

P_e 출구 압력 (exit plane pressure), MPa

P_{MEOP} 최대 예상 작동 압력 (maximum expected operating pressure), MPa

R_s 구형 또는 크라운 내부 반경 (inside spherical or crown radius for torispherical or hemispherical), m

R_k 너클(knuckle) 내부 반경 (inside knuckle radius), m

R_g 가스 상수 (gas constant), J/(kg·K)

r_b 추진제 연소속도 (propellant burning rate), m/s

T_c 연소실 온도 (chamber temperature), K

t 연소관 두께 (case thickness), m

t 시간 (time), s

t_a 총 연소시간 (action time), s

t_b 연소시간 또는 웹 연소시간 (burning time), s

t_w 웹 두께 (web thickness), m

u_e 노즐 출구속도 (nozzle exit velocity), m/s

V_a 연소실 내부 체적 (chamber volume available for propellant), m^3

V_l 체적 충전율 (volumetric loading fraction)

V_p 추진제 체적 (propellant volume), m^3

$\dot{w}$ 중량유량 (weight rate of flow), N/s

w_f 웹분율 (web fraction)

W_p 추진제 무게 (propellant weight), kg

α 노즐 확산부 반각 (nozzle divergence angle), deg

ε 노즐 팽창비 (nozzle area expansion ratio)

ε 변형률 (strain)

$\dot{\varepsilon}$ 변형부가율 (strain rate), sec^{-1}

γ 비열비 (specific heat ratio)

η 앞마개 체결부 최저 효율 (lowest efficiency of any joint in the head)

η_F C_F 효율계수 (C_F efficiency factor)

λ 노즐 확산부 보정계수 (nozzle divergence correction factor)

ρ	밀도 (density), kg/m^3
σ	응력 (stress), N/m^2
σ_a	허용 응력 (allowable stress), N/m^2
σ_h	원주방향 응력 (hoop stress), N/m^2
τ_i	상수 (constant)
ξ	시간변수 (time variable), sec

참고문헌

1. Bray, D., *Guided Weapons Technology Course Missile Propulsion-RocketP ropulsion*, .
2. NASA Space Vehicle Design Criteria(Chemical Propulsion), *Solid Propellant Grain Design and Internal Ballistics*, NASA SP-8076, 1972.
3. 김윤곤, 정규동, 양준서, 김창기, 황기영, 조원만, 김원훈, 이방업, 류병태 외, 『추진기관 개론』, 국방과학연구소, 1995.
4. Sutton, G. P., *Rocket Propulsion Elements*, 7thed.,JohnWiley&Sons Inc., 1992.
5. NASA Space Vehicle Design Criteria(Chemical Propulsion), *Solid Rocket Motor Metal Cases*, NASA SP-8025, 1970.
6. ASME, *Boiler and Pressure Vessel Code Section* Ⅷ, Division 1,
7. 김원훈 외, 고체 『추진기관 구조체의 설계자동화 프로그램 개발』, *한국추진공학회*, 제10권 제3호 2006.9.
8. 황태경, 조원만, 『복합재연소관의 설계/해석 연구』, 국방과학연구소, 1992.
9. Mumjal, A. K., *Use of Fiber-Reinforced Composites in Rocket Motor Industry*, SAMPE Quarterly, Vol.17, No.2, Jan.,1986.
10. Yves Coste, Jean-Marc. Gautier, *Strategic Missile Solid Rocket Motor Cases Qualification*, AIAA 2006-4597, 42nd AIAA/ASME/SAE/ASEE Joint Propulsion Conference & Exhibit 9 - 12, Sacramento, California, July 2006.
11. David McGrath, *Solid Rocket Motor Manufacturing*, The University of Alabamain Huntsville, ATK, 2007.
12. NASA Space Vehicle Design Criteria(Chemical Propulsion), *Solid Rocket Motor Nozzles*, NASA SP-8115, 1975.
13. Wong, E. Y., *Solid Rocket Nozzle Design Summary*, AIAA 68-655, AIAA 4th Propulsion Joint Specialist Conference, Cleveland,Ohio,June 10-14,1968.
14. NASA Space Vehicle Design Criteria(Chemical Propulsion), *Solid Rocket Motor Igniters*, NASA SP-8051, 1971.
15. MIL-STD-1901, *Munition Rocket and Missile Motor Ignition System Design*, Safety Criteria for
16. Lloyd, R., *A Review of Thrust Vector Control Systems for Tactical Missiles*, Summerfield Research Station, AIAA/SAE 14th Joint Propulsion Conference, July 25-27,1978.
17. Andrew B. F., Karleen G. S., *Evolved SeaSparrow Missile Jet Vane Control System Prototype Hardware Development*, Journal of Spacecraft and Rockets, Vol.39, No.4, July-August 2002.

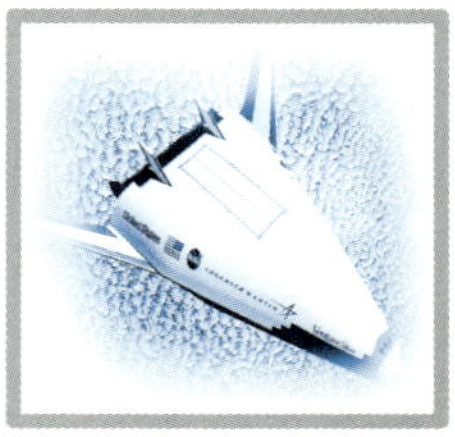

Chapter 11

우주 추진기관

11.1 서론

단일추진제, 펄스 성능(pulse performance), 사이클 수명(cycle life) 그리고 임펄스 비트(impulse bit)의 반복성 등이 중요하다는 점에서 이 장은 발사체 추진(launch vehicle propulsion)과 구별된다. 이 장에서는 주로 인공위성(satellite)이나 행성간 탐사선(interplanetary spacecraft) 등의 우주비행체(space vehicle)에 탑재되는 우주 추진기관을 우주용 로켓 추진기관과 함께 가압장치, 추진제, 추력 벡터제어, 엔진작동 안전체계 등 우주비행체의 추력을 발생시키는데 필요한 주요 구성품과 기능들에 관하여 시스템 차원에서 기술한다. 최근에 대두되고 있는 태양계 행성 과학탐사의 장거리 항행에 필수적이며 고도 비추력 특성을 갖는 전기 추진기관과 그 외의 신개념 추진기관 등에 대해서는 이 책의 다른 장이나 참고문헌에서 상세히 다루고 있으므로 이 장에서는 언급하지 않기로 한다.

1883년에 러시아 수학자 치올코프스키(K. E. Tsiolkowski)가 기체분사에 의한 추력으로 진공 상태에서도 로켓이 작동할 수 있음을 알고 우주탐사에 로켓이 필수적일 것이라는 사실을 처음으로 주지한 이래, 새턴 5호의 발사에 소요되었던 로켓 부품기술들을 개발한 미국의 물리학 교수였던 고다드(R. H. Goddard), 그리고 독일의 V-2 로켓 개발을 주도하고 제2차 세계대전의 종전과 더불어 미국으로 옮겨 미국 로켓 개발의 주역이 되는 브라운(W. von Braun) 등에 의한 로켓 추진기술 개발과 함께 우주시대의 서막이 열리게 되었다.

우주항행에 적용할 수 있는 현재의 추진기술은, 엔진이 소모하는 추진제의 물리화학적 양태에 따라 냉기체(cold gas)추진 시스템, 단일추진제(monopropellant) 시스템, 이원추진제(bipropellant) 시스템, 그리고 고체모터(solid motor) 시스템 등으로 대별될 수 있다. 각각의 추진 시스템은 고유의 장단점을 지니며, 어떤 추진 방법을 선정할지에 관한 문제는 우주비행체에 있어서 중요한 초기 설계 인자로 작용한다. 뿐만 아니라 개발기간 및 예산과 직결되기도 한다. 이들 전통적인 추진 시스템 외에도 제한적으로 사용되기는 하지만 행성 탐사용으로 전기 추진기관이 최근 들어 실용화되기에 이르렀다.

냉기체 시스템

1960년대에 개발된 대부분의 인공위성에는 그 구조가 간결하고 개발비가 저렴하면서도 반복시동(multiple restart)과 펄스 기능을 갖는 냉기체 시스템([그림 11.1] 참조)이 장착되었다. 그러나 이 시스템은 지상에서 충전된 고압의 기체를 직접 분사시키므로 약 50s 정도의 낮은 비추력(specific impulse)과 낮은 총 충격량(total impulse)을 갖는다. 이로 인해 시스템 중량이 커진다는 단점을 갖는다.

단일추진제 시스템

냉기체 시스템보다 다소 복잡하고 개발비가 높은 단일추진제 시스템([그림 11.2] 참조)은 추진제의 발열반응에 의해 높은 에너지 밀도의 작동기체를 발생시킨다. 약 225s의 비추력과 0.5 Newton에서 수천 Newton까지의 추력을 얻을 수 있으며 펄스 착용뿐만 아니라 연속적인 추력을 공급할 수 있다. 우주비행체의 자세제어와 궤도천이 등 적정수준의 총 충격량을 요구하는 임무에 가장 널리 채택된다. 하이드라진(hydrazine)은 현재 사용되고 있는 유일한 단일액체 추진제이다.

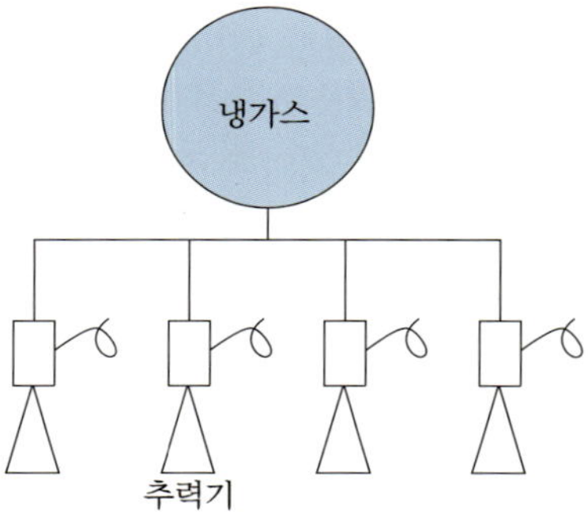

그림 11.1 냉기체 시스템

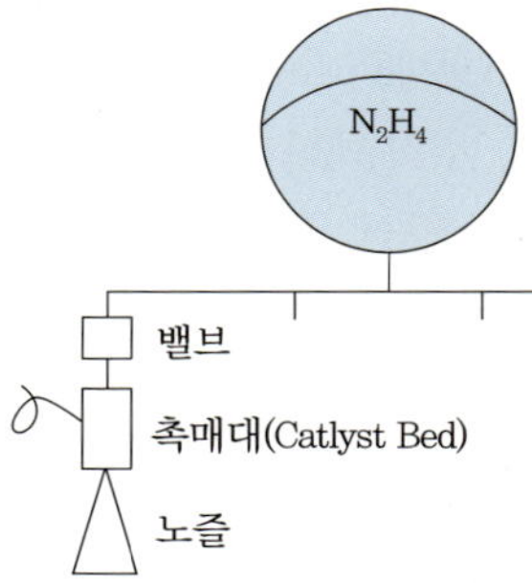

그림 11.2 단일추진제 시스템

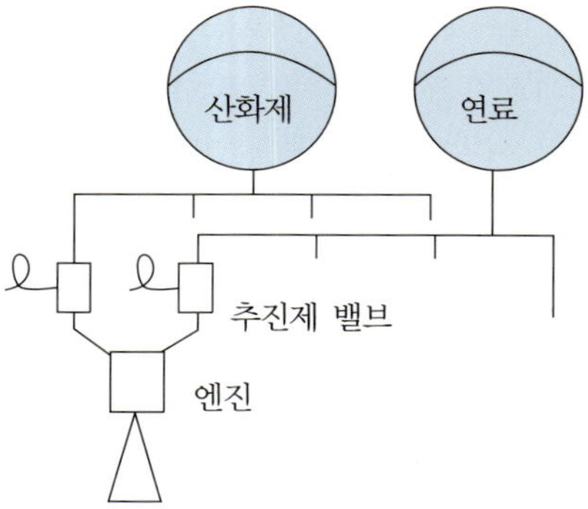

그림 11.3 이원추진제 시스템

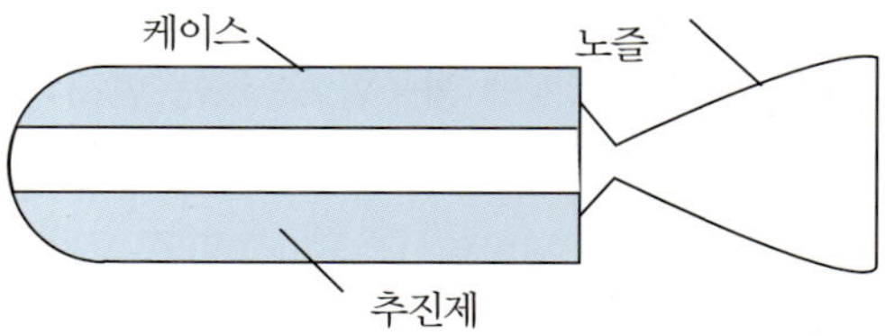

그림 11.4 고체모터 시스템

표 11.1 우주 추진기관의 종류별 특성

구 분	Cold gas	Monopropellant	Bipropellant	Solid
비추력, s	50	225	310	290
추력범위, N	0.05-0.1	0.5-2000	>10	>1500
총 충격량, N-s	$<10^4$	10^4-10^6	10^5-10^9	10^5-10^9
최소 충격량, N-s	0.001	0.01	0.1	-
복잡도	최소	중간	최대	중간
비행체 오염	N	N	Y	Y
반복시동	Y	Y	Y	N
펄스 성능	Y	Y	Y	N
추력조정 기능	N	Y	Y	N

이원추진제 시스템

복잡한 구조와 고가의 개발비에도 불구하고 이원추진제 시스템([그림 11.3] 참조)은 약 310s에 달하는 높은 비추력과 수 뉴턴의 미세추력에서 대형 발사체급 수준까지의 비추력을 발생시킬 수 있는 광범위한 추력 성능을 가지며 펄스 모드나 연속작동 모드로 사용될 수 있다. 우주비행체에 가장 널리 쓰이는 추진제(산화제와 연료)로는 NTO(nitrogen tetroxide)와 MMH(monomethyl hydrazine)가 있다. 일반적으로 우주 추진기관에 있어 반복시동과 높은 총 충격량이 동시에 요구되지는 않으므로 단일추진제 시스템만큼 이원추진제 시스템이 빈번히 사용되지는 않는다. 천이궤도의 원지점에서 지구동기 궤도로의 진입에 사용하는 원지점 작동 액체엔진(liquid apogee engine)과 추진제 공급 계통을 공유할 경우에 전체 추진시스템의 복잡도를 줄일 수 있으므로 정밀 작동이 가능한 이원추진제 추력기의 개발과 함께 최근 들어 대형의 지구동기 궤도위성 추진시스템에 채택되고 있기도 하다.

고체모터 시스템

행성궤도 진입이나 지구동기 궤도로의 천이를 위한 원지점 연소(apogee burn)와 같이 정확히 예측할 수 있는 요구 충격량을 단번에 부여하여 임무를 수행하고자 할 때 고체모터 시스템([그림 11.4] 참조)을 고려할 수 있다. 고체 모터의 반복 작동은 현재의 기술로는 어려우나 한 번만의 작동을 필요로 하는 경우라면 이 시스템은 약 290s의 적절한 비추력 성능과 간결한 구조 그리고 단일추진제 시스템에 견줄만한 개발비 등의 장점을 갖는다.

[표 11.1]은 전기 추진기관을 제외한 일반적인 우주 추진기관의 종류별 특성을 비교하고 있다. 펄스작동모드를 기준으로 총 충격량이 약 500,000N-s 이하일 경우에는 시스템 중량, 개발비, 추력 수준 등을 고려하여 일반적으로 이원추진제 시스템보다는 단일추진제 시스템이 유리함을 알 수 있다.

11.2 우주 추진기관의 임무와 성능 요구조건

추력과 충격량을 발생시키는 방법을 설명하기에 앞서 우주항해의 임무 설계와 자세제어에 관계하는 성능 요구조건을 검토한다. [표 11.2]에서는 우주비행체 추진기관이 수행하는 기능을 요약하고 있다.

표 11.2 우주 추진기관의 기능

요소 기능	설 명
임무 설계(Mission design)	이동속도 변이 (Translational velocity change, ΔV)
궤도 변경(Orbit changes)	항행궤도, 혹은 궤도면의 변경
궤도면 변경(Plane changes)	
궤도 정비(Orbit trim)	발사체에 의한 비행체 궤도 투입오차 제거
위치 유지(Stationkeeping)	지구 지향 위치 유지
위치 조정(Repositioning)	지구 지향 위치 변경
자세제어(Attitude control)	회전속도 변이(Rotational velocity change)
추력벡터 제어(Thrust vector control)	비행벡터 오차 제거
자세제어(Attitude control)	비행체 자세제어
자세변경(Attitude changes)	비행자세 변경
휠 운동량 털기 (Reaction wheel unloading)	반작용 휠에 축적된 포화 운동량 제거
기동(Maneuvering)	비행축 재배열

1) 임무 설계

궤도기동을 수행하기 위한 이동속도증분(ΔV)을 결정하는 임무 설계 분석으로부터 우주비행체 추진시스템의 설계는 시작된다. 속도변이 요구조건을 추진제 요구량으로 변환하기 위해서는 다음과 같은 치올코프스키 방정식(Tsiolkowski equation)을 필요로 한다.

$$\Delta V = g_c I_{sp} \ln\left(\frac{M_i}{M_f}\right) \tag{11.1}$$

$$M_p = M_f\left[1 - \exp\left(-\frac{\Delta V}{g_c I_{sp}}\right)\right] \tag{11.2}$$

$$M_p = M_f \left[\exp(\frac{\Delta V}{g_c I_{sp}}) - 1 \right] \tag{11.3}$$

여기서

ΔV = 비행체 속도증분, m/s

g_c = 중력상수, 9.81 m/s^2

I_{sp} = 비추력, $s(I_{sp} = F/g_c\dot{M}_p$, F : 추력, N, $\dot{M}_p$: 추진제 질량유량, $kg/s)$

M_i = 비행체 초기 질량, kg

M_f = 비행체 최종 질량, kg

M_p = ΔV에 소요되는 추진제 질량, $kg(= M_i - M_f)$ 등이다.

비행체에 항력이나 불균일한 중력이 작용하지 않을 경우에 위 식들을 적용할 수 있다.

임무 설계분석은 순간적 속도변화, 즉 비행체 궤적의 한 점에서 일시에 속도변화가 발생한다는 가정 하에 이루어진다. 만일에 이 가정이 유효하지 않다면 심각한 궤도기동 에너지의 손실이 발생할 수 있다. [그림 11.5]에 보이는 바와 같이, 유한한 연소시간 동안에 비행체 속도벡터의 회전과 추력벡터의 엇각으로부터 야기되는 이와 같은 손실을 유한연소손실(finite burn losses)이라고 한다. 식 (11.1)에서와 같이 궤도기동 중에 속도증분은 시간에 따라 변하는 비행체 질량에 비선형적으로 비례하므로 정확하게 유한연소손실을 계산하기 위해서는 수치적분을 필요로 한다. 또한 비행속도벡터와 추력벡터가 일치되도록 궤도기동과 함께 비행체의 자세제어를 동시에 수행함으로써 유한연료 손실을 최소화시킬 수 있다.

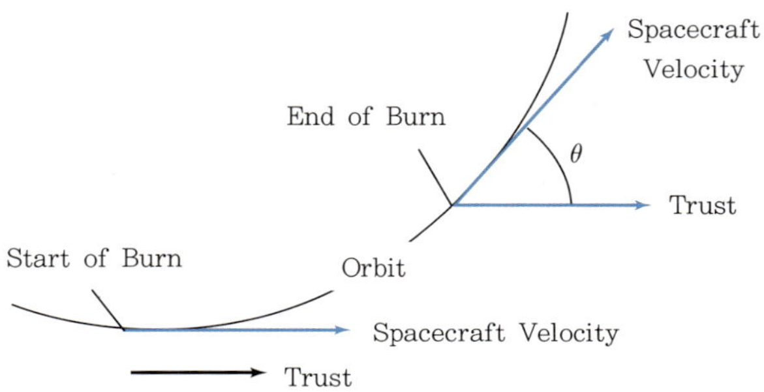

그림 11.5 유한연소에 의한 속도벡터의 변화

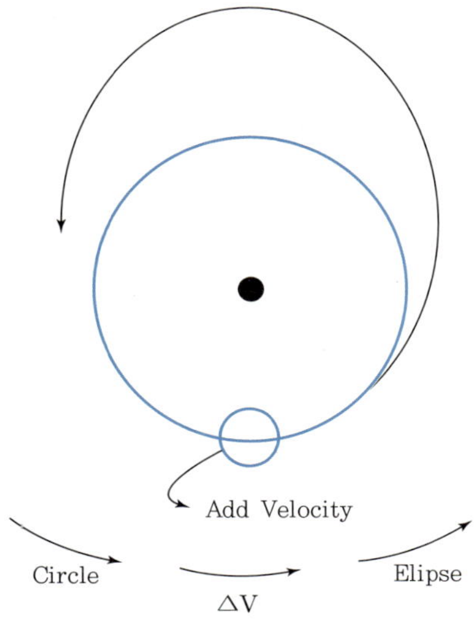

그림 11.6 원궤도에서 타원궤도로의 변환

2) 궤도 변경

어느 한 지점에서의 위치와 속도에 의해 궤도가 결정된다는 천체역학의 기본 법칙에 근거하여 궤도기동은 이루어진다. 바꾸어 말하면, 한 지점에서 순간적으로 속도벡터를 변화시키면 새로운 속도벡터에 대응하는 궤적으로의 변환이 가능하다([그림 11.6] 참조). 비행체의 속도변이에 의해 원궤도는 타원궤도로 바뀔 수 있으며 타원궤도는 이심률이 다른 타원궤도나 쌍곡선 궤도로의 천이가 가능하다. [그림 11.6]에서

$$\triangle V = V_p - V \tag{11.4}$$

여기서

$\triangle V$ = 궤도변이 기동에 요구되는 속도증분
V = 원궤도 한 지점에서의 비행체 속도
V_p = 타원궤도 근지점에서의 비행체 속도 등이다.

표 11.3 원 궤도요소의 정의식

속도 V	$V = \sqrt{\frac{\mu}{r}}$	(11.5)
주기 P	$V = 2\pi\sqrt{\frac{r^3}{\mu}}$	(11.6)

표 11.4 타원 궤도요소의 정의식

속도 V	$V = \sqrt{\frac{2\mu}{r} - \frac{\mu}{a}}$	(11.7)
이심률(eccentricity) e	$e = \frac{r_a - a}{a} (= \frac{r_a - r_p}{r_a + r_p})$	(11.8)
주기, P	$P = 2\pi\sqrt{\frac{a^3}{\mu}}$	(11.9)
원지점(apoapsis) 반경 r_a	$r_a = a(1+e) (= 2a - r_p)$	(11.10)
근지점(periapsis) 반경 r_p	$r_p = a(1-e) (= 2a - r_a)$	(11.11)
장축 반경 (semimajor axis) a	$a = \frac{r_a + r_p}{2} (= \frac{r_p}{1-e})$	(11.12)

원궤도와 타원궤도에서 속도, 주기 그리고 이심률 등의 기하학적 궤도 요소들을 정의하는 식들이 [표 11.3]과 [표 11.4]에 각각 요약된다.

식 (11.5)~(11.12)에서 r은 중심체 행성(혹은 지구)의 질량 중심에서 궤도상의 한 지점에 있는 비행체까지의 거리, a는 타원궤도 장반경, μ는 중심체의 중력상수(지구의 경우 398,600 km^3/s^2)이다.

궤도의 근지점에서 이루어지는 속도변이는 궤도원지점 반경을 바꾸기는 하지만 근지점 반경을 변화시키지는 않으며 그 반대의 경우도 마찬가지이다. 또한 관성좌표계 공간에서 궤도를 따르는 속도변이가 궤도평면을 변화시키지는 않는다.

[그림 11.7]은 초기속도 V_i를 최종 궤도와의 교차점에서 V_f가 되도록 동일 평면상에서 수행하는 일반적인 궤도변경을 나타낸다. 변경된 궤도에서의 속도는 초기속도와 속도증분의 벡터합이며 코사인 법칙을 적용하면 다음과 같다.

$$|\Delta V|^2 = |V_i|^2 + |V_f|^2 - 2|V_i||V_f|\cos\alpha \tag{11.13}$$

교차점에서 두 궤도가 접할 때, 즉 $\alpha = 0$ 일 때 궤도변경에 요구되는 속도증분이 최소값이 됨을 식 (11.13)에서 알 수 있다. 1925년에 고안된 호만 궤도천이(Hohmann Transfer)는 한 궤도로부터 서로 교차하지 않는 다른 궤도로의 변경에 있어, 초기 궤도와 근지점에서 접하면서 동시에 최종 궤도와는 원지점에서 접하게 되는 타원 천이궤도를 이용하는 효율적인 궤도변경법이다([그림 11.8] 참조). 호만 천이궤도의 설계는 다음의 식들과 같이, 타원천이궤도의 근지점 반경과 초기 궤도의 반경을, 또 원지점 반경과 최종 궤도의 반경을 동일하게 놓아 타원궤도를 정의한다.

$$r_{pt} = r_i \tag{11.14}$$

$$r_{at} = r_f \tag{11.15}$$

이때 초기 궤도에서 타원궤도로의 천이와 타원궤도에서 최종 궤도로의 천이에 필요한 2회의 속도증분은 각각 다음과 같다.

$$\Delta V_1 = V_{pt} - V_i \tag{11.16}$$

$$\Delta V_2 = V_f - V_{at} \tag{11.17}$$

여기서 V_{pt}, V_{at}, V_i, V_f는 타원궤도의 근지점 접선속도와 원지점 접선속도 그리고 초기 궤도와 최종 궤도의 비행체 속도를 각각 나타낸다. 이상은 두 원궤도 사이의 변이에 호만 궤도천이가 적용되었으나, 타원궤도간에 혹은 고궤도에서 저궤도로의 궤도변이에도 동일한 방법이 적용될 수 있다.

이상에서 설명한 동일궤도면에서의 궤도 변경뿐만 아니라 우주비행체의 이동속도 증분을 필요로 하는 임무 설계 요구조건에는 궤도면에 수직 방향으로 속도증분을 가하여 이루어지는

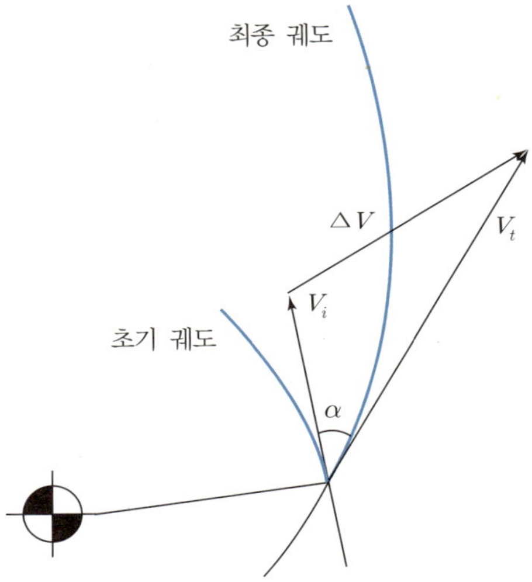

그림 11.7 동일 평면상의 궤도변경

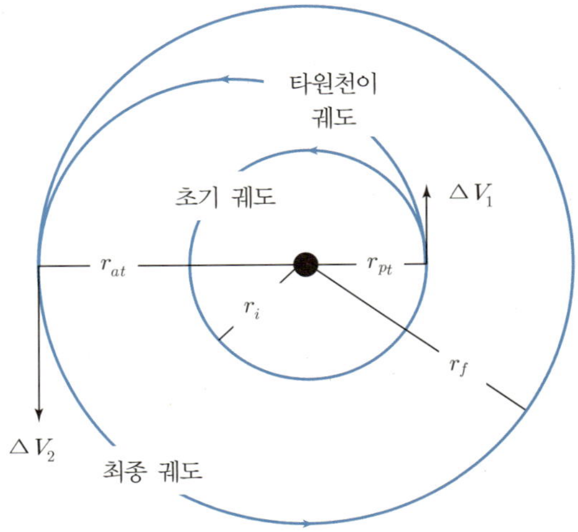

그림 11.8 호만 궤도천이(Hohmann Transfer)

궤도면 변경(plane changes), 발사체에 의한 비행체 궤도 투입오차의 제거(orbit trim), 지구 동기 궤도위성의 위치유지(stationkeeping)와 재배치(repositioning) 등을 위한 궤도기동 등이 있다. 기하학적으로 다소 복잡하다는 사실 외에 속도증분을 결정하는 방법과 궤도를 결정하는 원리는 전술한 바와 유사하다.

3) 자세제어 기동

우주 추진시스템에 탑재되는 추력기는 궤도기동 이외에도 비행체의 자세제어 기능을 수행하며, 자세제어에는 추력기의 반복적인 재시동을 필요로 하므로 액체엔진만이 사용 가능 하다. 3축-안정화 비행체(three-axis stabilization system)에 있어서 자세제어 기동은 각각의 비행좌표축에 대한 회전으로 이루어진다. [그림 11.9]는 그러한 3축-안정화 비행체에 대한 전형적인 추력기 배치를 나타내고 있다. 추력기는 비행체 회전에 필요한 토오크를 발생시키되 원칙적으로 이동속도 증분이 생기지 않도록 동일한 추력을 가지며 그 방향이 반대인 쌍 (pair)으로 배열한다. 그림에서는 3축제어를 위한 추력기가 12기로 구성되어 있으나, 비행체의 질량중심과 추력 발생축과의 거리인 회전운동량 팔길이(moment arm), 추력의 크기, 추력기를 이용한 자세제어 기동의 요구 정확도, 이동속도 증분을 필요로 하는 궤도기동 임무 등을 종합적으로 분석한다. 추진시스템 설계의 복잡도와 경제성 등을 고려하여 8기 혹은 4기까지 추력기의 수를 줄일 수도 있다.

또한 회전기동에 필요한 요소작용(elementary action)은 비행체의 한 축에 추력기를 쌍으로 작동시켜 다음의 식과 같이 토오크를 가하는 일이다.

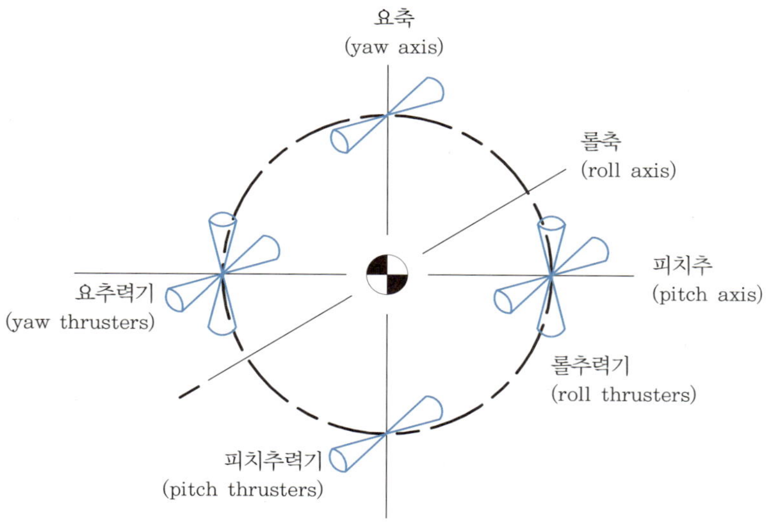

그림 11.9 3축 자세제어를 위한 추력기 배열

$$T = nFL \tag{11.18}$$

여기서

T = 비행체에 가해지는 토오크, $N \cdot m$
n = 작동추력기의 수(2의 배수)
F = 단위추력기당 추력, N
L = 비행체 질량중심으로부터 추력벡터까지의 수직거리, m 등이다.

또, 회전동력학으로부터 다음의 식들을 기술할 수 있다.

$$\alpha = \frac{T}{I_v} \left(= \frac{nFL}{I_v} \right) \tag{11.19}$$

$$w = \alpha t_b \left(= \frac{nFLt_b}{I_v} \right) \tag{11.20}$$

$$\theta = \frac{1}{2}\alpha t_b^2 \left(= \frac{nFLt_b^2}{2I_v} \right) \tag{11.21}$$

$$H = I_v w \ (= nFLt_b) \tag{11.22}$$

이상의 식들에서

α = 추력기 작동에 의한 비행체의 각가속도, rad/s^2

w = 비행체의 각속도, rad/s

θ = 비행체의 회전각, rad

I_v = 비행체의 질량관성모멘트, $kg \cdot m^2$

t_b = 추력기 작동시간, s

H = 추력기 작동 중의 비행체의 각운동량 변화량, $kg \cdot m^2/s$ 등이다.

추력기가 작동하는 동안의 비행체 각가속도, 작동을 중지했을 때의 비행체 회전속도 및 회전각, 그리고 1회의 추력기 작동이 발생시키는 비행체 각운동량의 변화량을 추력의 함수로 기술하면 각각 식 (11.19)~(11.22)의 괄호 안의 식들과 같다. 또 추진제 소모량을 표현하는 다음의 식

$$M_p = \frac{n F t_b}{g_c I_{sp}} = (= \frac{H}{g_c L I_{sp}}) \tag{11.23}$$

으로부터 추진제 소모량에서의 모멘트 팔길이가 중요함을 알 수 있다. 특별히 모멘트 팔길이는 많은 경우에 있어 우주비행체를 탑재하는 발사체 덮개의 기하학적 구속 조건에 의해 결정되기도 한다.

일반적으로 비행체의 한 축에 대한 자세제어는 추력기 작동에 의한 회전가속(acceleration), 추력기 작동중지 상태에서의 관성회전(coast), 회전을 멈추기 위하여 회전가속과 동일한 시간 동안 반대 방향 쌍의 추력기를 작동시키는 회전제동(brake) 등 일련의 기동으로 이루어진다. 비행체 회전속도의 변화를 야기하는 이상과 같은 1축 혹은 3축 자세제어는 비행체의 비행 벡터오차를 제거하기 위한 추력벡터 제어, 비행자세의 변경, 반작용 휠에 축적된 포화운동량의 제거, 비행축의 재배열 등을 위한 기동을 모두 포함한다. 또 우주비행체는 미세하기는 하지만 중력구배, 태양 압력, 자기장 그리고 공기역학적 항력 등으로 인한 외부 토오크에 구속되므로 정밀지향을 필요로 하는 비행체에 있어서 이들을 감쇄하거나 보정하기 위한 자세제어 기동도 필요하다.

11.3 단일추진제 추력기 시스템

1) 개념 및 특징

단일추진제 추력기는 추진제가 촉매대(catalyst bed)로 분사되고, 촉매에 의하여 열분해된 고온의 기체가 노즐을 통해 배출되면서 추력을 발생하게 된다. 대표적인 단일추진제로는 하이드라진 (N_2H_4)과 과산화수소 (H_2O_2) 등을 들 수 있다. 과산화수소는 제2차 세계대전 이후 터보기계용 기체발생기 개발과 함께 사용되었으나, 1964년에 Shell Oil Company에 의해 개발된 양호한 상온 반응 성능을 갖는 이리듐 촉매(Shell 405)의 등장으로 하이드라진으로 급속히

대체되었다. 1960년대 후반에는 단일추진제 하이드라진 엔진(추력기)과 관련 부품 산업이 미국을 중심으로 발전하였다. 하이드라진은 자연발화 능력, 화학적 분해의 안정성 및 적절한 추력성능, 비교적 적은 유해 생성물 기체, 낮은 화염온도 등으로 현재까지 가장 많이 사용되고 있는 단일추진제이다.

[그림 11.10]은 미항공우주국(NASA)의 표준모델(MRE-STD-1)이자 다목적실용위성 시리즈(KOMPSAT-1,2,3,5) 추진시스템의 기본 탑재모델인 4.5-N급 단일추진제 추력기의 형상을 보여준다. 추력기는 크게 추력실 조립체(thrust chamber assembly)와 추진제 밸브(propellant valve)로 이루어진다. 추력실 조립체는 다시 노즐, 추력실(chamber), 인젝터 조립체, 촉매에 의한 인젝터 폐쇄 방지와 추력실 내에서 촉매대를 구조적으로 지지하기 위한 일련의 스크린 그리고 추력기 밸브로 전도되는 추력실의 반응열을 감쇄시키기 위한 열 차단관(thermal barrier tube) 등으로 구성된다. 추력실로의 추진제 공급은 추진제 밸브에 의해 조절되며 인젝터를 통해 분무된 추진제는 촉매대에서 수소, 질소, 암모니아 등으로 열분해된다. 단일추진제 추력기는 0.5~2,000N의 추력 범위를 갖는다.

단일추진제 추력기 시스템의 장점으로는 ①비교적 덜 복잡하고, ②개발비가 상대적으로 저렴하며, ③탱크, 부품, 배관 등이 한 세트로 되어있고, ④시스템 저장성이 양호하다는 점 등을 들 수 있다. 단점으로는, 이원추진제 시스템에 비해 낮은 비추력 성능과 유독성 추진제로 인한 취급상의 위험성 등을 들 수 있다. 따라서 필요한 추력 수준 및 ΔV를 만족시킬 수 있고 최소 충격량(minimum impulse bit)의 재현성이 중요하며, 장시간의 시스템 운용기간과 연소 생성물에 의한 비행체의 오염도가 낮아야 할 경우에는 단일추진제 추력기 시스템을 채택한다.

일반적으로 단일추진제 추력기에는 촉매대 히터가 요구되는데 추력기의 작동에 앞서 추진제 반응에 적절한 수준으로 촉매의 온도를 상승시키는 역할을 한다. 촉매대 히터 대신 추력기의 주 동작 전에 촉매대를 미리 가열하기 위한 예열펄스(warming pulse)를 사용할 수 있다. 저온 작동(cold start)은 급작스런 열팽창에 의한 촉매입자의 깨짐 현상을 유발하여 촉매대의 성능을 급속

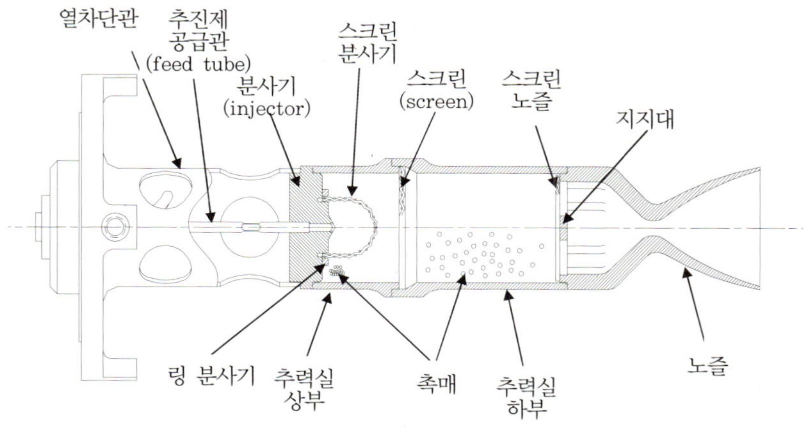

그림 11.10 단일추진제 추력기 형상

히 감소시키므로 발사체의 반동제어 시스템(reaction control system)과 같이 시스템 운용기간이 매우 짧은 경우에만 그 적용이 한정된다. 촉매대의 가열에는, 사용되는 히터의 전력과 설계에 따라 다르지만 2Watt급 히터가 장착된 소형 추력기의 경우 대체로 두 시간 정도가 소요되며 추력기 작동과 함께 히터의 전원은 차단된다. 단일추진제 추력기의 성능 감소를 유발시키는 요인으로서 촉매입자의 기계적 결함뿐만 아니라 추진제의 불순물로 인한 촉매대의 오염을 들 수 있다. 후자의 경우 지상연소 성능시험에 사용하는 추진제를 포함하여 비행용으로 사용되는 추진제로 순도가 제어된 하이드라진을 사용함으로써 줄일 수 있다. 특히, 추진제 순도에 대한 추력 성능의 변화를 막기 위하여는 지상시험용 추진제와 비행탑재용 추진제의 성분이 가능한 한 동일(single batch)하여야 추력성능의 일관성 유지와 궤도성능의 정확한 예측이 가능하다.

2) 단일추진제 추력기의 성능

연속작동 성능(Steady-State Performance)

펄스 모드와 구별되는 추력기의 연속작동은 지속적인 추진제 공급으로 추력기를 연속적으

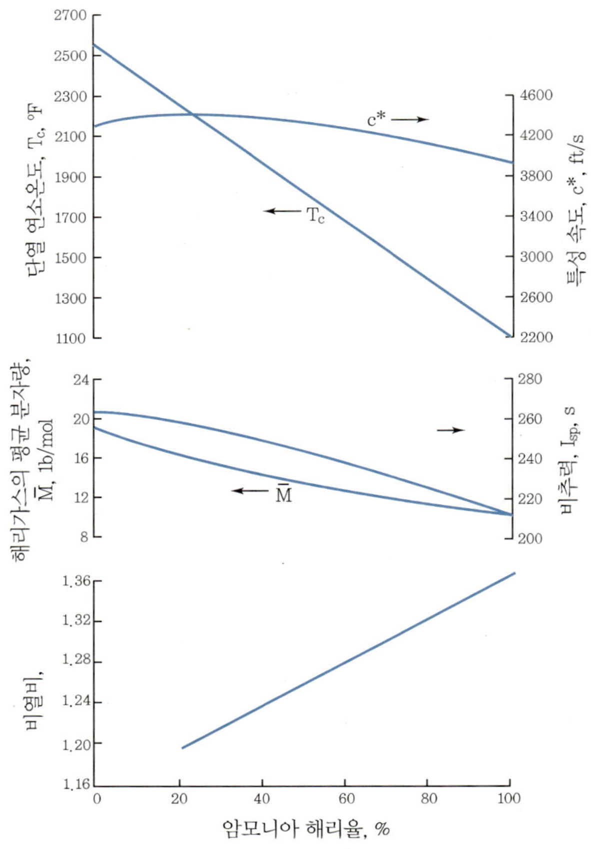

그림 11.11 암모니아 해리에 따른 하이드라진 추력기의 성능변화

로 작동하여 비행궤도기동에 필요한 이동속도증분(ΔV)의 발생을 목적으로 한다. 하이드라진의 분해는 먼저 수소와 암모니아로의 발열 분해 반응으로 시작되며 단열화염온도(adiabatic flame temperature)가 약 1400℃에 이른다. 여기서 암모니아는 다시 수소와 질소로 분해되는 흡열반응(endothermic reaction)을 동반하여 화염온도와 비추력 등의 저하를 야기한다. 따라서 암모니아의 해리(dissociation)를 가능한 한 제한하는 것이 바람직한데 현재의 엔진 설계에서 암모니아의 해리는 약 55% 정도 발생한다. [그림 11.11]은 암모니아 해리율을 함수로 한 무수(anhydrous) 하이드라진 추력기의 성능곡선을 제시하고 있다. 이론적으로 연속작동 상태에서 50:1 노즐 면적비를 갖는 진공상태 비추력은 약 240s를 기대할 수 있다. 그러나 실제로는 이론치의 약 93% 정도를 얻을 수 있으며 다른 면적비에서의 비추력은 추력계수(thrust coefficient)의 비로부터 추정될 수 있다.

펄스모드 성능(Pulse Mode Performance)

우주비행체의 자세제어를 위해서는 넓은 범위에서의 순환작동비(duty-cycle: ratio of On-duration/Period)와 펄스 폭(pulse width)에 걸쳐 운용될 수 있는 추력기의 펄스모드 작동을 필요로 한다. 펄스모드 성능은 추력실 조립체뿐만 아니라 추진제 공급 계통, 추진제 밸브의 성능 등을 모두 포함하는데 전형적인 펄스의 발생이 [그림 11.12]에 나타나 있다.

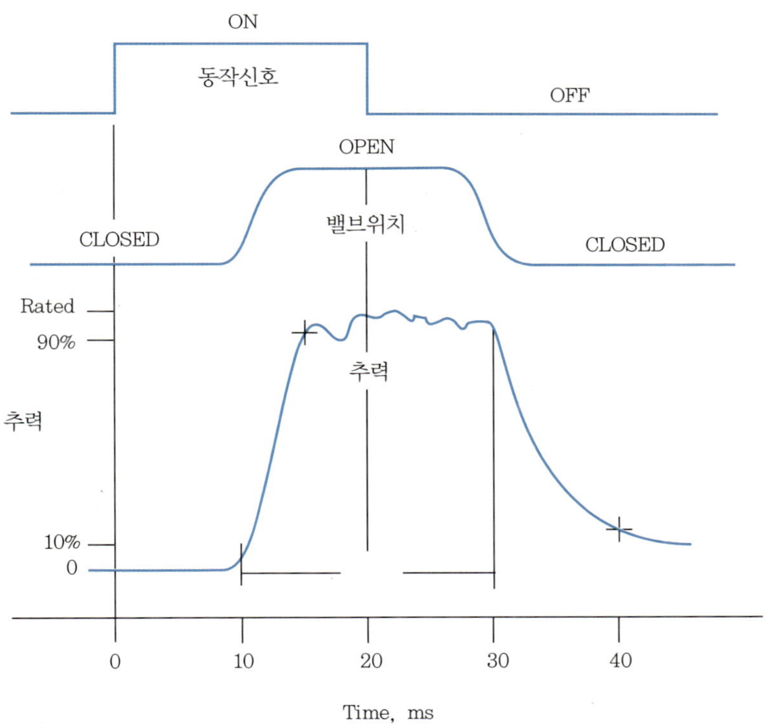

그림 11.12 펄스 (20-ms) 거동

압력반응시간(pressure response time)은 정상상태 추력실 압력이 적정 비율에 도달하는데 요구되는 시간으로 밸브 응답 특성, 공급유로에서의 추진제 유동지연, 점화 지연 그리고 압력 상승시간 등의 요인들에 의해 영향을 받는다. 밸브 응답 특성과 공급유로에서의 지연은 설계에 따라 달라지는데 일반적으로 밸브는 10ms 내외의 빠른 개폐 응답시간이 요구된다. 또한 밸브와 인젝터 사이는 최소 거리가 되도록 설계되어야 하나 추력실로부터 밸브로의 열전달(heat soak-back) 또한 줄여야 하므로 인젝터 튜브는 일정한 길이가 되어야 한다. 적절히 설계된 인젝터에 의한 점화지연은 촉매와 추진제의 온도가 5~20℃의 경우에 약 10~ 20ms가 되며 촉매대가 260℃ 정도의 온도를 가질 때 1~2ms로 현저히 감소한다.

압력상승시간(pressure rise time)은 대부분의 추력실에서 점화지연보다 더 크게 응답시간에 영향을 미친다. [그림 11.12]에서 보듯이, 정상상태 추력의 90%에 도달하는 응답시간은 약 15ms이고 유효추력잔여시간(tail-off time)은 20ms 정도이다. 만약 순환작동비가 작다면 엔진은 펄스가 없는 기간에 냉각될 것이고, 이어지는 펄스에서 추력은 엔진 재가열에 필요한 에너지 손실로 인해 원하는 값에 빨리 도달하지 못하게 된다. 반대로 펄스가 빈번하고 엔진이 충분히 가열되어 있다면 정상 추력에 빠르게 도달하게 된다.

3) 단일추진제의 특성

하이드라진은 무색투명한 흡습성의 액체로 장시간 동안 순도의 변화없이 저장될 수 있는 안정된 화학물질이다. 다른 단일추진제와 비교하여 충격에 상대적으로 덜 민감한 특징이 있다. 또한 하이드라진은 강한 환원제이며 매우 유독한 발암성 물질로 그 취급에는 특별한 준비와 장비, 절차 그리고 경험 등이 요구된다. 일반적으로 사용 가능한 단일추진제의 종류 및 특성들을 [표 11.5]에 제시한다. 특히 Hydroxylammonium Nitrate/Glycine은 현재 활발하게 연구개발 중인 무독성의 친환경 추진제(green monopropellant)로서 낮은 온도의 배기 생성물을 발생한다.

표 11.5 단일추진제의 특성

종 류	화학종 생성물	생성물 분자량 (kg/kmol)	비추력, I_{sp}(s)	응결점 @1.0 Mpa (℃)	비등점 @1.0 Mpa (℃)	취급위험성*
Hydrazine (N_2H_4)	NH_3, N_2, H_2	11 to 19	225	2.0	114.2	B, C, F, T
Hydrogen Peroxide (H_2O_2)	H_2O, O_2	22	150	-0.5	150.2	B, C, D, F
HAN/Glycine (H_2NCH_2COOH)	H_2O, N_2, CO_2	22	190	-30.0	100.0	B, D, F

* B = burns skin; C = corrosive; D = decomposes; F = flammable; T = toxic

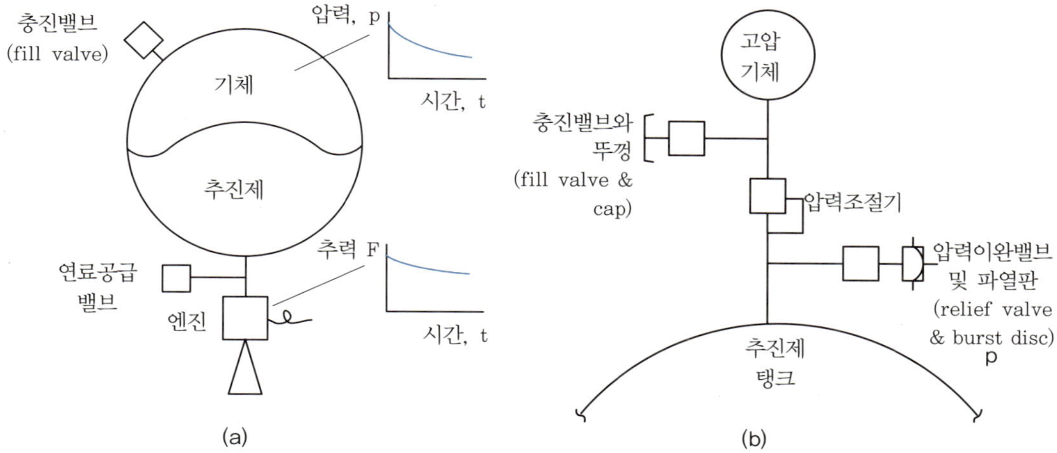

그림 11.13 탄성격막형 능동배출식(a) 및 압력조절식 추진제가압장치(b)

4) 가압시스템

액체추진 시스템에서는 탱크로부터 엔진까지 추진제를 공급하기 위하여 고압의 가압장치가 필요하다. 일반적으로 가압기체(pressurant gas)의 경우에는 추진제와 반응하지 않는 성질과 낮은 몰 질량을 갖는 질소와 헬륨 등이 바람직하다. 헬륨은 시스템 경량화에 유리하지만 작은 분자량으로 말미암아 누설(leakage)에 대한 위험도 있기 때문에 중량제한 요구조건이 엄격하지 않을 경우 일반적으로 질소를 사용한다. 현재 사용되고 있는 가압시스템의 형태로는 추진제 탱크 안에 가압제와 연료가 함께 포함되어 있는 능동배출식 연료 공급장치와 가압제가 별도의 고압탱크에 분리 저장되어 있는 압력조절식(pressure-regulated) 공급장치가 있다([그림 11.13] 참조).

궤도상의 무중력 상태에서 추진제 탱크 내에 액체추진제(연료 및 산화제)와 기체가 함께 존재할 경우, [그림 11.14]와 같은 기포혼합(vapor mixing)이 발생하여 엔진추력의 단속(On-Off)으로 이어진다. 이는 시스템 성능의 저하를 유발하므로 우주 추진시스템에 탑재하는 모든 추진제 공급장치는 가압기체와 액체추진제를 분리하는 격막(diaphragm), 기낭(bladder), 벨로우즈(bellows) 등의 추진제 제어장치(propellant control device)를 포함하거나 모세관 방식(capillary device)에 의해 엔진으로의 기포유입을 방지하도록 설계된다.

능동배출식 추진제 공급장치(Blowdown System)

능동배출식 연료 공급장치에 있어서 가압제와 연료는 일반적으로 탄성격막에 의해 분리된다. 탱크의 압력은 추진제의 소모에 따라 낮아지고 결과적으로 시스템 성능의 저하를 동반하게 된다. 탄성격막형 추진제 탱크는 가장 간단한 추진제 공급장치로서 적은 부품수로 인해 신뢰성이 높고 비용이 저렴하지만 탱크 압력, 추력, 추진제 유동률 등이 추진제 소모와 함께 변

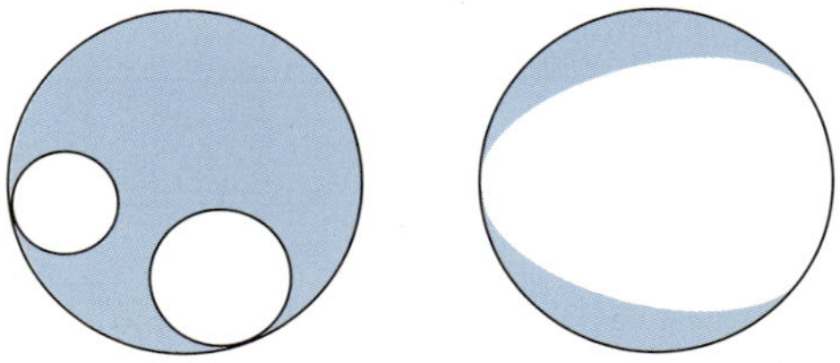

그림 11.14 무중력 상태에서의 기포 혼합

한다. 단일추진제 하이드라진 시스템인 경우에 챔버압력의 2차 함수인 비추력이 시간에 따라 감소한다는 단점이 있다. 이 추진제 탱크는 유동률과 엔진입구 압력의 변화로 인해 이원추진제 시스템에서는 거의 사용이 되지 않는다. 그러나 단일추진제 시스템의 경우에는 이런 단점이 완화되므로 대부분의 경우 탄성격막형 능동배출식 추진제 공급장치를 사용한다.

최종압력에 대한 초기압력의 비를 배출압력비(blowdown ratio)라 한다. 최대 배출압력비는 엔진이 허용할 수 있는 주입압력의 범위에 의해 결정되며 현재 일반적으로 사용되는 값은 3~4 정도이다. 전술한 바와 같이 단일추진제 시스템의 비추력은 능동배출식 연료 공급장치의 압력 감소와 함께 저하되는데, 이 손실은 낮은 압력 하에서 촉매대 내 암모니아의 체류시간 및 해리율의 증가에 따른 것이다.

압력조절식 추진제 가압장치

압력조절식 추진제 가압장치(Pressure-Regulated System)는 분리장착된 고압의 탱크에 의해 추진제 압력을 제어하는 방식이다. 가압기체는 매우 높은 압력(200~350 bar)으로 초기에 저장되며 압력조절기를 통과하여 감압된 일정한 압력이 추진제 탱크압을 결정하므로 엔진의

표 11.6 1-N 급 단일추진제 추력기 특성 비교

모 델	MRE-0.1	MONARC-1	1-N Mono	MR-103	CHT-1	LT-1N SP
제작사	TRW	ARC	Snecma	PRIMEX	Astrium	RAFAEL
추진제	N_2H_4	N_2H_4	N_2H_4	N_2H_4	N_2H_4	N_2H_4
비추력 [sec]	216	232	229	202-224	213-240	210
주입압력 [psia]	80-600	102-406	80-315	70-420	78-312	80-319
총충격량 [N-s]	-	111,250	155,000	90,188	-	60,000
중 량 [kg]	0.5	0.33	0.38	0.33	0.20	0.25
총 축적 펄스	370,000	-	-	745,864	501,000	150,000
엔진길이 [cm]	17.5	13.3	15.2	17.3	-	16.1
형 상					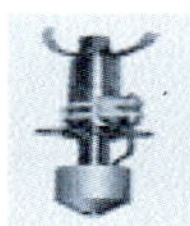	

추력 수준과 추진제 소모 여부와는 독립적이다. 단일추진제 시스템에 압력조절식을 채택할 경우, 시간에 무관하게 일정한 추력을 낸다는 이점은 있으나 시스템이 복잡해지는 단점이 있다. 그러나 이원추진제 시스템의 경우에는 산화제와 연료의 혼합비 조절이 가능하고 추진제의 유동률을 일정하게 유지시킬 수 있으므로 이 방식이 채택된다.

[표 11.6]은 현재 전세계에서 생산되어 우주비행체 추진시스템에 탑재되고 있는 1-N급 단일추진제 추력기들의 특성을 요약, 비교하고 있다. [그림 11.15]는 진공챔버 내에서 고공모사 연소시험 중인 4.5N급 단일추진제 추력기로서 연속작동 모드에서의 작열 현상을 보이고 있다, [그림 11.16]은 그 성능 평가 결과를 추진제 주입압력의 함수인 비추력 곡선으로 나타내고 있다. 또, [그림 11.17]은 한국항공우주연구원과 ㈜한화가 공동으로 개발한 KOMPSAT-2 관측위성 추진시스템의 최종 조립형상을 보여주는 사진이다.

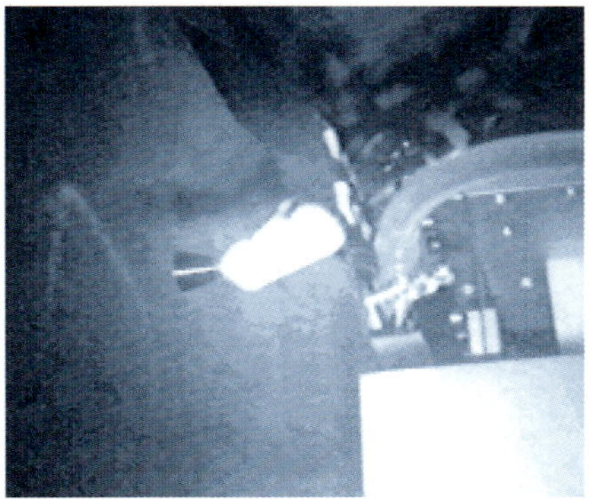

그림 11.15 KOMPSAT-2 추력기의 지상 연소시험

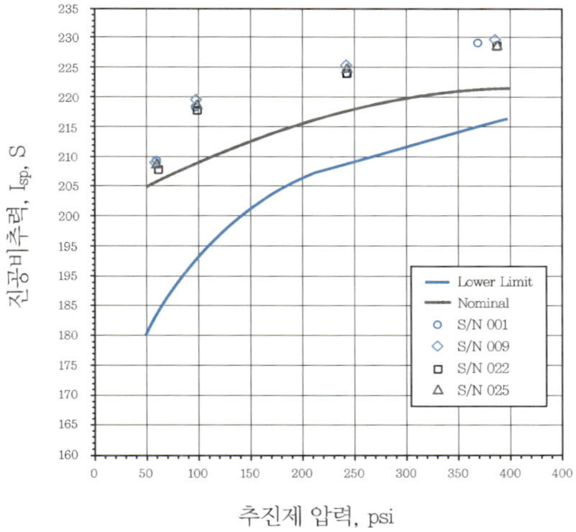

그림 11.16 4.5N 급 추력기의 비추력 성능

그림 11.17 KOMPSAT-2 추진시스템

11.4 이원추진제 추력기 시스템

이원추진제 추력기는 [그림 11.18]처럼 액체 산화제와 연료가 인젝터를 통해 연소실로 공급된다. 추진제 혼합과 함께 연소가 일어나며 축소-확대(converging-diverging) 노즐을 통해 고온 고압의 기체가 가속, 분사되어 추력을 발생시키게 된다.

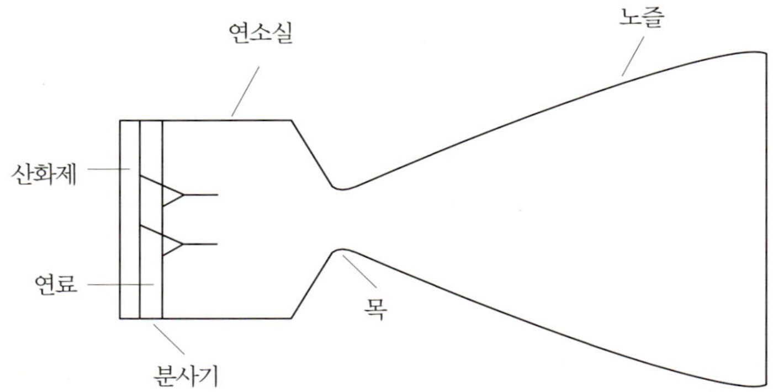

그림 11.18 이원추진제 추력기

표 11.7 이원추진제의 물성과 취급 위험도

추진제 종류(화학식/약칭)	밀도 @ 101 kPa /20 ℃(kg/m³)	응결점 @ 101 kPa(℃)	비등점 @ 101 kPa(℃)	취급위험도*
Chlorine Pentafluoride (ClF5)	1779	-103.0	-13.1	A, B, C, T
Fluorine (F2)	1505 †	-219.7	-188.1	A, B, C, T
Hydrogen Peroxide (H2O2)	1440	-0.4	150.2	B, C, D
Nitrogen Tetroxide (NTO)	1450	-9.3	21.2	A, B, C, T
Oxygen (O2)	1149 †	-218.8	-183.0	A, B
Oxygen Difluoride (OF2)	1521	-223.8	-145.0	A, B, C, T
Ammonia (NH3)	696	-77.7	-33.3	B, C, F, T
Carbon Dioxide (CO)	793 †	-205.0	-191.5	A, T
Hydrazine (N2H4)	1004	1.4	113.6	B, C, F, T
Hydrogen (H2)	70	-259.3	-252.9	A, B, F
Methane (CH4)	454 †	-182.4	-161.5	A, B, F
Monomethyl Hydrazine (MMH)	894	-52.4	87.7	B, C, F, T

† 비등점 밀도

* A = asphyxiative; B = burns skin; C = corrosive; D = decomposes; F = flammable; T = toxic

표 11.8 이원추진제 추력기 특성 비교

모 델	TR-308	LEROS 2	200N bi	R-4D	S400-12
제작사	TRW	ARC	Snecma	PRIMEX	Astrium
연료/산화제	N2H4/N2O4	MMH/N2O4	MMH/MON	MMH/N2O4	MMH/MON
추력 [N]	472	445	200	490	400
비추력 [sec]	322	325	300	312	318
주입압력 [psia]	205	-	247±100	-	188-261
형 상		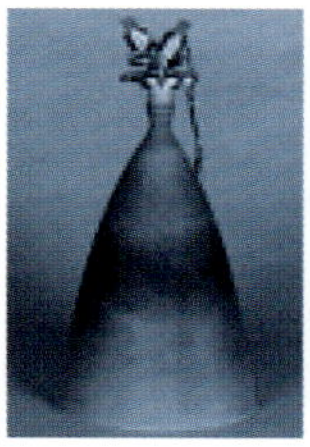	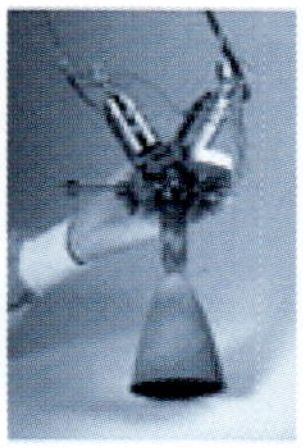	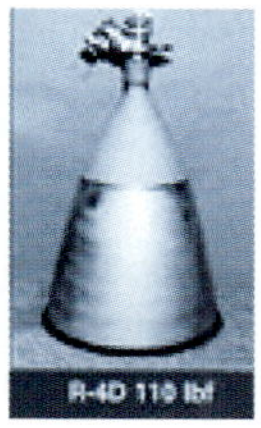	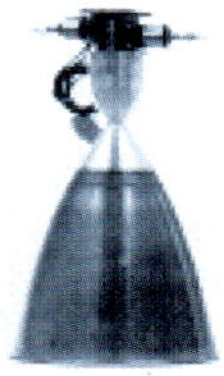

이원추진제 추력기는 추력 수준, 임펄스, ΔV 등이 높게 요구되는 경우에 적합하며 화학식 추진시스템 중에서 가장 높은 성능을 낸다. 가변 추력이 용이하다는 장점을 갖고 있으나 고가의 개발비 및 구조의 복잡성, 안전 및 취급상의 문제, 엄밀한 혼합비 (mixture ratio) 제어 요구 등 개발상의 난제들 또한 내재하고 있다. 산화제와 연료를 연소실 내로 공급하고, 안정적이며 효율적인 연소를 위한 인젝터의 최적 설계는 대형 로켓엔진과 마찬가지로 이원추진제 추력기의 성능을 결정하는 가장 중요한 요인이다. 대부분 시행착오를 통한 경험적 데이터에 의존하여 설계된다. 인젝터에 관련된 사항들은 이 책의 다른 장과 여러 참고문헌에서 자세하게 다루고 있다. 또한 우주 추진시스템에 탑재되는 이원추진제 추력기는 그 크기가 상대적으로 작고, 터보 펌프방식 대신에 압력조절식 가압장치에 의해 추진제를 엔진까지 공급한다는 사실 이외에는 대형 발사체 액체추진기관과 열유체, 연소 또는 추진공학적인 측면에서 매우 유사하다.

이원추진제 시스템에서 사용되는 산화제와 연료로는 MON(mixed oxides of nitrogen)과 MMH(monomethyl hydrazine)가 일반적이며 최대 성능을 위한 혼합비는 약 1.6이다. [표 11.7]은 이원추진제 시스템의 산화제 및 연료에 대한 물성과 취급상의 위험도를 요약하고 있다.

이원추진제 시스템은 산화제 공급 계통의 추가로 인한 복잡도의 증가를 제외하고는 시스템 구성 부품과 추진제 가압의 필요성 등에 있어 단일추진제 시스템과 유사하다. 그러나 연료와 산화제 각각의 탱크를 동일한 압력으로 유지시키고 추진제 주입압력 조절을 용이하게 하기 위하여 압력조절식 추진제 공급장치를 대부분 채택한다. 티타늄, 알루미늄, 스테인리스 강 등이 추진제 탱크의 재질로 사용되며, 이 중 티타늄이 가장 가벼워 일반적으로 많이 사용되나 제작 비용이 많이 든다. 탄성중합체 고무류(elastomer)는 MON 연료와 반응하므로 앞서 설명한 격막, 기낭, 벨로우즈 등과 같은 추진제 제어장치의 재질은 금속과 테프론(Teflon)으로 제한된다. [표 11.8]은 현재 발사체의 비행축 안정화와 상단 자세제어 그리고 우주비행체의 궤도천이 등에 사용되고 있는 이원추진제 추력기의 특성을 요약, 비교하고 있다.

11.5 이중 모드 추진 시스템

행성간 탐사선을 비롯한 많은 위성들이 궤도 진입을 위한 높은 임펄스뿐만 아니라 자세제어를 위한 미세한 펄스모드 운용을 동시에 요구한다. Magellan 탐사선의 경우, 궤도 진입을 위하여 고체모터를, 펄스모드와 작은 기동을 위해서는 단일추진제 시스템을 사용했다. Viking Orbiter의 경우에는 궤도진입 및 궤도조정용으로 MMH/N2O4 이원추진제 시스템을, 또 자세제어용으로는 냉기체 시스템을 함께 사용하였다. 이중 모드(dual-mode) 추진시스템은 저 추력 발생에 단일추진제 추력기를 작동시키고, 고 추력 발생을 위해서는 단일추진제를 산화제와 함께 이원추진제 추력기로 공급하는 시스템으로 [그림 11.19]에 그 개략도를 보이고 있다. 이 시스템은 자세제어에 사용하는 단일추진제 하이드라진을 주 엔진에서 이원추진제의 연료로 사용할 수 있어 시스템의 단일화, 효율화를 가져올 수 있다는 장점이 있다. 그러나 한 부품의 고장이 전체 시스템의 고장을 야기하여 상위 시스템 신뢰도(reliability)에 부정적인 영향을 미칠 수 있으므로 일반적으로 엄격한 시험평가와 인증 과정을 거쳐서 시스템에 탑재된다.

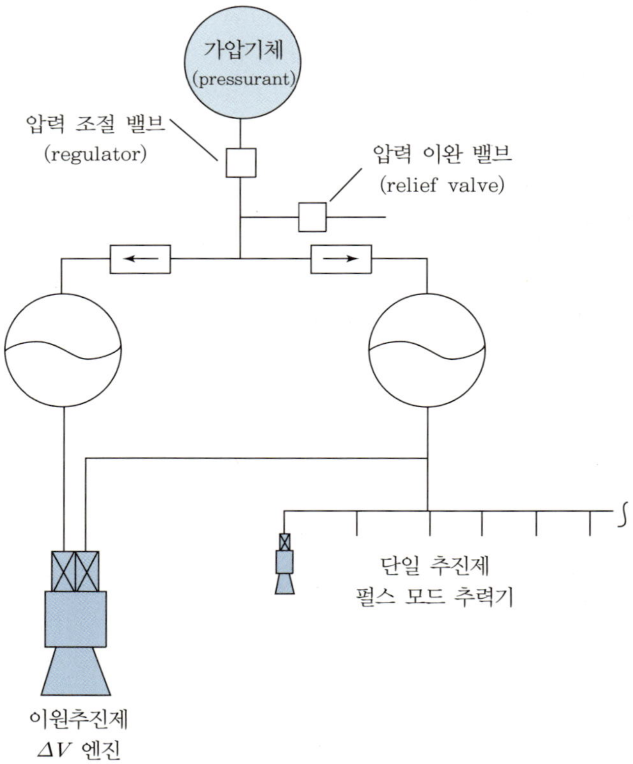

그림 11.19 이중 모드 추진시스템

11.6 전기 추진기관

전통적인 화학식 추진기관을 장착한 우주비행체의 가속은 화학반응에 의한 고온고압의 추진제 생성물 기체를 배출시킨다. 이때 얻어지는 비행체의 속도 증가는 뉴우튼의 운동법칙에 근거하고 있다. 궤도에서 비행체의 속도증분에 필요한 추진제 질량과 비추력(I_{sp}), 혹은 추진제 기체의 배출속도($v_e = gI_{sp}$)는 식 (11.1) 또는 식 (11.24)로 기술된다.

$$\Delta V = g_c I_{sp} \ln\left(\frac{M_i}{M_f}\right) = v_e \ln\left(\frac{M_p + M_f}{M_f}\right) \tag{11.24}$$

따라서 주어진 비행체 질량과 적재된 추진제 양에서 얻을 수 있는 최대 속도증분은 화학반응에 의한 가용 에너지와 열유동학적 요소에 의해 수백 초 정도의 비추력(혹은 수천 m/s의 배기속도)으로 제한되는 화학식 추진제 시스템의 비추력에 의해 최대값의 한계를 갖는다. 그러나 현재의 우주개발 및 탐사에서 계획되고 있는 우주비행체의 임무는 그보다 훨씬 높은 비추력 성능을 요구하게 되었고 적어도 한 차수(an order of magnitude) 이상의 비추력 성능을 갖는 전기 추진기관의 개발에 대한 필요성이 대두되었다.

우주비행체의 전기추진은 전기적 혹은 전자기적으로 추진제 입자에 체적력을 가하여 가속, 배출시킴으로써 추력을 발생시킨다. 다음에 설명하는 바와 같이 화학반응 생성물 기체를 전기적으로 가열하고 열역학적으로 팽창, 배출시켜 비추력을 증대시키는 방법도 있으나 재질의 내온성에 관계하는 최대 가열온도의 제한으로 인하여 비추력의 증대 또한 한계를 갖는다. [표 11.9]는 전형적인 화학식 단일추진제, 이원추진제 그리고 전기추진 시스템의 성능을 비교하고 있다.

실제의 우주비행체 전기추진에 필요한 에너지는 태양전지판이 공급하고 있으나 태양으로부터 멀리 벗어나 항행하기 위한 미래의 우주탐사 임무에는 높은 전력을 발생시킬 수 있는 원자력 발전시스템과 같은 대체 동력원을 필요로 할 것이다. 화학추진의 에너지 발생량은 에너지원인

표 11.9 우주비행체 추진기관의 성능 비교

시스템	단일 추진제 추력기	이원 추진제 주 엔진 (Fregat/S5.92M)	홀 추력기 (SMART-1/PPS-1350)
추진제	Hydrazine	NTO/UDMH*	Xenon
추력, N	1	1.96 x 10^4	6.80 x 10^{-2}
비추력, s	200	320	1,640
추력작동시간, s	1.66 x 10^5	877	1.80 x 10^7
추진제 소모량, kg	52	5,350	80
총 충격량, N s	1.1 x 10^5	1.72 x 10^7	1.2 x 10^6

* NTO = Nitrogen tetroxide; UDMH = Unsymmetrical dimethyl hydrazine

추진제 단위질량당의 화학에너지에 의해 제한을 받는다. 그러므로 에너지 제한적(energy-limited)인 시스템으로 최대 배기속도 혹은 비추력의 크기가 제한적이지만 에너지 생성률 혹은 일률은 추진제 질량과 무관하여 높은 동력(power)과 추력을 낳을 수 있다. 이에 비하여 전기추진은 외부로부터 추진제에 공급되는 에너지율이 전력공급장치의 질량에 의해 제한되므로 동력제한적(power-limited)인 시스템이며 낮은 추력대 질량비를 갖는다. 그러나 그와 같은 낮은 추력에도 불구하고 높은 비추력에 따른 높은 총 충격량이 화학 추진시스템보다 훨씬 크다. 그러므로 행성간 탐사와 같이 임무기간에 제한이 적은 경우에는 수년에 이르는 장기간에 걸쳐 전기추진시스템을 작동시켜 비행체 가속에 필요한 총 충격량을 얻을 수 있게 된다.

화학 추진시스템은 추진제, 추진제 저장탱크, 엔진 및 엔진제어장치 등으로 총 질량이 이루어지지만, 전기 추진시스템의 경우에 전력공급원과 전력제어기로 구성되는 전력 발생장치가 추가로 필요하며, 이는 화학추진에 대한 추진제 질량이득(mass saving)을 부분적으로 상쇄하게 된다. 전기추진시스템의 비전력(specific power) α 는 다음과 같이 전력 발생장치(power plant)의 질량 m_{pp}에 대한 전력 P_e의 비율로 정의된다.

$$\alpha = P_e / m_{pp} \tag{11.25}$$

또한, 공급전력에 대한 배기(혹은 이온 빔)의 추력발생 운동에너지율(kinetic energy rate)의 비로 정의되는 추력기 효율 η_t를 도입하면 전력 발생장치 질량에 관한 식을 다음과 같이 차례로 얻을 수 있다.

$$\eta_t = \frac{1}{2} M_p v_e^2 / P_e \tag{11.26}$$

$$m_{pp} = \frac{1}{2} M_p v_e^2 / (\alpha \eta_t) \tag{11.27}$$

식 (11.27)에서와 같이 전력 발생장치의 질량은 유효배기속도(effective exhaust velocity)의 제곱에 비례한다. 반면에 식 (11.24)에서와 같이 추진제 요구량은 유효배기속도에 반비례하므로, 주어진 속도증분에서 추진제와 전력 발생장치의 질량 합을 최소화할 수 있는 최적의 유효배기속도가 존재하게 된다. 또 전력 발생장치의 질량에 관한 식 (11.27)은 전기 추진시스템의 장점을 최대한 얻기 위해서는 높은 비전력과 높은 추력기 효율이 반드시 필요하다는 사실을 시사하고 있다.

전기 추진시스템은 추진제를 가속하는 방법에 따라 전열(electrothermal), 정전기(electro static) 그리고 전자기(electromagnetic) 추진으로 대별된다.

1) 전열추진(Electrothermal Propulsion)

추진제를 직접 가열하여 가속하는 방법으로 저항제트(resistojet), 아크제트(arcjet), 유도가열(inductively heated 혹은 radiatively heated) 시스템 등이 있다.

저항제트추진은 기체상태의 추진제가 전열 히터를 지나 축소확대노즐을 통하여 팽창함으로써 추력을 발생시킨다. 일반적으로 이 시스템은 이미 화학반응 과정을 거친 추진제의 작동기체를 전기가열에 의해 추가로 팽창, 가속시켜 화학 추진시스템의 효율을 높이는 방식으로 적용된다. 가장 성공적인 적용 실례로는, 기체발생기에서 촉매분해된 하이드라진 반응물 기체를 가열부에 있는 전열 히터에 의해 과열(superheating)시키고 노즐을 통하여 팽창시킴으로써 전통적인 단일추진제 하이드라진 추력기에 비해 비추력을 40%(약 350 s)까지 증대시키는 하이드라진 저항제트 추력기(hydrazine resistojet thruster)이다. 이 추력기의 비추력은 상대적으로 높은 하이드라진 생성물의 분자량과 약 3000K 정도로 제한되는 재질의 표면 가열온도에 의해 최대한계가 정해진다. 이 추력기는 1960년대 중반부터 실험용 모델이 위성에 탑재되기 시작된 이후로 지구정지궤도 통신위성인 Intelsat-V 시리즈의 북남위치유지(north-south station keeping) 추진시스템에 탑재되었다. 또한 Iridium 위성군(satellite constellation)의 궤도투입, 자세제어 그리고 탈궤도(de-orbiting) 임무를 위하여 장착되기도 하였다.

전열추진시스템이 10,000m/s 이상의 배출속도(exhaust velocity)를 얻기 위해서는 추진제 유동은 엔진 구성품 벽면과 접촉하지 않으면서 10,000K를 초과하는 온도를 얻을 수 있어야 한다. 이는 추진제가 노즐을 통하여 팽창하기 전에 전기아크로 추진제를 가열함으로써 가능하게 된다. 촉매분해된 하이드라진 생성물을 작동유체로 사용하고 약 40%의 효율을 갖는 아크제트 추력기는 10,000~20,000K의 중심부 온도의 전기아크 가열에 의해 500~600s 정도의 비추력을 얻을 수 있다. 아크제트 추력기는 1993년 지구정지궤도 통신위성인 Telstar-4 시리즈의 북남위치유지 추진시스템에 탑재되어 상용화되었다. 궤도천이와 비행체 기동이 가능할 정도의 충분한 추력의 고전력 아크제트 시스템이 시연되기도 하였으나 아크를 발생시키는 전극의 침식과 높은 소요전력 등의 문제로 새로운 재질의 전극과 효율적인 전력 발생장치가 개발되기까지는 그 실제적인 사용이 제한적으로 이루어질 전망이다.

유도가열(inductively heated) 혹은 복사가열(radiatively heated) 시스템은 추진제 유동을 전극이 없는 방전의 형태로 가열한다. 추진제 기체의 자유전자 성분이 진동하는 전자기장에 의해 가열되며, 낮은 라디오파에서 마이크로파까지의 주파수 대역에서 지상실험은 있었으나 아직까지 비행모델로 탑재된 예는 없다.

2) 정전기 추진

정전기(Electrostatic Propulsion)추진 시스템은 이온화된 추진제를 전기장에 의해 가속시키며 FEEP(field effect electrostatic propulsion) 추력기, 콜로이드 추력기, 이온 추력기 등이 있다.

FEEP는 강한 전기장(~1010V/m)이 알칼리성 금속과 같이 쉽게 이온화할 수 있는 금속으로부터 개개의 이온을 끌어당기는 성질을 이용한다. 10kV의 가속전압을 인가하고 액체 세슘(ceasium)을 추진제로 하여 10,000s의 비추력을 얻는 실험이 시연되었다. 그러나 가용추력이

$1\mu N$-5mN으로 매우 작고, 단위전력당 추력발생률 또한 너무 낮으며(~ 15 $\mu N/W$) 세슘 증기에 의한 오염문제 등으로 인하여 실제 비행시스템에의 적용은 이루어지지 않고 있다.

콜로이드 추력기는 마이크론 이하의 직경을 갖는 비금속, 전도성의 하전 액적(electrically charged droplets)을 정전기적으로 가속시킨다. 약 1,000s정도의 비추력을 내는 추력기가 시연되기도 하였으나, 콜로이드 추력기는 매우 높은 가속전압을 요구하는 전하/질량비(charge to mass ratio)와 콜로이드 빔의 퍼짐 현상(beam divergence)을 낳는 전하/질량비의 불균일성 문제 등을 안고 있다.

[그림 11.20]은 전자충돌형 이온추력기의 작동 개념도이다. 정전 그리드 이온 가속기(gridded electrostatic ion accelerator)라고도 일컬어지는 이온 추력기에서, 추진제의 이온화는 자기 이온화 챔버(magnetically-contained ionization chamber) 내에서 직류 방전이나 RF 에너지에 의해 이루어진다. 이온화 챔버의 출구는 이온 가속전압(ion acceleration potential)이 가해지는 0.5~1mm 간극의 이중격자망 구조로 이루어져 있으며 내부 격자망 근처에서 이동하고 있는 이온들은 두 격자망 사이에서 형성되는 전기장에 의해 이온화 챔버 밖으로 추출되고 가속된다. 이때 외부의 가속격자망(accelerator grid)과 이온의 충돌이 최소화되도록 격자망이 배열된다. 챔버 내에 있는 자유전자들은 양극(anode)에 의해 이끌려 가속격자망의 전위차보다 조금 높게 인가되어 있는 챔버 외부의 음극(cathode 혹은 neutralizer)에 의해 빠져나오게 된다. 챔버 외부의 음극에서 공급되는 전자들은 챔버에서 배출되는 이온과 결합하여 추진제 유동을 중화시킨다. 이때 하전되어 비행체 밖으로 배출되는 입자들(charged particles)은 비행체를 또 다른 하전 상태로 만들고 이로 인하여 다른 전자장비들의 오작동을 유발할 수 있다. 뿐만 아니라 배출되는 이온 빔이 자체의 전기장에 갇히게 되어 연속적인 추력기 작동 기능을 상실할 수 있으므로 이온 추력기에 있어서 이 이온유동의 중화는 반드시 필요하다.

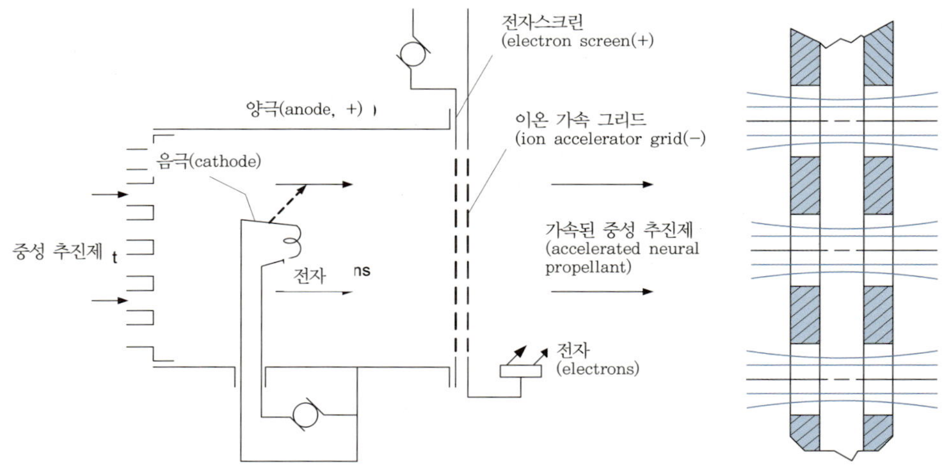

그림 11.20 이온추력기의 작동 개념도와 이중 격자망을 통한 이온 빔의 가속

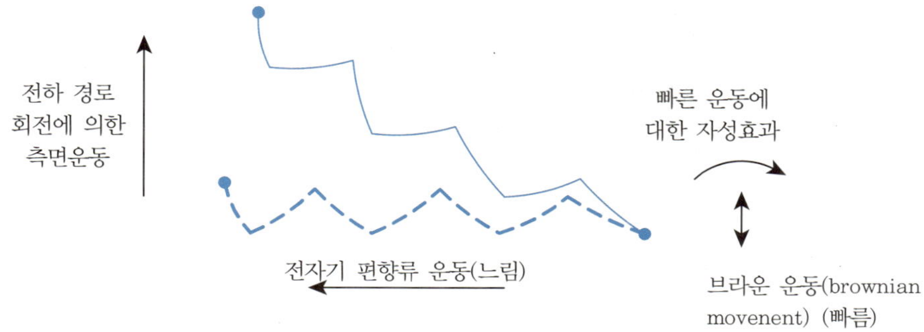

그림 11.21 홀 효과 (Hall effect)

1992년에 유럽우주국(ESA)이 EURECA 위성에 RF 이온화를 이용한 이온추력기를 탑재, 시연한 이후로 지구동기 궤도위성의 위치유지(station keeping) 임무를 위하여 탑재되어온 이온추력기는 1998년 미항공우주국의 Deep Space-1을 통하여 처음으로 행성간 임무에 투입되었다. 약 3,000s 정도의 높은 비추력 성능을 갖는 이온추력기는 이온전류밀도(ion current density)의 한계로 인하여 일반적으로 낮은 추력밀도(이온 빔 배출면적당 추력)를 갖게 된다. 반면에 [그림 11.21]과 같이 강한 자기장이 열적 여기(thermal agitation)에 의한 브라운 운동과 작용하여 하전 입자(plasma electrons)의 편향류(drift)를 유발하는 홀 효과(hall effect)를 이용하는 홀 추력기(hall thruster)는 홀 전류 (hall current)에 의해 보다 높은 이온전류밀도를 유지할 수 있어 이온추력기보다 큰 추력밀도를 낳을 수 있다. 최근 들어 활발한 연구가 진행 중인 홀 추력기는 정전기장에 의해 이온이 가속되지만 그 정전기장의 상당 부분이 자기장과 작용하는 플라즈마 전자에 의해 만들어진다. 그러한 점에서 정전기 추진과 전자기 추진의 양쪽에 해당하는 기술적, 물리적 배경을 갖는다.

3) 전자기 추진

전자기 추진(Electromagnetic Propulsion)은 서로 직교하는 전기장과 자기장에서 이 전자기장과 수직 방향으로 작용하는 로렌쯔 체적력(Lorentz body force)을 이온화된 추진제 원자에 가하고 가속시킴으로써 추력을 발생시킨다. 현재 사용되거나 연구개발이 진행 중인 전자기 추력기로는 PPT(pulsed plasma thruster)와 MPD 추력기(magnetoplasmadynamic thruster) 등이 있다. [그림 11.22]는 레일 가속기라고도 불리는 가장 단순한 형태의 전자기 추력기 개념도이다.

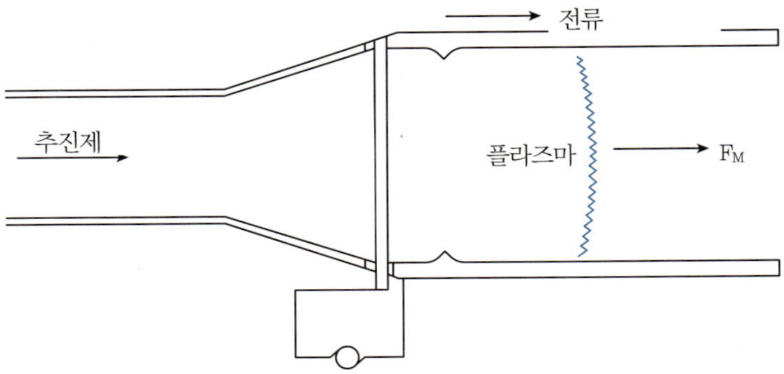

그림 11.22 레일가속기 (Rail accelerator electromagnetic thruster)

PPT는 수십 와트(watt) 이하의 평균전력을 갖는 추진시스템에서 주로 테프론(teflon)을 고체추진제로 하여 개발되어왔다. 이 추력기에서 축전지에 저장된 전기에너지는 추진제 블록의 단면을 지나는 펄스 형태의 아크 방전(pulsed arc discharge)을 만들고 매우 적은 양(~1 $\mu g/J$)의 추진제가 열유속, 하전입자의 충돌 그리고 표면반응의 복합작용으로 용발하여 이온화된다. 이때 순간적으로 방전되는 최대전류는 수십 kA 정도로 높으며, 자기유도된 자기장(self-induced magnetic field)은 전기장 내에서 이동하는 이온에 작용하여 플라즈마를 가속하는 로렌쯔 체적력을 낳게 된다. 테프론 PPT는 낮은 추력과 연속추력 발생의 어려움으로 인하여 위성의 동서위치유지(east-west station keeping)와 태양지향(sun pointing) 등에 제한적으로 사용되고 있다.

MPD 추력기는 가운데의 음극(central cathode)에서 환형의 양극(annular anode) 쪽으로 중성의 플라즈마 공간을 통하여 높은 전류를 통과시킨다. 이 반경외곽 방향으로의 전류는 자기장을 유도하고 전류방전(discharge current) 방향으로 이동하는 이온에 작용하는 로렌쯔 체적력(F_M)이 전극 구조의 축방향을 따라 플라즈마를 가속하게 된다. 이 추력기는 수 kW에서 수 MW에 이르는 높은 전력에서 작동하며 전기 추진기관 중에서는 상대적으로 높은 추력과 적절한 비추력 성능을 갖는다. 저전력 작동을 위하여 외부공급 자기장을 이용하기도 하는 MPD 추력기는 실험실에서의 연구개발과 성능 시연을 위한 비행시험이 이루어지고 있다. 그러나 행성간 탐사선에 탑재되기 위해서는 전력 사용 효율의 증대가 필요한, 아직까지는 미완성의 전기 추진기술이다.

기호 설명

a 타원궤도 장축 반경 (semimajor axis)

e 이심률 (eccentricity)

F 추력, N

g_c 중력상수, 9.81 m/s^2

I_{sp} 비추력, s

H 각운동량 변화량, $kg \cdot m^2/s$

I_v 질량관성모멘트, $kg \cdot m^2$

L 모멘트 팔길이, m

M 질량, kg

n 작동추력기 수(2의 배수)

P 주기

r 궤도반경(거리)

T 토오크, $N \cdot m$

t 시간, s

V 속도, m/s

v_e 추진제 배출속도, m/s

Greek Symbols

α	각가속도, rad/s^2
$\triangle V$	속도증분, m/s
μ	중력상수(지구: $398,600km^3/s^2$)
θ	회전각, rad
ω	각속도, rad/s

Subscript

a	원지점(apoapsis)
P	근지점 (periapsis), 또는 추진제 (propellant)
b	연소 (burning)
f	최종 (final)
i	초기 (initial)

참고문헌

1. Loh, WH.T., *Jet, Rocket, Nuclear, Ion and Electric Propulsion : Theory and Design*, Springer -Verlag NewYorkInc., 1968.
2. Brown, C. D., *Space craft Propulsion*, AIAA Education Series, 1996.
3. Humble,R.,Henry,G.,and Larson, W., *Space Propulsion Analysis and Design*, McGraw-Hill, 1995.
4. *Critical Design Review (CDR) Data Package: KOMPSAT-2 Propulsion Subsystem*, KARI/(주)한화, 2002.
5. *Monopropellant Hydrazine Design Data, Rocket Research Corporation*, 1976.
6. Sackheim, R. L., *Survey of Space Applications of Monopropellant Hydrazine Propulsion Systems*, AIAA Paper 74-42367, 1973.
7. 김정수, 허환일, 김인태, 『우주비행체 추진시스템 화학식 추력기의 개발현황』, 한국추진공학회지, 제7권, 제4호, 2003, pp. 80-89.
8. *End Item Data Package: Dual Thruster Module (DTM), KOMPSAT-2 Propulsion Subsystem*, (주)한화, 2003.
9. 김정수, 『1-lbf급 단일액체추진제 로켓엔진의 추력 성능』, 한국추진공학회지, 제8권, 제2호, 2004, pp. 32-38.
10. *End Item Data Package: KOMPSAT-2 Propulsion Subsystem*, (주)한화, 2003.
11. Sutton, G. P., *Rocket Propulsion Elements*, 6thEd., JohnWiley&Sons Inc., 1992.
12. http://www.esa.int
13. Goodger, E. M., *Principles of Space flight Propulsion*, Pergamon Press Ltd., 1970.

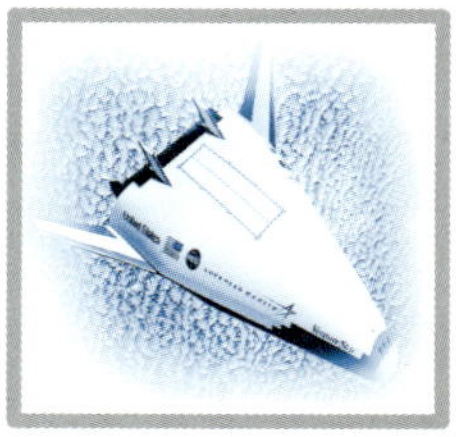

Chapter 12 미래추진

미래추진(Future Propulsion 혹은 Advanced Propulsion)은 현재까지 우리들이 사용하고 있는 각종 비행체용 공기흡입 추진기관과 로켓 추진기관으로부터 더욱 진화, 발전되어 장래에 사용하게 될 가능성이 있는 추진기관이나 새로운 개념의 추진 방식을 통칭하여 말한다. 여기에서는 크게 대기권 공기흡입 추진기관 분야와 우주로켓 추진기관 분야로 대별하여 설명한다.

12.1 공기흡입 미래추진기관

대기권을 비행하는 항공기의 기존 추진기관은 흡입하는 공기와 추진기관에서 공급하는 연료의 작동유체(로켓 추진기관에서는 추진제라고 칭한다)가 연료의 연소에 의한 열에너지를 공급받아 배기노즐에서 가속된다. 이 속도증분과 작동유체의 질량유속의 곱이 전체적인 추력이다. 즉 흡입되는 공기는 포함되어 있는 산소가 연료의 산화제로 쓰이고, 동시에 공기 전체는 작동유체로 작용하는 점이 추진제에 산화제가 포함되어 있는 화학로켓 추진기관과 다르다. 그러므로 항공기에는 연료만이 탑재되어 있어서 로켓 추진기관에 비해 탑재 추진제 질량 기준 비추력이 로켓 추진기관에 비해 월등하게 우수하여 널리 사용되고 있다.

[표 12.1]에 공기흡입 추진기관의 전반적인 분류를 나타냈다. 여기서 피스톤 엔진, 터보제트 엔진, 램제트 엔진은 민간 부문과 군사 부문에서 실용 단계이다. 이 장에서는 현재 초기 개념 단계, 개념 증명 개발 단계, 실용개발 단계로 생각되는 로켓복합 램제트 엔진(Ramrocket Engine), 스크램제트 엔진(Scramjet Engine), 펄스 데토네이션 엔진(PDE: Pulse Detonation Engine), 회전 데토네이션 엔진(RDE: Rotating Detonation Engine), 집속광 에너지 추진(BEP: Beamed Energy Propulsion) 등 다섯 가지를 미래추진의 대표적인 예로 설명한다.

표 12.1 공기흡입 추진기관 분야의 미래추진

구 분	추진 기관	탑재추진제/에너지	운용 범위	자가 시동	특 징
기존추진	피스톤엔진	연료화학에너지	저아음속	가능	실용단계
기존추진	터보제트엔진	연료화학에너지	저속-초음속(M<3)	가능	실용단계
기존추진	램제트엔진	연료화학에너지	초음속(M<5)	시동기관 필요	실용-발전단계
미래추진	로켓복합램제트 엔진	연료화학에너지	초음속(M<6)	가능	실용개발단계
미래추진	스크램제트엔진	연료화학에너지	극초음속(6<M<15)	시동기관 필요	개념증명 개발단계
미래추진	펄스데토네이션 엔진	연료화학에너지	초음속(M<5)	가능	실용개발단계
미래추진	회전데토네이션 엔진	연료화학에너지	초음속(M<5)	가능	개념증명 개발단계
미래추진	집속광에너지 추진	무탑재대기/ 전기에너지	극초음속(M<15)	가능	추진제 무탑재 /초기개념단계

1) 로켓복합 램제트 엔진

[그림 12.1]에는 연료과잉 고체추진제 가스발생기 형식의 로켓복합 램제트 엔진을 나타낸다. 램제트 엔진은 피스톤 엔진이나 터보제트 엔진과 같이 회전하는 구동 부품이 없기 때문에 구조가 간단하다. 또한 상대적으로 가벼워서 이상적으로 순항속도 마하수 6 정도까지 적용할 수 있을 것으로 기대하고 있다. 실제 실전 배치된 램제트 엔진은 최대순항속도 마하수 3.5~4.0 정도까지 존재한다고 알려져 있으며, 현재 영국의 QinetiQ 등에서는 순항속도 마하수 6의 축소형 시험 모델을 개발하고 있는 단계이다. 그러나 [표 12.1]에서 지적한 바와 같이

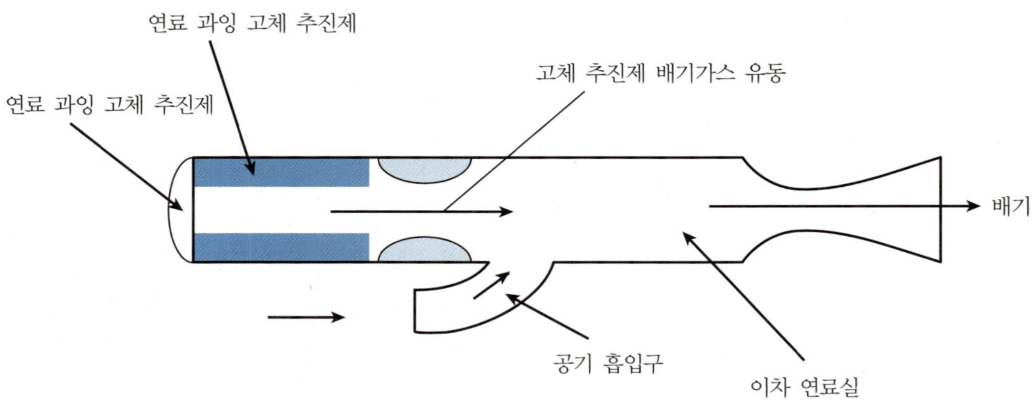

그림 12.1 로켓복합 램제트엔진

램제트 엔진은 자가시동이 불가능하므로, 타 추진기관과 복합하는 이중 추진기관 방식을 사용해야 한다. 이 방식에는 연료과잉 고체추진제 가스발생기 형식의 로켓복합 램제트 엔진, 그리고 액체연료 로켓복합 램제트 엔진, 고체연료 로켓복합 램제트를 들 수 있다.

[그림 12.1]에 보인 연료과잉 고체추진제 가스발생기 형식의 로켓복합 램제트 엔진은 엄격하게 말하자면 공기흡입 로켓으로 진정한 의미에서 미래추진이라고 할 수는 없다. 이미 지난 50년간 고속 성능과 장거리 성능이 동시에 요구되는 미사일, 무인기에 널리 적용되었다. 성능만을 고려한다면 단순 램제트 엔진과 별 차이가 없으나, 로켓혼합 램제트 엔진은 정지추력을 제공하여 자가시동이 가능하다. 대기압이 매우 낮은 고공에서도 공기흡입구 개폐에 따라 로켓추진이 가능하여 광역 고도 영역에서 운용이 가능하다는 점에서 미래추진으로 발전될 수 있는 특징이 있다. 여기서 램제트엔진 전방부에 연료과잉 고체추진제를 연소하여 정지추력을 제공하고, 동시에 미연연료는 주연소실에서 연소하여 초음속추진 추력을 제공한다.

액체연료 로켓혼합 램제트 엔진과 고체연료 로켓혼합 램제트 엔진도 동작 원리는 마찬가지이지만 부가적인 고체추진제/액체추진제 로켓이 초기에 점화되어 가속하면 고속에서 램제트가 시동하는 이중 모드 램제트 엔진 방식으로 운영된다.

2) 스크램제트 엔진

그런데 순항속도가 마하수 6 이상이 되면 아음속연소를 하는 통상의 램제트 엔진 연소방식을 적용하면 연소실의 입구 공기온도가 매우 높아진다. 이때 공기가 열해리된 상태로 공급되고, 연소열이 해리된 자유기를 재결합하는 반응에 사용되어 도리어 연소온도가 저하되는 현상이 발생한다. 이러한 점을 극복하기 위해 공기를 초음속으로 공급하고 연소실에서 초음속연소가 이루어지게 하면, 이와 같은 손실을 방지할 수 있다. 이와 같은 초음속연소 램제트 엔진(Supersonic Combution Ramjet Engine)을 약칭하여 스크램제트 엔진(Scramjet Engine)이라고 한다. 세계적으로 이와 같은 극초음속 항공기의 추진기관으로 사용할 수 있는 미래추진의 가능성 때문에 선진국에서는 이미 1960년대부터 기초 연구가 진행되었다.

램제트 엔진도 몇몇 선진국에서만 실용적인 추진기관을 채택하고 있을 정도로 점화기술, 안

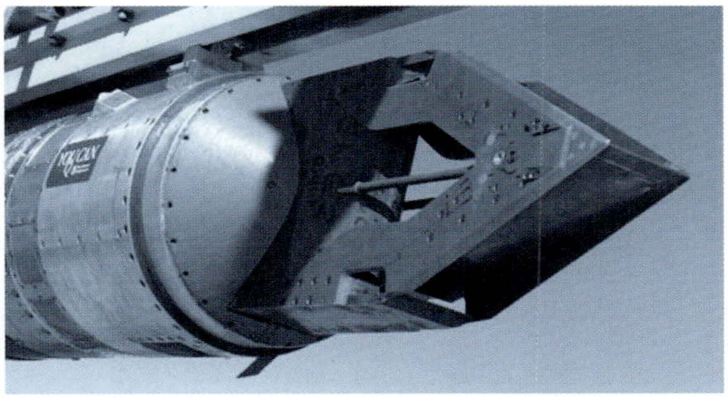

그림 12.2 스크램제트 엔진

정된 연소기술, 흡입공기-연소-배기 과정의 정상 작동에 대한 고도의 기술이 요구되고 있다. 초음속연소의 경우는 일반적인 램제트 엔진에 비해 연소실 내의 유동속도가 약 10배 정도 고속이며, 따라서 연소실 정체 시간이 1/10로 줄어들게 된다. 이에 따라 자발점화, 연료-공기 혼합기술, 화염안정화 기술 등의 수많은 실질적인 문제점을 해결하여야 실용화할 수 있는 실정이다.

수십 년 동안의 지상시험에 이어 호주-미국-영국-독일-한국-일본의 국제 공동연구 형태로 개념 실증 목적의 축소형 스크램제트 연소기를 세계 최초로 2002년 7월에 비행시험에 성공하여 실증하였다. 미국 NASA에서 주도한 Hyper-X43A 극초음속 무인시험비행기는 2004년 3월에 시험비행에 성공하여 전세계적으로 개발에 박차를 가하고 있다. [그림 12.2]에는 호주에서 성공한 HyShot-2의 2차원 형상 비행시험 스크램제트 연소기를 나타낸다. 이 스크램 제트 엔진도 정지추력을 발생할 수 없어서 터보제트 엔진을 복합한 형태(TBCC: Turbine-based Combined Cycle)나 로켓엔진을 복합한 형태(RBCC: Rocket-based Combined Cycle)의 복합사이클 스크램제트 엔진을 실용화할 예정이다.

3) 펄스 데토네이션 엔진

우리들이 현재까지 주로 사용하고 있는 피스톤 엔진이나 터보제트 엔진은 흡입 공기를 피스톤, 기계적 압축기에 의해 고압으로 압축하여 연소실로 공급한다. 이를 위하여 고속의 회전익열을 장착하게 되는데, 이는 제작, 조립 정밀도, 유지보수의 측면에서 매우 많은 시간과 정비인력, 비용을 요구한다. 이에 반해 램제트 엔진은 흡입 공기의 충격파로 압축하게 되어 구동부가 없어져 매우 간단하고 가벼운 구조의 이점을 가지게 된다. 그러나 정지추력을 발생할 수 없어서 복합엔진을 첨가하는 것이 필수적이다.

이에 반하여 여기에서 제시하는 펄스 데토네이션 엔진은 긴 원형관 내에서 연료-공기 가연성 혼합기로 데토네이션(폭굉파)을 폭발적으로 발생하여 이 데토네이션 파의 충격파 압력이 작동면에 추력을 발생하게 하여 거의 램제트 엔진 수준의 추진력을 발생하게 된다. 추력의 증감은 데토네이션의 발생 주기를 변화하여 조절할 수도 있고, 추력관의 수를 증감하여 조절할 수도 있다. 따라서 이 펄스 데토네이션 엔진은 활주로에서 이륙추진력을 발생하여 항공기를 발진케 한다. 초음속으로 가속하는 것은 여러 개의 데토네이션 연소관을 주기적으로 가동하여

그림 12.3 펄스데토네이션 엔진 (PDE)

가능케 한다.

[그림 12.3]에는 현재 미 해군연구소에서 지상 성능시험 중에 있는 미국 Pratt & Whittney의 펄스 데토네이션 복합엔진이다. 통상의 전투기용 저바이패스 터보 팬엔진의 바이패스 구역에 5개의 데토네이션 연소관을 배치한 엔진이다. 특히 이 펄스 데토네이션 엔진 복합 터보 팬엔진은 펄스 데토네이션 연소관을 상하 일부, 좌우 일부만 사용하면 추력편향의 기능도 동시에 수행할 수 있다. 종래에 사용하는 거대한 배기노즐 추력편향판을 제거할 수 있어서 엔진 중량의 경량화, 구동부의 감소, 추력편향의 응답성 증가 등의 성능 향상을 기대하고 있다.

4) 회전 데토네이션 엔진

데토네이션은 일종의 폭발 현상이며 항공기에서 주로 사용하고 있는 JP 계통 제트유는 통상의 터보 엔진 운전조건에서 폭발이 잘 일어나지 않는다. 또한 점화, 폭발의 재현성이 열악한 단점이 있어서 정상적인 엔진 성능을 유지함에 상당한 기술적 난점이 남아 있다. 최근에 이와 같은 단점을 보완할 수 있는 방안으로 [그림 12.4]에 나타낸 바와 같이 과도적으로 회전하면서 데토네이션 파가 연소실 내를 전파하는 개념을 제시하고 아주 기초적인 개념 증명 개발 단계에 있다. 기존의 펄스 데토네이션 엔진의 경우에는 정상적인 공기 흡입 유동과 다수의 데토네이션 연소관의 유동은 단속적이다. 이를 압력변동이 없도록 조화시키는 것이 고속비행의 엔진 운전조건에 막대한 제약을 초래한다. 이에 반하여 회전 데토네이션 엔진은 원리적으로 이런 문제점이 내재하지 않아서 매우 주목을 받기 시작하고 있으나, 아직은 아주 초기 단계의 기초 연구 수준이다. 기술적인 난점을 모두 파악하고 있지는 못한 실정이지만 미래추진의 한 가지로 판단되고 있다.

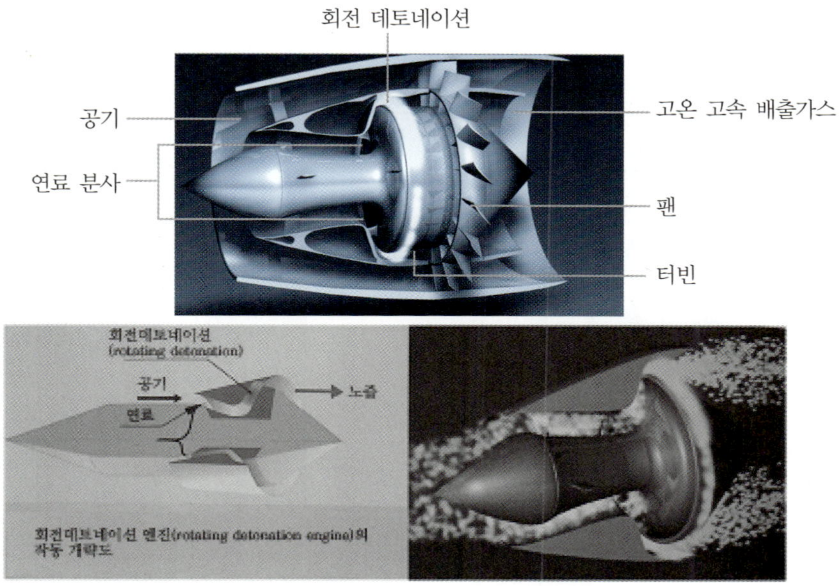

그림 12.4 회전데토네이션 엔진 (RDE)

5) 집속광 에너지 추진

집속광 에너지 추진의 개념은 이미 1950년대부터 알려져 있었다. 실제적으로 이를 실증한 것은 1999년에 Leik Myrabo 교수가 Lightcraft라고 명명한 15cm 직경의 비행체를 대기 중에서 고에너지 레이저 집속광을 투사하여 비행한 것이 최초이다. [그림 12.5]에 집속광 에너지 추진에 대한 상상도를 나타냈다. 우주 저궤도에 다수의 고에너지 레이저나 마이크로파 에너지원을 배치하고 대기권 내에서 비행하는 항공기의 추진기관에 투사하면 항공기의 추진기관 내에서 집속되어 초점을 맺는다. 이때 고온 영역이 조성되고, 공기 중에서는 10^6w/cm 이상의 에너지 밀도가 유지되면 공기분자가 붕괴되는데, 거의 벼락과 유사한 플라즈마가 전파하고, 천둥과 같은 충격파가 전파하여 추력면에 막대한 압력을 전달하면 엔진 추진력을 얻게 된다.

이 집속광 에너지 추진 방식은 대기 중에서는 공기가 바로 추진제이다. 소위 연료를 탑재할 필요가 없고, 에너지원도 원격 집속광 에너지를 입사받으므로, 항공기는 추진기관에 해당되는 램제트 엔진에 유사한 형상만이 필요하게 된다. 따라서 이론적으로는 탑재추진제 양을 기준으로 한 비추력은 무한대가 될 수 있을 만큼 극단적인 추진효율을 얻을 수 있다.

[그림 12.6]에는 1999년에 White Sands Missile Range의 미군의 협조를 받은 Leik Myrabo가 한 시험에서 궤도에 진입시키기 위한 목적으로 추진하는데 지상 기반의 레이저를 사용하여 실험한 Lightcraft를 나타낸다. 이 시험은 고다드 박사의 로켓 디자인의 첫 번째 비행 시험과 비교해서 그보다 100피트 높은 고도에 도달하는데 성공했다. 2000년에는 비행이 12.7초 동안 지속되었다고 새로이 기록되었으며, 233피트에 도달하였다.

그림 12.5 집속광 에너지 추진(Laser, Microwave)

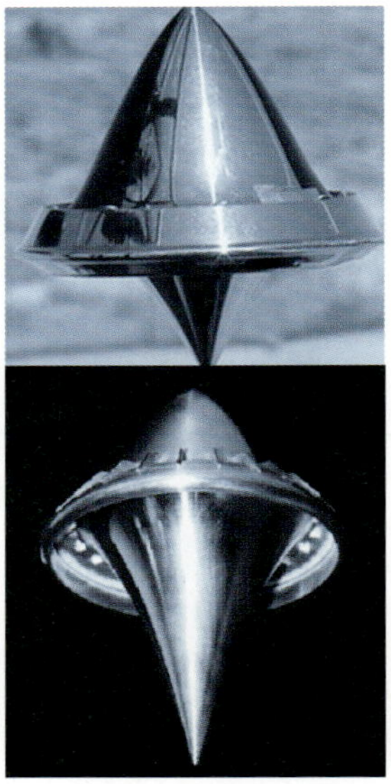

그림 12.6 집속광 에너지 추진(Light Craft)

12.2 우주로켓 미래추진기관

21세기 현재에는 각종 인공위성이 지구 저궤도로부터 지구 정지궤도에 이르기까지 지구 주위의 우주에는 어느 곳에나 항행할 수 있다. 1960년대에 인류가 달에 착륙한 뒤 귀환했으며, 무인우주선이 이미 명왕성을 지나 태양계의 최외각 내피 영역까지 도달하였으며, 1~2년 후에는 태양계를 완전히 벗어나게 될 것이다. 그러나 인류의 우주여행이 아직은 태양계의 내행성 우주여행에 한정되어 있으나, 만약 우주선의 항행속도가 광속에 비길 수 있는 정도로 초고속 우주로켓 미래추진기관을 제작할 수 있다면, 태양계 외계 항성 우주여행이 가능할 것이다. 이 경우를 가정하여 보자.

[표 12.2]에는 태양계에서 가장 가까운 4.3광년 거리의 Alpha Centaur로 무인우주선이 항행하여 도착하고 그곳에서 임무 결과를 송신한다고 가정하였을 경우의 임무 기간을 계산한 예이다. 이 무인우주선이 광속까지 가속될 수 있다면 가속 기간이 약 10년, 그리고 임무 결과가 송신되어 지구까지 전송되는데 4.3년이 걸려서 전체 임무 기간은 대략 14년이 소요된다. 마찬가지로 무인우주선이 0.1 광속까지 가속될 수 있다면 가속기간 1년, 항속기간 43년, 임무신호 전송기간 4.3년으로 전체 임무 기간은 약 48년이 소요된다.

이로부터 우리들은 먼 훗날의 태양계 외계 항성 우주여행을 고려한다면, 우주선의 항행속도가 대략 1/10 광속 수준은 되어야 한다는 것을 알 수 있다.

표 12.2 태양계 외계항성간 우주 항행 (태양계로부터 4.3광년 거리의 Alpha Centaur 항행의 경우)

최대 속도(광속)	가속기간 – 0.1g(년)	항속기간(년)	임무기간(년)
1.00	10	0	14
0.50	5	6	15
0.40	4	9	17
0.30	3	13	20
0.20	2	21	27
0.10	1	43	48
0.05	0.5	85	90

그리고 우주로켓 추진기관을 사용하는 에너지원과 추진기관 방식으로 분류한 것을 [표 12.3]에 표시하였다. 지금까지 주로 사용하고 있는 우주로켓 추진기관은 화학에너지를 사용하는 로켓만을 염두에 둔 것인데, 에너지를 직접 사용하는 면에서 분류하면 화학 에너지, 태양에너지, 원자력 에너지 등 크게 세 가지로 분류할 수 있다. 실제로 지금까지 주로 사용된 추진기관 자체는 화학 에너지 로켓, 전기추진 로켓 두 가지인데 전기추진은 우주선의 태양전지판으로부터 공급되는 전기 에너지를 이용하여 아크 추진기, 플라즈마 추진기, 이온엔진 등을 동

작하게 된다. 전기에너지는 2차 변환 에너지이고, 우주선이 사용하는 실질적인 1차 에너지는 앞서 설명한 화학 에너지, 태양 에너지, 원자력 에너지 세 가지 형태이다.

그러므로 우주로켓 미래추진기관에는 화학 에너지 우주로켓, 전기추진 로켓은 제외하고, 현재 최초로 시도되고 있고, 가까운 장래에 시현할 가능성이 있는 우주추진 미래추진기관으로서 대표적인 몇가지를 선별하여 설명한다. 여기에서는, 터더 추진기관(Tether Propulsion), 우주 엘리베이터(Space Elevator, 이것은 원리상으로는 집속광 추진과 동일한 방식이므로 이때 약간 부가적으로 집속광 추진방식을 설명한다), 태양풍 범선(Solar Sail), 그리고 질량발사기(Mass Launcher) 네 가지에 대해 해설한다.

표 12.3 우주로켓 추진기관과 사용에너지와의 관계

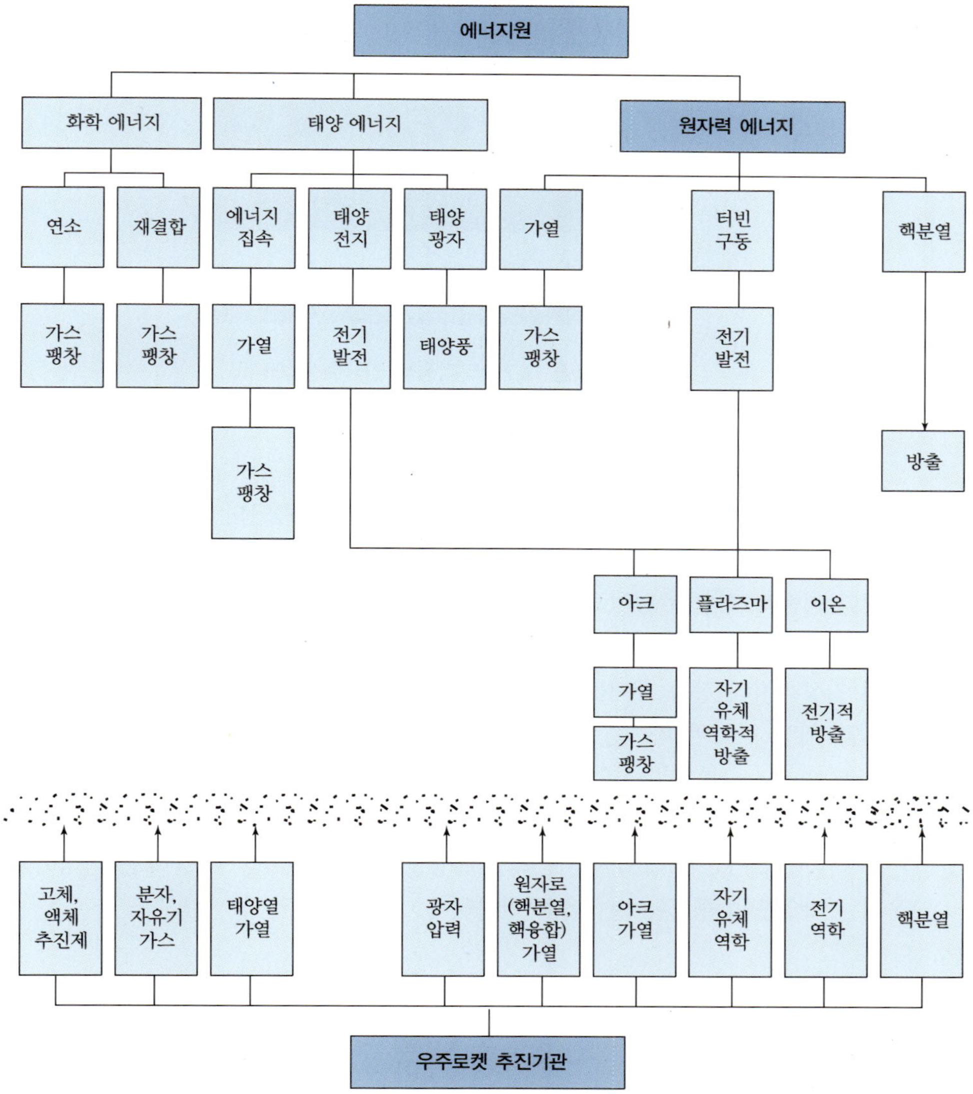

1) 터더 추진기관

터더(Tether) 추진 시스템은 우주선의 궤도를 바꾸기 위해 매우 길고 강한 케이블을 이용한 추진방식이다. 이러한 추진 형태의 우주선은 기존의 로켓엔진을 이용한 우주선보다 현저히 낮은 비용이 요구될 것으로 예상된다.

현재 쓰이는 터더로는 초고분자 폴리에틸렌, 탄소섬유와 같은 결정형 플라스틱이다. 근래에 이용 가능한 물질로는 이론적으로 최소 60GPa의 장력을 버틸 수 있는 탄소 나노튜브가 있다.

그림 12.7 터더장착 인공위성 개념도

1. 터더 추진의 역사

최초의 터더 추진 시스템은 치올코프스키의 연구에서 제안되었다. 그는 우주에까지 이를 만큼 높으면서 지구의 자전과 함께 회전하는 타워를 제안하였으나 당시에는 이처럼 높은 타워를 건설할 기술적 기반이 없었으므로 현실성이 없었다.

이후, 또 다른 러시아 과학자인 유리 아르츠노프는 보다 상세한 연구로 지구 정지궤도에서부터 지상까지의 장축 케이블의 전개를 제안하였다. 제롬 피어슨은 정지궤도 터더에 관하여 지구와 태양 사이의 라그랑주 점(Lagrangian point)인 L1, L2를 통과하는 달 엘리베이터(lunar elevator)를 연구하였다.

그리고 한스 모라벡은 이 아이디어를 정지궤도에서 비정지궤도까지 확장하여, 점점 가늘어지는 터더(tapered tether)를 이용해서 대상을 집어 다른 위치로(달 또는 화성이나 다른 행성) 옮기는 작업을 수행하는 방식을 제안하였다.

2. 건설

저렴한 비용으로 가장 원활한 업무 수행을 할 수 있도록 하기 위해서는 작은 밀도를 가지면서도 강한 장력을 버틸 수 있는 소재가 필요하다. 더 가볍고 더 효율적인 터더는 운반 가능한 유효탑재량과 관련이 있다.

2.1 건설 재료

터더 추진에 이용될 수 있는 소재로는 케블러(Kevlar), 초고분자 폴리에틸렌, 탄소 나노튜브, M5 섬유, 아이아몬드 등이 있다. 이들 중 M5 섬유는 많은 잠재성을 지닌 합성섬유로, 케블러나 스펙트라(Spectra)보다 가볍고 30mm 길이와 0.023mm 두께로 2000kg을 지탱할 수 있을 정도로 강인하다. 또한 580kg의 짐을 적재한 100개의 화물선이 달 엘리베이터를 따라 균일하게 위치한 것도 지탱할 수 있다. 또 다른 소재로는 T1000G 탄소 섬유, 스펙트라 200, 자이론

(Zylon)이 있다. 이런 모든 소재들은 1g의 중력장 안에서 몇 백 킬로미터 길이까지 끊어지지 않고 버틸 수 있다.

2.2 형상

케이블이 끊어지지 않고 스스로 지탱할 수 있는 길이를 초과하여 건설하기 위해서는 단면적이 아래로 갈수록 점점 넓어지도록 하여 길이에 따른 다양하게 바뀌는 하중을 버틸 수 있게 해야 한다. 가장 이상적으로는 모든 지점에서의 인장하중이 동일하도록 설계될 때이다. 또한 케이블은 우주에 떠다니는 미소 유성체나 우주 쓰레기 등의 충돌을 버틸 수 있어야 하므로 여분의 케이블로 보강하는 방법으로 이를 방지해야 한다.

3. 터더 추진 시스템

3.1 조수 안정화

중력 구배 안정화나 조수 안정화는 전기나 로켓 혹은 연료를 사용하지 않으면서도 저렴하고 신뢰성도 높다. 터더의 자세제어를 위한 작은 질량의 부분이 한쪽 끝에 위치해 있고 그 반대쪽 끝에는 인공위성이 있게 된다. 조수력은 두 질량 간의 터더를 잡아당기는데, 이러한 조수력에 대해서는 두 가지 설명이 있다. 첫 번째로는 위쪽 부분에 해당하는 질량이 원래 궤도에서보다 더 빨리 회전하고 아래쪽 부분은 더 느리게 회전하므로 여기에서 생기는 구심력 차이로 인해 터더가 조수력을 받게 된다는 것이다. 두 번째 설명으로는 높은 구조물에서 위쪽 부분의 무게가 아래쪽 부분보다 더 가벼우므로 여기에 작용하는 여분의 힘이 구조물을 잡아늘이는 힘으로 나타난다는 것이다. 지구에서는 이러한 차이가 그다지 큰 영향을 미치지 않으나 우주에서는 이러한 효과가 매우 크게 나타난다.

조수력의 결과로 위성은 돌고 있는 궤도에서 길이 방향이 궤도 중심의 행성을 계속 향하고 있도록 안정화된다. 단순한 인공위성은 종종 이러한 방식으로 안정화하는데, 이때 약간의 유체를 담은 진동자를 우주선 아래에 설치하여 유체운동의 마찰을 이용하는 방식을 쓴다.

3.2 전기동역학적 터더

지구나 토성과 같이 강한 자기장을 지닌 행성에서는 전도성 로토베이터(rotovator)가 전기역학적 터더로 구성될 수 있다. 또한 이는 터더를 감속하거나 각운동량 전력발생 동력계(dynamo)로도 사용 가능하다. 이렇게 터더는 우주선을 가속하거나 감속시키는 용도 모두 사용할 수 있다.

두 경우 모두에서 터더가 행성을 밀어내게 되고, 최종적으로는 행성으로부터 그만큼의 운동량을 얻거나 잃게 된다. 그런데 만일 터더가 회전하고 있다면 그 경향은 반대로 되어야 한다는 것에 유의해야 한다.

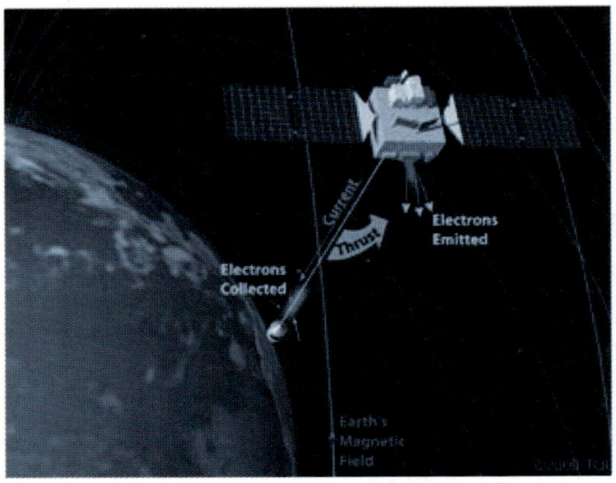

그림 12.8 전기 동력학 터더 추진

3.3 질량교환 터더

운동량교환 터더는 끝 부분이 매우 빠른 속도(1~3km/s)로 회전하는 것이다. 최고 속도는 소재가 견딜 수 있는 응력 한계에 의해 제한받지만 끝이 점점 가늘어지는 구조의 단면을 가졌다면 이 범위는 매우 크게 증가할 수 있다.

우주선은 터더 끝 부근에서 근접 비행(랑데뷰)을 하고 있다가 이를 걸쇠로 잡으면 터더의 회전에 의해 가속되고, 이로 인해 우주선의 속도가 바뀌면 이후 지점에서 분리되게 된다.

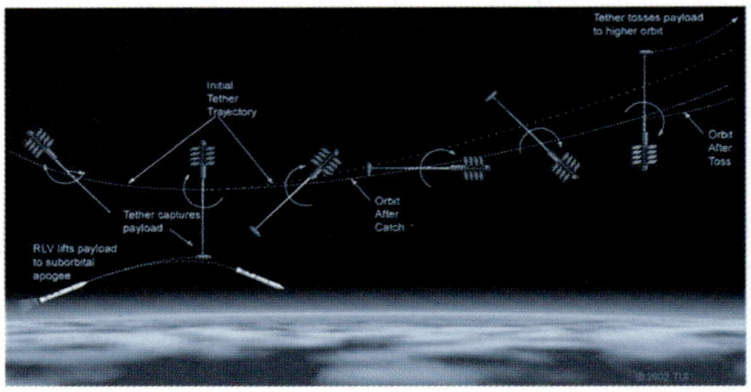

그림 12.9 운동량 교환 터더 추진

이러한 우주선의 가속의 대가가 없는 것은 아니다. 터더의 운동량과 각운동량의 변화는 에너지를 필요로 하고 이는 어디선가 보상되어야 한다. 이에 대한 보상으로는 다단계 연료 로켓보다 훨씬 저렴한 태양열 패널에서 생산되는 전력과 같은 에너지를 사용할 수 있다.

또한 로터베이터(rotovator)는 로터베이터의 운동량을 크게 하는 만큼 다가오는 우주선의 속도를 떨어뜨릴 수도 있다. 만일 평균적인 내외부로의 교환량이 같다면 여기에는 아무런 에너지가 소모되지 않으므로 보상이 필요하지 않다.

3.4 로토베이터

로터베이터(rotovator라는 용어는 rotor와 elevator에서 파생된 단어)는 터더의 중심에 대해 상대적으로 후퇴 운동을 함으로써 운동량 교환 터더가 될 수 있다. 지상이나 달의 표면에서 보았을 때 정지해 있는 것처럼 보일만큼 터더의 끝이 매우 빠른 속도(일반적으로 1~3km/s)이므로 어떤 경우에는 궤도 속도를 상쇄시키기도 한다. 달이나 화성과 같이 저궤도 속도가 매우 낮은 행성의 경우, 저궤도의 로터베이터는 땅에 닿게 할 수도 있어 저렴한 운송수단이나 발사체로 쓰일 수도 있다.

3.5 달-지구 운송 시스템

이 시스템은 계속적으로 에너지가 투입되어야 할 것처럼 보이지만 실제로 달 표면은 비교적 위치 에너지가 큰 상태이므로 상당한 양의 연료를 소모하는 일이 없으므로 적재물을 달 표면에서 지구 저궤도까지 보내기에 효과적이다.

로터베이터는 이렇게 운동량 교환으로 충전이 가능하다. 운동량 충전은 로터베이터가 일정량의 질량을 높은 위치 에너지의 위치에서 낮은 위치 에너지의 위치로 가져오면서 이루어진다. 낙하하는 물질로부터의 에너지가 로터베이터의 회전을 빠르게 한다. 예를 들어 두 개나 세 개의 로터베이터를 이용하여 달과 지구 사이에서 달 표면의 물질을 지구 저궤도로 실어 나르는 시스템을 생각하는 것도 가능하다. 운동량과 에너지 교환이 이런 방향으로의 유동과 균형을 이루고 있다면 이 시스템은 안정적으로 운용될 수 있다. 이와 유사한 로터베이터 시스템이 태양계에 대해 이론적으로 공개되었다.

3.6 HASTOR-지구발사체 보조 로토베이터

불행하게도 로터베이터와 적재물의 무게를 감당할 만한 터더의 두께와 질량이 비경제적으로 너무나 커서 현재로서는 지구 중심의 로터베이터의 건설이 불가능하다. 그러므로 더 적은 응력을 달성하기 위하여 지상에서 정지 속도로 화물을 실어올리기보다는 움직이는 수송 수단 등을 이용하여 화물을 싣는 방법도 있을 것이다. 예를 들어 로터베이터는 대기권 상층에서 마하 12로 비행하는 비행체를 집어서 로켓의 도움 없이 이를 궤도상에 올려놓거나, 대기권 비행을 할 수 있도록 지상으로 끌어내릴 수 있다.

이것은 로켓이 낮은 고도에서 속도를 내기에 보다 더 쉬운 방법이므로 소위 '단단터더진입(single stage to tether: SSTT)'가 제안되기도 하였다. 터더에 의해 공기흡입 비행체나 로켓이 한 번 비행할 때마다 드는 엄청난 양의 연료를 절약하기도 하고 또한 그만큼 더 단순한 구조의 비행체 혹은 더 많은 적재량을 가능하게 해주기도 한다.

보다 실용적인 로터베이터에 대한 개선책으로 여러 개의 걸쇠를 더 추가하여 다른 운동량 전달을 달성하거나, 혹은 선형 모터를 추가하여 우주선이나 적재물을 터더 속도보다 더 큰 속도로 가속시키는 방안이 있다.

그림 12.10 전기동력 터더추진-터더 발진 보조

3.7 하늘고리(Skyhooks)

조수 안정화 터더는 "하늘에 떠 있는 빗장" 이라 하여 소위 '하늘고리(skyhook)' 라고 불린다. 이 용어는 이탈리아 과학자인 죠세프 콜롬보에 의해 소개되었다. 하늘고리는 각 궤도에서 정밀하게 회전하여 항상 몸체로부터 같은 방향을 향하고 있다.

이것은 지구에서 가장 근접한 끝단의 속도가 일반적으로 마하 12 정도인 탓에 초음속 터더라고도 불린다. 보다 긴 터더는 더 느린 속도로 움직이는데, 지표 속도의 한계로 재 분류된다. 비행체나 궤도 아래의 운송 수단은 적재물을 하늘고리의 끝단까지 운반한다. 하늘고리 디자인은 일반적으로 적재물을 끝단까지 운반할 승강기를 필요로 한다.

로버트 레이몬드 보이드와 디미트리 데이빗 토머스(록히드 마틴 사)는 이 승강기 아이디어를 2000년에 '우주 엘리베이터(space elevator)' 라는 이름으로 특허를 얻었다. 로버트 포워드 박사와 로버트 호이트 박사에 의해 설립된 Tether Unlimited 사는 이러한 방식을 터더 발진 보조(Tether Launch Assist)라고 불렀다.

3.8 우주 엘리베이터(Space elevator)

우주 엘리베이터(beanstalk)는 행성체에 부착된 로토베이터로, 지구에서를 예로 들면 지구 적도면에서 지구 정지 궤도까지 가는 것을 말한다.

콩줄기(beanstalk)는 행성 본체의 각운동량을 바로 이용하므로 로토베이터와 달리 추력을 필요로 하지 않는다. 다만 문제는, 콩줄기는 현재 알려져 있는 소재로는 건설이 불가능하다는 것이다. 지구에 구축될 콩줄기는 현재의 기술적 한계를 뛰어넘는 수준을 요구하는데, 현재로는 달이나 화성 혹은 포보스에서의 콩줄기는 건설 가능하다.

콩줄기는 또한 로토베이터에 비해 훨씬 더 많은 양의 위치에너지를 가지고 있으므로, 만일 무거운 부분에서 균열이나 붕괴가 발생하면 이는 근지구궤도 속도의 여러 파편들과 지구의 충돌을 야기시키게 될지도 모른다. 대부분의 예상되는 케이블 설계에선 이들이 지표에 충돌하기

전에 다 타버리도록 되어 있다.

3.9 터더 사출기 시스템(Tether cable catapult system)

두 개 또는 더 긴 전도성 터더(conducting tethers)가 곧은 선에 굳게 묶여 있는 터더 케이블 케터펄트 시스템은 무거운 질량을 가진 부분에 부착되어 있다. 전력은 터더에 사용되고 선형 자석 모터가 있는 장치에 의해 속도가 더해지게 된다. 그 장치는 케이블을 따라 스스로 밀어 올리는데 사용된다. 케이블의 끝 부분에 그 장치가 적재물을 풀어놓으면서 속도를 늦추다가 정지하게 되면 적재물은 굉장히 높은 속도로 운반된다. 이 시스템에서 계산된 최대 속도는 음속의 30배보다도 더 높고, 초속 30km의 속도도 가능해 보인다.

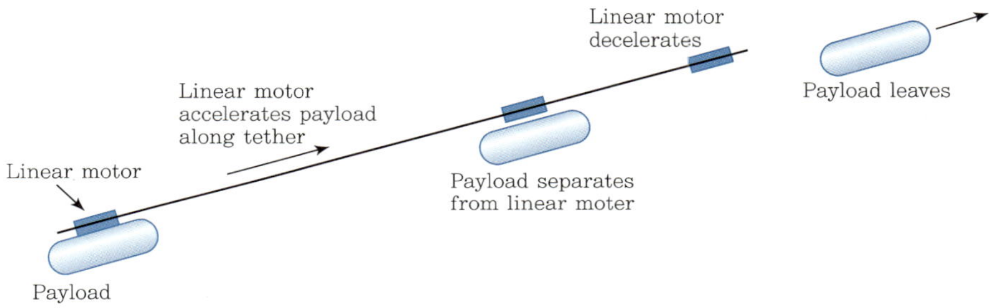

그림 12.11 전방 사출 개념

4. 해결할 문제점

4.1 단원자 산소

저궤도에 있는 물체는 단원자 산소에 의해 크게 부식될 위험에 처하기 쉽고 고궤도에 있는 물체는 빠른 속도로 인하여 원자들의 충돌이 높은 반응성으로 충돌할 가능성이 크다.

4.2 미소 유성체 및 우주쓰레기

단일 터더는 미소 유성체나 우주 쓰레기로 인해 쉽게 절단될 수 있다. 우주공간에서 10km 길이의 단일 터더의 수명은 고작 5시간 정도이다. 이는 고작해야 터더 사용이 가능함을 보여줄 정도밖에 되지 않을 것이다.

이를 개선시키기 위해 여러 시스템들이 제안되었는데, 미군의 해군 조사 연구소에서는 폭신

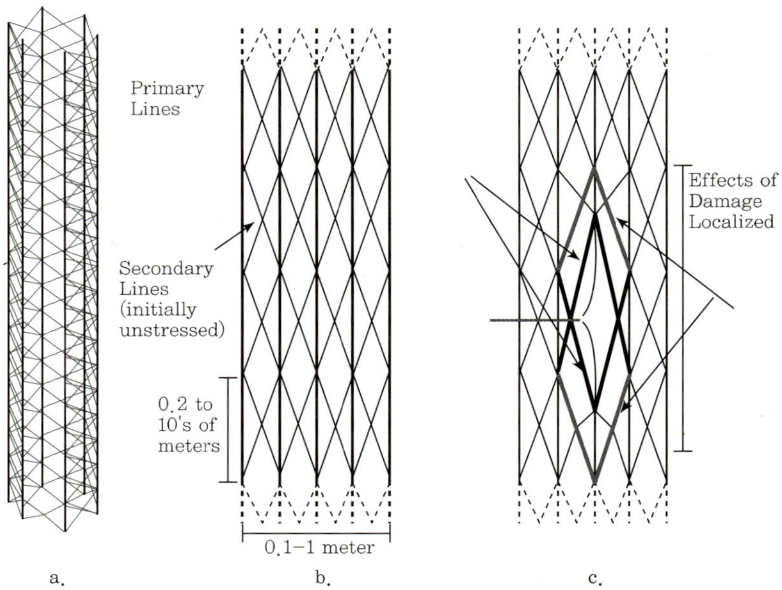

그림 12.12 호이터더(Hoytether)

한 실을 이용하여 터더를 장기간 날리는데 성공하여 몇 년 동안 잘리지 않은 채로 유지되었다고 보고되었다. 또 다른 제안으로는 로버트 호이트 박사가 고안하여 특허를 낸 방안으로 테이프나 천 등을 이용하는 것이 있다. 천의 섬유 가닥들이 잘려진 섬유 가닥 주위로 자동적으로 재배열되는데 이를 호이터더(Hoytether)라고 부르고, 이는 이론적으로 수십 년의 수명을 갖는다.

큰 조각의 쓰레기 역시 여전히 많은 수의 터더를 자르고 있지만 이들은 오늘날 레이더에 의해 추적이 되고 예상 가능한 궤도에 있으며, 터더는 이들과 충돌이 일어나기 전에 추진기를 이용하여 피할 수 있다.

4.3 재료강도

콩줄기와 로토베이터는 현재의 이용 가능한 소재들의 강도로 인해 제한받고 있다. 비록 초고강도 플라스틱 섬유(Kevlar, Spectra)가 달이나 화성 표면으로부터 물질들을 뽑아올릴 수 있도록 해줄지 몰라도 지구 표면에서 로토베이터를 끌어올리지는 못한다. 이론적으로, 높이 나는 초음속기는 적재물을 지구의 대기 상층부, 다시 말해 지구 열대 지역 전반에 예상 가능한 지역으로 급하강하는 로토베이터로 옮길 수 있다.

4.4 진동

컴퓨터 모델을 보면 빈번하게 진동으로 인해 터더가 끊어지는 결과를 보인다. 기계적 터더 조작 장치는 대개 놀라울 정도로 무거워 진동 감쇠를 통제하는 것이 매우 복잡하다. B. 에드워드 박사로부터 그의 우주 엘리베이터를 위해 제안된 1톤짜리 상승기는 대부분의 진동들을 속도와 방향을 변화시킴으로써 감지하고 억제할 수 있다. 상승기는 또한 더 많은 섬유 가닥을 회전함으로써 터더를 고치거나 증대시킬 수 있다.

흔들거리는 줄을 포함하여 문제가 될 수도 있는 진동 모드는 횡방향, 종방향의 진동이다.

터더는 대부분 점점 가늘어지는 형상으로 설계되며, 이는 채찍과 같이 진동이 가장 가느다란 끝단에서 매우 크게 증폭될 수 있음을 보여준다.

4.5 우주적재물 포획

로토베이터를 위한 적재물 포획은 사소한 것이 아니며, 포획에 실패하는 것은 큰 문제를 야기시킬 수 있다. 그물을 던지는 것과 같은 몇몇 시스템들에서 계속하여 새로운 방법들이 제안되어 왔지만 모두 무게나 복잡함으로 인해 또 다른 실패를 더할 뿐이었다.

4.6 시스템 수명

오늘날, 인장에 가장 강한 소재들은 자외선과 (궤도에 따라)산소에 의한 부식을 차단하기 위한 코팅이 요구되는 플라스틱이다. 잔류하는 열의 폐기는 진공 상태에서는 어려우므로 과열은 터더의 실패나 손상을 야기시킨다.

4.7 제어 및 궤도역학 모사

터더는 구형의 물체가 아니고, 매우 넓은 크기를 가지고 있다. 말하자면 길게 확장된 구조물로서, 이것은 점광원으로서 바로 모형화 가능한 것이 아니라 질량의 중심과 중력의 중심이 같은 장소에 위치하지 않는다는 것을 말한다. 역제곱 법칙이 터더의 전체적인 행동에 대한 넓은 범위를 제외하고는 적용되지 않는다는 것을 말한다. 이것은 예측과 모델링을 매우 어렵게 한다.

2) 우주 엘리베이터

우주 엘리베이터(Space elevator)은 지상에서 우주로 이동하는 대형 운송 수단을 지칭하는 말이다. 이는 종종 콩줄기(beanstalks), 우주 교각(space bridges), 우주 승강기(space lifts), 우주 사다리(space ladders), 하늘고리(skyhooks), 궤도탑(orbital towers), 궤도 엘리베이터(orbital elevators)라고 불리기도 한다.

우주 엘리베이터를 만드는 방식으로 터더가 유력하게 거론되고 있다. 이 방식은 적도 근방에서 정지궤도 밖까지 이어지는 케이블을 이용하는 것으로 지구의 회전에 의한 관성에 의해 케이블을 팽팽하게 유지한다. 이론적으로 터더 방식은 로켓 발사 비용에 비해 매우 적은 금액으로 화물을 정지궤도까지 옮길 수 있을 뿐 아니라 로켓이 불필요하여 이로 인해 유발되는 많은 환경 문제를 해결할 수 있다.

현재의 기술력으로는 지상에서 정지궤도까지 이어지는 우주 엘리베이터을 만들 수 있을 만큼 강하고 가벼운 재료를 만들 수 없다. 지구의 중력을 고려할 때 우주 엘리베이터를 만드는데 소요되는 물질의 총 질량은 구조물을 이루는 재료의 강도와 밀도에 기하급수적으로 비례하여 증가하기 때문이다. 최근에는 탄소 나노 튜브를 터더 설계 단계서부터 고려하여 우주 탐사와 나노 기술의 연계를 통해 우주 엘리베이터을 만들자는 의견이 대두되고 있다. 이와 함께 달의 중력이 지구에 비해 20배나 작기 때문에 달에서 지구-달 라그랑주 점 (Earth-Moon Lagrangian point)에 이르는 우주 엘리베이터는 현재 상업화된 물질을 이용해 충분히 만들 수 있고 이를 통해 달의 자원을 활용하는데 혁명적인 변화를 불러올 수 있을 것으로 기대하고 있다.

우주 엘리베이터의 핵심 개념은 1895년 러시아 과학자 Konstantin Tsiolkovsky에 의해 만들어졌다. 그는 지구의 자전과 함께 회전하는 케이블 끝에 정지궤도에 놓인 성 (celestial castle)을 제안하였다. 이 성은 해발고도 35,790km에 지어졌으며 정지궤도에 머물 속도로 회전하고 있기 때문에 여기서부터 발사되는 물체 역시 로켓의 힘을 빌리지 않고 정지궤도에 머물도록 할 수 있었다.

그러나 20세기에 들어오면서 이러한 개념은 운용 상태를 유지하기 위한 인장강도를 가지는 재료의 부재로 인해 불가능한 일로 받아들여졌다. 1959년 러시아의 과학자 Artsutanov는 이 문제를 해결하기 위해 정지궤도의 위성에서부터 타워를 건설하고 무게 중심의 변화를 막기 위해 대응중량을 지구 반대 방향으로 증가시키는 방법을 제안했다.

뿐만 아니라 35,000km 길이의 케이블을 제작하는 일은 매우 어려운 일이었다. 1966년 4명의 미국 과학자들은 Sky-Hook라는 개념을 〈Journal Science〉에 발표하였다. 그들은 우주 엘리베이터를 만들기 위해서는 단면 특성이 일정한 곧은 케이블이 필요하며 이들의 강도는 현존하는 모든 재료들에 비해 2배 이상 강해야 한다고 주장했다.

1975년 또 다른 미국의 과학자 Jerome Pearson은 우주 엘리베이터에 대한 분석을 수행하여 〈Journal Acta Astronautica〉에 발표했다. 그는 테이퍼진 단면을 가진 케이블을 이용한 엘리베이터을 설계하였으며 이 케이블은 궤도에서 가장 두껍고 지상에서 가장 얇은 두께를 가지도록 고안되었다 그는 적절한 두께 분포를 얻기 위해 달의 인력, 바람과 화물의 이동에 의한 교란을 고려하였으며 이 디자인에 의하면 대응중량은 144,000km까지 건설될 필요가 있었다.

그림 12.13 우주 엘리베이터 상상도

1979년 우주 엘리베이터는 동시에 출간된 C. Clarke와 Charles Sheffield의 소설을 통해 일반인에게 알려지게 된 이후 1982년 Heinlein의 소설, 1999년 Larry Niven의 소설 등에서 계속해 등장하게 된다.

1990년대에 탄소 나노 튜브가 발명된 이후 NASA의 연구원 David Smitherman은 이 탄소 나노 튜브의 강도가 개념에 그치지 않았던 Sky-Hook의 현실화를 가능하게 할 것이라 생각하고 많은 기술자와 연구원을 초청하여 현실화 방안에 대해 워크숍을 가졌다.

또 다른 미국 과학자 에드워드는 탄소 나노 튜브를 이용하여 100,000km 길이에 달하는 종이 두께의 리본의 제작을 제안하였다. 초기 개념 설계에 대한 투자는 NASA에서 지원하였으나 에드워드에 의한 방식은 터더 제작에 필요한 재료의 한계에 봉착했다. 계산에 따르면 에폭시 기반 탄소 나노 튜브는 최소한 130Gpa(안전계수 2)의 인장강도를 가져야하지만 2,000개의 샘플 실험 결과 최대 63Gpa의 강도만을 얻을 수 있을 뿐이었다.

2005년 7월 27일, LiftPort Group는 뉴저지 Millville에 탄소나노튜브 공장을 설립하고 여러 유리, 플라스틱 및 금속회사에 탄소 나노 튜브를 공급하겠다고 발표하였다. 같은 해 9월 9일 회사는 FAA로부터 우주 실험 허가를 받았고 그에 따른 실험은 성공적이었다.

우주 엘리베이터를 만들기 위해 다양한 디자인의 터더가 고안되고 있으며 이들은 대부분 본부 정류장, 케이블, 상승기, 그리고 대응중량으로 이루어져 있다.

그리고 본부 정류장의 디자인은 크게 이동형과 고정형으로 나눈다. 이동형의 경우 공중 정류장과 같이 큰 원양어선 형태를 가지고 있으며, 고정형의 경우 타워의 끝과 같이 고고도 위에 위치하는 형태이다.

케이블은 매우 큰 밀도당 인장강도비를 가져야 한다. 경제성 있는 우주 엘리베이터의 제작에는 밀도가 흑연 정도이면서 인장강도는 65~120 Gpa 정도의 케이블을 대량 생산이 필요하다.

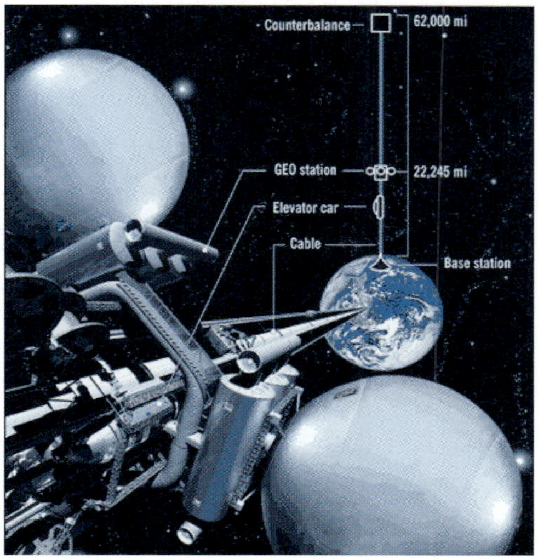

그림 12.14 우주 엘리베이터의 작동

3) 태양풍 범선

1. 태양풍 범선의 특성

태양 돛(빛 원천을 태양이 아닌 다를 것을 사용할 때, 광풍 범선(light sail), 혹은 광자 범선(photon sail)이라고도 부른다)은 큰 박판 거울을 사용하여 우주선 추진을 하는 형태이다. 태양풍 압력은 작고 빛 원천과의 거리에 제곱에 비례하여 감소한다. 그러나 태양 돛은 로켓과 다르게 반응 물질이 필요하지 않다. 비록 추력은 작지만 빛 원천이 계속 있고 돛이 전개돼 있는 한, 추력은 계속 지속된다. 이론적으로 광풍 범선은 지구로부터의 레이저에 의해 우주선이 목적지에 다가갈 때 속도를 감속시키는데 사용될 수도 있다.

빛을 모으는 온도 조절 판넬과 태양 차단막도 경우에 따라서는 연료 없이 우주선과 위성의 자세와 궤도를 조절하는데 적절한 태양 돛으로 사용될 수 있다. 이 절약된 연료는 비행과 자세를 제어하는데 사용되곤 한다. 일부는 심지어 이러한 목적으로 사용하기 위하여 작은 태양 돛을 달기도 한다. 예를 들면 EADS Astrim사에서 만든 Eurostar E3000 정지통신위성은 횡단 각운동량을 줄이기 위해 태양 돛을 태양전지에 부착하여 사용한다. Mariner 10과 같은 일부 무인우주선은 이러한 방법을 이용하여 사용 수명을 상당히 연장시킨다.

태양 돛의 과학적 원리는 잘 증명되어 있지만 큰 태양 돛의 운영기술은 아직 개발이 미비하다. 우주임무 계획자들은 아직 태양 돛이 펴지는 방법과 조종 메커니즘이 검증되지 않은 수천만 달러의 우주임무를 위험을 무릅쓰고 수행하지 않는다. 이 경시 현상은 일부의 열성적인 사람들로 하여금 Cosmos 1호와 같은 개인적인 개발을 시도하게끔 하였다.

처음 개념에 대한 제안은 17세기 독일의 천문학자 Johannes Keper였다. 그 후 1920년에 십수 년 동안 점차 수정하여 Friedrich Zander가 다시 제안하였다. 그리고 최근 1984년에 과학기술 공상소설 작가인 Robert L. Forward의 기사에 의해서 광풍 범선에 큰 관심이 쏠렸다.

우주선은 태양과 다른 원천으로부터 빛을 반사시키는 큰 박막 거울을 전개한다. 거울에서의 태양압력은 반사되는 광자에 의해 아주 작은 양의 출력을 발생시킨다. 기울어진 반사 돛에 반사된 태양광은 돛에 수직인 방향으로 추력을 발생시킨다. 대부분의 설계는 큰 태양 돛의 자세를 변화시킬 수 있는 작은 태양 돛으로서 보조의 날개를 사용하여 조종을 하곤 한다. 날개는 전기 모터에 의해서 작동한다.

이론에서 광풍 범선은 지구로부터 레이저나 다른 빔에 의해 멀리 떨어진 별이나 행성에 우주선이 다가갈 때, 일부 돛을 분리하여 그것을 사용하여 빔을 나머지 돛의 앞면에 집중시킴으로써 속도를 감속하는데 사용할 수 있다.

돛은 궤도를 돌때 사용한다. 그러므로 태양으로부터 정면을 향해 가거나 멀어질 때 혹은 그냥 떠있을 때는 사용할 필요가 없다. 거의 모든 미션이 행성이나 태양으로부터 멀어지거나 가까워지기보다는 오히려 궤도를 변경하는데 돛을 사용하곤 한다. 돛은 행성 주위의 궤도를 돌 때 천천히 회전한다. 그래서 추력은 높은 궤도나 혹은 낮은 궤도로 이동해야 할 때, 궤도 이동 방향으로 사용한다. 궤도가 행성으로부터 충분히 벗어났을 때, 돛은 태양을 도는 궤도를 유사하게 항해하기 시작한다.

임무의 가장 중요한 부분은 태양 근처로 갈 때 태양 돛의 현상에 있다. 빛이 강해질수록 돛의 효율은 높아지기 때문이다. 이러한 이유로 모든 돛은 예상되는 열보다 훨씬 높은 온도까지 견딜 수 있게 설계된다. 태양에 가까이 갈수록 짧은 거리에서의 태양 극점 조사, 태양 조사와 캐플러 원형 궤도가 아닌 행성으로부터의 태양 복사의 변화로 인한 주변 환경, 태양을 지나쳐 갈 때 얻는 매우 빠른 속도와 같은 다른 조사들을 수행한다. 이러한 태양 돛 추진은 19세기 초까지 생각지 못했던 핵융합 로켓 시스템보다도 훨씬 크고 훨씬 빠른 속도로 태양계를 탈출할 수 있게 할 것이다.

비록 돛이 모두 금속 돛으로 이루어져야 하지만 우주선의 질량 대 돛 면적 비가 매우 낮은 값을 차지할 필요가 없어졌다. 이 비행 방법은 또한 빠른 태양 항해 방법으로 알려졌다. 수학적으로 검증된 이런 항해 방식은 NASA의 Marshall에서 미래의 성간 탐사장치의 한 가지 방법으로서 태양계를 넘은 공간을 탐험하기 위해 고려되었다.

모든 이론적 성간 임무 연구들은 큰 출력의 레이저를 직접적인 임펄스 빔을 이용하여 태양 돛을 추진시킨다. 추력 벡터는 태양으로부터 멀어져 목표를 향해 다가간다.

태양 돛은 고도 800km 이하의 지구 저궤도에서는 대기와의 충돌로 인한 항력으로 그렇게 잘 가동되지는 못한다. 그 이상의 고도에서 태양 돛은 아주 작은 가속도로 속도가 점점 증가하여 몇 달 후가 되면 유용한 정도의 속도를 갖게 된다. 태양 돛은 물리적인 크기가 매우 크고 적재물은 대부분 작은 크기이다. 지금까지는 태양 돛을 전개하는 것이 가장 큰 난제이다.

태양 돛은 반드시 태양에 의한 감속에 직면하게 되므로 태양을 벗어나는 행로로 탐사하기 위해서는 루프를 외행성 뒤를 향해 정렬해야 할 것이다.

몇 명의 권위자는 태양 돛이 그들의 광원을 향해서는 갈 수 없다고 주장해왔다. 그러나 이것은 진실이 아니다. 특별한 경우 돛은 추력을 사용하여 궤도 운동에서 벗어나 태양을 향해 갈 수 있다. 이것은 그 궤도의 에너지를 낮추는 것으로 나선을 그리면서 태양을 향해 가게 된다.

현재(2008년)까지 가장 높은 추력/질량비 설계는 Eric Drexler에 의해 이론적으로 디자인되었다. 그는 순수 인장 구조로 지지하는 얇은 알루미늄 필름을 이용하여 돛의 반사 판넬을 설계하였다. 그것은 회전했고 적은 추력을 계속적으로 얻었다. 그는 연구소에서 필름의 샘플을 만들고 다루었으나 금속은 접고, 발사하고 전개하는데 너무 섬세하여 견딜 수가 없었다. 때문에 설계는 우주에서 사용하기에 신뢰성이 있는 생산물을 필름으로 사용하였고 전개될 수 있는 인장 구조물을 결합시켰다. 이렇게 설계된 돛은 플라스틱 필름이 배치된 설계보다 훨씬 더 큰 가속도를 제공하였다.

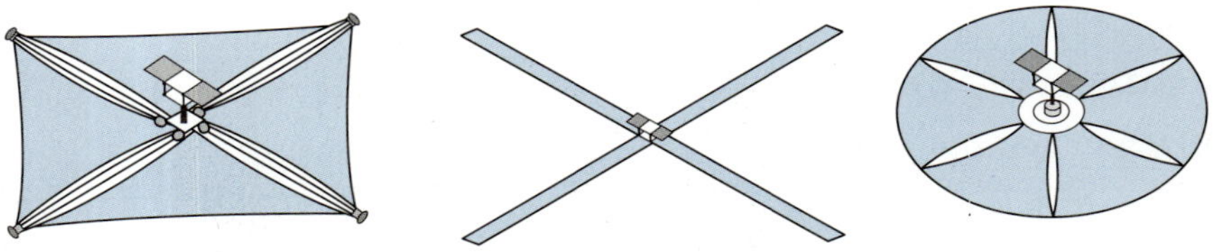

직사각형 범선　　　헬리오 자이로(Heliogyro)　　　회전판 범선

그림 12.15 각종 태양풍 범선의 구조

질량에 비해 가장 높은 추력을 내는 설계는 돛의 뒷면에 돛대와 고정 줄을 가지고 있는 사각 돛이다. 대개 4개의 돛대를 가지고 돛의 코너에 펼쳐져 있으며 중앙의 돛은 가이드 와이어를 고정시키기 위해 존재한다. 가장 큰 이점 중 하나는 고온 지역이 없다는 점이다. 그리고 돛은 태양으로부터 구조물을 보호할 수 있다는 것이다. 따라서 이 형태는 큰 추력을 얻을 수 있는 태양에까지 매우 가까이 갈 수 있다. 조종은 아마도 날개 뼈대 끝에 작은 돛을 사용할 것이다.

1970년에 JPL은 헬리 혜성과 만나기 위한 임무를 수행하기 위해 회전 블레이드와 회전 원형 돛의 광범위한 연구를 했다. 목적은 이런 구조물들이 각 운동량(angular momentum)에 의해 강도가 견고하여지는 것으로 스트라트를 제거하고 무게를 줄이는 것이었다. 모든 경우에 매우 높은 인장력이 동적 하중을 견디기 위해 필요했다. 약한 돛들은 돛의 자세를 변화시킬 때 출렁거리거나 진동하였다. 그리고 진동은 구조적 결함의 원인이 되었다. 그래서 추력/질량 비율 차이가 거의 0이 되었고 정적 디자인은 조절하기가 훨씬 쉬워졌다.

JPL의 참조 디자인은 헬리오 자이로(heliogyro)로 불렸다 그리고 그것은 회전으로 인한 구심력을 이용하여 플라스틱 필름 블레이드를 전개하였다. 우주선의 고도와 방향은 다양한 방법으로 헬리콥터와 같이 블레이드의 각도를 변화함으로써 완벽하게 제어할 수 있었다. 비록 사각 돛에 비교하여 질량을 줄이지는 못했지만 strut-based 설계보다 훨씬 간단하게 돛을 전개할 수 있기 때문에 매력적인 방법이다.

JPL은 또한 원형 범선을 개발하였다. 판넬은 회전하는 우주선의 모서리에 부착되어 있다. 판넬은 전체 면적의 5%에 해당하는 얇은 틈이 있다. 라인은 한쪽 돛에서 다른 쪽 돛의 모서리로 연결되어 있다. 무게는 돛을 팽팽하게 당겼을 때, 태양파 압력에 의한 원뿔에 의해 이 라인들의 중심에 온다. JPL 연구자들은 이것은 큰 구조물을 만들 때 충분히 매력적인 돛 설계라고 말한다. 특히 내부의 링은 인공의 중력을 대략적으로 화성 표면의 중력과 비슷하게 만들 수 있을 것이다.

NASA의 Cosmos 1호는 진공실에서 이루어진 축소 스케일의 돛 전개 실험을 성공적으로 통과하였다.

아직까지 어떤 태양 돛도 주요 추진 시스템으로서 성공적으로 배치되지는 못하였지만 이 분야에서의 연구는 계속되고 있다. 2004년 8월 9일, 일본의 ISAS는 두 개의 원형 태양 돛을 우주탐사 로켓으로 실어올려 우주에 배치하는데 성공하였다. 클로버 형태와 부채 형태의 태양 돛이 각각 122km, 169km 고도에 전개되었는데 두 돛 모두 7.5μ m 두께의 박막을 사용하였다.

그림 12.16 Cosmos 1

2. 태양풍 범선 재료

현재 알려진 가장 우수한 소재는 대부분의 빛의 파장의 1/2보다 작은 크기의 구멍을 갖는 알루미늄 그물이다. 나노미터 크기의 안테나는 적외선처럼 열에너지를 방출한다. 비록 시험용이 제작되기는 하였지만 현재 알려진 기술로는 이것을 펼치거나 풀기에 이 소재가 너무 파괴되기 쉽다.

현재 설계에서 가장 일반적인 소재는 알루미늄화된 2μ m의 캡톤 박막이다. 이것은 태양 근처의 열을 견딜 수 있고 상당한 강도로 계속하여 유지될 수 있다. 알루미늄 반사막은 태양 쪽을 향하고 있다. Cosmos 1호의 돛은 알루미늄화된 PET 박막을 사용하여 만들어졌다.

1998~9년에 NASA Institute for Advanced Concepts의 지오프레이 랜디스 박사에 의한 연구에서, 레이저 광풍 범선(light sail)과 탄소섬유에서의 알루미나와 같은 다양한 소재가 이전의 표준 알루미늄이나 캡톤 박막보다 우수하다는 것을 보여주었다.

2000년에, 에너지과학 연구소들은 태양 돛에 유용하게 쓰일 수 있는 새로운 탄소섬유 소재를 개발하였다. 이 소재는 상용 태양 돛 설계보다 200배 더 두껍지만 다공성인 탓에 무게는 같다. 이 소재의 강도나 내구성은 합성 박막보다 훨씬 억센 태양 돛을 제작할 수 있고, 또한 자가전개가 가능하고 더 높은 온도를 견딜 수 있다.

현재 돛에 부딪히게 될 빛의 파장의 1/2보다 작은 간격의 나노 튜브 그물을 기반으로 하여 분자 조작 기술을 이용한 보다 고급의, 더 강한, 초경량 돛 소재에 대한 이론적 검토가 몇몇 곳에서 이루어지고 있다. 이러한 소재가 아직까지는 오로지 연구소의 제한적 조건에서 생산될 뿐이고 산업적으로 생산되지는 않고 있지만 이 소재는 무게가 0.1g/m^{2}보다 더 가볍도록, 즉 현재 쓰이고 있는 그 어떤 돛 소재보다 적어도 30배는 가볍도록 만들 수 있다. 비교하자면, 5μ m 두께의 Mylar 돛 소재는 7g/m^{2}의 수준이고 알루미늄화된 캡톤 박막은 12g/m^2 이상이지만, 에너지과학연구소에서 새로 개발한 탄소섬유 소재는 3g/m^2 이다.

태양 돛을 사용한 우주선은 태양 혹은 지구에 대해 정체해 있는 채로 태양 근접 궤도에 올

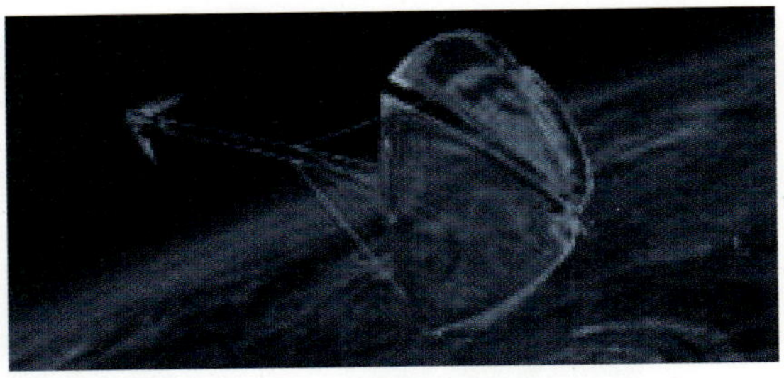

그림 12.17 태양풍 범선, 기발한 두쿠백작(Count Dooku)

려질 수 있다. 이는 돛에 의해 제공되는 추력과 태양 중력에 의한 위치에너지가 상쇄되므로 가능한데, 이러한 궤도는 오랜 기간 동안 태양의 특성을 연구하는데 매우 유용하다.

Cosmos 1호의 손실에도 불구하고 전세계의 과학자들과 엔지니어들은 여전히 태양 돛에 대한 연구에 몰두하고 있다. 저렴한 적재물 수송 수단으로서 돛을 활용하는 방안에서 더 나아가 몇몇 과학자는 태양 돛을 이용한 인간 수송에 대한 가능성을 타진하고 있다. 이러한 목표는 1 km^2 이상의 면적을 가진 매우 거대한 태양 돛의 개발과 운용에 직접적으로 관련되어 있다. 그러므로 태양 돛에 대한 단기간(중기간) 목표로는 승무원이 없는 무인 임무를 여러 번 수행함을, 그리고 이후엔 그 이상의 것을 이루는 것이 목표가 될 것이다.

4) 질량발사기

질량발사기에는 램가속기(Ram Accelerator), 전자기 가속기(Elecromagnetic Accelerator), 자기부상 가속기(Maglev Accelerator) 등을 들 수 있다. 모두 약 3~4km 정도의 직선가속기를 운영하여 지상에 거대한 가속기 시설물을 설치, 운영하고 우주발사체의 화물과 제3단 로켓만을 20~30km의 고공 지구 대기권까지 발사한다. 그 이후에는 탄도비행을 한 후 다시 제3단 화학로켓이 가속하여 지구 저궤도에 진입하는 방식이다.

그림 12.18 램 가속기의 운영개념도

램가속기는 3~4km의 대형 대포 내부에 연료-산화제 혼합기를 연소하여 화학에너지 로켓 추진방식으로 가속하는 것이고, 전자기 가속기는 전자기력의 인력, 반반력을 초고속 주기적으로 변환하여 가속하는 것이다. 자기부상 가속기는 소위 우리들이 잘 알고 있는 것처럼 자기부상을 하여 마찰을 감소시킨 후 전자기 가속을 실행하는 방식이다.

이 질량발사기는 지상설비 부문에 막대한 건설비용이 소요되지만 근본적으로 항상 수리가 가능하고, 또한 지속적으로 성능을 향상시킬 수 있는 이점이 있으며, 발사 횟수가 증가되면 막대한 투자비가 회수되어 장기적으로는 상업적으로 대량생산의 경제적 이점을 발휘할 수 있다는 특색이 있다. [그림 12.18]에 램가속기의 운영개념도를 나타냈다.

■ 참고문헌

1. 원수희, 정인석, 최정열, 극초음속 스크램제트 엔진 개발의 개관, 한국추진공학회지, 제9권 제1호, 2005. 3.
2. 성홍계, 윤현걸, 램제트/스크램제트의 기술동향과 소요기술 분석 I. 램제트 엔진 (액체 램제트, 덕티드로켓, 한국추진공학회지, 제10권 제1호, pp.72-86. 2006. 3.
3. 성홍계, 윤현걸, 램제트/스크램제트의 기술동향과 기술분석 II. 스크램제트 및 복합엔진, 한국추진공학회지, 제10권 제2호, pp.115-128, 2006. 6.
4. G. D. Roy, S. M. Frolov, A. A. Borisov, and D. W. Netzer, Pulse Detonation Propulsion: Challenges, Current Status, and Future Perspective, Progress in Energy and Combustion Science, Vol.30, No.6, pp.545-672, 2004.
5. Kamil Milanowski, Jan Kindracki, Arkadiusz Kobiera, Piotr Wolanski, and Toshitaka Fujiwara, Numerical Simulation of Rotating Detonation in a Cylindrical Channel, Proceedings of the 21st International Colloquium on the Dynamics of Explosions and Reactive Systems, p.122, ENSMA, Poitiers, France, 2007. 7.
6. Peter J. Turchi, Propulsion Techniques, Action and Reaction, AIAA, 1998.
7. Ronald W. Humble, Gary N. Henry, and Wiley J. Larson, Space Propulsion Analysis and Design, McGraw-Hill, 1995.
8. Leik Myrabo and Dean Ing, The Future of Flight, A Baen Book, 1985.
9. 栗木恭一, 荒川義博; 電氣推進 ロケット 入門, 東京大學出版會, 2003.

10.

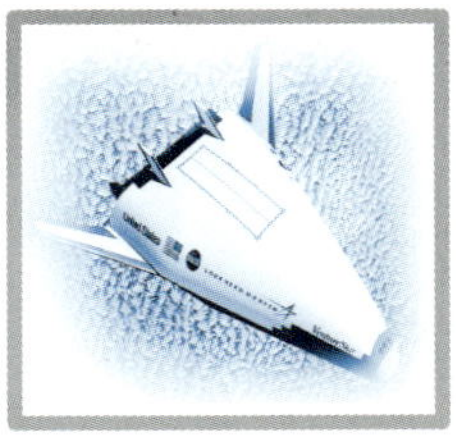

부록 01 열역학 기초

1.1 서론

추진공학에 대한 학습을 하기 전에 유체역학과 열역학에 대한 이해가 가장 중요할 것이다. 이 교재에서 설명한 모든 추진 방법은 운동량이 유동흐름에 더해지면서 추력이 발생하는 것이다. 이 장에서는 질량, 운동량, 에너지 그리고 엔트로피의 법칙을 유동흐름에 대해서 적절한 형태로 다룰 수 있도록 간략히 설명한다.

저자는 독자들이 평형 상태에서 일반적인 반응이 없는 유동장에 대해 열역학 제1법칙과 제2법칙 그리고 이의 응용에 대해 익숙하다고 가정하였다. 이 장에서는 이러한 법칙들을 Keenan [1, 2]이 제시한 형태, 즉 Van Wylen과 Sonntag[3] 그리고 많은 저자들이 따랐던 형태로 기술하였다. 검사체적(control–volume) 방법과 Shapiro[4]의 1차원 흐름에 대한 해석 방법은 추진 기관에 이용되는 유체역학을 이해하는데 매우 편리하다.

이 교재에서 사용된 **시스템(system)**과 **검사체적(control volume)**의 개념은 구체적인(specific) 의미를 가지고 있다. 이러한 개념의 목표는 해석하고자 하는 물질의 한정된 집합(collection)이거나 공간에서의 영역에 대한 구체적인 설명이다.

시스템 시스템은 고정된(변하지 않는) 본질(identity)을 가지는 것의 집합이다. 이것은 어떤 것이라도 통과시키는 보이지 않고, 무게가 없고, 유연한 표면에 의해 둘러 싸여 있다고 생각할 수 있다. 시스템의 경계는 위치, 크기와 형태를 바꿀 수 있다. **시스템**과 **검사질량(control mass)**의 용어는 동일한 의미를 갖는다.

검사체적(control volume) 검사체적은 변하지 않는 모양과 크기를 갖는 영역이며, 관찰자에 대해 공간에서 고정되어 있다. 우리는 검사체적을 둘러 싸고 있는 보이지 않고, 무게가 없는, 단단한 외피(control surface)를 상상할 수 있다. 검사표면(control surface)은 질량이 이것을 통과할 때 저항이 없으며 임의의 위치를 갖는다. 모든 문제에서 검사 표면의 가장 적당한 위치는 편리함에 좌우된다는 것을 나중에 전개할 해석에서 보여준다.

대부분의 문제들은 시스템 또는 검사체적을 이용한 해석으로 다룰 수 있으며, 적당한 선택은 문제를 상당히 단순하게 해준다. 예를 들어 대부분의 유체-유동 문제(특히 정상 상태의 유동)는 적절하게 규정된 검사체적을 이용하면 좀더 쉽게 다룰 수 있다.

다음에서 유체는 연속체로 고려하여 취급한다. 즉, 유체의 원자 구조를 무시하고, 이것을 동일한 구조를 가진 무한개의 조각으로 나눌 수 있다고 여긴다. 이 방법에서는 연속체의 성질(밀도, 압력, 속도)이 그 위치의 물리적 상태를 표시한다.

1.2 기본 방정식

질량보존 및 연속 방정식

어떤 시스템에 질량보존의 법칙을 적용하는 것은 단순히 시스템의 질량이 이것의 크기나 모양, 이것이 나누어지는 수, 그리고 이것이 관찰되는('비상대론적인' 시스템 속도에 대해) 시간 간격의 길이에 관계없이 일정하게 유지한다는 것만을 필요로 한다.

대부분의 경우 물리 법칙은 이것을 어떤 시스템에 적용할 때 표현된다. 이것은 유체흐름에 대해 정지한 관찰자에 대해서 불편을 초래한다. 이러한 관찰자는 움직이는 유체 입자(작은 시스템)의 거동을 연속적으로 측정할 수 없다. 그러므로 반드시 유체가 움직이는 공간 안의 구체적인 점에서 구한 측정값을 이용해야 한다. 그리고 기본 법칙은 반드시 여러 가지 정지 상태의 점들(검사체적 안에서의 점)에서의 유체의 특성간에 필요한 관계들로 표현되어야 한다.

[그림 1.1]에서와 같은 유체흐름 영역 내에 한정된 일반적인 검사체적에 대해 고려해보자. 질량 보존은 단지 검사체적 내에 축적된 질량의 변화율은 유입된 질량의 순량(net rate)과 같다는 것만을 필요로 한다.

$$\frac{d}{dt}m_{cv} = \dot{m}_{in} - \dot{m}_{out} \tag{1.1}$$

여기에서 m_{cv}는 검사체적 내의 질량이고 $\dot{m}$는 질유량이다. 이러한 항들은 좀더 편리한 해석적 형태로 표현할 수 있다. 검사표면의 작은 면적 dA 를 통해 질 유량이 지나는 것을 고려해보자.

[그림 1.1]에서와 같이 국부적인 속도(local velocity)가 u 이고 dA에 대해 수직인 단위 벡터가 n(바깥을 지시)이라면 요소 질유량(elemental mass flow)은 다음과 같다.

$$d\dot{m} = \rho |u| \cos\alpha dA$$

여기에서 ρ는 국부 밀도(local density), α는 u와 n과의 각도이고, $|u|\cos\alpha$ 의 값은 유동이

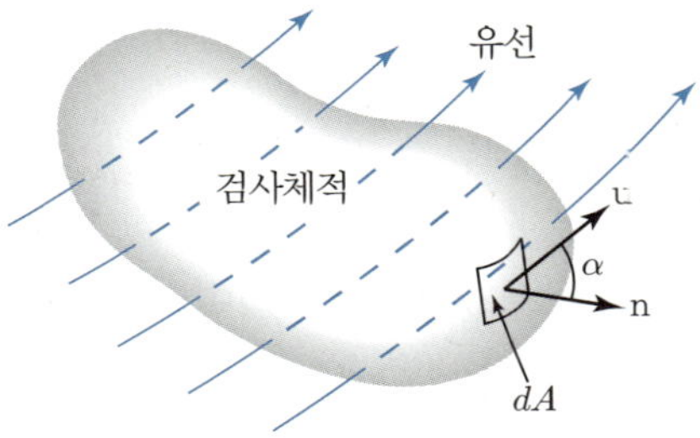

그림 1.1 검사 체적을 지나는 유체의 흐름

유출될 때에는 양의 값을, 유입될 때에는 음의 값을 갖는다. 검사체적 m_{cv} 안에서의 질량은 적분 형태로 나타낼 수 있다.

$$m_{\mathrm{cv}} = \int_{\mathrm{cv}} \rho dV$$

여기에서 dV는 체적 요소이고, 적분은 검사체적 전체에 대해 수행한다. 최종적으로 $|u|\cos\alpha$의 값을 dot product $u \cdot v$로 쓸 수 있으며, 연속 방정식을 다음과 같이 표현할 수 있다.

$$\frac{d}{dt}\int_{\mathrm{cv}} \rho dV + \int_{\mathrm{cs}} \rho \mathbf{u} \cdot \mathbf{v} dA = 0 \tag{1.2}$$

여기에서 두 번째 적분은 검사표면 전체에 대한 것이다.

뉴턴의 제2법칙과 운동량 방정식

질량이 m인 시스템에 힘 F가 작용할 때에 뉴턴의 법칙은 다음을 필요로 한다.

$$\mathbf{F} = K\frac{d}{dt}(m\mathbf{u})$$

여기에서 K는 방정식에 있는 세 개의 변수에 대해 선택된 단위에 의해 전적으로 수치적 크기가 결정되는 단순한 비례 상수이다. K가 1이 되도록 힘, 질량, 길이 그리고 시간의 단위를 선택할 수 있으며 다음의 모든 식에서 이를 적용한다. 본 교재에서는 단위는 S.I.(System International d' Unites) 국제 시스템을 사용하며 이 경우 K=1이다.

정의에 의해 m은 어떤 시스템(또는 검사질량)에 대하여 시간에 따라 변하지 않기 때문에 미분항에서 m을 밖으로 보낼 수 있다.

$$\mathbf{F} = m\frac{d\mathbf{u}}{dt}$$

이것은 시스템 무게 중심의 속도에 대해 고려를 할 경우에만 성립된다. 그러나 속도 u가 아주 불균일하다면 이것은 다음과 같이 시스템의 총 운동량(total momentum)으로 정의하는 것이 더 낫다.

$$\int_{\text{cm}} \rho \mathbf{u} dV$$

여기에서 ρ와 u는 각각의 시스템 부피(system volume)의 증가분 dV에 대한 밀도와 속도이다. 적분 기호에 있는 첨자 cm은 검사질량에 대한 순간적분(instantaneous integration)을 나타낸다. 이 경우 뉴턴의 법칙에 대한 시스템적인(또는 검사질량) 표현은 다음과 같다.

$$\mathbf{F} = \frac{d}{dt}\int_{\text{cm}} \rho \mathbf{u} dV$$

추진 분야의 많은 문제 중에서 –예를 들어 엔진 추력과 엔진을 지나가는 유동을 연관시키는 경우– 검사체적 해석 방법은 검사질량 방법에 비해 훨씬 사용하기 편리하다. 앞서 설명한 것과 매우 비슷한 전개에서 이 시스템 방정식의 결과는 검사체적에 대하여 다음과 같은 벡터 방정식의 형태로 나타낼 수 있다. 여기에서 부호 규약은 [그림 1.1]의 것을 따른다.

$$\sum \mathbf{F} = \frac{d}{dt}\int_{\text{cv}} \rho \mathbf{u} dV + \int_{\text{cs}} \rho \mathbf{u}(\mathbf{u} \cdot \mathbf{n}) dA \tag{1.4}$$

$\sum F$은 검사 체적 내의 물체에 작용하는 모든 힘들의 벡터 합이다. 힘은 두 가지 힘, 즉 표면력(surface force, 스트레스)과 체적력(body force) 중에서 하나이다. 두 가지 종류의 스트레스는 압력(표면에 수직으로 작용)과 전단력(shear, 표면의 접선 방향으로 작용)이다. 체적력은 유체의 질량 또는 부피에 비례하는 것으로 중력, 정전기력 그리고 전자기력을 포함한다.

식 (1.4)를 사용할 때 기억해야 할 중요한 사항은 $\sum F$는 검사체적의 주변이 검사체적에 작용하는 힘의 합이며, n은 검사체적의 표면의 어떤 점에서도 바깥을 향하는 수직 벡터라는 것이다. 식 (1.4)의 오른쪽의 첫 번째 적분은 어떤 순간에서의 검사체적의 모든 부분의 운동량의 합(벡터 합)이다. 두 번째 적분은 검사 표면의 바깥에서 운동량의 흐름의 순 양으로 표현된다(유출량에서 유입량을 뺌). 따라서 어떤 힘들이 검사체적에 가해질 때 두 가지의 결과를 초래한다고 말할 수 있다. 즉 (a)검사체적 내에서 순간적으로 포함되는 전체 운동량의 변화, (b)검사체적을 빠져나가는 운동량의 순 유동량(net flow rate)의 변화이다.

정상 상태의 흐름은 공간 내의 어떤 점에서도 속도, 밀도와 같은 것들이 시간에 따라 변하지 않는 것을 의미한다(비록 이러한 특성들이 공간 내의 점과 점 사이에서 변할지라도). 따라서 정상 상태의 흐름에 대하여 $\int_{cv} \rho u dv$는 시간에 따라 변하지 않으며, 식 (1.4)의 오른쪽 첫 번째 항은 사라진다. 이것은 표면 적분만 수행하도록 하므로 해석을 매우 쉽게 해주며 또한 이것은 검사체적의 내용물에 관계없이 입력과 출력만을 고려하면 완전한 열역학적 해석을 할 수 있도록 하는 것을 의미한다. 관찰자의 좌표 시스템을 이동함으로써 비정상 상태의 유동 문제를 정상 상태의 문제로 변환시킬 수 있다면 매우 좋은 방법이다.

열역학 제1법칙과 에너지 방정식

열역학 제1법칙은 한 시스템과 이것의 주변 사이에서 발생하는 열과 일의 상호작용과 이로 인한 시스템의 상태 변화를 정의하는 법칙이다. 이 법칙을 적용할 때 어려움을 피하기 위해서는 각각의 항들을 신중하게 정의하는 것이 필요하다. 다음의 정의는 무난할 뿐만 아니라 본 교재에서 사용하는 제 1 법칙의 원리를 표현하는 잘 정립된 방법의 기본이 된다.

열(heat) 다른 온도를 가지는 두 시스템을 접촉시키면 어떤 상호작용이 발생한다. 이러한 상호작용을 열이라 부른다. 열의 수학적 표현은 통상적으로 낮은 온도의 시스템에 대해서는 양으로, 높은 온도의 시스템에 대해서는 음으로 나타낸다. 열은 뜨거운 시스템에서 차가운 시스템으로 전달되며, 시스템으로의 열전달은 양으로, 시스템으로부터의 열전달은 음으로 표현한다. 이러한 용어를 사용하면 열은 저장 가능한 양(quantity)이라는 함축적인 의미에 대한 혼동을 피할 수 있을 것이다. 열은 전달 과정(transfer process) 또는 상호작용(interaction)으로 만 존재하며 저장될 수 없다. 열전달이 포함되지 않는 과정(process)은 단열(adiabatic)이라 부른다.

일(work) 시스템 바깥의 단독의 효과(sole effect)가 중력장(gravitational field) 내에서 추(weight)를 올릴 때 "그 시스템은 그 주변에 일을 한다" 라고 이야기한다. 시스템이 그 주변에 한 일은 부호 규약으로 '양' 이며, 주변이 시스템에 일을 할 때는 '음' 이다. 일도 열처럼 저장할 수 없는 양으로 시스템간의 상호작용이다. 일반적으로 일의 크기는 관찰자의 움직임에 따라 결정된다.

시스템에 대한 열역학 제1법칙을 다음과 같이 표현할 수 있다.

$$Q = \Delta E_0 + W \tag{1.5}$$

여기에서 ΔE_0는 열과 일(Q와 W)이 상호작용을 하는 시스템의 내부 에너지의 변화를 나타낸다.*

* 본 교재에서 부호 규약은 여러 가지 학문 분야를 다루기 위해 통합 시스템(unified system)으로 표현하는 일반적인 기본 교재들과 조금 다르다. E_0(가끔 사용되는)는 운동에너지와 포텐셜 에너지를 포함하는 내부 에너지를 의미하며, E는 이러한 에너지가 포함되지 않은 내부 에너지를 의미한다.

내부 에너지는 이것의 이름이 암시하듯이 시스템의 특성이다. 어떤 면에서 제1법칙은 임의의 기준값을 제외하고 이 특성을 정의한다. 내부 에너지는 열이나 일과는 달리 저장이 가능한 양이며 에너지 전달로 생각할 수 있다. 제1법칙은 그 자체로는 열/일과 구별되지 않는다. 즉, 두 가지 모두 내부 에너지의 변화에 기여를 한다. 그러나 제2법칙은 근본적으로 다름을 보여준다.

통상 E_0의 이러한 부분들을 움직임(운동 에너지 $mu^2/2$)에 의한 것, 중력장에서의 위치(포텐셜 에너지 mgz)에 의한 것, 전자기장에서의 전하(전기적 포텐셜 에너지 qV)에 의한 것, 그리고 다른 효과들에 의한 것으로 나누어서 취급한다. 가장 일반적인 유체역학 문제에서는 운동과 포텐셜 에너지만을 고려해도 충분하며, 질량 m을 가진 시스템에 대하여 다음과 같이 표현할 수 있다.

$$E_0 = E + m\frac{u^2}{2} + mgz \tag{1.6}$$

여기에서 z는 임의의 기준점에서의 높이를, g는 중력에 의한 국부 가속도(크기)이다. 또한 연속체에서는 단위 질량에 대한 E_0와 E를 각각 e_0와 e로 나타내는 것이 좀더 편리하다. 이것과 식 (1.6)을 이용하면 식 (1.3)은 다음과 같이 표현할 수 있다.

$$Q = \Delta\int_{cm}(e + \frac{u^2}{2} + gz)\rho dV + W \tag{1.7}$$

여기에서 $\int_{cm}$는 검사질량 전체에 대해 적분을 하는 것을 나타낸다. 검사체적에 대해 열역학 제1법칙을 표현하려면 열과 일 전달률(transfer rate)을 도입하는 것이 편리하다. 식 (1.2)와 (1.4)에서와 동일한 방법으로 식 (1.7)을 다음과 같이 변환시킬 수 있다.

$$\int_{cs}\dot{L}dA = \frac{d}{dt}\int_{cv}(e_0\rho)dv + \int_{cs}(h + \frac{u^2}{2} + gz)\rho(u\cdot n)da + P_s - \int_{cv}X\cdot udV \tag{1.8}$$

여기에서 $\dot{E}$=국부 열전단율(단위 시간, 단위 면적에 대한), 검사체적에 유입될 때 양의 값,

$h = e + p/\rho$ =유체의 엔탈피

P_s =순 '전단동력' (일 전달률)으로 검사체적에서 유출될 때 양의 값

$\mathbf{X}$ =검사체적 내의 유체의 단위 부피에 대한 체적력

전단동력(shear power) P_5는 검사체적 내에 있는 물체가 검사 표면에서 전단력과 물체의 움직임(검사 표면과 평행인)이 있을 때 물체가 행하는 일이다. 일반적으로 이 항은 회전하는

축에서 전단력에 의해 전달되는 축동력(shaft power)으로 변환된다. 그러나 유체가 전단력과 함께 검사 표면을 따라 움직이는 경우가 있다(예를 들어 경계층 내의 점에서). 마지막 적분은 자주 고려하지는 않겠지만 체적력에 의한 일의 전달을 나타낸다. Dot product $X \cdot u$는 체적력 X를 통해 주변이 유체에 일을 행한 단위 부피에 대한 비율이다(따라서 이것의 앞에는 음의 부호가 있다).

검사체적에 대하여 연속, 운동량 그리고 에너지 방정식은 본질적으로 유사점이 있으며 이러한 방정식들은 다음과 같은 일반적인 형태로 정리할 수 있다.

$$\text{질량} \quad : \quad \frac{d}{dt}\int_{cv} \rho dV + \int_{cs} \rho(\mathbf{u}\cdot\mathbf{n})dA = 0$$

$$\text{운동량} \quad : \quad \frac{d}{dt}\int_{cv} \rho \mathbf{u} dV + \int_{cs} \mathbf{u}\rho(\mathbf{u}\cdot\mathbf{n})dA = \sum \mathbf{F}$$

$$\text{에너지} \quad : \quad \frac{d}{dt}\int_{cv} e_0 \rho dV + \int_{cs} e_0 \rho(\mathbf{u}\cdot\mathbf{n})dA = \int_{cs} \dot{Q}dA - \dot{W}_s + \int_{cs} \mathbf{X}\cdot\mathbf{u}dV - \int_{cs} p(\mathbf{u}\cdot\mathbf{n})dA$$

각 식의 첫 번째 항은 검사체적 내에 포함되어 있는 어떤 양의 변화율을 나타낸다. 두 번째 항은 검사체적 바깥으로의 대류 변화량(rate of convection)이다. 각 식의 오른쪽 항은 생산 또는 원천 항(source term)이라 부른다. 첫 번째 식에서 오른쪽에 있는 '0' 은 질량은 생산되지도 없어지지도 않는 것을 의미한다. 한편 모멘텀은 힘을 적용하므로써 발생될 수 있다. 에너지도 이와 유사하게 열전달 또는 일에 의해 변할 수 있다.

이러한 방정식들을 다음 장에서 응용하기 위해서는 정상 상태이며, 단일 입출구가 있다고 하여 적분이 쉽도록 만들어 단순화할 필요가 있다.

검사체적 해석에서 이러한 방정식들의 사용법을 설명하기 위해 정지된 터보제트에 의해 추력이 발생하는 것을 생각해보자. [그림 1.2]는 시험장치 위에서 엔진이 일정하게 작동되는 것을 보여준다. 총 질유량이 $\dot{m}_a$인 공기가 입구로 유입되고 연료는 $\dot{m}_f$의 유량으로 유입된다. 유동이 정상 상태이기 때문에 엔진 내에 유체가 축적될 수 없으며 엔진에서 배출되는 유량은 반드시 $(\dot{m}_a + \dot{m}_f)$이어야 한다. [그림 1.2]에서 보듯이 배출 속도는 u_e이고 엔진 추력에 대해 평형을 이루기 위한 힘은 T이다.

제트의 특성이 추력을 어떻게 좌우하는지 보여주기 위해서는 [그림 1.2]에서와 같이 검사체적을 선정하는 것이 편리하다. 검사체적의 표면은 노즐에서 배출되는 제트를 가로지르며 이 부분에서 유동은 1차원이고 운동량 플럭스(momentum flux)를 후류에서 좀더 쉽게 측정할 수 있다. 엔진의 앞쪽과 바닥에서 유동이 정지된 상태가 되도록 검사체적을 충분히 멀리 떨어뜨린 곳에 위치시킨다. 나중에 다른 형태의 검사체적을 채택할 것이지만 지금은 용이한 설명을 위해 [그림 1.2]의 검사체적에 대하여 설명을 한다.

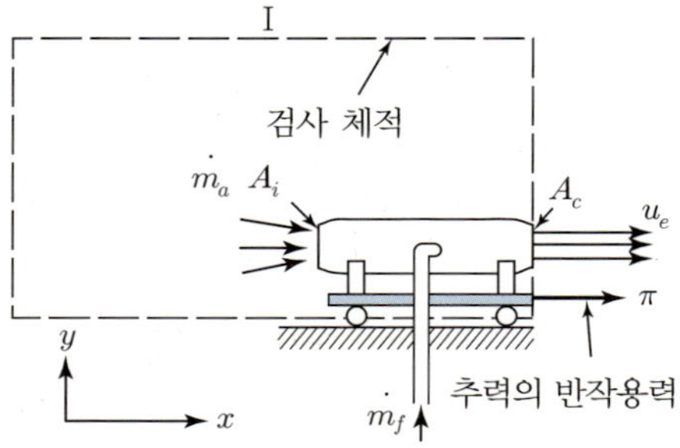

그림 1.2 정지 상태의 제트 엔진

식 (1.4)를 이 검사체적에 적용하기 위해서는 제트의 축과 평행한 힘과 운동량 성분에 대해서만 고려하면 운동량 방정식은 아래와 같이 표현된다.

$$\sum F_x = \int_{cs} \rho u_x (\mathbf{u} \cdot \mathbf{n}) dA$$

여기에서 아래첨자 x는 [그림 1.2]에 표시된 것처럼 방향을 나타낸다. 유동이 정상 상태이기 때문에 식 (1.4)의 시간 미분항은 생략하였다.

x 방향에 대해서는 아무 체적력도 작용하지 않기 때문에 검사체적에서의 x 방향의 전체 힘은 이것의 검사 표면에서의 압력 분포와 추력 T에 대한 반발력에 의해 발생한다. 연료 공급 호스는 유연하다고 가정하기 때문에 검사체적에 힘을 전달하지 않는다. 힘 T는 엔진을 고정시키는 구조물을 가로지르는 검사 표면의 면에 대해 수직으로 작용하는 힘이라고 여긴다. 압력에 의한 힘은 검사 표면에 대해 항상 수직으로 작용하기 때문에 [그림 1.2]의 사각 면의 두 끝 부분에서의 압력에 의한 힘은 x 방향의 힘의 합에 의한 것이다. 더 나아가 이러한 표면에 작용하는 압력은 제트의 출구면을 제외하고 상수의 값인 P_a라고 여긴다. 만일 제트가 음속 또는 초음속일 경우엔 제트 출구 면에선 다른 값인 P_e일 수도 있다. 따라서 검사체적의 x 방향에 작용하는 힘들의 합을 다음과 같이 표현할 수 있다.

$$\sum F_x = T + A_e p_a - A_e p_e$$

여기에서 A_e는 노즐 출구 면적이다. 운동량 플럭스(momentum flux)가 제트의 출구면을 제외하고는 매우 미미하다는 것을 알면 운동량 플럭스 적분을 쉽게 할 수 있다. 여기에서 속도는 표면에 수직이므로

$$|\mathbf{u} \cdot \mathbf{n}| = u_x = u_e$$

따라서 모멘텀 플럭스 적분은 아래와 같이 표현된다.

$$\int_{cs} \rho u_x (\mathbf{u} \cdot \mathbf{n}) dA = \int_{A_e} \rho_e u_e^2 dA$$

여기에서 ρ_e는 출구면에서의 유체의 밀도이다. 출구면에서의 유동이 균일하다고(즉, 1 차원) 가정하면 적분은 $\rho_e u_e^2 A_e$로 단순화시킬 수 있다. 이 면에서의 질유량은 $\rho_e u_e A_e$이며 이것은 앞에서 $(\dot{m}_a + \dot{m}_f)$와 같음을 보여주었다. 따라서 엔진으로부터의 운동량 플럭스는 $(\dot{m}_a + \dot{m}_f)u_e$이므로 식 (1.4)로부터 다음과 같이 추력을 구할 수 있다.

$$T = (\dot{m}_a + \dot{m}_f) + A_e(p_e - p_a)$$

이제 [그림 1.3]에서 보는 것과 같은 새로운 검사체적 III를 생각해보자. 엔진 입구면에서의 유동(압력 p_i와 속도 u_i도 함께)이 1차원과 유사하다고 가정한다면 앞에서 수행한 것과 매우 유사한 이론으로 검사체적 III으로부터 다음 식을 구할 수 있다.

$$T = (\dot{m}_a + \dot{m}_f)u_e + \dot{m}_a u_i + A_e(p_e - p_a) + A_i(p_i - p_a)$$

이 추력 방정식은 새로운 세 개의 항(A_i, u_i 및 p_i)을 포함하고 있기 때문에 앞에서의 식처럼 편리하지 않다. 검사체적에 대한 다른 방법도 좀더 불편한 결과를 가져오기도 한다.

그러나 두 개의 추력 방정식이 동일함을 손쉽게 알 수 있다. 검사체적 II와 식 (1.4)를 다시 이용하면 유사한 방법으로 다음 식을 표현할 수 있다.

$$0 = \dot{m}_a u_i - A_i (p_a - p_a)$$

이 방정식을 이용하면 두 번째의 추력 방정식을 첫 번째 방정식으로 변환시킬 수 있다.

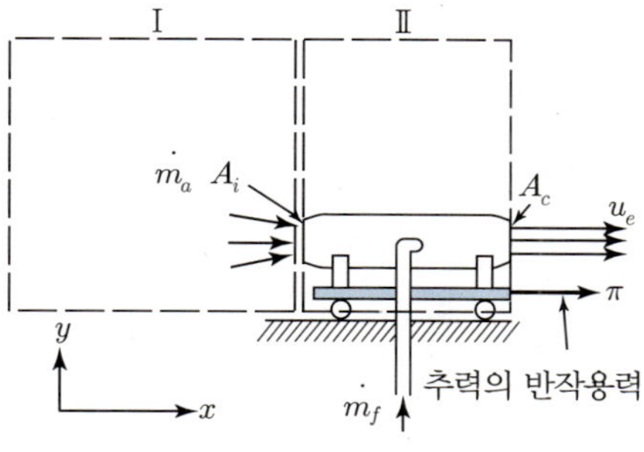

그림 1.3 고정된 제트 엔진

열역학 제2법칙과 엔트로피 방정식

열역학 제2법칙은 어떤 시스템에 대해 균일한 온도를 가지는 단일 공급원(single reservoir)으로 일을 하고 열을 교환하는 사이클 과정(즉, 과정을 거치거나 원래의 상태로 되돌아오는 것)이 불가능함을 정의한다. 비록 앞으로 이러한 정의를 사용하지는 않겠지만 이것의 중요한 결론 중 일부를 사용할 것이다. 제2법칙을 통해 엔트로피 특성을 정의할 수 있다. 어떤 시스템에 대해

$$dS \equiv \left(\frac{dQ}{T}\right)_{\text{rev}}, \tag{1.9}$$

여기에서 dS는 온도 T에서 가역적인 온도 교환 dQ이 일어나는 과정 중의 엔트로피의 변화이다. Keenan과 여러 열역학자들은 어떤 과정이 가역적이 되기 위해서 반드시 필요한 조건들을 정의하는데 열역학 제2법칙이 어떻게 사용되는지를 보여주었다. 우리의 목적을 위해서는 다음 사항이 포함된 과정은 비가역적이라고 생각하는 것이 적절하다.

1. 마찰
2. 유한한 온도 구배를 가지는 열전달(heat transfer)
3. 유한한 농도 구배를 가지는 물질 전달(mass transfer)
4. 구속되지 않은 팽창

일반적으로 비가역성은 주어진 과정에서 공학적으로 유용한 것을 감소시킨다. 실제 과정에서 비가역성을 완전히 제거하기는 불가능해도 간혹 실제 장치에서 이것의 영향을 상당히 감소시킬 수 있기 때문에 가역 과정은 실제 상황에서의 한계라고 할 수 있다. 모든 과정에 대해서 다음을 알 수 있다.

$$dS \geq \frac{dQ}{T} \tag{1.10}$$

위 식에서 등호는 가역 과정에 대해서만 유효하다. 만일 과정이 가역적이고 단열(dQ=0)이라면 역명제(converse)가 꼭 참이 아니더라도 이것은 반드시 등엔트로피(isentropic, dS=0) 과정이다. 끝으로 연속체에서 단위 질량에 대한 엔트로피는 s로 정의하며, 식 (1.10)을 검사체적에 대한 형식으로 표현하면 다음과 같다.

$$\int_{cs} \frac{\dot{L}dA}{T} \leq \frac{d}{dt}\int_{cv} \rho s dV + \int_{cs} s\rho(u \cdot n)dA \tag{1.11}$$

앞에서와 같이 여기에서도 등호는 가역 과정에 대해서만 유효하다.

식 (1.11)은 모든 검사체적에 대한 열역학 제2법칙의 일반적이고 종합적인 요구 사항이라고

할 수 있다. 이것을 사용하기 위해서는 엔트로피 s가 어떻게 압력과 온도와 같이 직접 측정 가능한 특성과 관계가 있는지를 알아야 하며 이는 다음 장에서 설명한다.

식 (1.11)의 중요성은 이것이 없이는 모든 추진 기관 또는 이의 구성품의 최대 가능한 성능을 정의할 수 없다는 것이다. 효율이라는 명칭을 사용할 때에는 실제와 이상적인 성능에 대한 비교를 떠올린다. 예를 들어 터빈의 효율은 물리적으로 최대 가능한 일(work output) 분의 실제 얻을 수 있는 일의 비율이다. 이상적인 일(ideal work)을 산출하기 위해서는 식 (1.11)이 필요하다. 두 번째의 예로 새로운 종류의 추진기관을 잘 사용하지 않는 종류의 연료로 작동시키고 실제로 추력을 발생시킨다고 가정해보자. 추진기관의 성능을 개선시키는 역할을 담당한 엔지니어는 추진기관에서 실제로 얻을 수 있는 성능과 이론적으로 가능한 성능과의 차이를 알고 싶어할 것이다. 만일 이 성능 차이가 매우 적다면 성능 개선을 위한 노력은 헛수고일 것이다. 이것은 엔지니어는 이러한 종류의 엔진에 새로운 연료를 사용했을 때 얻을 수 있는 엔진이 발생시킬 수 있는 최대 추력이 얼마인지 산출하기를 원한다는 것을 의미한다. 이러한 산출을 하기 위해서는 식 (1.11)이나 이것의 다른 형태의 식이 반드시 필요하다.

이론적인 성능 계산은 엔진을 어떻게 재설계하는지 제시하지는 않는다. 그러나 엔진 전체에 대한 실제와 이론적인 성능의 차이가 매우 크다면 엔진 성능 개선에 영향을 미치는 부품에 대한 이론적인 성능과 실제적인 성능의 차이를 알고 싶어할 것이다. 열역학 제2법칙은 '실제' 와 '최대로 얻을 수 있는' 것에 대한 비교를 할 수 있도록 해주는 훌륭한 방법이다.

1.3 기체 열역학

열역학적 관점에서 순수한 물질은 단지 두 개의 독립적인 정적 특성(전기, 자기 및 모세관에 의한 힘이 없음)을 가지고 있는 것이다. 대부분의 공학에서 다루는 유체(산소/질소 같은 기체와 액상과 평형 상태인 증기와 같은 기체를 포함)는 순수한 물질이다.

중력과 운동이 없는(관찰자에 대해) 순수한 물질로 구성된 작은 시스템을 고려해보자. 시스템 전체를 통해 특성들이 균일하다면 상태의 점증적인 변화에 대한 열역학 제1법칙은 다음과 같다.

$$dq = de + dw$$

여기에서 q와 w는 각각 단위 질량에 대한 열과 일이다. dq=pdv일 때(여기에서 v는 비체적) 시스템이 가역 과정을 갖는다고 가정해보자. 그러면 식 (1.9)는 다음과 같이 표현할 수 있다.

$$Tds = de + pdv \tag{1.12}$$

비록 이 식은 가역 과정에 대해 유도되었지만 순수 물질에 대해 두 개의 독립적인 정적 특성만을 가지고 있고 이 식에서의 모든 항들은 특성에 대한 것이기 때문에 비가역 과정에도 당연히 적용할 수 있다. 엔트로피의 변화 ds는 de와 dv에 의해 결정되는 시스템 상태의 변화에 의해서만 결정된다. 따라서 ds의 증가는 de와 dv를 증가시키기 위해 필요한 과정(process)과 무관하다.

순수 물질과 관련된 열역학적인 문제의 해는 반드시 그 물질의 특성 사이의 관계에 대한 충분한 정보를 포함해야 한다. 단지 두 개의 독립적인 정적 특성(static property)의 존재는 이러한 정보의 표현을 매우 단순화시켜준다. 이것이 대수적으로 주어졌다면 이 방정식을 물질의 상태 방정식(equation of state)이라고 한다. 상태 방정식은 단지 실험적으로 관찰된 관계들을 설명하는 것이다. 때때로 경험적인 관계들은 방정식의 형태로 쉽게 단순화되지 않기 때문에 상태 방정식들은 그래프나 표를 이용하여 나타낸다. 일반적으로 관심있는 유체의 특성에 대한 방정식, 그래프 또는 표가 많이 있다. 이 중 가장 단순한 것은 완전 기체이다.

완전 기체 다음의 상태 방정식으로 완전 기체를 정의한다.

$$pv = RT \tag{1.13}$$

여기에서 p는 절대압력, v는 단위 질량당 부피, T는 절대온도, R은 기체 상수이다. 기체 상수는 단지 기체 그 자체에 결정된다. 위 식을 좀더 일반적인 형태로 쓰면

$$pv = \frac{\bar{R}}{\bar{M}}T \tag{1.14}$$

여기에서 $\bar{M}$ 는 분자량이고 $\bar{R}$ 은 다음의 값을 가지는 일반 기체 상수이다.

$$\bar{\mathrm{R}} = 8.3143\mathrm{kJ/kmol \cdot K}$$

대부분의 기체는 넓은 범위의 온도와 압력에서 식 (1.14)를 만족한다. Maxwell 방정식을 이용하면 어떤 기체(온도에 의해서만 상태가 결정되는)의 내부 에너지를 설명할 수 있다.

$$e = e(T)$$

따라서 엔탈피 h는 다음과 같다.

$$h = e + pv$$

식 (1.13)에 의해 엔탈피는 온도에 의해서만 좌우됨을 알 수 있다.

$$h = h(T)$$

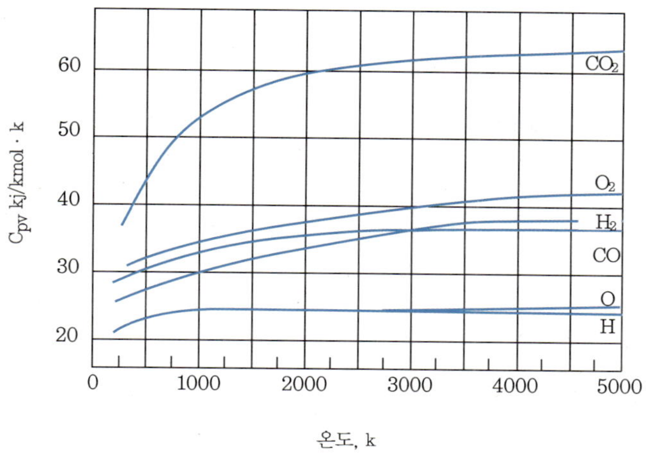

그림 1.4 기체의 비열

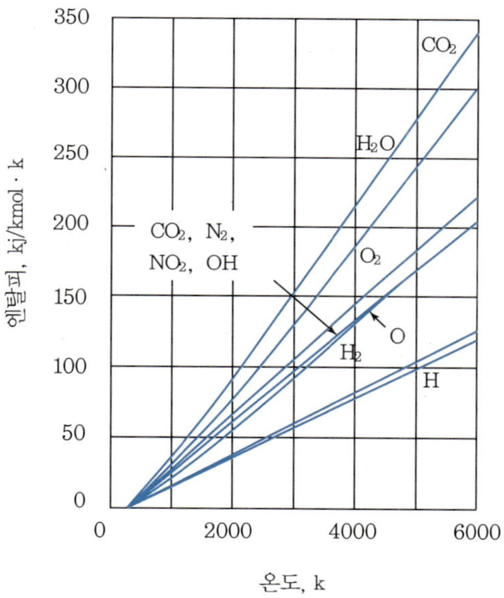

그림 1.5 일반 기체에 대한 엔탈피-온도 관계

이 경우 부피와 온도를 고정시킨 상태에서 '비열(specific heat)'을 정의함으로써 내부 에너지, 엔탈피 그리고 온도의 관계를 다음과 같이 기술할 수 있다(완전 기체에 대해).

$$c_v = \frac{de}{dT}, \qquad c_p = \frac{dh}{dT} \tag{1.15}$$

열은 저장 가능한 양이 아니기 때문에 위의 것은 실제로는 잘못된 명칭이다. 또한 내부 에너지와 엔탈피는 완전히 열이 없는 상태에서 변할 수 있다.

엔탈피의 정의와 식 (1.13)을 이용하면 다음을 구할 수 있다.

$$dh = de + RdT$$

비열 관계인 (1.15)를 적용하면, 완전 기체에서 비열은 다음 관계를 만족함을 보여준다.

$$c_p = c_v + R \tag{1.16}$$

[그림 1.4]는 압력이 일정한 상태에서 온도에 따른 기체 비열의 전형적인 변화를 보여준다. [그림 1.5]는 여러 가지의 기체에 대한 엔탈피-온도 관계를 보여준다.

비열이 상수일 때 [그림 1.4]는 충분히 작은 범위의 온도에서 비열을 상수라고 가정해도 가능함을 보여준다. 완전 기체 법칙을 이용하면 식 (1.12)를 다음과 같이 쓸 수 있다.

$$ds = \frac{dh}{T} - \frac{dp}{\rho T}$$

또는

$$ds = c_p \frac{dT}{T} - R\frac{dp}{P} \tag{1.17}$$

비열이 일정하고 등엔트로피 과정인 특별한 경우에 대하여 식 (1.17)을 적분하면 다음을 구할 수 있다.

$$\frac{p}{p_1} = \left(\frac{T}{T_1}\right)^{c_p/R} \tag{1.18}$$

비열비를 다음과 같이 정의하면

$$\gamma = \frac{c_p}{c_v}$$

그리고 식 (1.16)을 이용하면 식 (1.18)을 다음과 같이 쓸 수 있다.

$$\frac{p}{p_1} = \left(\frac{T}{T_1}\right)^{\gamma/(\gamma-1)} \tag{1.19}$$

완전 기체 법칙을 이용하면 위 식을 다음과 같이 쓸 수 있다.

$$\frac{\rho}{\rho_1} = \left(\frac{T}{T_1}\right)^{1/(\gamma-1)} \tag{1.20}$$

또는

$$\frac{p}{p_1} = \left(\frac{\rho}{\rho_1}\right)^{\gamma} \tag{1.21}$$

여기에서 $\rho = 1/v$로 유체의 밀도이다.
비열이 변수일 때 함수 $S^o(T)$를 다음과 같이 정의하자.

$$S^o(T) = \int \frac{c_p dT}{T}$$

이것을 이용하면 식 (1.17)을 다음과 같이 적분할 수 있다.

$$s - s_1 = s^o - s^o{}_1 - Rln\frac{p}{p_1} \tag{1.22}$$

여기에서 아래첨자 1은 기준 값을 나타낸다. 완전 기체에서 함수 $s^o(T)$는 표준 엔트로피(Standard entropy)라고 하며 온도에만 좌우되므로 각각의 기체에 대해 온도의 증가에 따른 엔탈피를 표로 만들 수 있다. 등엔트로피 과정에서 식 (1.22)는 다음과 같다.

$$\frac{p}{p_1} = e^{(s^o - s^0{}_1)\,/\,R}$$

주어진 어떤 기준 상태 1에서 위의 등엔트로피 압력비 p_r을 다음과 같이 쓸 수 있다.

$$\frac{p}{p_1} = e^{(s^o - s^0{}_1)\,/\,R} = \frac{e^{s^o/R}}{e^{s^o{}_1/R}}$$

이것도 온도의 함수인 표를 만들 수 있다. 온도가 어떤 값 T_A에서 다른 값 T_B로 변한다면 등에트로피 압력 변화를 다음 식으로 구할 수 있다.

$$\frac{p_B}{p_A} = \frac{p_r(T_B)}{p_r(T_A)}$$

표로 만든 함수로부터 $p_r(T_B)$와 $p_r(T_A)$를 구할 수 있다.

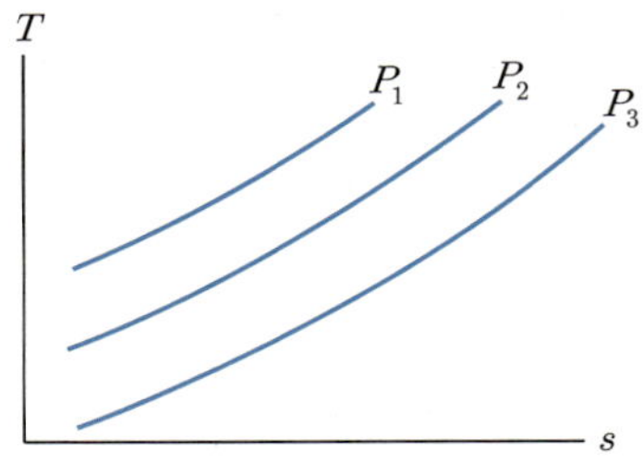

그림 1.6 T-s 다이어그램에서의 정압선

단지 두 개의 독립적인 특성을 갖는 기체의 상태를 두 가지의 특성에 해당하는 x와 y 축으로 된 그래프상의 한 점으로 표시할 수 있다. 그래프상에서 상태간의 과정(process)은 선으로 나타낼 수 있다. [그림 1.6]은 온도-엔트로피 다이어그램의 예이다. 여러 가지 압력에 대한 선은 압력이 고정된 과정에 해당하는 것이다. 식 (1.17)로부터 이러한 선의 형상을 구할 수 있다.

$$\left(\frac{\partial T}{\partial s}\right)_p = \frac{T}{c_p}$$

여기에서 선은 양의 기울기를 갖기 때문에 온도에 따라 증가한다. 만일 c_p가 온도만의 함수라면 곡선의 기울기도 또한 온도만의 함수이다. 따라서 곡선들은 동일한 형상으로 평행하게 된다.

식 (1.17)에서 다음을 구할 수 있다.

$$\left(\frac{\partial p}{\partial T}\right)_s = \frac{c_p}{R}\frac{p}{T}$$

이 미분계수는 항상 양이기 때문에 위쪽에 위치한 곡선은 높은 압력에 대한 것을 나타낸다.

위의 관계식들은 이상 기체에서 엔트로피의 변화가 압력과 온도에 따라 어떻게 변하는지를 보여준다. 비록 비열이 온도에 따라 변하더라도 어떤 경우에는 비열 c_p(등엔트로피 과정에 대한 식 (1.20)과 (1.17)의 비열비 γ도 마찬가지로)의 평균값을 사용해도 무리가 없다. 등엔트로피 과정은 아니지만 비열이 상수인 경우, 식 (1.17)은 다음과 같다.

$$s + s_1 = c_p \ln\frac{T}{T_1} - R\ln\frac{p}{p_1}$$

넓은 범위의 온도 변화에 따른 엔트로피의 변화를 정확히 예측하기 위해서는 반드시 식 (1.22)를 사용해야 한다.

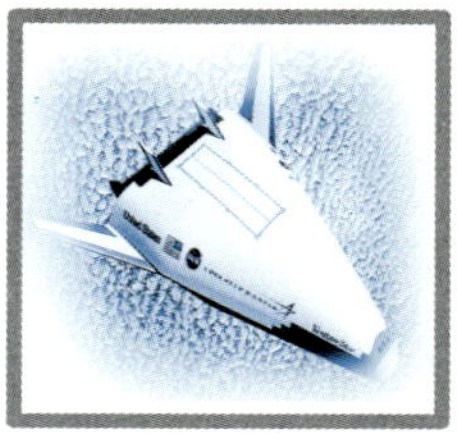

부록 02 유체 역학 기초

2.1 서론

본 교재에서 다루는 대부분의 추진 방법에서 작동 유체(working fluid)는 이상기체로 충분히 가정할 수 있다. 이 장에서는 채널 내부를 흐르는 이상기체에 대하여 앞 장에서 설명한 기본 법칙을 적용한다. 대수적인 편리성을 위해 기체의 비열은 일정하다고 가정한다.

유동 조건이 유선(streamline) 방향으로만 변한다고 가정하면 실제의 채널 흐름을 해석하기가 용이해지며 이러한 경우의 흐름을 1차원이라고 이야기한다. 벽으로부터 바로 인접한 부근의 흐름은 벽면에서의 속도가 0이고, 유선을 가로지르면서 급격한 특성 변화가 있기 때문에 절대로 1차원이 될 수 없다. 그러나 벽면에 있는 얇은 유체의 층을 제외하면 대부분은 매우 균일한 유체 조건을 갖는다. 비록 유선에 수직인 모든 표면에서 유동의 대부분이 균일하지 않아도 1차원으로 가정하는 것은 유선 방향에 따른 평균적인 유체 특성의 변화를 파악하는데 유용하다. 1차원 해석은 노즐, 디퓨저 그리고 연소기와 같은 중요한 흐름의 주요 특성을 제시한다.

1차원 가정을 사용한다고 해서 벽면에서의 전단력과 열전달을 무시할 수 있다는 것을 의미하지 않는다. 이것은 벽면 응력(wall stress)과 대류 열전달에 의한 영향은 속도와 온도에 있어서 횡단 구배(transverse gradient)에 있는 경우에만 흐름 대부분에 전달이 된다는 사실을 무시하는 것이다. 이 절에서는 확산(diffusive)에 의한 영향은 무시하면 횡단 구배가 없을 뿐만 아니라 횡단 확산율(rates of transverse diffusion)이 무한대가 되는 것으로 효과적으로 가정할 수 있다. 유동의 전체 단면적은 벽면에서의 전단력이나 열전달의 국부적인 적용에 의해 즉시 영향을 받는다고 가정한다. 이러한 가정은 좀더 실제적인 경계층 개념에 대비되지만 단면에서의 평균적인 유동에서 경계층 벽의 영향을 예측하는데 유용하다.

2.2 이상기체의 1차원 유동

유체의 흐름은 적절한 상태 방정식과 더불어 연속 방정식, 운동량 방정식 그리고 에너지 방정식에 지배를 받는다. 이 절에서는 이러한 방정식을 [그림 2.1]의 덕트 내부에 대하여 1차원 미분 검사 체적(differential control volume)에 적용한다. 열과 일의 전달률은 각각 $d\dot{Q}$와 dP_s이며, 단위 부피당 크기가 X인 체적력이 유동 방향으로 작용한다.

정상 상태의 흐름에서 연속 방정식(식 (2.2)로부터)은 다음과 같다

$$\int_{cs} \rho \mathbf{u} \cdot \mathbf{v} dA = 0$$

[그림 2.1]의 유동은 1 차원이라고 가정하였으므로 위의 식은 $(d/dx)(\rho uA) = 0$로 간소화 시킬 수 있다. 또는 [그림 2.1]에 표시된 것처럼 매우 작은 길이를 가지는 검사체적에 대하여 아래와 같이 표현할 수 있다.

$$\frac{d\rho}{\rho} + \frac{dA}{A} + \frac{du}{u} = 0 \tag{2.1}$$

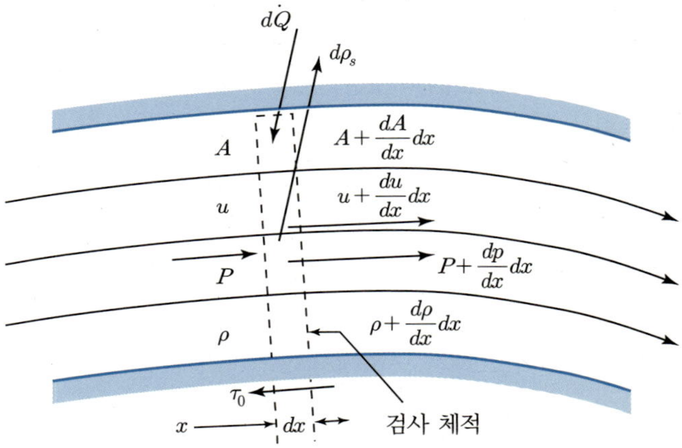

그림 2.1 검사체적에서의 1차원 유동

정상 상태의 흐름에서 운동량 방정식(식 (2.4)로부터)은 아래와 같다.

$$\sum \mathbf{F} = \int_{cs} \rho \mathbf{u}(\mathbf{u} \cdot \mathbf{n}) dA$$

[그림 2.1]의 흐름에서 $\sum F$가 압력, 벽면에서의 전단력 그리고 체적력의 합이라면, 위의

식은 다음과 같이 표현할 수 있다.

$$-(Adp + \tau_0 cdx) + XAdx = \rho uAdu$$

또는

$$-(\frac{dp}{dx} + \frac{\tau_0 c}{A}) + X = \rho u \frac{du}{dx} \tag{2.2}$$

여기에서 τ_o는 벽면에서의 전단력이고 c는 덕트의 둘레이다.

정상 상태의 흐름에서 에너지 방정식(식 (2.8)로부터)은 다음과 같다.

$$d\dot{Q} = \int_{cs} \dot{L} dA_{cs} = \int_{cs} (h + \frac{u^2}{2}) \rho u \cdot n dA - \int_{cv} X \cdot u dV + dP_s$$

여기에서 A_{cs}는 전체 검사 표면의 면적(덕트 단면적이 A인 것과 반대로)이다.

중력에 의한 포텐셜 에너지 항은 무시하였으며, 특별한 경우가 아니면 체적력 X는 0이다. 이렇게 하면 에너지 방정식은 다음과 같이 간단히 표현된다.

$$\dot{m}\,(dh + udu) = d\dot{Q} - P_s \tag{2.3a}$$

또는

$$dh + udu = dq - dw \tag{2.3b}$$

여기에서 $\dot{m}$는 질유량 ρuA(일정함)이며 q와 w는 단위 질량당 열과 일의 전달이다.

유체가 이상기체라고 가정하면 상태 방정식은 다음과 같다.

$$p = \rho RT \tag{2.4}$$

유동의 면적과 열전달, 일, 전단력 그리고 체적력을 알고 있다면 위의 네 가지 방정식을 통해 유체 흐름의 상태의 변화를 구할 수 있다. 먼저 모든 경우에서 유용한 두 가지 개념, 즉 정체 상태(stagnation state)와 마하수(Mach number)를 알아보자.

정체 상태

정체 상태는 유체가 가역적으로, 단열 과정을 통해, 일을 하지 않고 정지 상태에 도달했을 때의 상태로 정의한다. 식 (2.3b)로부터 이렇게 속도를 감속시킨 것에 대한 에너지 방정식을 얻을 수 있다.

$$dh + udu = 0$$

이것을 적분하면

$$h_0 \equiv h + \frac{u^2}{2} \tag{2.5}$$

적분 상수 h_0는 정체 엔탈피라 부른다.

아무 일도 일어나지 않는 기준 프레임(reference frame)으로부터 바라본 모든 단열 유동에서 정체 엔탈피는 변하지 않는다. 이 결론은 가역 및 비가역 흐름 모두에 대해 유효함을 주목하기 바란다. 엔탈피와 달리 유체가 단열과 일이 없이(zero-work) 감속되어 도달한 압력은 비가역 과정에 의해 감소된다. 전형적인 기체에 대한 엔탈피-엔트로피의 관계를 [그림. 2.2]에 나타냈다. 상태 ①에 대한 정체 상태는 ⓪①이며 정체 압력은 p_{01}으로 유체가 등엔트로피 과정을 통해 정지된 후에 얻어진 압력이다. 만일 흐름이 ⓪③과 같이 비가역적으로 정지되었다면(엔트로피가 증가된 것을 통해 비가역적임을 가늠할 수 있다), 정체 엔탈피는 이전의 상태와 같지만 얻어진 압력은 p_{01}보다 적다. ①에서 ②에 이르는 과정과 같은 모든 과정에서 정체 상태는 ⓪①에서 ⓪②까지와 같은 변화를 겪는다. 압력이 p_{01}에서 p_{02}로 감소하는 것은(일이 없는 상태에서) 과정이 비가역적이라는 표시이다. 만일 유체가 완전 기체라면 정체 온도는 다음 관계식에 의해 정체 엔탈피와 관련이 있다.

$$h_0 - h = \int_T^{T_0} c_p dT$$

유체의 정체 온도 T_0는 단열 과정을 통해, 일을 하지 않고 감속하였을 때 도달할 수 있는 온도이다. 고정된 비열을 갖는 완전 기체에 대하여 정체 온도와 압력을 다음과 같이 연관시킬 수 있다(식 (2.19)를 이용하여).

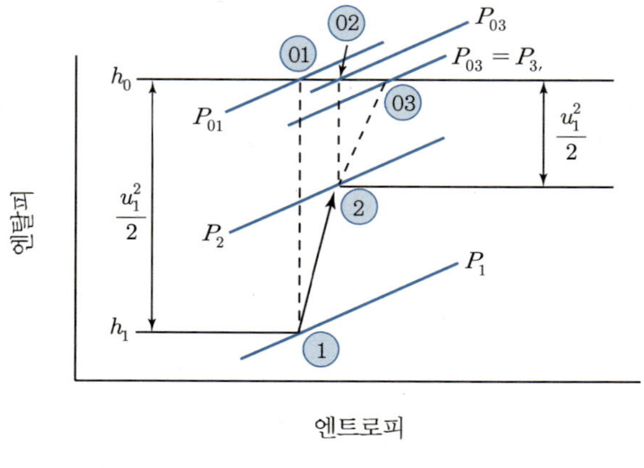

그림 2.2 정체 상태의 정의

$$\frac{p_0}{p} = \left(\frac{T_0}{T}\right)^{\gamma(\gamma-1)} \tag{2.6}$$

정의에 의해 감속 과정은 등엔트로피 과정이다.

정체 상태에서의 유체의 다른 특성들(properties)을 p_0, T_0와 상태 방정식으로부터 구할 수 있다. 정체 조건을 국부적인 유체의 특성(local fluid properties)으로 취급할 수 있다. 해석적인 편의를 제외하고도, 정체 상태의 정의는 T_0와 p_0를 비교적 쉽게 측정할 수 있기 때문에 실험에서 유용하다. 일반적으로 정체 온도 T_0를 측정하는 것이 온도 T를 측정하는 것보다 훨씬 쉽다.

마하수

압축성 유동 문제에서 매우 편리한 변수는 마하수 M으로 다음과 같이 정의한다.

$$M = \frac{u}{a} \tag{2.7}$$

여기에서 a는 유체에서 국부적인 음속이며, 음속은 매우 작은 압력의 교란이 전파되는 속도이다. 완전 기체에서는 다음과 같다.

$$a = \sqrt{\gamma RT} \tag{2.8}$$

음파(sound wave)는 [그림 2.1]의 검사체적 내에 멈춰 있다는 가정으로부터 이 결과가 유도되었다. 파동은 이것의 전파 속도 a가 국부 상류 속도(local upstream speed) u와 같을 때에만 정지해 있다고 생각한다. 파동은 매우 얇다고 가정하기 때문에 벽면의 효과(wall effects)와 면적의 변화 dA를 무시할 수 있다. 또한 이것은 매우 작은 강도를 가지고 있다고 가정하므로 전체 압력(total pressure)의 증가는 dq이고, 전체 밀도 변화는 $d\rho$, 그리고 속도의 변화는 $u = a$에서 $a + du$이며, 여기에서 변화 du는 음의 값이다. 이 경우에 식 (2.1)을 적용하면 다음을 구할 수 있다.

$$\frac{d\rho}{\rho} + \frac{du}{a} = 0$$

파동은 τ_0와 χ에 영향을 받지 않으므로 식 (2.2)는 다음과 같이 간략히 쓸 수 있다.

$$-dp = \rho a du$$

위의 두 식에서 du를 제거하면 $a^2 = dp/d\rho$를 구할 수 있다. 여기에서 파동은 등엔트로피라는 가정을 도입하며 따라서 다음을 구할 수 있다(식 (2.21)에서 추론할 수 있듯이).

$$\frac{dp}{p} = \gamma \frac{d\rho}{\rho}$$

이로부터 식 (2.8)과 동일한 결과인 $a^2 = \gamma p/\rho = \gamma RT$을 구할 수 있다.

2.3 등엔트로피 흐름

노즐과 디퓨저 내의 흐름과 같은 많은 실제 과정은 이상적으로 말하면 등엔트로피이다. 따라서 일과 체적력(body force)이 없는 완전 기체의 등엔트로피 흐름에 대해 알아보자. c_p와 γ의 적당한 평균을 사용하는 한 비열이 일정하다고 가정하여 얻은 단순한 결과는 온도 변화가 크더라도 유용하다.

비열이 일정한 경우 식 (2.5)는 다음과 같이 쓸 수 있다.

$$\frac{T_0}{T} = 1 + \frac{u^2}{2c_p T} \tag{2.9}$$

이 식에 마하수의 정의와 $c_p = \gamma/(\gamma-1)$ 를 적용하면 다음과 같다.

$$\frac{T_0}{T} = 1 + \frac{\gamma-1}{2}M^2 \tag{2.10}$$

그리고 식 (2.6)은 다음과 같이 쓸 수 있다.

$$\frac{p_0}{p} = \left(1 + \frac{\gamma-1}{2}M^2\right)^{\gamma/(\gamma-1)} \tag{2.11}$$

이상기체 법칙과 식 (2.10), (2.11)로부터 다음을 구할 수 있다.

$$\frac{\rho_0}{\rho} = \left(1 + \frac{\gamma-1}{2}M^2\right)^{1/(\gamma-1)} \tag{2.12}$$

저속의 유동을 생각해보는 것도 흥미롭다. 만일 $M^2 = 1$이면 식 (2.12)로부터 ρ; ρ_0 임을 알 수 있으며, 엄격하게 '비압축성' 이 아니더라도 저속에서 유동은 본질적으로 일정한 밀도를 갖는다. 또한 $M^2 = 1$에서 식 (2.11)을 다음과 같이 매우 정확하게 기술할 수 있다.

$$\frac{p_0}{p} = 1 + \frac{\gamma - 1}{2} M^2 = 1 + \frac{u^2}{2RT} = 1 + \frac{\rho u^2}{2p}$$

또는

$$p_0 = p + \frac{\rho u^2}{2}$$

따라서 저속의 유동에서 식 (2.11)은 등엔트로피의 일정한 밀도를 갖는 흐름에 적용할 수 있는 베르누이 방정식으로 간략히 표현된다. 단위 면적에 대한 질유량은 다음과 같다.

$$\frac{\dot{m}}{A} = \rho u$$

식 (2.7), (2.8) 그리고 (2.10)을 이용하면 속도는 다음과 같이 나타낼 수 있다.

$$u = M \sqrt{\frac{\gamma R T_0}{1 + \frac{\gamma - 1}{2} M^2}}$$

그리고 위의 식과 식 (2.12)를 이용하면 질유량은 다음과 같이 나타낼 수 있다.

$$\frac{\dot{m}}{A} = \frac{P_0 \sqrt{r}}{\sqrt{R T_0}} \left(\frac{1}{1 + \frac{\gamma - 1}{2} M^2} \right)^{(\gamma + 1)/2(\gamma - 1)} \tag{2.13}$$

주어진 유체의 (γ, R) 과 입구 상태 (p_0, T_0) 에 대하여 단위 면적당 질유량은 $M = 1$ 일 때 최대임을 쉽게 증명할 수 있다. $M = 1$ 에서 유동의 이런 특성을 별표로 나타낸다면 단위 면적당 최대 유량은 식 (2.13)으로부터 다음과 같이 나타낼 수 있다.

$$\frac{\dot{m}}{A^*} = \frac{P_0}{\sqrt{R T_0}} \left(\frac{2}{\gamma + 1} \right)^{(\gamma + 1)/2(\gamma - 1)} \tag{2.14}$$

식 (2.13)과 (2.14)를 결합하면 다음을 얻을 수 있다.

$$\frac{a}{A^*} = \frac{1}{m} \left[\frac{2}{\gamma + 1} \left(1 + \frac{\gamma - 1}{2} M^2 \right) \right]^{(\gamma + 1)/2(\gamma - 1)} \tag{2.15}$$

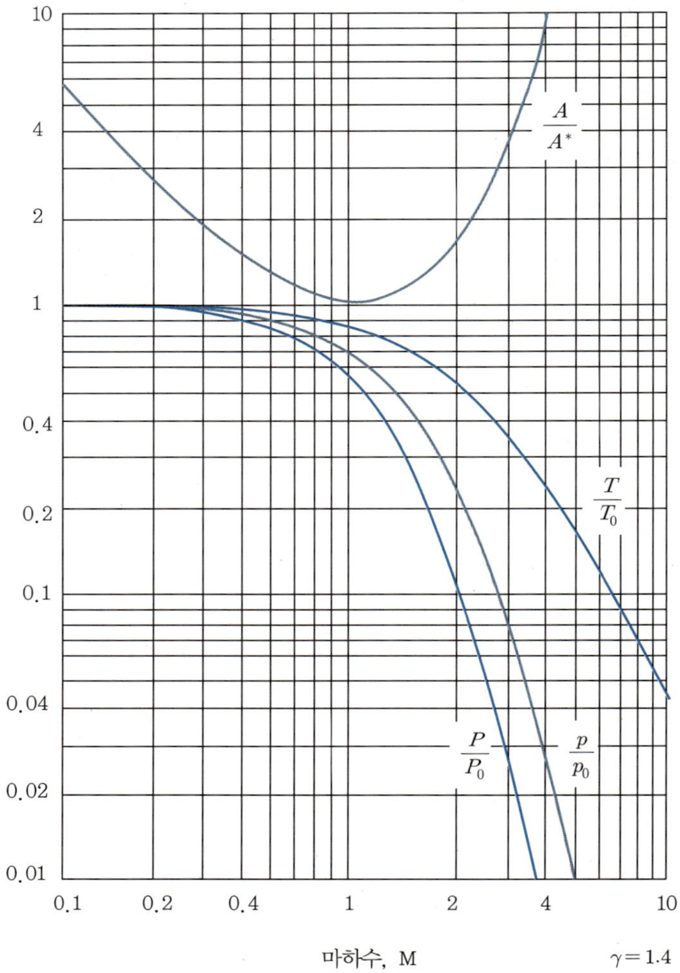

그림 2.3 완전 기체의 1차원 등엔트로피 유동(Shapiro[2])

γ, R, p_0, T_0, $\dot{m}$이 주어진 등엔트로피 유동에서 A^*는 상수이기 때문에 식 (2.15)에서 이것을 실제 유동 면적 A를 표준화(normalize)하는데 사용할 수 있다. 식 (2.10), (2.11)과 (2.12)는 유체의 특성과 마하수 M과의 관계를 설명하며, 식 (2.15)는 유동 면적(flow area)에 의해 마하수가 결정됨을 보여준다. 유동 변수를 마하수로 나타내는 것은 매우 편리하기 때문에 여러 가지 유동 함수(flow function)를 적절한 γ에 대해서 M으로 도시하거나 표로 만들 수 있다. [그림 2.3]은 $\gamma = 1.4$인 완전 기체에 대해 1차원 등엔트로피 함수들을 나타낸 것이다.

2.4 등엔트로피가 아닌 유동(NONISENTROPIC FLOW)

등엔트로피 흐름에 대해 유도된 식 (2.13)은 유동의 국부 마하수는 무차원 질량비 $\dot{m}\sqrt{RT_0}\ /\ (p_0 A)$와 γ에 의해서만 결정된다는 것을 보여준다. 유동이 등엔트로피가 아니더라도 식 (2.13)에 이르는 유도는 정체값 p_0 T_0와 ρ_0가 초기값(즉, 최상류)이 아닌 국부값이면 유효하다. 등엔트로피가 아닌 유동에서 이러한 정체값들은 유선 방향(streamwise direction)으로 변한다. 이것이 어떻게 변하는지 설명하기 위해 식 (2.12)를 다시 생각하면

$$Tds = de + pdv \tag{2.12}$$

엔탈피 h는 $h = e + pv$로 정의되기 때문에 위 식을 다음과 같이 쓸 수 있다.

$$Tds = dh - vdp \tag{2.16}$$

완전기체에서 $h = h(T)$, $dh = c_p dT$ 그리고 $pv = RT$이므로 식 (2.16)은 다음과 같이 쓸 수 있다.

$$\frac{ds}{R} = \frac{\gamma}{\gamma - 1}\frac{dT}{T} - \frac{dp}{p}$$

유동의 모든 점(유동이 마찰에 의해 영향을 받는 것과는 관계없이)에서 유체가 등엔트로피 과정을 통해 속도가 영으로 감속되어 도달하는 국부 정체 조건(local stagnation state)을 생각할 수 있다. 만일 국부 온도와 마하수가 T와 M이라면 국부 정체 온도는 T_0가 되며 이것은 다음으로부터 구할 수 있다.

$$\frac{T_0}{T} = 1 + \frac{\gamma - 1}{2}M^2 \tag{2.10}$$

마찬가지로 국부 압력이 p라면 국부 정체 압력 p_0는 다음으로부터 구할 수 있다.

$$\frac{p_0}{p} = \left[1 + \frac{\gamma - 1}{2}M^2\right]^{\gamma/(\gamma - 1)} \tag{2.11}$$

여기에서 M은 국부 마하수이다. 이제 $m = 1 + (\gamma - 1)/2M^2$으로 놓고 유선방향에서의 T_0와 p_0의 변화를 살펴보자. 식 (2.10)과 (2.11)로부터 다음을 구할 수 있다.

$$\frac{dT}{T} = \frac{dT_0}{T_0} - \frac{dm}{m}$$

그리고

$$\frac{p_0}{p} = \frac{dp_0}{p_0} - \frac{\gamma}{\gamma-1}\frac{dm}{m}$$

이것을 식 (2.16)에 대입하면 dm/m은 소거가 되며 다음 결과를 얻을 수 있다.

$$\frac{ds}{R} = \frac{\gamma}{\gamma-1}\frac{dT_0}{T_0} - \frac{dp_0}{p_0} \tag{2.17}$$

다음 몇가지 흥미로운 경우에 대해 알아보자.

등엔트로피 유동(ds=0) 열전달과 일이 모두 0이고 게다가 $dT_0 = 0$ 이면 정체 압력은 변하지 않는다(대부분의 유동이 가속되거나 감속되어도).

일이 0이 아니고 게다가 $dT_0 \neq 0$ 이면 식 (2.17)은 다음과 같다.

$$\frac{dp_0}{p_0} = \frac{\gamma}{\gamma-1}\frac{dT_0}{T_0}$$

γ가 상수이면 다음과 같다.

$$\frac{p_0}{p_{01}} = \left(\frac{T_0}{T_{01}}\right)^{\gamma/(\gamma-1)}$$

등엔트로피가 아닌 유동(Nonisentropic flow) 검사 질량에 대한 열역학 제2법칙은 다음과 같다.

$$ds \geq \frac{\delta q}{T}$$

그러므로 단열 유동에서는 $ds \geq 0$ 이다. 만일 일이 0이고 게다가 열전달이 0이면(마찰에 의한 엔트로피는 증가), $dT_0 = 0$ 이고 $ds > 0$ 이다. 이 경우 식 (2.17)은 다음과 같다.

$$\frac{dp_0}{p_0} = -\frac{ds}{R}$$

그리고 정체 압력은 반드시 유선 방향을 따라 감소해야 한다. 일반적으로

$$\frac{dp_0}{p_0} = \frac{\gamma}{\gamma-1}\frac{dT_0}{T_0} - \frac{ds}{R}$$

이므로 마찰이 존재해도 정체 압력은 증가할 수 있으며 유체에 일을 하면 다음과 같다.

$$\frac{\gamma}{\gamma-1}\frac{dT_0}{T_0} > \frac{ds}{R}$$

이제 압축성 유체에서 마찰과 열전달의 영향을 고려한 등엔트로피가 아닌 유동에 대한 두 가지의 특별한 경우를 살펴보자.

2.5 정체 온도의 변화가 있으면서 마찰이 없는 면적이 일정한 유동 (Frictionless Constant-Area Flow With Stagnation Temperature Change)

닫힌 형태(closed form)의 기본 방정식을 풀 수 있는 특별한 경우는 정체 엔탈피의 변화가 일어나는 일정한 면적을 갖는 덕트에서 마찰이 없는 유동이다. 유동의 정체 온도가 변하는 경우는 다음과 같이 네 가지이다.

① 연소
② 흐름과 함께 이동하면서 증발 또는 응축하는 액체 방울
③ 유체 또는 유한한 전도율을 통한 전류의 플럭스(Joule heating)
④ 벽면을 통한 열전달

모든 실제 유동에서 마찰의 영향은 항상 존재하며 특히 고체 경계면에서 그 영향이 크다. 정체 온도 T_0의 변화가 있는 일정한 면적을 갖는 덕트에서의 마찰이 없는 유동에 대한 검토를 통해 위 목록의 앞쪽 세 가지 경우가 존재하는 실제 흐름의 중요한 특징을 알 수 있다. 연소와 증발 또는 응축 과정은 분자량 또는 기체 상수들의 변화를 초래할 수 있지만 여기에서는 단순화를 위해서 무시할 수 있다. 이들 과정에서 정체 엔탈피의 변화는 다음으로부터 구할 수 있다.

$$\Delta h_0 = q - w$$

여기에서 q와 w는 유체의 단위 질량당 순(net) 열과 일 전달이다. 이 경우 연속, 운동량, 그리고 에너지 방정식은 식 (2.1), (2.2), 그리고 (2.3)으로부터 각각 다음과 같이 구한다.

연속 방정식 : $\dfrac{d\rho}{\rho}+\dfrac{du}{u}=0$

운동량 방정식 : $dp = -\rho u du$

에너지 방정식 : $dh_0 = dh + udu$

앞의 두 식은 다음과 같이 적분할 수 있다.

$$\rho u = \rho_1 u_1$$

$$p - p_1 = -(\rho u)(u - u_1) = -(\rho_1 u_1)(u - u_1)$$

여기에서 아래첨자 1은 초기 상태를 의미한다. 위에서 두 번째 식은 아래와 같이 쓸 수 있다.

$$p - p_1 = \rho_1 u_1^2 - \rho u^2$$

마하수를 이용하면 이것은 다음과 같이 바꿀 수 있다.

$$\frac{p}{p_1} = \frac{1 + \gamma M_1^2}{1 + \gamma M^2}$$

더 나아가 식 (2.11)을 사용하면 이 식으로부터 다음과 같이 정체 압력비를 유도할 수 있다.

$$\frac{p_0}{p_{01}} = \left(\frac{1 + \gamma M_1^2}{1 + \gamma M^2}\right)\left(\frac{1 + \frac{\gamma - 1}{2} M^2}{1 + \frac{\gamma - 1}{2} M_1^2}\right)^{\gamma/(\gamma - 1)} \tag{2.18}$$

여기에서 정체 압력의 변화는 마하수의 변화와 직접적인 관련이 있음을 알 수 있다.

이번에는 정체 엔탈피(또는 정체 온도)에 대한 마하수의 종속관계를 알아보자. 완전 기체 법칙을 이용하여

$$\frac{T}{T_1} = \frac{p}{p_1}\frac{\rho_1}{\rho}$$

연속 방정식 $\rho u = \rho_1 u_1$을 적용하면 다음을 얻을 수 있다.

$$\frac{T}{T_1} = \frac{p}{p_1}\frac{u}{u_1}$$

마하수 관계식 $M = u / \sqrt{\gamma RT}$를 적용하면 다음을 쉽게 구할 수 있다.

$$\frac{T}{T_1} = \left(\frac{p}{p_1}\frac{M}{M_1}\right)^2$$

위 식을 정압비(static pressure ratio)와 마하수의 관계식에 적용하면

$$\frac{T}{T_1} = \left[\frac{1+\gamma M_1^2}{1+\gamma M^2}\left(\frac{M}{M_1}\right)\right]^2$$

식 (2.10)과 위 식으로부터 정체 온도비(stagnation temperature ratio)는 다음 식에 의해 좌우됨을 알 수 있다.

$$\frac{T_0}{T_{01}} = \left[\frac{1+\gamma M_1^2}{1+\gamma M^2}\left(\frac{M}{M_1}\right)\right]^2 \left(\frac{1+\frac{\gamma-1}{2}M^2}{1+\frac{\gamma-1}{2}M_1^2}\right) \tag{2.19}$$

위 식으로부터 마하수는 정체 온도비와 초기 마하수에 의해서만 결정됨을 알 수 있다.

등엔트로피의 경우 편리한 기준 상태를 선정함으로써 이들 관계를 단순화시킬 수 있다. 정체 상태는 변하지 않는 것이 아니기(not constant) 때문에 정체 상태를 여기에 적용할 수 없다. 그러나 마하수 1에 해당하는 상태는 여기에 적용하기 적당하므로 식 (2.18)과 (2.19)는 주어진 유동(즉, 주어진 p_{01}, T_{01}, M_1 에 대해)에 대해 일정한 조건을 얻을 수 있다. 별표를 $M=1$ 에서의 특성이라고 한다면 위의 식으로부터 다음을 얻을 수 있다.

$$\frac{T}{T^*} = \left(\frac{1+\gamma}{1+\gamma M^2}\right)^2 M^2 \tag{2.20}$$

$$\frac{T_0}{T_0^*} = \frac{2(\gamma+1)M^2\left(1+\frac{\gamma-1}{2}M^2\right)}{(1+\gamma M^2)^2} \tag{2.21}$$

$$\frac{p}{p^*} = \frac{1+\gamma}{1+\gamma M^2} \tag{2.22}$$

$$\frac{p_0}{p_0^*} = \left(\frac{2}{\gamma+1}\right)^{\gamma/(\gamma-1)}\left(\frac{1+\gamma}{1+\gamma M^2}\right)\left(1+\frac{\gamma-1}{2}M^2\right)^{\gamma/(\gamma-1)} \tag{2.23}$$

위 식을 이용하면 유체 특성을 하나의 독립변수인 국부 마하수의 함수로 표현할 수 있다. [그림 2.4]는 $\gamma = 1.4$ 인 경우에 대해 식 (2.20) ~ (2.23)을 그림으로 표현한 것이다. 특정한 입구 조건인 $p_{01},\ T_{01},\ M_1$ 가 주어지면 다음과 같이 정체 온도의 변화를 고려한 다음 출구 조건을 구할 수 있다. 마하수 M_1은 T_{01} / T_0^* 의 값을 결정하며 T_0^*를 구할 수 있다(T_{01}을 알고 있기 때문에). 출구 상태는 다음에서 구하는 T_{02} / T_0^* 에 의해 결정된다.

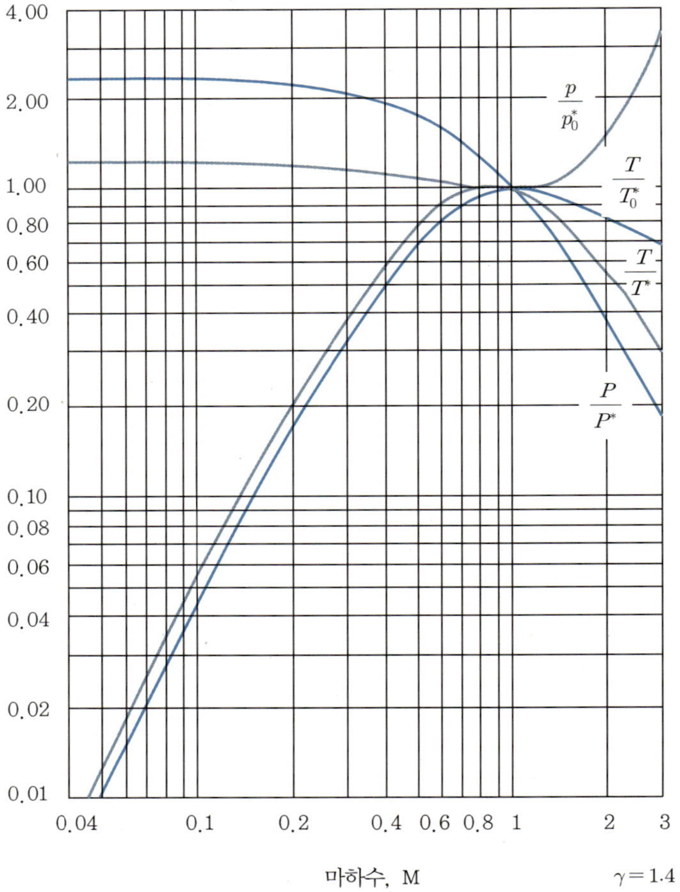

그림 2.4 정체 온도의 변화가 있는 고정 면적 덕트에서의 완전 기체의 마찰이 없는 유동(Shapiro[2])

$$\frac{T_{02}}{T_0^*} = \frac{T_{01}}{T_0^*} + \frac{\Delta T_0}{T_0^*} \quad \text{또는} \quad \frac{T_{02}}{T_0^*} = \frac{T_{01}}{T_0^*} + \frac{q-w}{c_p T_0^*}$$

따라서 T_{02}/T_0^* (주어진 γ에 대해)의 값에 의해 $M_2, p_2/p^*$와 p_{02}/p_0^*가 결정된다.

[그림 2.4]에서 알 수 있듯이 정체 온도의 증가는 유동이 초음속 또는 아음속에 관계없이 마하수가 1이 되도록 한다. 주어진 덕트에서 마하수가 1에 도달한 후에 정체 엔탈피를 증가시키기 위해서는 오로지 초기 조건의 변경을 통해서만 가능하다. 이러한 유동을 열적으로 초크(choke)되었다고 정의한다.

흐름에 에너지가 전달됨에 따라 정체 압력이 변함을 주목하기 바란다. 흐름에 에너지가 더해질 때 정체 압력은 항상 감소하며, 흐름으로부터 에너지가 배출될 때 증가한다. 따라서 유동이 아음속 또는 초음속일 때 움직이는 흐름(moving stream) 내에서의 연소는 심각한 정체 압력의 손실을 초래하며 거꾸로 냉각은 정체 압력을 증가시킨다.

2.6 마찰이 있는 면적이 일정한 유동 (Constant–Area Flow With Friction)

마찰은 있지만 체적력 또는 일이 없는 면적이 일정한 단열 유동에 대해 식 (2.1)부터 (2.4)까지에 대한 다른 해를 구할 수 있다. 이 경우 연속, 운동량 그리고 에너지 방정식은 식 (2.1), (2.2) 그리고 (2.3)으로부터 각각 다음과 같이 구한다.

연속 방정식 : $\dfrac{d\rho}{\rho}+\dfrac{du}{u}=0$

운동량 방정식 : $\dfrac{dp}{p}=-\dfrac{\tau_0 c dx}{pA}-\dfrac{\rho u du}{p}$

에너지 방정식 : $0=dh+udu$

긴 파이프 내의 유동에서 벽면의 전단 응력 τ_0 는 다음과 같은 관계가 있다.

$$\frac{\tau_0}{\rho u^2/2}=f\left(\frac{\rho u D}{\mu},\frac{\mathfrak{R}}{D}\right)$$

또는

$$C_f=f\left(\mathrm{Re},\frac{\mathfrak{R}}{D}\right)$$

여기에서 C_f 는 표면 마찰 계수 $\dfrac{\tau_0}{\rho u^2/2}$ 이며, Re 는 레이놀즈수 $\rho uD/\mu$ 이고, $\mathfrak{R}$는 표면 거칠기 요소들의 평균 높이이며, D는 덕트의 지름이다. 마하수가 1보다 클 경우에 마하수는 중요한 변수이다. 매끈하게 처리된 표면에서 거칠기가 미치는 영향은 실제로 별로 중요치 않다.

마찰이 마하수에 어떻게 영향을 미치는지 다음과 같이 알아보자. 먼저, 완전 기체 법칙과 마하수의 정의로부터 보존 법칙들을 변환시키면 다음과 같다.

연속 방정식 : $\dfrac{dp}{p}-\dfrac{dT}{T}+\dfrac{1}{2}\dfrac{du^2}{u^2}=0$

운동량 방정식 : $\dfrac{dp}{p}=-\dfrac{\gamma M^2}{2}\left(4\dfrac{C_f dx}{D}\right)-\dfrac{udu}{RT}$

에너지 방정식 : $0 = \frac{dT}{T} + \frac{\gamma - 1}{\gamma}\frac{udu}{RT}$

마하수는 $M = \frac{u}{\sqrt{\gamma RT}}$ 이므로

따라서

$$\frac{dM^2}{M^2} = \frac{du^2}{u^2} - \frac{dT}{T}$$

위 식에 대해 연속 방정식을 적용하여 du^2/u^2 을 소거하면 다음과 같다.

$$\frac{dM^2}{M^2} = -2\frac{dp}{p} + \frac{dT}{T}$$

또한 운동량 및 에너지 방정식을 결합하면 다음을 쉽게 얻을 수 있다.

$$\frac{dp}{p} = -\frac{\gamma M^2}{2}\left(4\frac{C_f dx}{D}\right) + \frac{\gamma}{\gamma - 1}\frac{dT}{T}$$

앞의 두 식을 결합하면 다음을 얻는다.

$$\frac{dM^2}{M^2} = \gamma M^2\left(4C_f\frac{dx}{D}\right) - \frac{\gamma + 1}{\gamma - 1}\frac{dT}{T}$$

이것은 일정한 정체 온도(식 (2.10)을 이용)에 대하여 다음과 같이 쓸 수 있다.

$$\frac{dM^2}{M^2} = \frac{\gamma M^2\left(1 + \frac{\gamma - 1}{2}M^2\right)}{1 - M^2}\left(\frac{4C_f dx}{D}\right) \tag{2.24}$$

식 (2.24)에서 $M<1$이면 $dM^2>0$이고, $M>1$이면 $dM^2<0$을 알 수 있다. 즉, 마찰은 항상 마하수를 1이 되는 방향으로 변화시켜준다. 일정한 C_f 의 경우 식 (2.24)를 $M=M$과 $M=1$ 사이에 대해 적분하면 다음과 같다.

$$\frac{4C_f L^*}{D} = \frac{1 - M^2}{\gamma M^2} + \frac{\gamma + 1}{2\gamma}\ln\frac{(\gamma + 1)M^2}{2\left(1 + \frac{\gamma - 1}{2}M^2\right)} \tag{2.25}$$

여기에서 L^* 는 유동의 마하수를 M에서 1로 변화시키는데 필요한 덕트의 길이이다.

길이가 변하고 단면적은 주어진 덕트에 대해 살펴보자. 입구 상태, 질유량 그리고 평균 표면 마찰 계수는 고정되어 있다aus 유동을 흘려보낼 수 있는 덕트의 최대 길이가 존재한다. 이 경우 출구면에서의 마하수는 1이므로 이것의 길이는 L^* 로 표시하며, 유동은 마찰에 의해 초크(friction−choke)되었다고 말한다. 식 (2.25)로부터 덕트 내의 어떤 점 1에서 변수 $C_f L^* / D$ 는 단지 M_1 과 γ 에 의해서 좌우됨을 알 수 있다. 지름 D는 변하지 않고, C_f 는 일정하다고 가정하였으므로 점 1로부터 하류에 있는 어떤 길이에 있는 점 $x\,(x \langle L^*)$에서의 M_x 를 다음 식으로 구할 수 있다.

$$\left(\frac{4C_f L^*}{D}\right)_x = \left(\frac{4C_f L^*}{D}\right)_1 - \frac{4C_f L^*}{D}$$

마하수의 정의, 연속 방정식 그리고 에너지 방정식으로부터 다음 관계식을 구할 수 있다.

$$\frac{T}{T^*} = \frac{\gamma+1}{2\left(1+\frac{\gamma-1}{2}M^2\right)} \tag{2.26}$$

$$\frac{p}{p^*} = \frac{1}{M}\left[\frac{\gamma+1}{2\left(1+\frac{\gamma-1}{2}M^2\right)}\right]^{1/2} \tag{2.27}$$

$$\frac{p_0}{p_0^*} = \frac{1}{M}\left[\frac{2}{\gamma+1}\left(1+\frac{\gamma-1}{2}M^2\right)\right]^{(\gamma+1)/2(\gamma-1)} \tag{2.28}$$

[그림 2.5]는 기체상수 $\gamma = 1.4$ 에 대해 식 (2.26), (2.27), (2.28)을 나타냈으며, 별표는 $M = 1$ 인 점에서의 특성을 나타낸다.

2.3, 2.5, 2.6절에서 면적의 변화, 에너지 전달 그리고 마찰이 개별적으로 미치는 영향을 알아보기 위해 세 가지의 특별한 경우를 살펴보았다. 각각의 경우 $M = 1$ 인 상태를 기준으로 삼고 그 점에서의 특성들은 별표로 구분하였다.

주어진 입구 조건에서 $M = 1$ 인 조건은 세 가지로 명확히 구분된 상태를 나타낸다. 이것은 [그림 2.6]과 2.7에 명확히 나타나 있다. 하나는 아음속이고 다른 하나는 초음속인 두 가지의 초기 상태에서 마하수가 1에 도달하는 세 가지 과정을 전형적인 T−s 다이어그램에서 볼 수 있다. 에너지 전달 경로(path)는 레일레이 선(Rayleigh line)이라 부르고, 마찰 경로는 파노선(Fanno

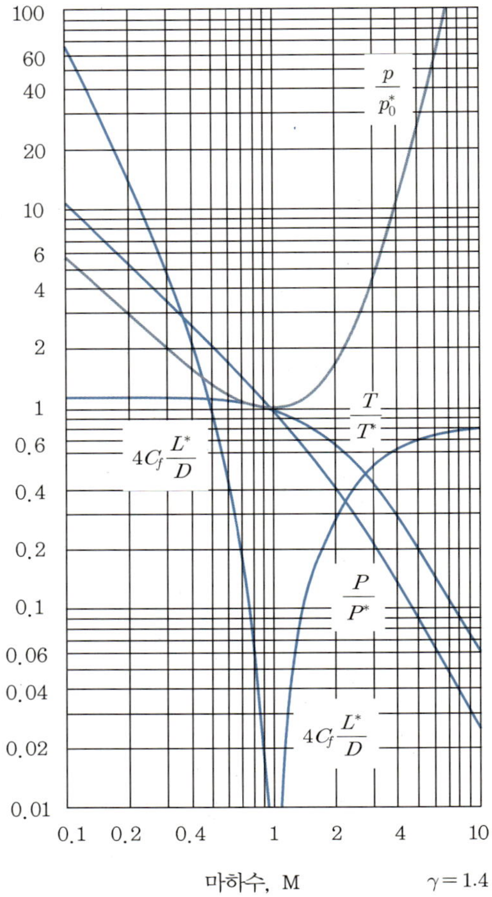

그림 2.5 마찰이 있는 고정 면적 덕트에서의 완전 기체의 단열 유동(Shapiro[2])

line)이라 부른다. 이들 두 line에서 * 조건은 곡선의 변곡점에서 일어난다. 기호 $*s, *f, *h$ 는 각각 등엔트로피, 마찰 그리고 가열 과정을 통해 $M=1$ 에 도달한 상태를 나타낸다.

해당 곡선의 변곡점 위쪽 부분은 아음속이며 아래쪽은 초음속이다. 등엔트로피와 에너지 전달 곡선에서는 어떤 방향으로도 이동할 수 있으나 마찰 곡선에서는 한 방향으로만 이동이 가능함을 주목하기 바란다.

이들 과정이 결합된 영향에 대한 단순한 해는 구할 수 없지만 전체 방정식을 Shapiro[2]가 기술한 절차에 따라 수치적으로 적분할 수 있다. 특히 면적이 변하고, 정체 온도가 변하고, 마찰이 동시에 중요한 경우 마하수의 변화를 다음과 같이 쓸 수 있다.

$$\frac{dM^2}{M^2} = \frac{1+\frac{\gamma-1}{2}M^2}{1-M^2}\left[-2\frac{dA}{A} + (1+\gamma M^2)\frac{dT_0}{T_0} + \gamma M^2 4C_f \frac{dx}{D}\right] \tag{2.29}$$

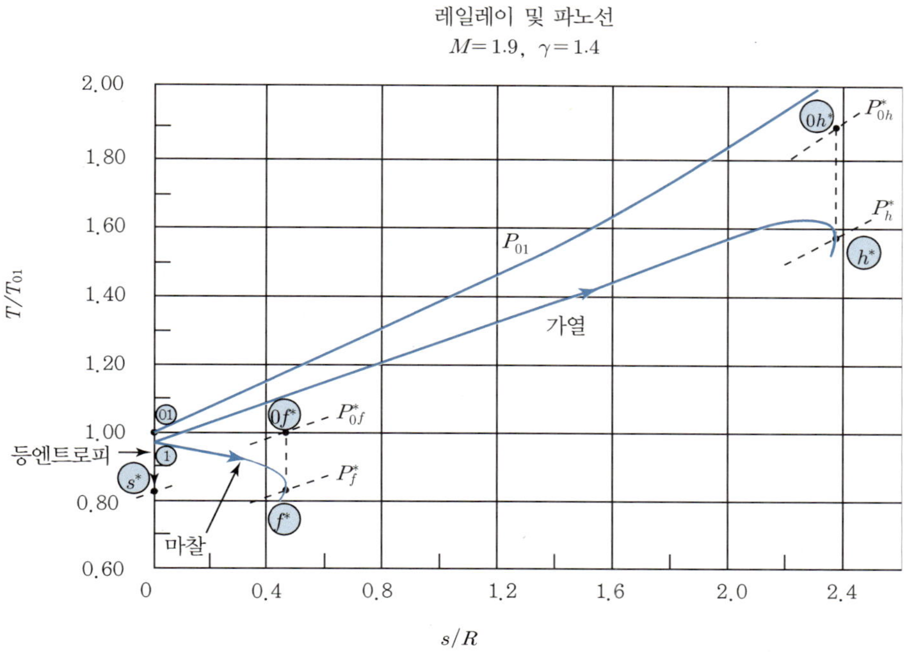

그림 2.6 초킹 과정에서 전형적인 온도-엔트로피 다이어그램(아음속)

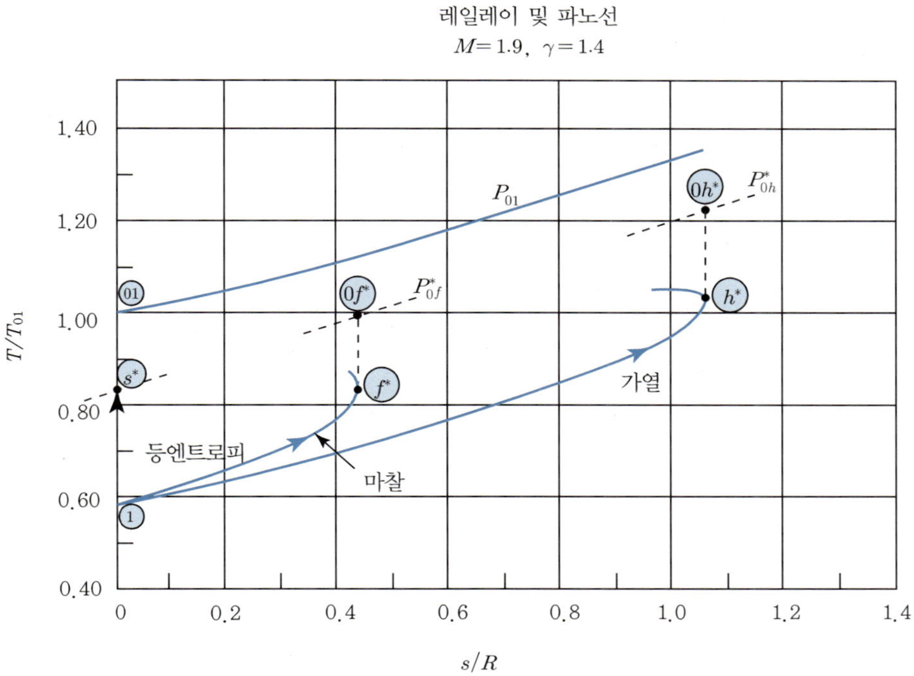

그림 2.7 초킹 과정에서 전형적인 온도-엔트로피 다이어그램(초음속)

정체 압력의 변화는 다음과 같다.

$$\frac{dp_0}{p_0}=-\frac{\gamma M^2}{2}\frac{dT_0}{T_0}-\frac{\gamma M^2}{2}\frac{4C_f dx}{D} \tag{2.30}$$

덕트를 따라서 면적, 정체 온도 그리고 마찰의 변화를 알고 있다면 유선 방향으로의 M과 P의 변화를 수치 적분으로 구할 수 있다. 주어진 점에서 A, M, p 그리고 T를 알고 있다면 p_0, T_0, u, ρ, ρ_0, $\dot{m}$와 같은 모든 유동 특성을 구할 수 있다. 마찰, 열전달 그리고 면적 변화가 동시에 일어나는 경우 음속점(sonic point) $M=1$의 위치는 $dA/dx=0$로 정의된 기하학적인 목(geometric throat)과 더 이상 일치하지 않으며, $M=1$인 점을 지나서 적분하기 위해 위의 방정식을 주의하여 항들을 조율해야 한다.

이 문제의 핵심을 다루기 위해서는 목 주변에서의 $4C_f$, dT_0/dx, A가 x의 함수로 알려져 있다고 가정해야 한다. 식 (2.29)는 다음과 같이 쓸 수 있다.

$$\frac{dM^2}{M^2}=M^2\left[1+\frac{\gamma-1}{2}M^2\right]\frac{\left[-\frac{2}{A}\frac{dA}{dx}+(1+\gamma M^2)\frac{1}{T_0}\left(\frac{dT_0}{dx}\right)+4\gamma M^2 C_f/D\right]}{1-M^2} \tag{2.31}$$

위 식에서 $M\to 1$이 되면서 분자가 없어져야만 해가 존재함을 알 수 있으며, 이것은 다음과 같다.

$$\frac{dA}{dx}\to\left(\frac{1+\gamma}{2}\right)\frac{1}{T_0}\left(\frac{dT_0}{dx}\right)+\frac{2\gamma C_f}{D}$$

dT_0/dx의 부호와 상대적인 크기에 따라 $M=1$인 점이 기하학적인 목의 상류 또는 하류에 위치한다. $M\to 1$인 상태에 대해 l' Hospital의 정리를 적용하면 식 (2.31)이 다음과 같이 간략히 표현된다.

$$\frac{dM^2}{M^2}=\frac{\gamma(\gamma+1)}{4}\left[\frac{1}{T_0}\left(\frac{dT_0}{dx}\right)+\frac{4C_f}{D}\right](\sqrt{1+\wp}-1) \tag{2.32}$$

여기에서

$$\wp=\frac{8\left[\frac{2}{A}\left(\frac{d^2A_0}{dx^2}\right)-\frac{2}{A^2}\left(\frac{dA_0}{dx}\right)^2-(1+\gamma)\left[\frac{1}{T_0}\left(\frac{d^2T_0}{dx^2}\right)-\frac{2}{T_0^2}\left(\frac{dT_0}{dx}\right)^2\right]-4\gamma\frac{d}{dx}\left(\frac{C_f}{D}\right)\right]}{\gamma^2(\gamma+1)\left[\frac{1}{T_0}\left(\frac{dT_0}{dx}\right)+\frac{4C_f}{D}\right]^2}$$

위 식은 $A, T_0, C_f / D$ 를 x의 함수로 규정한다면 M이 1에 매우 근접할 때 dM^2 / dx 을 수치 적분할 수 있다.

2.7 충격파

충격파란 초음속 유동에서의 국부적인 불연속성이다. 유체가 정지된 충격파를 지나면서 압력은 비가역적으로 급격히 상승하고 속도는 감소한다. 충격파가 유동 방향에 수직일 때를 제외하고는 충격파를 지나면서 유동의 방향이 변한다.

수직 충격파

수직 충격파를 지나는 유동에서는 방향과 면적의 변화가 없고 일이 행해지지 않으므로 연속, 운동량 그리고 에너지 방정식은 다음과 같다.

연속 방정식 : $\rho_1 u_1 = \rho_2 u_2$ (2.33)

운동량 방정식 : $p_1 - p_2 = \rho_1 u_1 (u_2 - u_1)$ (2.34)

에너지 방정식 : $T_{01} = T_{02}$ (2.35)

여기에서 아래첨자 1과 2는 각각 초기와 최종 상태를 나타낸다. 위 식은 두 개의 해를 가질 수 있으며 이 중 하나는 단순히 변화가 일어나지 않음을 나타낸다. 마하수 $M = u / \sqrt{\gamma RT}$ 와 $p = \rho RT$ 을 사용하면 식 (2.33)~(2.35)는 다음과 같이 변환된다.

$$\frac{p_2}{p_1} = \frac{M_2}{M_1}\sqrt{\frac{T_2}{T_1}}$$

$$\frac{p_2}{p_1} = \frac{1+\gamma M_1^2}{1+\gamma M_2^2}$$

$$\sqrt{\frac{T_2}{T_1}} = \frac{\sqrt{1+\frac{\gamma-1}{2}M_1^2}}{\sqrt{1+\frac{\gamma-1}{2}M_2^2}}$$

위 식에서 p_2 / p_1 와 T_2 / T_1 를 소거하면 다음과 같다.

$$\frac{M_2\sqrt{1+\frac{\gamma-1}{2}M_2^2}}{1+\gamma M_2^2} = \frac{M_1\sqrt{1+\frac{\gamma-1}{2}M_1^2}}{1+\gamma M_1^2}$$

위 식은 복잡한 과정을 거쳐 다음 식으로 변환시킬 수 있다.

$$M_2^2 = \frac{M_1^2 + \frac{2}{\gamma - 1}}{\frac{2\gamma}{\gamma - 1} M_1^2 - 1} \tag{2.36}$$

이 결과를 이용하면 다음을 구할 수 있다.

$$\frac{p_2}{p_1} = \frac{2\gamma}{\gamma + 1} M_1^2 - \frac{\gamma - 1}{\gamma + 1} \tag{2.37}$$

$$\frac{p_{02}}{p_{01}} = \frac{\left[\left(\frac{\gamma+1}{2} M_1^2\right) / \left(1 + \frac{\gamma - 1}{2} M_1^2\right)\right]^{\gamma/(\gamma-1)}}{\left(\frac{2\gamma}{\gamma+1} M_1^2 - \frac{\gamma-1}{\gamma+1}\right)^{1/(\gamma-1)}} \tag{2.38}$$

$$\frac{T_2}{T_1} = \frac{\left(1 + \frac{\gamma - 1}{2} M_1^2\right)\left(\frac{2\gamma}{\gamma - 1} M_1^2 - 1\right)}{\frac{(\gamma+1)^2}{2(\gamma-1)} M_1^2} \tag{2.39}$$

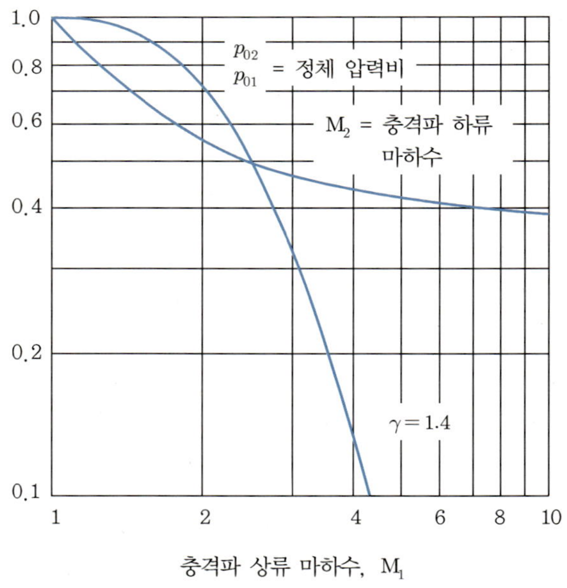

그림 2.8 수직 충격파 함수(Shapiro[2])

[그림 2.8]은 $\gamma = 1.4$ 인 경우에 대하여 M_2 와 p_{02}/p_{01} 를 도시화한 것이다. 마하수가 약 1.5보다 클 때 정체 압력의 손실이 좀더 많이 일어남을 알 수 있다.

흥미로운 것은 식 (2.33)과 (2.34)는 Rayleigh 유동(일차원, 면적 변화가 없고, 마찰이 없는)의 요구 조건이며, 식 (2.33)과 (2.35)는 Fanno 유동(일차원, 면적 변화가 없고, 단열)의 요구 조건인 것이다. 그러므로 수직 충격파를 지나는 과정은 Fanno와 Rayleigh 조건을 동시에 만족시키는 것으로 볼 수 있다.

비록 수직 충격파가 평면이 아니라 곡선의 형태(예를 들면 구형)를 갖더라도 충격파의 두께(오더가 분자의 평균 자유경로의 몇 배 정도)가 곡면의 반지름보다 아주 작기 때문에 식 (2.38)~(2.39)로 잘 설명이 된다.

경사 충격파

평면의 충격파가 유동에 대해 어떤 각도를 가지고 기울어져 있다면 이곳을 지나는 유체는 압력의 급격한 증가와 속도의 감소뿐만 아니라 급격한 방향의 변화도 겪는다. 1차원 유동에서 경사 충격파 $s-s'$ 에 대한 이러한 상태가 [그림 2.9]에 그려져 있다. 충격파를 지나면서

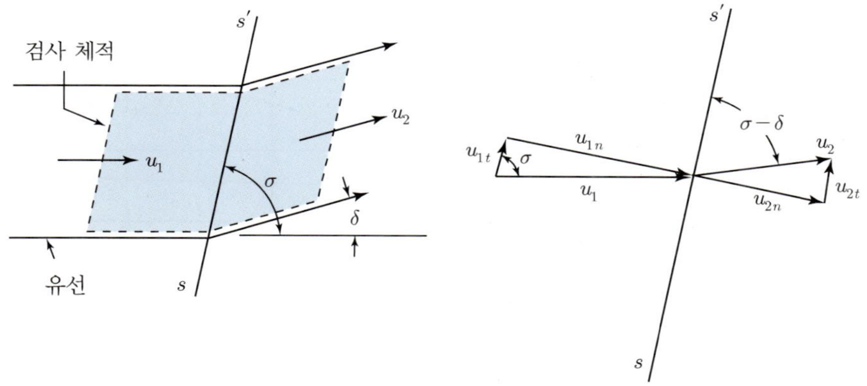

그림 2.9 경사 충격파 도형

유체는 각도 δ 로 꺾여진다. 그림에서 보이는 검사체적에 기본 방정식을 적용하면 다음과 같다.

연속 방정식 : $\rho_1 u_{1n} = \rho_2 u_2 n$

에너지 방정식 : $T_{01} = T_{02}$

이 유동에 대해 두 개의 운동량 방정식을 쓸 수 있으며, 이 중 하나는 충격파에 수직인 운동량의 변화이고 나머지 하나는 평행인 운동량의 변화에 대한 것이다.

a. 충격파에 수직인 운동량 : $p_1 - p_2 = \rho_2 u_{2n}^2 - \rho_1 u_{1n}^2$

b. 충격파에 평행인 운동량 : $0 = \rho_1 u_{1n}(u_{2t} - u_{1t})$

여기에서 아래첨자 n 과 t 는 각각 충격파에 대해 수직 및 평행한 것을 나타낸다. 두 번째 식으로부터 다음을 구할 수 있다.

$$u_{2t} = u_{1t}$$

충격파에 평행인 속도 성분은 양쪽에서 동일하므로 경사 충격파는 속도 $u_{1t} = u_{2t}$ 로 움직이는 좌표계에서의 수직 충격파로 볼 수 있다. 따라서 경사 충격파를 계산하기 위해서 수직 충격파 관계식을 사용할 수 있다. 예를 들어 상류(또는 초기) 마하수 M_1 과 충격파의 각도 σ 가 주어지면 $M_{1n} = M_1 \sin\sigma$ 을 구할 수 있으며, 또한 식 (2.36)의 M_1 을 M_{1n} 으로 대체함으로써 결과적으로 M_{2n} 을 계산할 수 있다. 조건 $u_{2t} = u_{1t}$ 는 $M_{2t} = M_{1t}\sqrt{T_1/T_2}$ 로 표현할 수 있으며, 식 (2.39)의 M_1 을 M_{1n} 으로 대체함으로써 T_1/T_2 를 계산할 수 있다. 이렇게 해서 후류에서의 마하수 M_2 와 굴절각 δ 를 구할 수 있으며 다음을 얻을 수 있다.

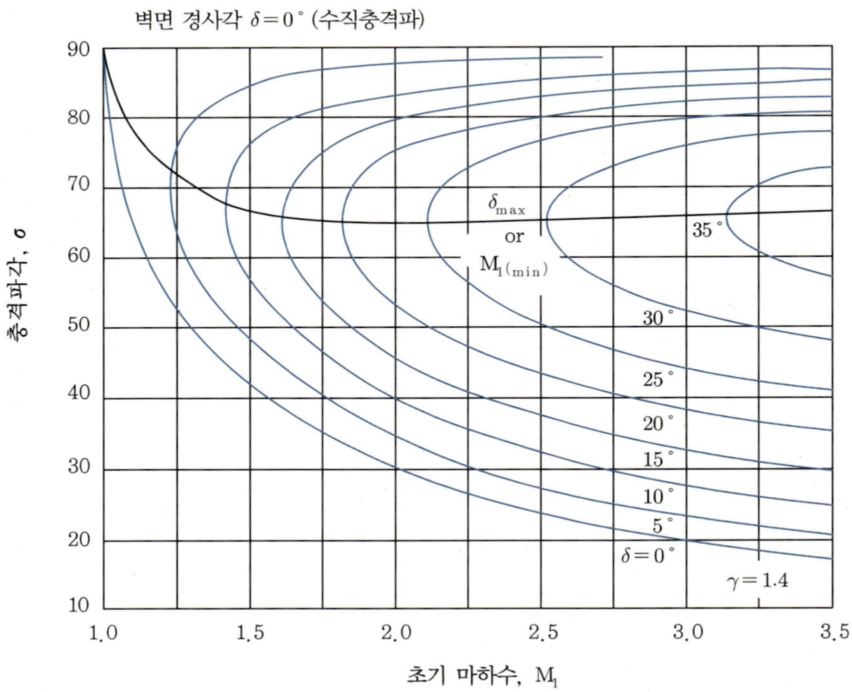

그림 2.10 충격파 각도 대 입구 마하수/굴절각[2] 점선 윗 부분은 $M_2 < 1$이고 아랫 부분은 $M_2 > 1$에 해당(Shapiro[2])

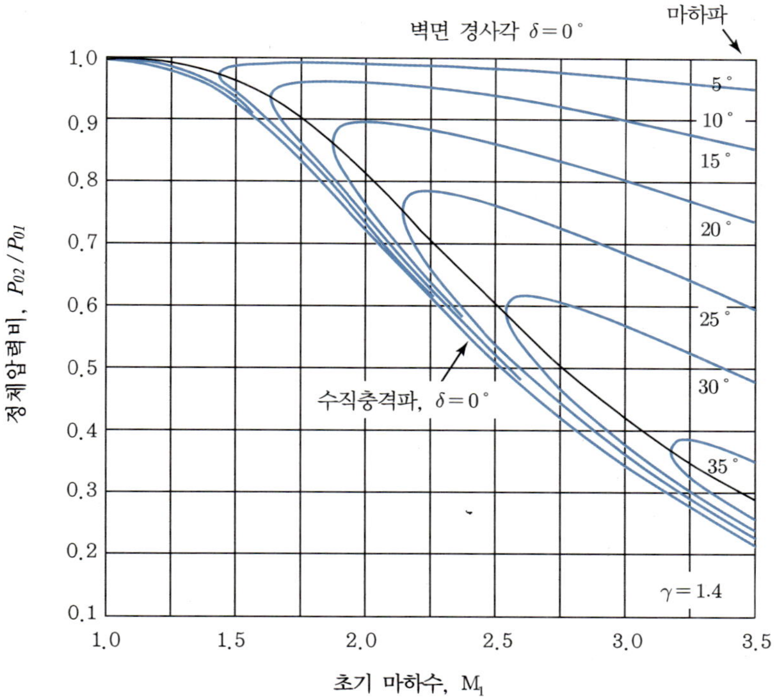

그림 2.11 굴절각에 따른 정체압력비 대 입구 마하수[2]. 점선 윗 부분은 $M_2 > 1$이고 아랫 부분은 $M_2 < 1$에 해당(Shapiro[2])

$$\tan(\sigma-\delta)=\frac{2\left(1+\frac{\gamma-1}{2}M_1^2\sin^2\sigma\right)}{(\gamma+1)M_1^2\sin\sigma\cos\sigma} \tag{2.40}$$

다른 방법으로 위에 주어진 네 가지 방정식과 상태 방정식은 변수 $M_1, p_2/p_1\ p_2/p_1,, \delta, \sigma$와 관계되는 네 개의 독립적인 방정식의 집합으로 줄일 수 있다[2]. 어떤 두 변수가 주어진다면 −예를 들어 M_1과 굴절각 δ− 다른 모든 변수들을 구할 수 있으며, 후류에서의(또는 최종) 조건도 상류에서의 조건의 항으로 구할 수 있다.

Shapiro[2]가 구한 이들 방정식의 해는 $\gamma=1.4$이고 δ이 변하는 경우에 대해 [그림 2.10]~[12]에 주어졌다. 특히 [그림 2.10]은 $\gamma=1.4$일 때 식 (2.40)를 나타낸다.

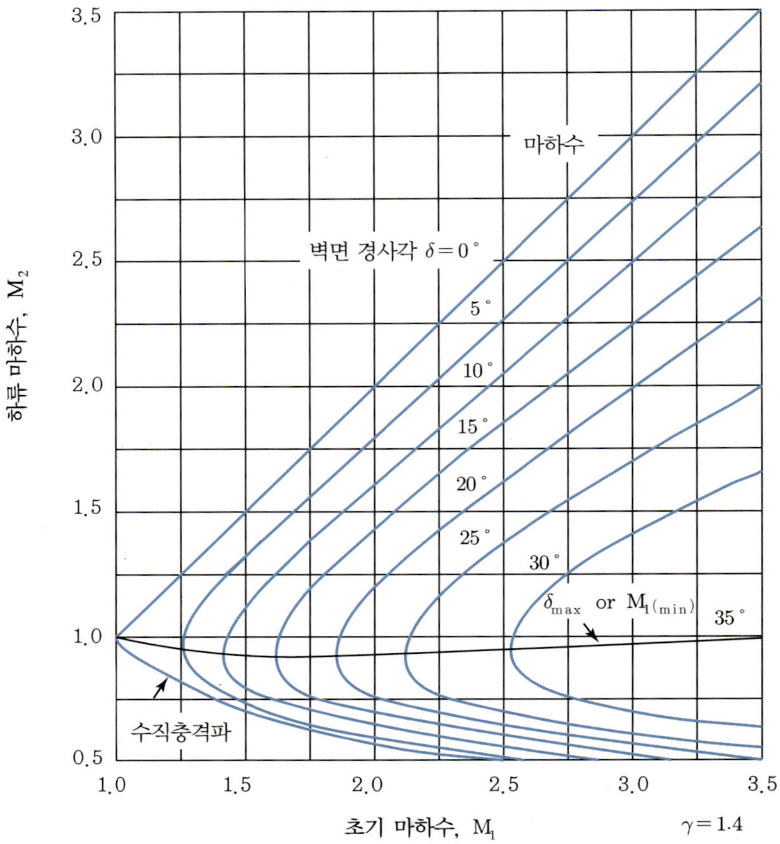

그림 2.12 굴절각에 따른 출구 마하수 대 입구 마하수[2]. 점선 윗 부분은 작은 σ에 해당하고, 아랫 부분은 큰 σ에 해당(Shapiro[2])

참고문헌

1. P.Hill and C.Peterson, *Mechanics and Thermodynamics of Propulsion*, 2nd Ed. ,Assison Wesley, 1992,Chapter3
2. Shapiro, A.H. *The Dynamics and Thermodynamics of Compressible Fluid Flow*, vol.I. New York: Ronald Press,1953,chaps.1–8,16. Reprinted.,Wiley.

찾아보기

ㅁ

ㅂ

ㅅ

ㅇ

ㅈ

ㅍ

ㅎ